高等学校系列教材

误差理论与测量平差精讲

胡圣武　肖本林　编著

中国建筑工业出版社

图书在版编目（CIP）数据

误差理论与测量平差精讲/胡圣武，肖本林编著
. —北京：中国建筑工业出版社，2021.8
高等学校系列教材
ISBN 978-7-112-26107-9

Ⅰ. ①误… Ⅱ. ①胡… ②肖… Ⅲ. ①测量误差-高
等学校-教材②测量平差-高等学校-教材 Ⅳ. ①P207

中国版本图书馆 CIP 数据核字（2021）第 073437 号

本书共 10 章。以测绘工程专业的误差理论与测量平差的教学大纲为基础，内容涵盖了随机变量的基本知识；误差传播律的定义及其应用，权的定义以及权的确定方法，协因数传播律及其应用；测量平差模型的基本概念，4 种测量平差的函数模型和随机模型，参数估计的方法；条件平差和附有参数条件平差的基本原理以及精度评定与应用；条件平差估值的统计特性；间接平差和附有限制条件的间接平差基本原理与精度评定及其应用；间接平差与条件平差的关系；间接平差估值的统计特性；坐标值平差；GPS 网平差的方法；间接平差在回归模型参数估计中的应用；误差椭圆的有关基本概念及其应用；平差系统的统计假设检验等内容的主要基本知识点、知识难点、例题典型解析和精选课后习题。题型多样，难易结合，读者可以从各角度循序渐进地学习和理解误差理论和测量平差的原理。本书内容全面，结构严谨，体系新颖，为读者系统学习和准确把握本课程的知识点指明了思路和方法，为本门课程的工程应用和拓展提供了具体实例。

本书既可以作为高等学校测绘工程专业及相关专业本科教材，亦可作为科研院所、生产单位的科学技术人员的参考用书。

本书配备教学课件，选用此教材的教师可通过以下方式获取：1. 邮箱：jckj@cabp. com. cn 或 jiangongkejian@163.com（邮件请注明书名）；2. 电话：（010）58337285；3. 建工书院：http://edu.cabplink.com。

责任编辑：赵　莉　王　跃
责任校对：张　颖

高等学校系列教材
误差理论与测量平差精讲
胡圣武　肖本林　编著
＊
中国建筑工业出版社出版、发行（北京海淀三里河路 9 号）
各地新华书店、建筑书店经销
霸州市顺浩图文科技发展有限公司制版
天津安泰印刷有限公司印刷
＊
开本：787 毫米×1092 毫米　1/16　印张：16¾　字数：405 千字
2021 年 8 月第一版　　2021 年 8 月第一次印刷
定价：**49.00 元**（赠教师课件）
ISBN 978-7-112-26107-9
（37701）

前　言

随着空间技术、通信技术、计算机技术和地理信息技术的发展，以"3S"（Global Navigation System，Remote Sensing，Geographic Information System）及其集成为代表的新技术成为现代测绘数据采集的主要方式，测绘数据处理理论与方法的研究与应用的重要性也得到充分的认识，这主要体现在测绘学科专业的教学计划之中。测绘数据处理的理论和方法的基础——误差理论与测量平差，已成为测绘工程本科专业和有关测绘学科背景的相关专业，如地理信息科学、遥感科学与技术等专业的核心基础课程，在测绘本科教育中有着重要的地位。

误差理论与测量平差这门课程作为测绘科学与技术这个学科的一门重要的专业基础课，它为其他后续的专业课打下了相关数据处理的基础，也是攻读相关专业研究生的一门必修课程。误差理论与测量平差是测绘科学与技术专业必备的知识体系。学习误差理论与测量平差，能达到训练、培养高素质创新人才的目的。

误差理论与测量平差是测绘科学与技术专业进入专业课后的第二门专业基础课，出现了许多新问题、新理论和新方法，理论深度和知识增进梯度大，涉及知识面广。多数初学者在学习过程中往往会遇到一定的困难，难以想到运用所学知识解答题目，难以发现并纠正错误之处，难以想到巧妙解法。

随着现代测绘科学技术的不断进步，误差理论与测量平差课程的地位、作用和内容体系的重点都发生了巨大变化。随着测绘科学与技术专业面的不断拓宽，误差理论与测量平差课程的教学课时不断被压缩，教学内容与学时的矛盾日益突出，致使学生学习本课程时显得有些吃力。为了使学生能够轻松掌握并强化所学理论知识，对误差理论与测量平差的重要知识点进行提炼和梳理，并配以大量的典型例题进行剖析和讲解是非常必要的。

本书是依据教育部颁布的《普通高等学校本科专业目录》中测绘类专业课程设置的要求，按照新的课程标准和教学大纲，为适应新时期测绘人才"宽口径、厚基础、强能力、高素质"的培养目标，以加强基础理论、注重基本方法和培养动手能力为出发点，在参考了各种平差基础教程、总结了几十年来的教学体会和经验以及科研成果的基础上，经过多次修改完成。

本书专为帮助读者学习误差理论与测量平差课程知识而编写，对有代表性的题目给出了解答，题型多样，覆盖面较全，给出了类型与数量众多的典型例题的解析，对其中的一些题目给出了独立发现的巧妙解法。学习误差理论与测量平差知识最有效的方法就是上课认真听课，课后复习及做习题进行练习。对本书内容，读者可以反复多次地训练和对照使用，以达到熟能生巧的目的，有助于理解概念和理论方法，掌握解决基本问题的方法和手段，提高解决问题的能力。

本书的特色和试图努力的方向如下：

（1）实用性。本书对误差理论与测量平差内容的讲解，以"必需、够用"为基准，避开了烦琐的公式推导和大篇幅的理论分析,注重阐明基本概念、基本原理和基本方法,更加强调实用性和综合性。

(2)层次性。本书对误差理论与测量平差知识点讲解的深度和广度适合测绘科学与技术专业本科教学大纲的水平,不偏深、不偏难,学生通过对本书的学习,不但能获得应用基本技术所必需的专业理论,而且能形成持续学习所需的基础理论素质。

(3)综合性。本书依据不同章节的特点,在每章知识点讲解的后面都设置了相应的例题剖析和典型习题,突出了应用性,实现了由理论到实践的阶梯式训练。

(4)先进性。本书就误差理论与测量平差的最新知识进行了适当的补充,紧跟时代前沿。如专门一章阐述坐标值平差。

本书由河南理工大学胡圣武博士和湖北工业大学肖本林教授在二十多年教学和科研的基础上撰写而成。

本书撰写时,参考了国内外有关测量数据处理的著作,未及一一注明,请有关作者见谅,在写作过程中得到多方支持和帮助,在此表示感谢!

本书出版得到了桥梁结构健康与安全国家重点实验室(依托单位:中铁大桥局集团有限公司)开放基金项目——基于 BIM 的桥梁运维平台关键技术研究(项目编号:BHS-KL18-03-KF)、湖北省科技厅重大专项——生态科技庄园基地示范建设项目(项目编号:2018ZYYD037)的联合资助,在此表示感谢!

作者在书中阐述的某些观点,可能仅为一家之言,欢迎读者争鸣。书中疏漏与欠妥之处,恳请读者批判指正。

编著者
2021 年 2 月

目　　录

第1章 绪 论

本章学习目标

本章主要介绍了误差理论与测量平差这门课程的主要内容。通过本章的学习，应达到以下目标：

(1) 重点掌握测量平差的定义；

(2) 掌握系统误差、偶然误差和粗差的基本概念以及处理方法；

(3) 掌握观测误差的性质及其影响因素，观测量的实质和种类；

(4) 了解本课程的研究内容和任务；

(5) 了解误差理论与测量平差这门学科的发展历程。

§1.1 观 测 误 差

1. 测量平差

测量平差是德国数学家高斯于 1821～1823 年在汉诺威弧度测量的三角网平差中首次应用，以后经过许多科学家的不断完善而得到发展，测量平差已成为测绘学中很重要的、内容丰富的基础理论与数据处理技术之一。

（1）定义

在多余观测的基础上，依据一定的数学模型和某种估值原则，对观测结果进行合理的调整，从而求得一组没有矛盾的最可靠结果，并评定精度，这一过程称为测量平差。由此可见：

1）没有多余观测，就没有平差问题。

2）数学模型和估值原则的多样性使得平差方法也具有多样性。

3）平差可以消除观测矛盾，但不能消除观测误差。

（2）基本原理

由于测量仪器的精度不够和人为因素及外界条件的影响，测量误差总是不可避免的。为了提高成果的质量，处理好这些测量中存在的误差问题，观测值的个数往往要多于确定未知量所必须观测的个数，也就是要进行多余观测。有了多余观测，势必在观测结果之间产生矛盾，测量平差的目的就在于消除这些矛盾而求得观测量的最可靠结果并评定测量成果的精度。

（3）测量平差步骤

1）观测数据检核，即原始数据正确性的处理。

2）列出误差方程式或条件方程式，按最小二乘法原理进行平差。

3）平差结果的精度评定。

（4）相关研究

测量误差理论主要表现在对模型误差的研究上，主要包括：平差中函数模型误差、随机模型误差的鉴别或诊断；模型误差对参数估计的影响，对参数和残差统计性质的影响；病态方程与控制网及其观测方案设计的关系。变形监测网参考点稳定性检验的需要，导致了自由网平差和拟稳平差的出现和发展。观测值粗差的研究促进了控制网可靠性理论，以及变形监测网变形和观测值粗差的可区分性理论的研究和发展。针对观测值存在粗差的客观实际，出现了稳健估计（或称抗差估计）；针对法方程系数矩阵存在病态的可能，发展了有偏估计。与最小二乘估计相区别，稳健估计和有偏估计称为非最小二乘估计。

2. 观测误差

观测数据：也称为观测测量数据，是指用一定的仪器、工具、传感器或其他手段获取与地球空间分布有关信息的数据。观测数据的种类非常多，如时间、长度、频率、角度、坐标。观测的仪器并不局限于 GNSS 接收机、全站仪等。

观测误差：由于观测时总是处于一定的环境之中，观测值总是带有误差，而且这种误差是不可避免的，其表现为观测值与真值不相符。

观测误差来源：引起误差的因素很多，但概括起来主要有 5 个方面：测量仪器、观测者、外界条件、观测对象和方法误差。

观测误差分类：根据观测误差对观测结果的影响性质，可将观测误差分为偶然误差、系统误差和粗差。

（1）偶然误差

在相同的观测条件下作一系列的观测，如果误差在大小和符号上都表现出偶然性，即从单个误差看，该列误差的大小和符号没有规律性，但从大量误差的总体上看，其具有一定的统计规律，这种误差称为偶然误差。简言之，符合统计规律的误差称为偶然误差。

（2）系统误差

在相同的观测条件下作一系列的观测，如果误差在大小、符号上表现出系统性，或者在观测过程中按一定的规律变化，或者为某一常数，那么，这种误差称为系统误差。

系统误差按其表现形式主要分为 4 类：线性系差、恒定系差、周期系差和复杂性系差。

（3）粗差

在测量工作的整个过程中，除了系统误差和偶然误差外，还可能发生粗差。粗差一般是指超限误差，即指比最大偶然误差还要大的误差。通俗地说，粗差要比偶然误差大好几倍。

上述 3 类误差中，偶然误差和系统误差是属于不可避免的正常性误差，而粗差原则上则属于能够避免的非正常性误差，是不允许的，不过，随着现代测量技术的发展，测量数据不可避免地含有粗差，粗差如何剔除也变得非常困难。因此，在误差数据处理中，对含有粗差的观测结果应予以剔除，使得测量结果只含有偶然误差和系统误差。

§1.2 本课程的内容与任务

1. 本课程的主要内容

（1）误差基本理论：包括测量误差及其分类；偶然误差的概率特性；精度标准；中误

差和权的定义及其确定方法；方差矩阵和权逆矩阵传播规律；方差传播和权倒数传播定律在测量中的应用；测量平差中必要的统计假设检验方法。

（2）测量平差函数模型和随机模型的概念及建立，参数估计理论及最小二乘原理。

（3）测量平差基本方法：重点介绍间接平差和条件平差。

（4）测量平差的应用：重点介绍了 GPS 网平差、坐标值平差和误差椭圆。

2. 本学科的任务

本学科的任务主要有两个方面：

（1）消除不符值。

（2）精度评定。

§1.3 本课程的发展历史

1794 年，高斯首先提出最小二乘法；1806 年，A. M. Legendre 从代数观点也独立提出了最小二乘法；自 20 世纪五六十年代开始，随着计算机技术的进步和生产实践中高精度的需要，测量平差得到了很大的发展，主要表现在以下几个方面：

（1）从单纯研究观测的偶然误差理论扩展到包含系统误差和粗差的理论。

（2）1947 年铁斯特拉提出了相关平差。

（3）随机参数的最小二乘滤波、推估和配置。

（4）秩亏自由网平差。

（5）随机模型的研究。

（6）系统误差的研究。

（7）整体最小二乘理论。

（8）粗差的研究。

（9）非线性平差。

§1.4 几个认识误区

1. 测量平差的重要性

在现代测量工程中，测绘仪器越来越先进，测量成果的精度也较以前有了一定程度的提高，因此，有些测量工作者认为测量平差不重要了。尤其是一些测量平差软件（如科傻、平差易等）的出现，更是加深了他们对这种观点的认同。难道测量平差真的不重要了吗？

测量平差到底重要不重要呢？回答是肯定的，不论在主观上，还是在客观上，测量平差的重要性从来没有减弱。现代的测量仪器，如 GPS-RTK、InSAR、测量机器人等，的确在一些方面给测量工作带来了很大的方便，也的确弥补了传统光学仪器的一些功能不足。但是，凡事都有两面，它们带来方便的同时，也带来了一些新的问题。比如 GPS 卫星在遥远的太空中运行，与地面接收机之间通过信号传播，这些信号要通过厚厚的大气层，大气层中的电离层、尘埃等均会对信号产生一些影响，从而带来了一些新的误差，如果这些误差不能被合理地处理，将会给测量带来不可预测的结果。

测量平差的重要性主要体现在以下几个方面：

（1）工程对测量平差提出的要求

测量平差是为测量服务的，测量是为工程服务的，因此，工程的精细程度对测量有不同的要求。随着科学技术的不断发展，人类社会出现了很多宏伟的工程，如磁悬浮铁路、高速铁路、航天飞机、大跨度的跨海大桥和悬索桥。它们无一不需要测量的辅助，而且对工程测量的要求越来越高，服务的范围越来越大，进而使得测量平差也要满足它们的需求。

（2）测量数据精度对测量平差提出的要求

对于精度要求高的工程，比如高速铁路，其控制网的精度要求很高，CP0级控制网的相对中误差可以达到1/250000。为了达到如此高的精度，除了测量仪器及测量方法需要满足一定的要求外，还需要相应地严密测量平差方法消除所存在的误差。如果没有对测量平差相关理论的深刻理解，是不能研制出相应的测量平差软件的。

（3）学科体系对测量平差提出的要求

测量平差是测绘工程专业的一门重要的专业基础课，是在学习了"数字地形测量学"后开设的第二门专业基础课，其后续的很多课程，如"大地测量学基础""GNSS"等，都需要测量平差作为先行课程。如果没有测量平差这门课程，学生在学习后续课程时，其效果将会大打折扣。

（4）科学技术对测量平差要求精益求精

测量领域的科研人员研制出了很多的测量平差软件，正是这些软件使得测量工作的效率大大地提高了。这些软件是基于相关的测量平差理论，如果没有测量平差，又怎么会有这些平差软件呢？

（5）对于测量技术人员

我们不否认，随着先进测量仪器的出现，以前很难达到的高精度数据，现在已经变得容易多了。因此，很多观测数据即使不进行测量平差也能达到较高精度。此时，对于测量平差的要求降低了。但是，高精度的测绘仪器价格昂贵，很多测绘公司不能大量配备。同时，对于很多基础测绘工作，在测量平差的辅助之下，不需要高精度的测绘仪器也能达到满足精度的观测数据。同时，在进行测量平差时，如果对相关理论公式掌握不牢固，虽然仍旧可以进行计算，甚至有时候得出的结果的确是减弱了一部分误差，但它不是最优的计算结果。

对于工程测量技术人员，应该对自己提出更高要求。如果不明白软件里面的相关平差理论，就无法知道如何进行平差。同时，工程测量人员测量完数据后，判断测量数据是否满足要求，也需要测量平差来进行精度评定。为了能成为一名合格的测量技术人员，测量技术人员应努力学习测量平差的相关知识，做到内外业兼备。再者，测量平差的一些思想，可以用于指导实际的测量工作。

（6）对于测绘工程专业的学生

对于很多专业，如土木工程、采矿工程、地质工程、水利工程等，都会学习测量学，也会掌握一些测量平差的基本理论。但是，对于测绘工程专业的学生，应该具备很强的专业素质，不能因为这门课难，而不愿意掌握。误差理论与测量平差这门课是区别其他专业的标志之一，为了成为一名合格的专业人员，应该努力去学习掌握。

2. 既然通过平差可以消除观测值中存在的不符值，是不是进行外业观测时可以随意观测？

平差是可以消除不符值，但是，所处理的观测数据是严格按照测量规范要求得到的结果，如果外业观测中不按照规范要求进行，则所得到的观测数据就是低精度的，甚至含有粗差，虽然可以进行平差，但是所得到的平差值可能是错误的或者是不满足精度的。也就是说平差所处理的对象也是要满足一定要求的。

3. 平差值一定是最好的吗？一定会满足精度要求么？

平差值是在一定观测条件下，经过平差后所得到的最好的结果，但是这个结果最终是否满足要求，还要通过进行精度评定来判断。所以，平差值未必会满足精度的要求。

4. 是不是仔细、认真地进行观测，所得到的观测值就不会有误差？

无论观测中如何仔细、如何认真，所得到的观测值总会含有误差，这一点是毋庸置疑的，只是观测的误差有大小之别而已。但是，尽管误差不可避免，但是在观测中还是要严格按照规范的要求进行观测。

5. 是不是任何测量数据都可以进行平差？

原则上对任何测量数据只要有多余观测都可以进行平差，但是要想得到准确的结果，对观测数据必须有一定的要求，即观测数据的误差要在允许的范围内，这样的测量数据进行平差后得到的结果，才能更加准确；如果观测数据的误差超出限制，则得到的平差结果是虚假的成果，得不到正确的值。

6. 观测量的实质和种类

观测量就是为了确定空间点的坐标所进行的直接或间接观测。观测量的种类有方位角、仰角、方位角变化率、仰角变化率、角度、边长、时间、时间差、频率、频率差、波长，等等。

§1.5 例题精讲

【例 1-1】 在水准测量中，水准仪下沉、水准尺读数估读误差以及读数记录误差等，都会使得水准尺读数数值产生误差，试分析所述 3 项读数误差性质，并说明处理方法。

【解】 水准尺下沉为系统误差，处理方法为采取合理操作程序（即后-前-前-后的观测顺序）的方法加以控制或减弱。

水准尺读数估读误差为偶然误差，处理方法为最小二乘方法。

读数或记录误差为粗差，处理方法为进行必要的重复测量或多余观测，采用必要而又严格的检验、验算等，发现粗差舍弃并重测。

【例 1-2】 依据测量误差的性质，误差分为哪几类？测量工作中如何处理这些误差？

【解】 依据测量误差的性质可将误差分为偶然误差、系统误差和粗差。

处理方法：偶然误差通过最小二乘准则减弱其影响。系统误差通过适当观测方法、加改正数方法以及检校仪器等消除和减弱其影响。粗差通过重复或多余观测，发现并剔除。

【例 1-3】 测量平差的基本任务是什么？

【解】 测量平差的基本任务包括以下两点：

（1）对一系列带有观测误差的观测值，运用概率统计的方法来消除它们之间的不符值，求出未知量的最可靠值。

（2）评定测量成果的精度。

【本题点拨】 有一点必须明白，即测量平差的任务除了确定平差值之外，必须要对所求得的平差值进行精度评定，因为只有满足精度要求，这个平差值才能满足最终的要求；如果不满足精度要求，即使它是平差值也是不可取的。

【例 1-4】 测量平差就是在多余观测的基础上，依据（　①　）和（　②　），对观测值进行合理的（　③　），使矛盾消除，从而得到一组最可靠的结果，并进行（　④　）。

【解】 ①数学模型；②某种估计准则；③调整；④精度评定。

【本题点拨】 平差只有在多余观测的基础上才能进行，如果没有多余观测就不能进行平差；平差只是消除了不符值，并没有消除误差；平差是依据一定的数学模型和估计准则进行的，不同的准则会有不同的结果；平差要进行精度评定。

§1.6 习　　题

1. 观测条件是由哪些因素构成的？它与观测结果的质量有什么联系？

2. 观测误差分为哪几类？它们各自是怎样定义的？对观测结果有什么影响？试举例说明。

3. 粗差对观测成果有何影响？怎样才能避免粗差的产生？

4. 系统误差对观测成果有何影响？怎样才能减弱或消除它？

5. 测量平差的任务是什么？

6. 用钢尺丈量距离，有下列几种情况使结果产生误差，试分别判定误差的性质及符号。

（1）尺长不准确；

（2）钢尺不水平；

（3）估读小数不准确；

（4）钢尺垂曲；

（5）尺端偏离直线方向。

7. 在水准测量中，有下列几种情况使水准尺读数有误差，试判断误差的性质及符号。

（1）视准轴与水准轴不平行；

（2）仪器下沉；

（3）读数不准确；

（4）水准尺下沉。

8. 何为多余观测？测量中为什么要进行多余观测？

9. 举出系统误差和偶然误差的例子各 5 个。

10. 正误判断。正确填"T"，错误填"F"。

（1）在水准测量中估读尾数不准确产生的误差是系统误差。（　　）

（2）系统误差可用平差的方法进行减弱或消除。（　　）

（3）偶然误差符合统计规律。（　　）

（4）三角形闭合差是真误差。（　　）

（5）在测角中，正倒镜观测是为了消除偶然误差。（　　）

第2章 误差理论的基本知识

本章学习目标

本章是全书的基础理论，主要介绍了测量误差理论的基本知识。通过本章的学习，应达到以下目标：

（1）掌握随机变量的数学期望、方差、协方差、协方差矩阵及互协方差的定义和性质。

（2）掌握偶然误差的特性。

（3）重点掌握精度的概念以及评价精度的几种指标。

（4）了解有关矩阵的基本知识。

§2.1 随机变量的数字特征

1. 数学期望

（1）定义

随机变量 X 的数学期望定义为随机变量取值的概率平均值，记作 $E(X)$ 或 ξ。

如果 X 是离散型随机变量，其可能取值为 $x_i(i=1,2,\cdots,n)$，且 $X=x_i$ 的概率 $P(X=x_i)=p_i$，则

$$E(X)=\sum_{i=1}^{n}x_ip_i \tag{2-1}$$

如果 X 是连续型随机变量，其分布密度为 $f(x)$，则

$$E(X)=\int_{-\infty}^{+\infty}xf(x)\mathrm{d}x \tag{2-2}$$

上述求数学期望的方法与力学中求质量重心坐标的方法一致，所以数学期望也可以看作分布重心的横坐标。

（2）性质

1）设 k 为常数，则

$$E(k)=k$$

2）设 k 为常数，则

$$E(kX)=kE(X)$$

3）无论各变量独立与否，其和的数学期望等于每一变量数学期望之和，即

$$E(X+Y)=E(X)+E(Y)$$

4）如各变量相互独立，则其乘积的数学期望等于各变量数学期望之乘积，即

$$E(X_1X_2\cdots X_n)=E(X_1)E(X_2)\cdots E(X_n)$$

2. 方差

（1）定义

随机变量 X 的方差记作 $D(X)$，其定义为

$$D(X)=E[X-E(X)]^2=E[(X-\xi)]^2=E[(X-E(X))^2] \tag{2-3}$$

如果 X 是离散型随机变量，其可能取值为 $x_i(i=1,2,\cdots,n)$，且 $X=x_i$ 的概率 $P(X=x_i)=p_i$，则

$$D(X)=\sum_{i=1}^{n}[x_i-E(X)]^2 p_i=\sum_{i=1}^{n}(x_i-\xi)^2 p_i \tag{2-4}$$

如果 X 是连续型随机变量，其分布密度函数为 $f(x)$，则

$$D(X)=\int_{-\infty}^{+\infty}[x-E(X)]^2 f(x)\mathrm{d}x=\int_{-\infty}^{+\infty}(x-\xi)^2 f(x)\mathrm{d}x \tag{2-5}$$

（2）性质

1）如 k 为常数，则

$$D(k)=0$$

2）如 k 为常数，则

$$D(kX)=k^2 D(X)$$

3）设 a，b 为常数，则

$$D(aX+b)=a^2 D(X)$$

4）设 X 的数学期望为 ξ，方差 $D(X)=\sigma^2$，则

$$D\left(\frac{X-\xi}{\sigma}\right)=\frac{1}{\sigma^2}D(X-\xi)=\frac{1}{\sigma^2}D(X)=\frac{1}{\sigma^2}\sigma^2=1$$

5）$D(X)=E(X^2)-E^2(X)$

这个性质在计算和证明中经常用到。

6）如果变量 X 与 Y 互相独立，则

$$D(X+Y)=D(X)+D(Y)$$

3. 协方差与相关系数

（1）协方差

协方差是描述随机变量 X 和 Y 之间相关性的量度，记作 σ_{XY}，有时也记作 $D(X, Y)$。其定义为

$$\sigma_{XY}=E[(X-E(X))(Y-E(Y))] \tag{2-6}$$

当 X 和 Y 的协方差 $\sigma_{XY}=0$ 时，表示这两个随机变量可能互不相关，在测量中，一般认为观测量属于正态分布，所以只要 $\sigma_{XY}=0$，这两个随机变量就不相关。

当 X 和 Y 的协方差 $\sigma_{XY}\neq0$ 时，则这两个随机变量是相关的。

（2）相关系数

两随机变量 X，Y 的相关性还可以用相关系数来描述，相关系数一般记作 ρ，其定义为

$$\rho=\frac{\sigma_{XY}}{\sqrt{D(X)}\sqrt{D(Y)}}=\frac{\sigma_{XY}}{\sigma_X\sigma_Y} \tag{2-7}$$

式中　$\sigma_X=\sqrt{D(X)}$，$\sigma_Y=\sqrt{D(Y)}$——分别称为随机变量 X，Y 的中误差或标准差。

4. 协方差矩阵

对于随机变量 X_i 组成的随机向量 $X = [X_1 \quad X_2 \quad \cdots \quad X_n]^{\mathrm{T}}$，它们的数学期望为

$$E(X) = \mu_{(X)} = \begin{bmatrix} E(X_1) \\ E(X_2) \\ \vdots \\ E(X_n) \end{bmatrix} \tag{2-8}$$

其方差是一个矩阵，称为方差-协方差矩阵，简称方差矩阵或协方差矩阵，即

$$D_{XX} = E[(X - E(X))(X - E(X))^{\mathrm{T}}] = \begin{bmatrix} \sigma_{X_1}^2 & \sigma_{X_1 X_2} & \cdots & \sigma_{X_1 X_n} \\ \sigma_{X_2 X_1} & \sigma_{X_2}^2 & \cdots & \sigma_{X_2 X_n} \\ \vdots & \vdots & \vdots & \vdots \\ \sigma_{X_n X_1} & \sigma_{X_n X_2} & \cdots & \sigma_{X_n}^2 \end{bmatrix} \tag{2-9}$$

5. 互协方差矩阵

如果有两组观测值向量 $\underset{n \times 1}{X}$ 和 $\underset{r \times 1}{Y}$，它们的数学期望分别为 $\underset{n \times 1}{E(X)}$ 和 $\underset{r \times 1}{E(Y)}$。$D_{XY}$ 是 X 关于 Y 的互协方差矩阵，为

$$D_{XY} = \begin{bmatrix} \sigma_{x_1 y_1} & \sigma_{x_1 y_2} & \cdots & \sigma_{x_1 y_r} \\ \sigma_{x_2 y_1} & \sigma_{x_2 y_2} & \cdots & \sigma_{x_2 y_r} \\ \vdots & \vdots & \vdots & \vdots \\ \sigma_{x_n y_1} & \sigma_{x_n y_2} & \cdots & \sigma_{x_n y_r} \end{bmatrix} \tag{2-10}$$

$$D_{XY} = E[(X - E(X))(Y - E(Y))^{\mathrm{T}}] = D_{YX}^{\mathrm{T}}$$

当 X 和 Y 的维数 $n = r = 1$ 时，即 X、Y 都是一个观测值，互协方差矩阵就是 X 关于 Y 的协方差。当 $D_{XY} = 0$ 时，则称 X 与 Y 是相互独立的观测值向量。

§2.2　测量常用的概率分布

1. 正态分布

（1）一维正态分布

若密度函数为

$$f(x) = \frac{1}{\sigma \sqrt{2\pi}} \exp \left[-\frac{1}{2}(x - \xi)^2 \sigma^{-2} \right] \tag{2-11}$$

则具有该密度函数的概率分布称为一维正态分布。

正态分布具有可加性。如果 X_1，X_2，$\cdots$，X_n 为互独立正态变量，且每一 $X_i \sim N(\xi, \sigma_i^2)$，则其和

$$\sum_{i=1}^{n} X_i = X_1 + X_2 + \cdots + X_n \sim N(\xi, \sigma^2) \tag{2-12}$$

式中　ξ——$\xi = \sum_{i=1}^{n} \xi_i$ ；

σ^2——$\sigma^2 = \sum\limits_{i=1}^{n} \sigma_i^2$。

正态变量的线性函数仍是正态变量。例如 $x_i \sim N(\xi, \sigma^2)$ $(i=1, 2, \cdots, n)$，则其算术平均值为

$$\overline{X} = \frac{1}{n} \sum_{i=1}^{n} x_i \sim N(\xi, \sigma^2/n) \tag{2-13}$$

（2）标准正态分布

在式（2-11）中，如果 $\xi=0$，$\sigma=1$，则所得密度函数为

$$f(x) = \frac{1}{\sqrt{2\pi}} \exp\left(-\frac{1}{2}x^2\right) \quad (-\infty < x < \infty) \tag{2-14}$$

具有这种密度函数的分布称为标准正态分布，随机变量记为 $X \sim N(0, 1)$。

（3）n 维正态分布

在测量工作中，通常用纵、横坐标来确定平面点的位置，而纵、横坐标误差就是二维正态随机变量，它们服从的分布为二维正态分布。二维正态随机变量 (X, Y) 的联合分布概率密度函数为

$$f(x, y) = \frac{1}{2\pi\sigma_x\sigma_y\sqrt{1-\rho^2}} \exp\left\{-\frac{1}{2(1-\rho^2)} \cdot \right.$$

$$\left. \left[\frac{(x-\mu_x)^2}{\sigma_x^2} - \frac{2\rho(x-\mu_x)(y-\mu_y)}{\sigma_x\sigma_y} + \frac{(y-\mu_y)^2}{\sigma_y^2}\right]\right\}$$

式中 μ_x, μ_y, σ_x^2, σ_y^2 和 ρ——分别为随机变量 X 和 Y 的数学期望、方差和相关系数。

设有 n 维正态随机向量 $X = (X_1 \quad X_2 \quad \cdots \quad X_n)^{\mathrm{T}}$，如果 X 服从正态分布，则 n 维正态随机向量的密度函数为

$$f(x_1, x_2, \cdots, x_n) = \frac{1}{(2\pi)^{\frac{n}{2}} |D_{XX}|^{\frac{1}{2}}} \exp\left[-\frac{1}{2}(X-\mu_X)^{\mathrm{T}} D_{XX}^{-1}(X-\mu_X)\right] \tag{2-15}$$

2. 非正态分布

（1）χ^2 分布

设 X_1, X_2, $\cdots$, X_n 为互独立的 $N(0, 1)$ 变量，则其平方和为中心化的 $\chi_{(n)}^2$ 变量，记为

$$Z = X_1^2 + X_2^2 + \cdots + X_n^2 = X^{\mathrm{T}}X \sim \chi_{(n)}^2 \tag{2-16}$$

式中 n——独立变量的个数，称为 χ^2 变量的自由度。

χ^2 变量的概率表达式为

$$P(\chi_{1-\alpha/2}^2 < \chi^2 < \chi_{\alpha/2}^2) = \int_{\chi_{1-\alpha/2}^2}^{\chi_{\alpha/2}^2} f(x)\mathrm{d}x = p = 1-\alpha \tag{2-17}$$

χ^2 变量的数学期望和方差为

$$E(\chi_{(n)}^2) = \int_0^\infty x f(x)\mathrm{d}x = n$$

$$D(\chi_{(n)}^2) = \int_0^\infty (x-E(x))^2 f(x)\mathrm{d}x = 2n$$

χ^2 分布具有可加性，如 χ_1^2 和 χ_2^2 为互独立的两个 χ^2，自由度分别为 n_1 和 n_2，则有

$$\chi_{(n)}^2 = \chi_1^2 + \chi_2^2$$

其中，$n = n_1 + n_2$。也就是说 χ_1^2、χ_2^2 之和也是 χ^2 变量，其自由度为这两个变量自由度之和。

（2）非中心化 χ^2 变量

随机向量 $X = \{X_1 \quad X_2 \quad \cdots \quad X_n\}^T$，$X_i$ 为互独立的 $N(\xi, 1)$ 变量，则其平方和 $X^T X$ 为自由度 n 的非中心化 χ^2 变量，即

$$X^T X \sim \chi_{(n, \lambda)}'^2 \tag{2-18}$$

式中 λ——非中心参数，且 $\lambda = \xi^T \xi$。其数学期望和方差为

$$E(\chi_{(n, \lambda)}'^2) = n + \lambda; \quad D(\chi_{(n, \lambda)}'^2) = 2n + 4\lambda$$

（3）t 分布

设随机变量 X 与 Y 相互独立，$X \sim N(0, 1)$，$Y \sim \chi_{(n)}^2$，则 t 变量定义为

$$t_{(n)} = X / \sqrt{Y/n} \tag{2-19}$$

式中 n——t 变量的自由度，也是 χ^2 变量的自由度。

t 变量的概率表达式为

$$P(|t| < t_{\alpha/2}) = 2 \int_0^{t_{\alpha/2}} f(x) \mathrm{d}x = p = 1 - \alpha \tag{2-20}$$

t 变量的数学期望和方差为

$$E(t) = 0, \quad D(t_{(n)}) = \frac{n}{n-2} \ (n > 2) \tag{2-21}$$

（4）F 分布

设有两个互独立的 χ^2 变量 $\chi_{(m)}^2$ 和 $\chi_{(n)}^2$，则定义

$$F = \frac{\chi_{(m)}^2 / m}{\chi_{(n)}^2 / n} \tag{2-22}$$

为分子自由度 m 和分母自由度 n 的 F 变量，记为 $F \sim F(m, n)$，

F 分布的数学期望和方差为

$$E(F_{(m, n)}) = \frac{n}{n-2}, \ n > 2$$

$$D(F_{(m, n)}) = \frac{2n^2(m + m - 2)}{m(n-2)^2(n-4)}, \ n > 4$$

F 变量的概率表达式为

$$P(F_{1-\frac{\alpha}{2}} < F < F_{\frac{\alpha}{2}}) = p = 1 - \alpha \tag{2-23}$$

（5）二次型分布

1）定义。设 X 服从 $N(\xi, D(X))$，M 为对称正方矩阵，$MD(X)$ 是幂等矩阵，则二次型 $X^T M X$ 服从非中心化的 χ^2 分布，即

$$X^T M X \sim \chi_{(R(M), \lambda)}'^2 \tag{2-24}$$

式中 $R(M)$——二次型母矩阵 M 的秩；

$\lambda = \xi^T M \xi$——非中心参数。

母矩阵 M 与 X 的方差 $D(X)$ 的乘积为幂等矩阵，即

$$MD(X)MD(X)=MD(X)$$

2）二次型的数学期望。设有随机向量 X 和 Y，其数学期望分别为 $E(X)=\mu_X$，$E(Y)=\mu_Y$，其方差矩阵和协方差矩阵分别为 D_{XX}、D_{YY}、D_{XY}，则二次型的数学期望公式为

$$E(X^{\mathrm{T}}AX)=\mathrm{tr}(AD_{XX})+\mu_X^{\mathrm{T}}A\mu_X$$

$$E(X^{\mathrm{T}}BY)=\mathrm{tr}(BD_{XY})+\mu_X^{\mathrm{T}}B\mu_Y \tag{2-25}$$

式中　A、B——任意的对称可逆矩阵。

§2.3　偶然误差的特征

1. 真值与估值

任何一个被观测量，客观上总是存在着一个能代表其真正大小的数值。这一数值就称为该观测量的真值。通常在表示观测值的字母上方加波浪线表示其真值。

设对真值 $\widetilde{L}$ 的观测值为 L_1，L_2，…，L_n，相应的真误差为 Δ_1，Δ_2，…，Δ_n，则有

$$\Delta_i=\widetilde{L}-L_i \tag{2-26}$$

有

$$\widetilde{L}=E(L)=\lim_{n\to\infty}\frac{1}{n}[L]$$

所以，观测值的真值 $\widetilde{L}$ 等于观测值的数学期望 $E(L)$ 的前提条件是，观测值仅包含偶然误差且观测值个数 n 趋近于无穷大。

当 n 的个数有限而非无穷多次时，则观测值真值的估值为

$$\hat{L}=\frac{1}{n}[L] \tag{2-27}$$

估值也称平差值、最或然值，用 $\hat{L}$ 表示。$\hat{L}$ 与真值 $\widetilde{L}$ 的关系为

$$\widetilde{L}=\lim_{n\to\infty}\hat{L} \tag{2-28}$$

应该注意的是，观测值的真值是唯一存在的，所以真值在理论上是一个常数，其方差为零，即 $D(\widetilde{L})=0$，而估值由于有限个观测值带有随机性而随机波动，所以估值是一个随机变量，其方差不为零，即 $D(\hat{L})\neq0$。

2. 偶然误差的特性

（1）误差的有界性。设 B 为误差限制，即误差在 $[-B，B]$ 区间出现是一必然事件，其概率为

$$P(-B\leqslant\Delta\leqslant B)=\int_{-B}^{B}f(\Delta)\mathrm{d}\Delta=1$$

（2）误差的趋向性。若 $\Delta_1<\Delta_2$，则概率 $P(\Delta_1)>P(\Delta_2)$，或密度函数 $f(\Delta_1)>f(\Delta_2)$。

（3）误差的对称性。正负误差出现的概率相等，即

$$P(+\Delta)=P(-\Delta)$$

（4）误差的抵偿性

$$E(\Delta) = \lim_{n \to \infty} \frac{1}{n} [\widetilde{L} - L] = 0$$

§2.4 精度和衡量精度指标

1. 精度

精度（Precision）是指在一定测量条件下，对某一量的多次测量中各观测值之间的离散程度，展示了观测结果中偶然误差的大小程度，是衡量偶然误差影响程度的指标。

2. 准确度

准确度是指在一定测量条件下，观测值及其函数的估值与其真值的偏离程度。在观测值存在系统误差时，仅用观测值与其数学期望的离散度来描述观测质量显然是有问题的，应该用准确度（Correctness）来进行表达，即

$$\varepsilon = \widetilde{L} - E(L) \tag{2-29}$$

即准确度 ε 定义为观测值的真值 $\widetilde{L}$ 与数学期望 $E(L)$ 之差。准确度反映了系统误差的大小，如果不存在系统误差时，$E(L) = \widetilde{L}$，故 $\varepsilon = 0$。

3. 精确度

精确度（Accuracy）是精度和准确度的合成，是指观测结果与其真值的接近程度，包括观测结果与其数学期望的接近程度和数学期望与其真值的偏差。因此，精确度反映了偶然误差和系统误差联合影响的大小程度。当不存在系统误差时，精确度就是精度。因此，精确度是一个全面衡量观测质量的指标。

精确度的衡量指标为均方误差（Mean Square Error），由高斯提出。设观测值为 X，均方误差的定义式为

$$MSE(X) = E(X - \widetilde{X})^2 \tag{2-30}$$

则有

$$MSE(X) = E(X - E(X))^2 + (E(X) - \widetilde{X})^2 = D_{XX} + \beta^2 \tag{2-31}$$

所以 X 的均方误差等于 X 的方差加上偏差的平方。

对于随机向量 $\underset{n \times 1}{X}$，则其均方误差的定义为

$$MSE(X) = E[(X - \widetilde{X})(X - \widetilde{X})^{\mathrm{T}}] \tag{2-32}$$

4. 衡量精度的指标

（1）方差和中误差

精度和观测值的方差有直接关系：方差小则精度高，方差大则精度低。用 σ^2 表示误差分布的方差，由方差的定义，有

$$\sigma^2 = D(\Delta) = E(\Delta - E(\Delta))^2 \tag{2-33}$$

由于在此 Δ 主要包括偶然误差部分，$E(\Delta) = 0$，所以有

$$\sigma^2 = D(\Delta) = E(\Delta)^2 = \int_{-\infty}^{+\infty} \Delta^2 f(\Delta) \mathrm{d}\Delta \tag{2-34}$$

σ 就是中误差（也称标准差）

$$\sigma = \sqrt{E(\Delta^2)} = \lim_{n \to \infty} \sqrt{\frac{1}{n}[\Delta\Delta]} \qquad (2\text{-}35)$$

当观测个数 n 有限而非趋于无穷时，得到计算中误差估值的实用公式

$$\hat{\sigma} = \sqrt{\frac{1}{n}[\Delta\Delta]} \qquad (2\text{-}36)$$

或计算方差估值的实用公式

$$\hat{\sigma}^2 = \frac{1}{n}[\Delta\Delta] \qquad (2\text{-}37)$$

（2）平均误差

在一定的观测条件下，一组独立的偶然误差绝对值的数学期望称为平均误差。设以 θ 表示平均误差，则有

$$\theta = E(|\Delta|) = \lim_{n \to \infty} \frac{1}{n} \sum_{i=1}^{n} |\Delta_i| \qquad (2\text{-}38)$$

（3）或然误差

或然误差 ρ 的定义是：观测误差 Δ 出现在 $(-\rho, \rho)$ 之间的概率等于 $1/2$，即

$$\int_{-\rho}^{+\rho} f(\Delta)\mathrm{d}\Delta = \frac{1}{2} \qquad (2\text{-}39)$$

（4）极限误差

$$\Delta_{\text{限}} = 2\sigma \quad \text{或} \quad \Delta_{\text{限}} = 3\sigma \qquad (2\text{-}40)$$

实践中，也常采用 2σ 作为极限误差。例如测量规范中的限差通常是以 2σ 作为极限误差。实用上以中误差的估值 $\hat{\sigma}$ 代替 σ。在测量工作中，如果某误差超过了极限误差，那就可以认为它是错误，相应的观测值应进行重测、补测或舍去不用。

（5）相对误差

相对中误差是个无量纲数，在测量中一般将分子化为 1，即用 $\frac{1}{N}$ 表示。

相对误差是对长度元素而言的。如果不特别说明，相对误差是指相对中误差。角度元素没有相对误差，因为，角度误差的大小主要是由观测两个方向引起的，它并不依赖角度的大小而变化。

（6）横向相对误差和纵向相对误差

图 2-1 表示的是测量角度及距离确定 P 点的位置。由角度测量误差 $\Delta\alpha$ 使 P 点移至 P'，由距离测量误差 ΔS 使 P' 点又移至 P'' 点。由角度测量引起的在垂直于量距方向上

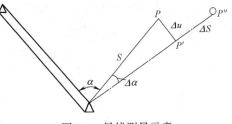

图 2-1　导线测量示意

的位置误差 Δu 称为横向误差。由距离测量引起的沿量距方向上的位置误差 ΔS 称为纵向误差。此时有

横向相对误差为：$\dfrac{\Delta u}{S}$；纵向相对误差为：$\dfrac{\Delta S}{S}$。

由图 2-1 可知，$\Delta u \ll S$，故可将 Δu 近似地视为圆弧，则 $\dfrac{\Delta u}{S}$ 就是角度误差 $\Delta\alpha$ 的弧度

值，即 $\dfrac{\Delta u}{S}=\Delta \alpha$（弧度值），则横向误差为

$$\Delta u = S \cdot \Delta \alpha$$

纵横误差相等是指

$$\Delta u = \Delta S$$

即

$$\Delta \alpha = \dfrac{\Delta S}{S}$$

习惯上，角度误差一般以秒为单位，则纵横向误差相等可表示为

$$\dfrac{\Delta \alpha''}{\rho''}=\dfrac{\Delta S}{S}$$

实际测量中，纵横向精度一致是指纵横向精度的相对中误差相等，即

$$\dfrac{\sigma_\alpha''}{\rho''}=\dfrac{\sigma_S}{S} \tag{2-41}$$

式（2-41）表明，导线测量中的纵横向精度一致，就是以弧度为单位的测角中误差与边长的相对中误差相等。

§2.5　有关矩阵的基本知识

1. 矩阵的秩

矩阵 A 的最大线性无关的行（列）向量的个数 r，称为矩阵 A 的行（列）秩。由于矩阵的行秩等于列秩，故统称之为矩阵的秩，记为 $rg(A)$。

2. 矩阵的迹

定义：一个 $n \times n$ 正方矩阵 A 的主对角线元素之和称为该正方矩阵的迹，记为

$$\mathrm{tr}(A)=\sum_{i=1}^{n} a_{ii} \tag{2-42}$$

3. 矩阵对变量的微分

设 $m \times n$ 阶矩阵 A 的每一个元素 a_{ij} 均是变量 x 的函数，若它们在某点处或某区间是可微的，则矩阵 A 在该点或该区间也是可微的，且定义矩阵的导数为

$$\dfrac{\mathrm{d}A}{\mathrm{d}x}=A'=\begin{bmatrix} \dfrac{\mathrm{d}a_{11}}{\mathrm{d}x} & \dfrac{\mathrm{d}a_{12}}{\mathrm{d}x} & \cdots & \dfrac{\mathrm{d}a_{1n}}{\mathrm{d}x} \\ \cdots & \cdots & \cdots & \cdots \\ \dfrac{\mathrm{d}a_{m1}}{\mathrm{d}x} & \dfrac{\mathrm{d}a_{m2}}{\mathrm{d}x} & \cdots & \dfrac{\mathrm{d}a_{m \times n}}{\mathrm{d}x} \end{bmatrix}$$

4. 函数对向量的微分

若函数 f 是以 n 维向量 $x=\begin{bmatrix} x_1 & x_2 & \cdots & x_n \end{bmatrix}^{\mathrm{T}}$ 的 n 个元素 x_i 为自变量的函数 $f(x)=f(x_1, x_2, \cdots, x_n)$，且函数 $f(x)$ 对其所有自变量 x_i 是可微的，则 $f(x)$ 对于向量 x 的偏导数定义为

$$\dfrac{\partial f}{\partial x}=\begin{bmatrix} \dfrac{\partial f}{\partial x_1} & \dfrac{\partial f}{\partial x_2} & \cdots & \dfrac{\partial f}{\partial x_n} \end{bmatrix}^{\mathrm{T}}$$

构成函数向量 $F=[f_1(x) \quad f_2(x) \quad \cdots \quad f_m(x)]^{\mathrm{T}}$ 时，则 F 对 x 的微分为一 $m \times n$ 阶矩阵，即

$$
\frac{\mathrm{d}F}{\mathrm{d}x^{\mathrm{T}}} = \begin{bmatrix} \dfrac{\partial f_1}{\partial x_1} & \dfrac{\partial f_1}{\partial x_2} & \cdots & \dfrac{\partial f_1}{\partial x_n} \\ \dfrac{\partial f_2}{\partial x_1} & \dfrac{\partial f_2}{\partial x_2} & \cdots & \dfrac{\partial f_2}{\partial x_n} \\ \cdots & \cdots & \cdots & \cdots \\ \dfrac{\partial f_m}{\partial x_1} & \dfrac{\partial f_m}{\partial x_2} & \cdots & \dfrac{\partial f_m}{\partial x_n} \end{bmatrix}
$$

5. 特殊函数的微分

（1）若 $C = X^{\mathrm{T}}Y = Y^{\mathrm{T}}X$，则 $\dfrac{\partial C}{\partial X} = Y$（$C$ 为标量）　　　　　　　　　　(2-43)

（2）若 x 为 $n \times 1$ 维向量，A 为 $n \times n$ 阶对称矩阵，则

$$
\frac{\partial(x^{\mathrm{T}}Ax)}{\partial x} = 2Ax \tag{2-44}
$$

§2.6　知 识 难 点

1. 偶然误差特性的认识

偶然误差是一种随机误差，它是一种经过多次试验、推导总结出来的误差。对于测量数据误差总是假设其是偶然误差，即满足偶然误差的特征。偶然误差的 4 个特征不能通过做实验得到。

2. 方差和中误差

方差和中误差是根据真误差来定义的。其定义要满足两个条件：真误差和同精度的真误差。

3. 中误差、平均误差、或然误差的关系

中误差 σ、平均误差 θ 及或然误差 ρ 这 3 种精度指标的特性：

（1）通常当观测个数 n 越大时，σ、θ、ρ 的估值越接近其理论值。

（2）当观测个数 n 很小时，求出的 σ、θ、ρ 均不可靠。

（3）当观测个数 n 不大时，σ 比 θ、ρ 更能灵敏地反映出大的真误差的影响。

因此，世界各国通常都是采用中误差作为精度指标，我国也统一采用中误差作为衡量精度的指标。

4. 精度、准确度和精确度的关系

精度主要是衡量偶然误差，准确度是衡量系统误差，精确度是衡量偶然误差和系统误差之和。如果不存在系统误差，则三者是一致的。

5. χ^2 分布变量、t 分布变量、F 分布变量与正态分布变量之间的关系

χ^2 分布变量、t 分布变量、F 分布变量都是根据正态分布变量推导出来的。

6. 二次型分布的应用

目前在本科生阶段二次型分布主要是对其二次型的期望运用得比较多。

7. 中误差的意义

（1）中误差是一个整体的概念，是对一组观测值而言，对单个观测值而言，中误差没有意义。

（2）中误差代表误差分布的离散程度大小。

（3）中误差可对其真误差做出区间估计。

§2.7 例 题 精 讲

【例 2-1】 为什么说正态分布是一种重要的分布？

【解】 正态分布是许多统计方法的理论基础，如 χ^2 分布、t 分布、F 分布都是在正态分布的基础上推导出来的，u 检验也是以正态分布为基础的，此外 χ^2 分布、t 分布、F 分布等的极限为正态分布，在一定的条件下，可以按正态分布原理来处理。

【例 2-2】 偶然误差 Δ 服从什么分布？它的数学期望和方差各是什么？

【解】 偶然误差 Δ 服从正态分布；它的数学期望为 0，方差为 $E(\Delta^2)$。

【例 2-3】 设随机变量 X_1，X_2，$\cdots$，X_5 相互独立，且有 $E(X_i)=2i$，$D(X_i)=i^2$（$i=1$，2，$\cdots$，5），设 $Y=2X_1-3X_2-\dfrac{1}{2}X_4+X_5$，试求 $E(Y)$，$D(Y)$。

【解】 由题意可知：
$$E(X_1)=2, E(X_2)=4, E(X_3)=6, E(X_4)=8, E(X_5)=10$$
$$D(X_1)=1, D(X_2)=4, D(X_3)=9, D(X_4)=16, D(X_5)=25$$
所以，有
$$E(Y)=2E(X_1)-3E(X_2)-\frac{1}{2}E(X_4)+E(X_5)=2\times2-3\times4-\frac{1}{2}\times8+10=-2$$
$$D(Y)=4D(X_1)+9D(X_2)+\frac{1}{4}D(X_4)+D(X_5)=4+36+4+25=69$$

【本题点拨】 （1）方差公式的正确使用，系数的平方；（2）要有常识，即方差是正数。

【例 2-4】 设有观测向量 $\underset{3\times1}{X}=\begin{bmatrix}L_1 & L_2 & L_3\end{bmatrix}^{\mathrm{T}}$ 的协方差矩阵 $D_{XX}=\begin{bmatrix}4 & -2 & 0 \\ -2 & 9 & -3 \\ 0 & -3 & 16\end{bmatrix}$，试写出观测值 L_1、L_2、L_3 的中误差及其间的协方差。

【解】 由题意可得
$$\sigma_{L_1}=2, \sigma_{L_2}=3, \sigma_{L_4}=4$$
$$\sigma_{L_1L_2}=-2, \sigma_{L_1L_3}=0, \sigma_{L_2L_3}=-3$$

【本题点拨】 （1）协方差矩阵的各元素的含义；（2）中误差只取正值。

【例 2-5】 对真值为 $\tilde{L}=100.010\mathrm{m}$ 的一段距离以相同的方法进行了 10 次独立的观测，得到的观测结果为（单位为 m）

100.023，100.015，100.017，100.016，100.024，100.023，100.025，100.017，100.026，100.014。

试求该组观测值的系统误差、中误差和均方误差。

【解】 求 10 次独立观测的平均值，可得

$$\overline{L} = \frac{1}{10}(L_1 + L_2 + \cdots + L_{10})$$

$$= 100.01 + \frac{1}{10000}(13 + 5 + 7 + 6 + 14 + 13 + 15 + 7 + 16 + 4)$$

$$= 100.01 + 0.01 = 100.02$$

所以，系统误差 ε 为

$$\varepsilon = \widetilde{L} - \overline{L} = 100.01 - 100.02 = -0.01\text{m} = -10\text{mm}。$$

$$\hat{\sigma}^2 = \frac{1}{10} \sum_{i=1}^{10} [\widetilde{L} - (L_i - \varepsilon)]^2$$

$$= \frac{1}{10}(9 + 25 + 9 + 16 + 16 + 9 + 25 + 9 + 36 + 36)$$

$$= 19\text{mm}^2$$

$$\hat{\sigma} = \sqrt{19}\ \text{mm}$$

$$MSE(L) = \hat{\sigma}^2 + \varepsilon^2 = 19 + 100 = 119\text{mm}^2$$

【本题点拨】 本题一定要掌握系统误差和均方误差的定义和求法。

【例 2-6】 导线测量中，边长测量值为 1500m，若要使端点的横向误差不超过 5mm，则实际测角精度应达到多少？

【解】 横向误差不应超过 5mm，意味着极限误差为 5mm，因此，横向中误差不应超过 5/3=1.7mm，则实际测角中误差应小于

$$\frac{1.7 \times 206265''}{1500000} = 0.23''$$

【本题点拨】 本题一定要了解横向误差的求法。本题中极限误差是中误差的 3 倍，实际上也可用极限误差是中误差的 2 倍，来求测角中误差，则得到不同的结果。

【例 2-7】 设观测值 $L = 1540.511$，观测值分布的概率密度函数为 $f(L) = \frac{1}{0.006\sqrt{2\pi}}$

$e^{-\frac{(L-1540.517)^2}{2 \times 0.006^2}}$，观测值的真值为 $\widetilde{L} = 1540.520$。问观测值 L 的均方误差是多少，其相对中误差和相对极限误差是多少？

【解】 由观测值的分布密度函数可知

$$E(L) = 1540.517, \ \sigma = 0.006$$

观测值的系统误差大小为

$$\varepsilon = \widetilde{L} - E(L) = 1540.520 - 1540.517 = 0.003$$

观测值的均方误差大小为

$$MSE(L) = \sigma^2 + \varepsilon^2 = 0.006^2 + 0.003^2 = 4.5 \times 10^{-5}$$

相对中误差大小为

$$\frac{0.006}{1540.511} = \frac{1}{256752}$$

取两倍中误差作为极限误差，则观测值的极限误差为 0.012，因此，相对极限误差大小为

$$\frac{0.012}{1540.511}=\frac{1}{128376}$$

【本题点拨】 （1）从密度函数中求方差和期望；（2）均方误差的求法；（3）相对中误差的求法；（4）本题中极限误差也可取为 3 倍中误差。

【例 2-8】 若量距的相对中误差为 1/200000，角度的中误差为 1″，试比较纵横向精度是否一致。

【解】 以弧度为单位的测角中误差为

$$\frac{\sigma_\alpha''}{\rho''}=\frac{1}{206265}$$

边长的相对中误差为

$$\frac{\sigma_S}{S}=\frac{1}{200000}$$

所以

$$\frac{\sigma_\alpha''}{\rho''}\approx\frac{\sigma_S}{S}$$

可见，纵横向精度是一致的。

【本题点拨】 横向误差和纵向误差的求法。

【例 2-9】 设长方形的长 $X\sim N(10\text{m}，100\text{mm}^2)$，宽 $Y\sim N(5\text{m}，100\text{mm}^2)$，$X$，$Y$ 互相独立，试求：（1）长方形面积 S 和周长 C 的数学期望和方差；（2）S 和 C 的相关系数。

【解】 （1）

$S=XY,C=2(X+Y)$

$E(S)=E(X)E(Y)=50\text{m}^2,E(C)=2[E(X)+E(Y)]=2\times15=30\text{m}$

$\mathrm{d}S=Y\mathrm{d}X+X\mathrm{d}Y=\begin{bmatrix}Y & X\end{bmatrix}\begin{bmatrix}\mathrm{d}X\\\mathrm{d}Y\end{bmatrix},C=\begin{bmatrix}2 & 2\end{bmatrix}\begin{bmatrix}X\\Y\end{bmatrix}$

$D(S)=\begin{bmatrix}Y & X\end{bmatrix}\begin{bmatrix}100 & 0\\0 & 100\end{bmatrix}\begin{bmatrix}Y\\X\end{bmatrix}=100Y^2+100X^2=100\text{mm}^2\times(100+25)\text{m}^2$

$\qquad=1.25\times10^{10}\text{mm}^4$

$D(C)=\begin{bmatrix}2 & 2\end{bmatrix}\begin{bmatrix}100 & 0\\0 & 100\end{bmatrix}\begin{bmatrix}2\\2\end{bmatrix}=800\text{mm}^2$

$D_{SC}=\begin{bmatrix}Y & X\end{bmatrix}\begin{bmatrix}100 & 0\\0 & 100\end{bmatrix}\begin{bmatrix}2\\2\end{bmatrix}=200\text{mm}^2(X+Y)=200\text{mm}^2\times15\text{m}=3\times10^6\text{mm}^3$

（2）$\rho_{SC}=\dfrac{D_{SC}}{\sqrt{D(S)D(C)}}=\dfrac{3\times10^6}{\sqrt{1.25\times10^{10}\times8\times10^2}}=\dfrac{3}{\sqrt{10}}=0.95$

【本题点拨】 （1）对 S 取全微分时，注意单位的统一；（2）$D(S)$、D_{SC} 的单位分别是 mm^4、mm^3。

【例 2-10】 设随机变量 $X\sim N(0，9)$，求随机变量函数 $Y=5X^2$ 的均值。

【解】 $E(X)=0,D(X)=9$

$E(Y)=5E(X^2)=5[D(X)+E^2(X)]=5D(X)$

$\qquad=5E[(X-E(X))(X-E(X))]=45$

【本题点拨】 掌握 $E(X^2)=D(X)+E^2(X)$ 的运用。

【例 2-11】 已知平面一点坐标中误差为 $\sigma_x=4\text{cm}$，$\sigma_y=3\text{cm}$。试求：

（1）若已知坐标的协方差是 $\sigma_{xy}=9\text{cm}^2$，写出向量 $Z=\begin{bmatrix} x & y \end{bmatrix}^{\text{T}}$ 的方差-协方差矩阵及坐标的相关系数 ρ_{xy}；

（2）若已知坐标相关系数是 $\rho_{xy}=-0.5$，写出向量 $Z=\begin{bmatrix} x & y \end{bmatrix}^{\text{T}}$ 的方差-协方差矩阵；

（3）若取 $\sigma_0^2=9\text{cm}^2$，试分别写出（1）和（2）中的 $Z=\begin{bmatrix} x & y \end{bmatrix}^{\text{T}}$ 的权矩阵和协因数矩阵。

【解】 （1） $D_{ZZ}=\begin{bmatrix} \sigma_x^2 & \sigma_{xy} \\ \sigma_{xy} & \sigma_y^2 \end{bmatrix}=\begin{bmatrix} 16 & 9 \\ 9 & 9 \end{bmatrix}\text{cm}^2$

$$\rho_{xy}=\frac{\sigma_{xy}}{\sigma_x\sigma_y}=\frac{9}{4\times3}=0.75$$

（2） $\rho_{xy}=\frac{\sigma_{xy}}{\sigma_x\sigma_y}\Rightarrow\sigma_{xy}=\rho_{xy}\sigma_x\sigma_y=-6\text{cm}^2$

$$D_{ZZ}=\begin{bmatrix} \sigma_x^2 & \sigma_{xy} \\ \sigma_{xy} & \sigma_y^2 \end{bmatrix}=\begin{bmatrix} 16 & -6 \\ -6 & 9 \end{bmatrix}\text{cm}^2$$

（3）根据（1）的结果，可得其协因数矩阵和权矩阵为

$$Q_{ZZ}=D_{ZZ}/\sigma_0^2=\begin{bmatrix} \frac{16}{9} & 1 \\ 1 & 1 \end{bmatrix},\ P_{ZZ}=Q_{ZZ}^{-1}=\frac{9}{7}\begin{bmatrix} 1 & -1 \\ -1 & \frac{16}{9} \end{bmatrix}$$

根据（2）的结果，可得其协因数矩阵和权矩阵为

$$Q_{ZZ}=D_{ZZ}/\sigma_0^2=\begin{bmatrix} \frac{16}{9} & \frac{2}{3} \\ \frac{2}{3} & 1 \end{bmatrix},\ P_{ZZ}=Q_{ZZ}^{-1}=\frac{3}{4}\begin{bmatrix} 1 & -\frac{2}{3} \\ -\frac{2}{3} & \frac{16}{9} \end{bmatrix}$$

【本题点拨】 本题比较简单，但有几点要注意：第一，协方差矩阵是有单位的；第二，权矩阵必须按照求协因数矩阵的逆矩阵方法计算。

【例 2-12】 设有两组观测值的真误差如下：

（a）1，0，2，−2，−1；

（b）−2，3，−2，2，−3

已知每组内观测值独立等精度且两组观测值之间相关，试求这两组观测值的方差及协方差的估值。

【解】

$$\hat{\sigma}_1^2=\frac{[\Delta_i\Delta_i]}{n}=\frac{1+4+4+1}{5}=2$$

$$\hat{\sigma}_2^2=\frac{[\Delta_j\Delta_j]}{n}=\frac{4+9+4+4+9}{5}=6$$

$$\hat{\sigma}_{12}=\frac{[\Delta_i\Delta_j]}{n}=\frac{-2+0-4-4+3}{5}=-\frac{7}{5}=-1.4$$

【本题点拨】 本题的关键是要紧扣定义，特别是协方差的求法。

【例 2-13】 现有一施工放样工程，如图 2-2 所示，要从 A 点放样距其 300m 的 P 点，要使放样 P 点的精度（点位中误差）达到 6mm，已知测量距离的中误差 2mm，则测量角度 β 的精度 m_β 为多少？若用测角精度为 $6''$ 的仪器测量至少需要几个测回？（A 点与方位角 α 已知）。

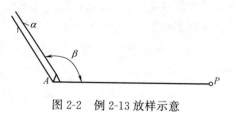

图 2-2 例 2-13 放样示意

【解】 （1）P 点位方差

$$\sigma_P^2 = \sigma_s^2 + \sigma_u^2$$
$$\sigma_s^2 = 4\text{mm}^2 \Rightarrow \sigma_u^2 \leqslant 36 - 4 = 32\text{mm}^2$$
$$\sigma_u^2 = [m_\beta \times 300 \times 1000/2 \times 10^5]^2$$

则可得 $\quad m_\beta = \dfrac{8}{3}\sqrt{2}''$

（2）设需要 n 个测回

由 $\dfrac{6}{\sqrt{n}} = \dfrac{8\sqrt{2}}{3}$，得 $n=3$

【本题点拨】 （1）点位中误差的求法，要根据横向误差和纵向误差求解；（2）求得的测回数是小数时要为大于小数的整数。

【例 2-14】 对某个量进行了两组观测，观测值为 L_i' 和 L_i''（$i = 1, 2, \cdots, 9$），它们的真误差 Δ_i'、Δ_i'' 分别为：Δ_i'：2，-2，-4，3，-2，-1，5，2，-3；Δ_i''：-3，-7，0，3，2，0，-3，8，0。设每组的观测值是同精度独立观测值，但两组中相对应的观测值 L_i' 和 L_i'' 可能是相关的，试求：（1）求两组观测值的中误差 m_1 和 m_2；（2）试比较 L_1' 与 L_9'，L_1' 与 L_9''，L_1'' 与 L_9'，L_1'' 与 L_9'' 的精度；（3）试求两组观测的协方差。

【解】 （1）根据中误差定义可得

$$m_1^2 = \frac{[\Delta'\Delta']}{n_1} = \frac{4+4+16+9+4+1+25+4+9}{9} = \frac{76}{9}$$

$$m_1 = \frac{2}{3}\sqrt{19}$$

$$m_2^2 = \frac{[\Delta''\Delta'']}{9} = \frac{9+49+0+9+4+0+9+64+0}{9} = 16$$

$$m_2 = 4$$

（2）L_1' 与 L_9' 都在同一组，则其精度相等，即 $m_{L_1'} = m_{L_9'}$。

L_1'，L_9'' 在不同的组，由（1）可知，第一组的精度高，故有 $m_{L_1'} > m_{L_9''}$。

L_1''，L_9' 在不同的组，由（1）可知，第一组的精度高，故有 $m_{L_1''} < m_{L_9'}$。

L_1'' 与 L_9'' 都在同一组，则其精度相等，即 $m_{L_1''} = m_{L_9''}$。

（3）$\sigma_{12} = \dfrac{[\Delta'\Delta'']}{9} = \dfrac{2\times(-3)+(-2)\times(-7)-4\times0+3\times3-2\times2-1\times0-5\times3+2\times8-3\times0}{9}$

$$= \frac{-6+14-0+9-4-0-15+16-0}{9} = \frac{14}{9}$$

【本题点拨】 （1）中误差的求法；（2）中误差是一个整体的概念，它是指对一组观测值的精度指标，只要在同一组内的观测值其中误差都相等。

§2.8 习 题

1. 设 X 为随机变量，C 为常数，证明 $D(X) \leqslant E[(X-C)^2]$；当 C 取何值时，$E[(X-C)^2]$ 有极小值？

2. 设 $W=(aX+3Y)^2$，$E(X)=E(Y)=0$，$D(X)=4$，$D(Y)=16$，$\rho_{XY}=-0.5$。求常数 a 使 $E(W)$ 为最小，并求 $E(W)$ 的最小值。

3. 为了鉴定全站仪的精度，对已知精确测定的水平角 $\alpha=45°00'00''$ 作 12 次同精度观测，结果为

$$45°00'06'', \quad 44°59'55'', \quad 44°59'58'', \quad 45°00'04'',$$
$$45°00'03'', \quad 45°00'04'', \quad 45°00'00'', \quad 44°59'58'',$$
$$44°59'59'', \quad 44°59'59'', \quad 45°00'06'', \quad 45°00'03''。$$

设 α 没有误差，试求观测值的中误差。

4. 设对某量进行了两组观测，它们的真误差分别为

第一组：3，-3，2，4，-2，-1，0，-4，3，-2；

第二组：0，-1，-7，2，1，-1，8，0，-3，1

试求两组观测值的平均误差 $\hat{\theta}_1$、$\hat{\theta}_2$ 和中误差 $\hat{\sigma}_1$、$\hat{\sigma}_2$，并比较两组观测值的精度。

5. 设有观测向量 $\underset{2\times1}{X}=[L_1 \quad L_2]^T$，已知 $\sigma_{L_1}=2$，$\sigma_{L_2}=3$，$\sigma_{L_1 L_2}=-2$，试写出其协方差矩阵。

6. 设经过计算，求得观测向量 $X=[L_1 \quad L_2]^T$ 的协方差矩阵为 $D_{XX}=\begin{bmatrix} 2 & 1 \\ 1 & 8 \end{bmatrix}$，试求出观测值 L_1、L_2 的中误差及其协方差 $\sigma_{L_1 L_2}$。

7. 已知两段距离的长度及其中误差为 $300.158\text{m}\pm3.5\text{cm}$，$600.686\text{m}\pm3.5\text{cm}$。则：
(1) 这两段距离的中误差为（　　　　）；(2) 这两段距离的误差的最大限差为（　　　　）；
(3) 它们的精度为（　　　　）；(4) 它们的相对精度为（　　　　）。

8. 观测值含有固定误差 $\varepsilon=0.8$，观测值中误差 $\sigma=2.5$。求观测值的均方误差。

9. 设观测值 $L=1200.500$，且观测值的期望和中误差分别为 $E(L)=1200.503$、$\sigma_L=0.003$。若观测值真值为 $\tilde{L}=1200.510$，则观测值的系统误差是多少？观测值的均方误差又是多少？

10. 由已知点 A 确定未知点 P 的平面坐标，观测了方位角 $T_{AP}=60°30'06''\pm1''$，则边长 $S_{AP}=10000\text{m}\pm$＿＿＿＿＿时，点位纵横向精度基本相当（取 $\rho''=2\times10^5$）。

11. 若测角中误差为 m，则在此条件下所得三角形闭合差 w_i 应满足 $|w_i|<$＿＿＿＿＿（置信度 95.45%）。

12. n 个观测误差 $\Delta_i(i=1, 2, \cdots, n)$，$\Delta_i \sim N(0, \sigma^2)$，则概率 $P\left\{\left|\dfrac{[\Delta]}{\sqrt{n}\sigma}\right|< \quad\right\}=95.45\%$，则 $P\left\{\left|\dfrac{[\Delta]}{\sigma}\right|< \quad\right\}=95.45\%$。

13. 在相同的观测条件下，对同一个量进行了若干次观测，这些观测值的精度是否相

同？能否理解为误差小的观测值一定比误差大的观测值精度高，为什么？

14. 在相同的观测条件下，绝对值小的误差出现的概率比绝对值大的误差出现的概率大。那么，误差为零的观测值出现的概率是不是最大，你怎样理解？

15. 规定 $\Delta_{限}$ 等于 3σ 或 2σ 的理论根据是什么？

16. 观测值的精度是指观测误差分布的（　　　）。若已知正态分布的观测误差落在区间（$-4mm$，$4mm$）的概率为 95.5%，则误差的方差为（　　　），中误差为（　　　）。

第3章 误差传播律及其应用

本章学习目标

本章是本书的重点，也是测量数据处理的理论基石，因此，本章内容要重点掌握。本章主要介绍了误差传播律及其应用。通过本章的学习，应达到以下目标：

（1）重点掌握协方差传播律的公式。

（2）要能运用协方差传播律解决测量问题。

（3）要理解权的定义和性质。

（4）重点掌握协因数传播律的公式及其应用。

（5）掌握单位权中误差的计算方法。

（6）掌握系统误差的传播与综合，特别是均方误差的计算，系统误差传播的特点。

§3.1 协方差传播律及其应用

1. 协方差传播律

设有观测值向量 X 和 Y 的线性函数为

$$\begin{cases} F = AX + A_0 \\ G = BX + B_0 \\ W = CY + C_0 \end{cases} \tag{3-1}$$

式中 A，B，C，A_0，B_0，C_0——均为常数矩阵。

观测向量的方差矩阵 D_{XX}，D_{YY} 已知，它们之间的互协方差矩阵为 D_{XY}（$D_{YX} = D_{XY}^{\mathrm{T}}$），则有协方差传播律

$$\begin{cases} D_{FF} = AD_{XX}A^{\mathrm{T}} \\ D_{GG} = BD_{XX}B^{\mathrm{T}} \\ D_{WW} = CD_{YY}C^{\mathrm{T}} \\ D_{FG} = AD_{XX}B^{\mathrm{T}} \\ D_{GF} = BD_{XX}A^{\mathrm{T}} \\ D_{FW} = AD_{XY}C^{\mathrm{T}} \\ D_{WF} = CD_{YX}A^{\mathrm{T}} \end{cases} \tag{3-2}$$

其中，前三式为自协方差传播，后四式为互协方差传播。

2. 非线性函数的情况

对于非线性函数，首先将其线性化，然后用线性函数的协方差传播律计算。线性化方

法可用泰勒级数展开或求全微分。

3. 应用协方差传播律的注意事项和步骤

（1）应用协方差传播律的注意事项

1）有些函数先取对数再求全微分会比较方便。

2）一个全微分式中每一项的单位应相同，如果函数式中既有边又有角，就更要注意单位统一。

（2）应用协方差传播律的具体步骤

1）按要求写出函数式，如

$$Z_i = f_i(X_1, X_2, \cdots, X_n) \quad (i=1,2,\cdots,t)$$

2）如果为非线性函数，则对函数式求全微分，得

$$\mathrm{d}Z_i = \left(\frac{\partial f_i}{\partial X_1}\right)_0 \mathrm{d}X_1 + \left(\frac{\partial f_i}{\partial X_2}\right)_0 \mathrm{d}X_2 + \cdots + \left(\frac{\partial f_i}{\partial X_n}\right)_0 \mathrm{d}X_n \quad (i=1,2,\cdots,t)$$

3）写成矩阵形式：$Z = KX$ 或 $\mathrm{d}Z = K\mathrm{d}X$。

4）应用协方差传播律求方差或协方差矩阵。

4. 协方差传播律的应用

（1）由三角形闭合差计算测角中误差（菲列罗公式）

设在三角网中，独立且等精度观测了各三角形内角，中误差均为 m，并设各三角形闭合差为 $w_i(i=1, 2, \cdots, n)$，其中误差均为 m。

$$m = \lim_{n \to \infty} \sqrt{\frac{[ww]}{3n}} \tag{3-3}$$

当三角形个数 n 为有限时，可求得测角中误差 m 的估值 $\hat{m}$ 为

$$\hat{m} = \sqrt{\frac{[ww]}{3n}} \tag{3-4}$$

式（3-4）即为测量中常用的由三角形闭合差计算测角中误差的菲列罗公式。

（2）同精度独立观测值的算术平均值

设对某量以同精度观测了 N 次，得观测值 L_1，L_2，$\cdots$，L_N，它们的中误差均为 σ。由此可得其算术平均值 x 为

$$x = \frac{1}{N}\sum_{i=1}^{N} L_i = \frac{1}{N}(L_1 + L_2 + \cdots + L_N)$$

其中误差为

$$\sigma_x = \frac{1}{\sqrt{N}}\sigma \tag{3-5}$$

即 N 个同精度独立观测值的算术平均值的中误差等于各观测值的中误差除以 $\sqrt{N}$。

（3）水准测量精度

若在 A、B 两点间进行水准测量，共设站 n 次，则

$$\sigma_h = \sqrt{\sigma^2 + \sigma^2 + \cdots + \sigma^2} = \sqrt{n}\sigma \tag{3-6}$$

即水准测量观测高差的中误差与测站数的平方根成正比。

又设水准路线敷设在平坦的地区，前后量测站间的距离 s 大致相等，设 A、B 间的距

离为 S，则测站数 $N = S/s$，可得

$$\sigma_h = \sqrt{\frac{S}{s}}\,\sigma = \frac{\sigma}{\sqrt{s}}\sqrt{S} \qquad (3\text{-}7)$$

式中　s——大致相等的各测站距离；

σ——每测站所得高差的中误差，在一定条件下可视 $\dfrac{\sigma}{\sqrt{s}}$ 为定值。

令 $K = \dfrac{\sigma}{\sqrt{s}}$，则有

$$\sigma_h = K\sqrt{S} \qquad (3\text{-}8)$$

即水准测量高差的中误差与距离的平方根成正比。

（4）三角高程测量的精度

设 A、B 为地面上两点，在 A 点观测 B 点的垂直角为 α，两点间的水平距离为 S，在不考虑仪器高和目标高的情况下，设 S 及 α 的中误差分别为 σ_S 和 σ_α，则可得

$$\sigma_h = \frac{\sigma''_\alpha}{\rho''}S \qquad (3\text{-}9)$$

这就是单向观测高差的中误差公式。若以双向观测高差取中数作为最后高差，则中数的中误差应为式（3-9）结果的 $\dfrac{1}{\sqrt{2}}$，即

$$\sigma_{h中} = \frac{\sigma_h}{\sqrt{2}} = \frac{\sigma''_\alpha}{\sqrt{2}\,\rho''}S \qquad (3\text{-}10)$$

（5）点 P 的点位中误差公式

设 P 点坐标为 (x, y)，$A(x_A, y_A)$ 点为已知点，AP 间观测边长为 S，A 到 P 的坐标方位角为 α_{AP}，则有

$$\begin{aligned} x &= x_A + S\cos\alpha_{AP} \\ y &= y_A + S\sin\alpha_{AP} \end{aligned} \qquad (3\text{-}11)$$

全微分，可得

$$\mathrm{d}x = \cos\alpha_{AP}\,\mathrm{d}S - S\sin\alpha_{AP}\,\frac{\mathrm{d}\alpha_{AP}}{\rho}$$

$$\mathrm{d}y = \sin\alpha_{AP}\,\mathrm{d}S + S\cos\alpha_{AP}\,\frac{\mathrm{d}\alpha_{AP}}{\rho}$$

写成矩阵形式为

$$\begin{bmatrix} \mathrm{d}x \\ \mathrm{d}y \end{bmatrix} = \begin{bmatrix} \cos\alpha_{AP} & -\dfrac{S}{\rho}\sin\alpha_{AP} \\ \sin\alpha_{AP} & -\dfrac{S}{\rho}\cos\alpha_{AP} \end{bmatrix} \begin{bmatrix} \mathrm{d}S \\ \mathrm{d}\alpha_{AP} \end{bmatrix}$$

由协方差传播律，可得

$$\begin{bmatrix} \sigma_x^2 & \sigma_{xy} \\ \sigma_{xy} & \sigma_y^2 \end{bmatrix} = \begin{bmatrix} \cos\alpha_{AP} & -\dfrac{S}{\rho}\sin\alpha_{AP} \\ \sin\alpha_{AP} & \dfrac{S}{\rho}\cos\alpha_{AP} \end{bmatrix} \begin{bmatrix} \sigma_s^2 & 0 \\ 0 & \sigma_\alpha^2 \end{bmatrix} \begin{bmatrix} \cos\alpha_{AP} & -\dfrac{S}{\rho}\sin\alpha_{AP} \\ \sin\alpha_{AP} & \dfrac{S}{\rho}\cos\alpha_{AP} \end{bmatrix}^{\mathrm{T}}$$

整理后可得

$$\sigma_x^2 = \cos^2\alpha_{AP}\sigma_s^2 + \left(\frac{S}{\rho}\sin\alpha_{AP}\right)^2\sigma_\alpha^2$$

$$\sigma_y^2 = \sin^2\alpha_{AP}\sigma_s^2 + \left(\frac{S}{\rho}\cos\alpha_{AP}\right)^2\sigma_\alpha^2 \tag{3-12}$$

由于 P 点的点位方差

$$\sigma_P^2 = \sigma_x^2 + \sigma_y^2 = \sigma_s^2 + \sigma_u^2 = \sigma_s^2 + \frac{S^2}{\rho^2}\sigma_\alpha^2 \tag{3-13}$$

所以，P 点的点位中误差为

$$\sigma_P = \sqrt{\sigma_s^2 + \sigma_u^2} = \sqrt{\sigma_s^2 + \frac{S^2}{\rho^2}\sigma_\alpha^2} \tag{3-14}$$

特别地，交会定点的点位中误差公式为

$$M_P = \sqrt{m_s^2 + \left(\frac{S}{\rho}m_\alpha\right)^2} \tag{3-15}$$

其中，横向误差是导线点在长度的垂直方向产生的位移，由测角误差引起；纵向误差是导线点在长度方向产生的位移，是由边长误差引起的。

（6）由 R、E、A 定位精度

在航天器轨道测量中，设用 S 波段微波统一系统，测量空间目标点 S 相对于测站在 t 时刻的斜距 R、仰角 E 和方位角 A，以计算目标点在测站坐标系的坐标，如图 3-1 所示。由图 3-1 可得点 S 的坐标为

$$\begin{bmatrix} X_S \\ Y_S \\ Z_S \end{bmatrix} = \begin{bmatrix} R\cos E\cos A \\ R\cos E\sin A \\ R\sin E \end{bmatrix} \tag{3-16}$$

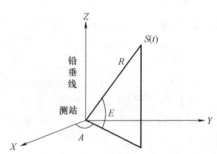

图 3-1 空间目标点 S 在空间坐标系中的位置示意

现已知观测值 R、E、A 的方差 σ_R^2、σ_E^2、σ_A^2，且 R、E、A 为独立观测值，求各坐标分量的方差。

本题为非线性函数，先进行线性化。对式（3-16）取全微分可得

$$\begin{bmatrix} \mathrm{d}X_S \\ \mathrm{d}Y_S \\ \mathrm{d}Z_S \end{bmatrix} = \begin{bmatrix} \cos E\cos A & -R\sin E\cos A & -R\cos E\sin A \\ \cos E\sin A & -R\sin E\sin A & R\cos E\cos A \\ \sin E & R\cos E & 0 \end{bmatrix} \begin{bmatrix} \mathrm{d}R \\ \mathrm{d}E \\ \mathrm{d}A \end{bmatrix}$$

上式简写为

$$\mathrm{d}S = B\,\mathrm{d}L \tag{3-17}$$

式中，

$$\mathrm{d}S = \begin{bmatrix} \mathrm{d}X_S \\ \mathrm{d}Y_S \\ \mathrm{d}Z_S \end{bmatrix} ; \quad \mathrm{d}L = \begin{bmatrix} \mathrm{d}R \\ \mathrm{d}E \\ \mathrm{d}A \end{bmatrix} ; \quad B = \begin{bmatrix} \cos E\sin A & -R\sin E\cos A & -R\cos E\sin A \\ \cos E\sin A & -R\sin E\sin A & R\cos E\cos A \\ \sin E & R\cos E & 0 \end{bmatrix}$$

由协方差传播律可得

$$D_{SS} = BD_{LL}B^{\mathrm{T}} \tag{3-18}$$

式中，$D_{LL} = \begin{bmatrix} \sigma_R^2 & 0 & 0 \\ 0 & \sigma_E^2 & 0 \\ 0 & 0 & \sigma_A^2 \end{bmatrix}$；$D_{SS} = \begin{bmatrix} \sigma_{X_S}^2 & \sigma_{X_S Y_S} & \sigma_{X_S Z_S} \\ \sigma_{X_S Y_S} & \sigma_{Y_S}^2 & \sigma_{Y_S Z_S} \\ \sigma_{X_S Z_S} & \sigma_{Y_S Z_S} & \sigma_{Z_S}^2 \end{bmatrix}$

由此可得各坐标分量的方差和协方差为

$$\begin{bmatrix} \sigma_{X_S}^2 \\ \sigma_{Y_S}^2 \\ \sigma_{Z_S}^2 \end{bmatrix} = \begin{bmatrix} \cos^2 E \cos^2 A & R^2 \sin^2 E \cos^2 A & R^2 \cos^2 E \sin^2 A \\ \cos^2 E \sin^2 A & R^2 \sin^2 E \sin^2 A & R^2 \cos^2 E \sin^2 A \\ \sin^2 E & R^2 \cos^2 E & 0 \end{bmatrix} \begin{bmatrix} \sigma_R^2 \\ \sigma_E^2 \\ \sigma_A^2 \end{bmatrix} \tag{3-19}$$

$$\begin{bmatrix} \sigma_{X_S Y_S} \\ \sigma_{X_S Z_S} \\ \sigma_{Y_S Z_S} \end{bmatrix} = \begin{bmatrix} \cos^2 E \sin A \cos A & R^2 \sin^2 E \sin A \cos A & -R^2 \cos^2 E \sin A \cos A \\ \sin E \cos E \cos A & -R^2 \sin E \cos E \cos A & 0 \\ \sin E \cos E \sin A & -R^2 \sin E \cos E \sin A & 0 \end{bmatrix} \begin{bmatrix} \sigma_R^2 \\ \sigma_E^2 \\ \sigma_A^2 \end{bmatrix}$$

$$\tag{3-20}$$

式（3-19）和式（3-20）中，σ_E、σ_A 以弧度为单位，若采用角秒，则

$$\sigma_E = \sigma_E'' / \rho'', \quad \sigma_A = \sigma_A'' / \rho''$$

通常用 3 个坐标分量的方差之和的平方根来计算点位中误差，又称为定位精度，即

$$\sigma_S = \sqrt{\sigma_{X_S}^2 + \sigma_{Y_S}^2 + \sigma_{Z_S}^2} = \sqrt{\sigma_R^2 + R^2 \sigma_E^2 + R^2 \cos^2 E \sigma_A^2} \tag{3-21}$$

需要指出的是，上述的点位坐标精度和定位精度，都是相对于坐标原点的精度，也就是相当于测站的精度，而不是目标点在地心坐标系的精度。

§3.2　权及权的确定

1. 权的定义

设有观测值 $L_i (i=1, 2, \cdots, n)$，它们的方差为 $\sigma_i^2 (i=1, 2, \cdots, n)$，选定任一常数 $\sigma_0 (\sigma_0 \neq 0)$，定义观测值 L_i 的权为

$$p_i = \frac{\sigma_0^2}{\sigma_i^2} \tag{3-22}$$

2. 单位权的确定

权等于 1 的观测值称为单位权观测值。

权等于 1 的观测值的方差称为单位权方差。即 σ_0^2 是单位权方差，也称为方差因子。

权等于 1 的观测值的中误差称为单位权中误差。即 σ_0 是单位权中误差。

3. 权的确定方法

（1）距离观测值的权

1）设单位长度（例如 1km）的距离观测值的方差为 σ^2，则全长为 S 千米的距离观测值的方差为 $\sigma_S^2 = \sigma^2 S$。

取长度为 C 千米的距离观测值方差为单位权方差，即 $\sigma_0^2 = \sigma^2 C$。则距离观测值的

权为

$$p_S = \frac{\sigma_0^2}{\sigma_S^2} = \frac{C}{S} \tag{3-23}$$

2) 设长度为 S 千米的距离观测值的方差为 $a^2 + (bS)^2$，a 和 b 分别为测距固定误差和比例误差。

取单位权方差 $\sigma_0^2 = C$。则距离观测值的权为

$$p_S = \frac{C}{a^2 + (bS)^2} \tag{3-24}$$

（2）水准测量的权

1) 设每一测站观测高差的精度相同，其方差均为 $\sigma_{\text{站}}^2$；第 i 条水准线路的观测高差为 h_i，测站数为 N_i。则第 i 条水准线路（观测高差 h_i）的方差为 $\sigma_i^2 = \sigma_{\text{站}}^2 N_i$。

取测站数为 C 的高差观测值为单位权方差：$\sigma_0^2 = \sigma_{\text{站}}^2 C$。则第 i 条水准线路（观测高差 h_i）的权为

$$p_i = \frac{\sigma_{\text{站}}^2 C}{\sigma_{\text{站}}^2 N_i} = \frac{C}{N_i} \tag{3-25}$$

2) 设每千米的观测高差的方差均相等，均为 σ_{km}^2；第 i 条水准线路的观测高差为 h_i，长度为 S_i 千米。则第 i 条水准线路（观测高差 h_i）的方差为 $\sigma_i^2 = \sigma_{\text{km}}^2 S_i$。

取线路长度为 C 千米的观测高差的方差为单位权方差：$\sigma_0^2 = \sigma_{\text{km}}^2 C$。则线路长度为 S_i 千米的观测高差的权为

$$p_{S_i} = \frac{\sigma_{\text{km}}^2 C}{\sigma_{\text{km}}^2 S_i} = \frac{C}{S_i} \tag{3-26}$$

（3）同精度独立观测值的算术平均值的权

设每次观测值的权为 1，则算术平均值的权为

$$p_x = N \tag{3-27}$$

说明算术平均值的权与观测次数成正比。

（4）不同精度独立观测值加权平均值的权

设有一组独立观测值 L_1，L_2，$\cdots$，L_n，将每一个观测值的权设为 p_i，方差设为 σ_i^2，观测值的加权平均值为

$$p_x = [p] = \sum p_i \tag{3-28}$$

即不等精度独立观测值加权平均值的权等于观测值的权之和。

（5）边角网中方向观测值和边长观测值的权

边角网中有两类不同量纲的观测值方向（或角度）和边长。设方向观测值 $L_i (i=1, 2, \cdots, n)$ 的方差为 $\sigma^2 ('')^2$，边长观测值 $S_j (j=1, 2, \cdots, n)$ 的方差为 $\sigma_{S_j}^2 = a^2 + (bS_j)^2$。

取 $\sigma_0^2 = \sigma^2$，则方向观测值 L_i 的权 $p_i = 1$（无单位），边长观测值 S_j 的权

$$p_j = \frac{\sigma^2}{a^2 + (bS_j)^2} \left(\text{单位：} \frac{('')^2}{\text{mm}^2} \right) \tag{3-29}$$

以上几种常用的定权方法的共同特点是，虽然它们都是以权的定义式为依据的，但是在实际定权时，并不需要知道各观测值方差的具体数值，而只要应用测站数、千米数等就

可以定权了。在使用这些方法定权时，必须注意它们的前提条件。

§3.3 协因数传播律及其应用

1. 协因数传播律

设有观测值向量 X 和 Y 的线性函数为

$$\begin{cases} F = AX + A_0 \\ G = BX + B_0 \\ W = CY + C_0 \end{cases}$$

式中 A，B，C，A_0，B_0，C_0——均为常数矩阵，观测向量的协因数矩阵 Q_{XX}，Q_{YY}，Q_{XY} 为已知，且 $Q_{YX} = Q_{XY}^{\mathrm{T}}$，则有

$$\begin{cases} Q_{FF} = AQ_{XX}A^{\mathrm{T}} \\ Q_{GG} = BQ_{XX}B^{\mathrm{T}} \\ Q_{WW} = CQ_{YY}C^{\mathrm{T}} \\ Q_{FG} = AQ_{XX}B^{\mathrm{T}} \\ Q_{GF} = BQ_{XX}A^{\mathrm{T}} \\ Q_{FW} = AQ_{XY}C^{\mathrm{T}} \\ Q_{WF} = CQ_{YX}A^{\mathrm{T}} \end{cases} \tag{3-30}$$

这就是协因数传播律的实用计算公式，也称为权逆矩阵传播律。

2. 权倒数传播律

对于独立观测值 $\underset{n \times 1}{L}$，假定各 L_i 的权为 p_i，则 L 的权矩阵、协因数矩阵（权逆矩阵）均为对角矩阵，设有函数

$$Z = f(L_1, L_2, \cdots, L_n)$$

全微分得

$$\mathrm{d}Z = \frac{\partial f}{\partial L_1}\mathrm{d}L_1 + \frac{\partial f}{\partial L_2}\mathrm{d}L_2 + \cdots + \frac{\partial f}{\partial L_n}\mathrm{d}L_n = K\,\mathrm{d}L$$

运用协因数传播律得

$$Q_{ZZ} = KQ_{LL}K^{\mathrm{T}} = \begin{bmatrix} \dfrac{\partial f}{\partial L_1} & \dfrac{\partial f}{\partial L_2} & \cdots & \dfrac{\partial f}{\partial L_n} \end{bmatrix} \begin{bmatrix} 1/p_1 & 0 & \cdots & 0 \\ 0 & 1/p_2 & \cdots & 0 \\ \cdots & \cdots & \cdots & \cdots \\ 0 & 0 & \cdots & 1/p_n \end{bmatrix} \begin{bmatrix} \dfrac{\partial f}{\partial L_1} \\ \dfrac{\partial f}{\partial L_2} \\ \vdots \\ \dfrac{\partial f}{\partial L_n} \end{bmatrix}$$

$$Q_{ZZ} = \frac{1}{P_Z} = \left(\frac{\partial f}{\partial L_1}\right)^2 \frac{1}{p_1} + \left(\frac{\partial f}{\partial L_2}\right)^2 \frac{1}{p_2} + \cdots + \left(\frac{\partial f}{\partial L_n}\right)^2 \frac{1}{p_n} \tag{3-31}$$

式（3-31）就是独立观测值的权倒数与其函数的权倒数之间的关系式，通常称为权倒数传

播律，它是协因数传播律的一种特殊情况。协因数传播律与协方差传播律在形式上完全相同，因此，应用协因数传播律的实际步骤与应用协方差传播律的步骤相同。

3. 权矩阵

设用 P_{XX} 表示观测值向量 X 的权矩阵，则定义

$$P_{XX} = Q_{XX}^{-1} \tag{3-32}$$

$$P_{XX}Q_{XX} = Q_{XX}P_{XX} = I$$

即权矩阵与协因数矩阵（权逆矩阵）互为逆矩阵。

设有独立观测值 $X_i(i=1, 2, \cdots, n)$，其方差为 σ_i^2，权为 p_i，单位权方差为 σ_0^2。

$$X = \begin{bmatrix} X_1 \\ X_2 \\ \vdots \\ X_n \end{bmatrix} \quad D_{XX} = \begin{bmatrix} \sigma_1^2 & 0 & \cdots & 0 \\ 0 & \sigma_2^2 & \cdots & 0 \\ \cdots & \cdots & \cdots & \cdots \\ 0 & 0 & \cdots & \sigma_n^2 \end{bmatrix} \quad P_{XX} = \begin{bmatrix} p_1 & 0 & \cdots & 0 \\ 0 & p_2 & \cdots & 0 \\ \cdots & \cdots & \cdots & \cdots \\ 0 & 0 & \cdots & p_n \end{bmatrix}$$

X 的协因数矩阵为

$$Q_{XX} = \frac{1}{\sigma_0^2} D_{XX} = \frac{1}{\sigma_0^2} \begin{bmatrix} \sigma_1^2 & 0 & \cdots & 0 \\ 0 & \sigma_2^2 & \cdots & 0 \\ \vdots & \vdots & \vdots & \vdots \\ 0 & 0 & \cdots & \sigma_n^2 \end{bmatrix} = \begin{bmatrix} Q_{11} & 0 & \cdots & 0 \\ 0 & Q_{22} & \cdots & 0 \\ \vdots & \vdots & \vdots & \vdots \\ 0 & 0 & \cdots & Q_{nn} \end{bmatrix} = \begin{bmatrix} \dfrac{1}{p_1} & 0 & \cdots & 0 \\ 0 & \dfrac{1}{p_2} & \cdots & 0 \\ \vdots & \vdots & \vdots & \vdots \\ 0 & 0 & \cdots & \dfrac{1}{p_n} \end{bmatrix}$$

由此可看出，对于各元素独立的观测值向量而言，其协方差矩阵、权矩阵和协因数矩阵均为对角矩阵，且各主对角元素分别为相应观测值的方差、权及协因数。而对于元素相关的观测值向量来说，其协方差矩阵、权矩阵和协因数矩阵就不再是对角矩阵，其协方差矩阵 D_{XX} 和协因数矩阵 Q_{XX} 对角线上的各元素仍然代表各观测值 X_i 的方差和协因数，但权矩阵 P_{XX} 的对角线上的元素将不再是各观测值 X_i 的权，权矩阵的各个元素也不再有权的意义了，这时 X_i 的权倒数应为 $Q_{X_i X_i}$。但是，相关观测值向量的权矩阵在平差计算中，也能同样起到同独立观测值向量的权矩阵一样的作用。

§3.4 单位权中误差的计算

1. 用不同精度的真误差计算单位权方差的计算公式

对于一组不同精度独立的真误差，其计算单位权方差 σ_0^2 为

$$\sigma_0^2 = E[(\Delta')^2] = \lim_{n \to \infty} \frac{[\Delta'\Delta']}{n} = \lim_{n \to \infty} \frac{[p\Delta\Delta]}{n} \tag{3-33}$$

式（3-33）就是根据一组不同精度的真误差所定义的单位权方差的理论值。由于 n 总是有限的，故只能求得单位权方差 σ_0^2 的估值 $\hat{\sigma}_0^2$

$$\hat{\sigma}_0^2 = \frac{[\Delta'\Delta']}{n} = \frac{[p\Delta\Delta]}{n} \tag{3-34}$$

2. 由双观测值之差求单位权中误差

设对量 X_1，X_2，$\cdots$，X_n 分别观测两次，可得独立观测值和权分别为

$$L_1', L_2', \cdots, L_n'; \quad L_1'', L_2'', \cdots, L_n''; \quad p_1, p_2, \cdots, p_n$$

其中观测值 L_1' 和 L_1'' 是对同一量 X_i 的两次观测的结果，称为一个观测对。在测量工作中，常常对一系列被观测量分别进行成对的观测。例如，在水准测量中对每段路线进行往返观测，在导线测量中每条边测量两次等，这种成对的观测，称为双观测。假定不同的观测对的精度不同，而同一观测对的两个观测值的精度相同，即 L_i' 和 L_i'' 的权都为 p_i。

得到由双观测值之差求单位权方差的公式为

$$\sigma_0^2 = \lim_{n \to \infty} \frac{[p_{d_i} \Delta_{d_i} \Delta_{d_i}]}{n} = \lim_{n \to \infty} \frac{[p_i d_i d_i]}{2n} = \lim_{n \to \infty} \frac{[pdd]}{2n} \tag{3-35}$$

当 n 有限时，其估值为

$$\hat{\sigma}_0^2 = \frac{[p_i \Delta_{d_i} \Delta_{d_i}]}{2n} = \frac{[pdd]}{2n} \tag{3-36}$$

§3.5 系统误差的传播与综合

1. 观测值的系统误差与综合误差的方差

设有观测值 $\underset{n \times 1}{L}$ 观测量的真值为 $\underset{n \times 1}{\widetilde{L}}$，则 L 的综合误差 Ω 可定义为

$$\Omega = \widetilde{L} - L$$

如果综合误差 Ω 中只含有偶然误差 Δ，则 $E(\Omega) = E(\Delta) = 0$。

如果 Ω 中除包含偶然误差 Δ 外，还包含系统误差 ε，则

$$\Omega = \Delta + \varepsilon = \widetilde{L} - L \tag{3-37}$$

由于系统误差 ε 不是随机变量，所以 Ω 的数学期望为

$$E(\Omega) = E(\Delta) + \varepsilon = \varepsilon \neq 0$$

$$\varepsilon = E(\Omega) = E(\widetilde{L} - L) = \widetilde{L} - E(L) \tag{3-38}$$

可见，ε 也是观测值 L 的数学期望对于观测值的真值的偏差值。观测值 L 包含的系统误差愈小，ε 愈小，L 愈准确，有时也称 $\varepsilon = E(\Omega)$ 为 L 的准确度。

当观测值 L 中既存在偶然误差 Δ，又存在残余的系统误差 ε 时，常常用观测值的综合误差方差 $E(\Omega^2)$ 来表征观测值的可靠性。

$$\Omega^2 = \Delta^2 + 2\varepsilon\Delta + \varepsilon^2$$

由于系统误差 ε 是非随机量，所以综合误差的方差为

$$D_{LL} = E(\Omega^2) = E(\Delta^2) + 2\varepsilon E(\Delta) + \varepsilon^2 = \sigma^2 + \varepsilon^2 \tag{3-39}$$

即观测值的综合误差方差 D_{LL} 等于它的方差 σ^2 与系统误差的平方 ε^2 之和。

2. 系统误差的传播

设有观测值 L_i 的真值 $\widetilde{L}_i$、综合误差 Ω_i 和系统误差 ε_i，则

$$\varepsilon_i = E(\Omega_i) = \widetilde{L}_i - E(L_i) \quad (i = 1, 2, \cdots, n)$$

又设有观测值 L_i 的线性函数：$Z = k_1 L_1 + k_2 L_2 + \cdots + k_n L_n + k_0$，则线性函数的综

合误差 Ω_Z 与各个 L_i 的综合误差 Ω_i 之间的关系式为

$$\Omega_Z = k_1\Omega_1 + k_2\Omega_2 + \cdots + k_n\Omega_n$$

对上式取数学期望得

$$E(\Omega_Z) = E(k_1\Omega_1) + E(k_2\Omega_2) + \cdots + E(k_n\Omega_n) = k_1E(\Omega_1) + k_2E(\Omega_2) + \cdots + k_nE(\Omega_n)$$

所以得

$$\varepsilon_Z = E(\Omega_Z) = [k\varepsilon] \tag{3-40}$$

上式就是线性函数的系统误差的传播公式。

对于非线性函数：$Z = f(L_1, L_2, \cdots, L_n)$，可以用它们的微分关系代替它们的误差之间的关系，然后按线性函数的系统误差的传播公式计算

$$\Omega_Z = \frac{\partial Z}{\partial L_1}\Omega_1 + \frac{\partial Z}{\partial L_2}\Omega_2 + \cdots + \frac{\partial Z}{\partial L_n}\Omega_n$$

令

$$k_i = \frac{\partial Z}{\partial L_i} \quad (i = 1, 2, \cdots, n)$$

则有线性函数

$$\Omega_Z = k_1\Omega_1 + k_2\Omega_2 + \cdots + k_n\Omega_n$$

同样有

$$\varepsilon_Z = E(\Omega_Z) = [k\varepsilon] \tag{3-41}$$

3. 系统误差与偶然误差的联合传播

当观测值中同时含有偶然误差和残余的系统误差时，还有必要考虑它们对观测值的函数的联合影响问题。这里只讨论独立观测值的情况。

设有函数： $\qquad Z = k_1L_1 + k_2L_2 + \cdots + k_nL_n \quad (i = 1, 2, \cdots, n)$ $\qquad$ (3-42)

观测值 L_i 的综合误差为

$$\Omega_i = \Delta_i + \varepsilon_i \quad (i = 1, 2, \cdots, n)$$

函数 Z 的综合误差为

$$\Omega_Z = k_1\Omega_1 + k_2\Omega_2 + \cdots + k_n\Omega_n$$

根据式（3-39），函数 Z 的综合误差方差为

$$D_{ZZ} = E(\Omega_Z^2) = [k^2\sigma^2] + [k\varepsilon]^2 \tag{3-43}$$

当 Z 为非线性函数时，亦可用它们的微分关系代替误差关系。此时，式（3-43）中的系数 k_i 即为偏导数 $\frac{\partial Z}{\partial L_i}$。

§3.6　知识难点

1. 权矩阵与协因数矩阵

对于权矩阵与协因数矩阵，应从以下几个方面理解：

（1）权矩阵是协因数矩阵的逆矩阵。

（2）协因数矩阵的逆矩阵只是取了一个名称叫权矩阵而已。

（3）权矩阵与权没有关系，不具有权的意义，因此，不能从权矩阵取得权。

2. 权的意义和求法

权的本质意义是精度的相对指标，在多数情况下它是一个无量纲的数，比方差和中误差要简单。有的时候方差和中误差不可以求，而权却可以求。

权的求法主要有两种：

①是根据原始定义；②是根据协因数来求，协因数也叫权倒数。千万不能从权矩阵中求权。

3. 权的注意事项

（1）平差前定权时，σ_0^2 虽然可以任意选取，但所有观测值的权必须对应同一个 σ_0^2。

（2）σ_0^2 取不同的值，观测值对应的权不同，但观测值间的权比是相同的，故权表示的是精度的相对数值，中误差则是表示精度的绝对数值。

（3）权的定义式中，涉及三个元素，故确定了任意两个，另外一个即可求出。

（4）有时也将 $p_{ij} = \dfrac{\sigma_0^2}{\sigma_{ij}}$ 称为相关权。

4. 权倒数传播律

权倒数传播律比较简单，但有两个条件：（1）观测值是独立的；（2）只有一个未知的随机变量。

5. 非线性函数的线性化

非线性函数的线性化就是把非线性函数按泰勒级数展开，取至一次项即可，看上去很简单，实际上非线性函数线性化时是比较困难的，关键是如何选取初值，要舍弃二次项及以后的项，所选初值要与真实值很接近才能成立。如摄影测量中空中的姿态参数如何取初值就非常困难。

6. 不同类型观测数据的单位问题

对于同类型数据，单位的统一比较容易，不会出错，但对于不同类型数据，如角度和边长，就一定要注意单位统一。

7. 有了协方差传播律为何还要提出协因数传播律

因为协因数传播律相对协方差传播律而言，有几点优势：（1）一般而言协因数传播律是纯粹的无量纲数据的运算，比较简单；（2）有时，协方差是不可求的。

8. 水准测量按站数定权时，任意常数 C 选定的意义

C 一旦选定，其意义包含两个方面：（1）C 是一测站的观测高差的权；（2）C 是单位权观测高差的测站数。

9. 权矩阵的求法

权矩阵只能通过对协因数矩阵求逆矩阵求得。

10. 随机独立和函数独立

随机独立和函数独立是两个不同的概念。随机独立是指观测值之间是不相关的，而函数独立是指一组观测值中，没有一个观测值能由其他观测值导出。观测值间函数独立，观测值间可能随机独立，也可能随机相关，其区别是前者权逆矩阵为一对角矩阵，后者权逆矩阵为一满秩矩阵。

11. 非线性函数求精度时，可以直接全微分

求精度时，可以对非线性函数进行全微分即可，这样比按泰勒级数展开要简单，没有常数项的计算。但要记住如果不是求精度就千万不能全微分，要按泰勒级数展开，如条件方程是非线性函数，那么就要按泰勒级数展开计算，不能全微分计算，此条一定切记。

§3.7 例题精讲

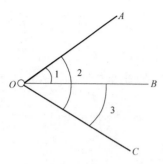

图 3-2　例 3-1 方向观测示意

【**例 3-1**】　如图 3-2 所示，为了确定测站 O 上 A、B、C 方向间的关系，同精度观测了 3 个角，其值分别为 $\beta_1 = 45°02'$，$\beta_2 = 85°00'$，$\beta_3 = 40°01'$。设测角中误差 $\sigma_\beta = 1''$，试求（1）角度平差值的协方差矩阵；（2）角度平差值 $\hat{\beta}_1$ 关于 $\hat{\beta}_2$ 的协方差。

【**解**】　由题意可知

$$\hat{\beta}_1 + \hat{\beta}_3 - \hat{\beta}_2 = 0$$

而 $\beta_1 + \beta_3 - \beta_2 \neq 0$，令 $W = \beta_1 + \beta_3 - \beta_2$，即为角度闭合差，将其平均分配到各观测值 $\beta_i (i = 1, 2, 3)$ 中，则有

$$\hat{\beta}_1 = \beta_1 - \frac{1}{3}W = \frac{2}{3}\beta_1 + \frac{1}{3}\beta_2 - \frac{1}{3}\beta_3$$

$$\hat{\beta}_2 = \beta_2 + \frac{1}{3}W = \frac{1}{3}\beta_1 + \frac{2}{3}\beta_2 + \frac{1}{3}\beta_3$$

$$\hat{\beta}_3 = \beta_3 - \frac{1}{3}W = -\frac{1}{3}\beta_1 + \frac{1}{3}\beta_2 + \frac{2}{3}\beta_3$$

矩阵形式为

$$\begin{bmatrix} \hat{\beta}_1 \\ \hat{\beta}_2 \\ \hat{\beta}_3 \end{bmatrix} = \frac{1}{3}\begin{bmatrix} 2 & 1 & -1 \\ 1 & 2 & 1 \\ -1 & 1 & 2 \end{bmatrix}\begin{bmatrix} \beta_1 \\ \beta_2 \\ \beta_3 \end{bmatrix}$$

由于同精度且独立观测，令

$$\beta = \begin{bmatrix} \beta_1 \\ \beta_2 \\ \beta_3 \end{bmatrix}, \quad \hat{\beta} = \begin{bmatrix} \hat{\beta}_1 \\ \hat{\beta}_2 \\ \hat{\beta}_3 \end{bmatrix}$$

则有

$$D(\beta) = \begin{bmatrix} 1 & 0 & 0 \\ 0 & 1 & 0 \\ 0 & 0 & 1 \end{bmatrix}$$

则依据协方差传播律，可得

$$D(\hat{\beta}) = \frac{1}{9}\begin{bmatrix} 2 & 1 & -1 \\ 1 & 2 & 1 \\ -1 & 1 & 2 \end{bmatrix} \times \begin{bmatrix} 2 & 1 & -1 \\ 1 & 2 & 1 \\ -1 & 1 & 2 \end{bmatrix} = \frac{1}{9}\begin{bmatrix} 6 & 3 & -3 \\ 3 & 6 & 3 \\ -3 & 3 & 6 \end{bmatrix}$$

从而可得

$$(1)\ D_{\hat{\beta}\hat{\beta}}=\frac{1}{3}\begin{bmatrix}2&1&-1\\1&2&1\\-1&1&2\end{bmatrix}('')^2,\quad (2)\ D_{\hat{\beta}_1\hat{\beta}_2}=\frac{1}{3}('')^2$$

【本题点拨】 本题的关键在于对闭合差进行平均分配的时候，分配的方法不一样。对于 β_1、β_3 而言是反号分配，而对于 β_2 要进行正号分配。

【例 3-2】 设有一五边形导线环，等精度观测了各内角，共观测了 8 组结果，计算该导线环的 8 组闭合差（即真误差）为：$-16''$、$18''$、$22''$、$-18''$、$-14''$、$16''$、$-10''$、$-12''$，试计算该导线环的中误差以及各个角度观测值的中误差。

【解】 （1）根据中误差定义，可知导线环的中误差 $\hat{\sigma}_环$ 为

$$\hat{\sigma}_环=\sqrt{\frac{[\Delta\Delta]}{n}}=\sqrt{\frac{(-16)^2+18^2+22^2+(-18)^2+(-14)^2+16^2+(-10)^2+(-12)^2}{8}}$$

$$=\sqrt{\frac{256+324+484+324+196+256+100+144}{8}}$$

$$=\sqrt{\frac{2084}{8}}=16.14''$$

（2）由于导线环的角度是其五个内角之和，则有

$$\beta_环=\beta_1+\beta_2+\beta_3+\beta_4+\beta_5$$

而且内角是同精度独立观测值，根据协方差传播律则有

$$\hat{\sigma}^2_环=5\hat{\sigma}^2_\beta$$

所以，

$$\hat{\sigma}_\beta=7.22''$$

【本题点拨】 本题要理解 2 点：（1）中误差的定义；（2）导线环与内角之间的关系。

【例 3-3】 对于边长 $S_1=500\mathrm{m}$，丈量一次的权为 4，丈量 5 次平均值的中误差为 1cm；对于边长 $S_2=2000\mathrm{m}$，以同样的精度丈量 20 次，试求 S_1、S_2 丈量结果的相对中误差和权。

【解】 由题意可知，对于 S_1 而言，丈量 1 次的中误差为

$$\sigma^{(1)}_{S_1}=\sqrt{5}\,\mathrm{cm}$$

又根据权的定义，可知单位权中误差 σ_0

$$4=\frac{\sigma^2_0}{(\sigma^{(1)}_{S_1})^2}=\frac{\sigma^2_0}{5}$$

$$\therefore\ \sigma^2_0=20\mathrm{cm}^2$$

又由题意可知 S_2 的长度是 S_1 的 4 倍，所以，S_2 丈量 1 次的中误差为

$$\sigma^{(1)}_{S_2}=\sqrt{4}\,\sigma^{(1)}_{S_1}=2\sqrt{5}\,\mathrm{cm}$$

可知，对于 S_2 丈量 20 次的平均值中误差为

$$\sigma_{S_2}^{(20)} = \sigma_{S_2}^{(1)} / \sqrt{20} = 1\text{cm}$$

同理可知，对于 S_1 丈量 20 次的平均值中误差为

$$\sigma_{S_1}^{(20)} = \sigma_{S_1}^{(1)} / \sqrt{20} = \frac{1}{2}\text{cm}$$

S_1、S_2 丈量 20 次以后的相对中误差分别为

$$\frac{\sigma_{S_1}^{(20)}}{S_1} = \frac{0.005}{500} = \frac{1}{100000}; \qquad \frac{\sigma_{S_2}^{(20)}}{S_2} = \frac{0.01}{2000} = \frac{1}{200000}$$

S_1、S_2 丈量 20 次以后的权分别为

$$P_{S_1} = \frac{\sigma_0^2}{(\sigma_{S_1}^{(20)})^2} = \frac{20}{\frac{1}{4}} = 80; \qquad P_{S_2} = \frac{\sigma_0^2}{(\sigma_{S_2}^{(20)})^2} = \frac{20}{1} = 20$$

【**本题点拨**】 （1）权的定义；（2）算术平均值的中误差；（3）边长中误差的确定。

【**例 3-4**】 在图 3-3 中，令方向观测值 $l_i(i=1, 2, \cdots, 10)$ 的协因数矩阵 $Q_{ll}=I$，试求角度观测值向量 $\underset{6\times 1}{L}$ 的协因数矩阵 Q_{LL}。

【**解**】 根据图 3-3，可以得到各观测角度与方向值之间的关系，即

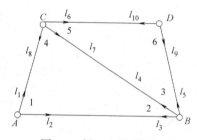

图 3-3　例 3-4 观测示意

$$L_1 = l_2 - l_1$$
$$L_2 = l_4 - l_3$$
$$L_3 = l_5 - l_4$$
$$L_4 = l_8 - l_7$$
$$L_5 = l_7 - l_6$$
$$L_6 = l_{10} - l_9$$

把各观测角度写成各方向值的函数，并写成矩阵形式，即

$$L = \begin{bmatrix} L_1 \\ L_2 \\ L_3 \\ L_4 \\ L_5 \\ L_6 \end{bmatrix} = \begin{bmatrix} -1 & 1 & 0 & 0 & 0 & 0 & 0 & 0 & 0 & 0 \\ 0 & 0 & -1 & 1 & 0 & 0 & 0 & 0 & 0 & 0 \\ 0 & 0 & 0 & -1 & 1 & 0 & 0 & 0 & 0 & 0 \\ 0 & 0 & 0 & 0 & 0 & 0 & -1 & 1 & 0 & 0 \\ 0 & 0 & 0 & 0 & 0 & -1 & 1 & 0 & 0 & 0 \\ 0 & 0 & 0 & 0 & 0 & 0 & 0 & 0 & -1 & 1 \end{bmatrix} \begin{bmatrix} l_1 \\ l_2 \\ l_3 \\ l_4 \\ l_5 \\ l_6 \\ l_7 \\ l_8 \\ l_9 \\ l_{10} \end{bmatrix}$$

根据协因数传播律，可得

$$Q_{LL} = \begin{bmatrix} -1 & 1 & 0 & 0 & 0 & 0 & 0 & 0 & 0 & 0 \\ 0 & 0 & -1 & 1 & 0 & 0 & 0 & 0 & 0 & 0 \\ 0 & 0 & 0 & -1 & 1 & 0 & 0 & 0 & 0 & 0 \\ 0 & 0 & 0 & 0 & 0 & 0 & -1 & 1 & 0 & 0 \\ 0 & 0 & 0 & 0 & 0 & -1 & 1 & 0 & 0 & 0 \\ 0 & 0 & 0 & 0 & 0 & 0 & 0 & 0 & -1 & 1 \end{bmatrix} \times Q_{ll}$$

$$\times \begin{bmatrix} -1 & 1 & 0 & 0 & 0 & 0 & 0 & 0 & 0 & 0 \\ 0 & 0 & -1 & 1 & 0 & 0 & 0 & 0 & 0 & 0 \\ 0 & 0 & 0 & -1 & 1 & 0 & 0 & 0 & 0 & 0 \\ 0 & 0 & 0 & 0 & 0 & 0 & -1 & 1 & 0 & 0 \\ 0 & 0 & 0 & 0 & 0 & -1 & 1 & 0 & 0 & 0 \\ 0 & 0 & 0 & 0 & 0 & 0 & 0 & 0 & -1 & 1 \end{bmatrix}^T$$

$$= \begin{bmatrix} 2 & 0 & 0 & 0 & 0 & 0 \\ 0 & 2 & -1 & 0 & 0 & 0 \\ 0 & -1 & 2 & 0 & 0 & 0 \\ 0 & 0 & 0 & 2 & -1 & 0 \\ 0 & 0 & 0 & -1 & 2 & 0 \\ 0 & 0 & 0 & 0 & 0 & 2 \end{bmatrix}$$

【本题点拨】 本题关键是每个角度写成各个方向观测值的函数。

【例 3-5】 如图 3-4 所示为某隧道横截面，现通过弓弦长方法来测定圆弧的半径。已知 $S=3.6$m，$H=0.3$m，现要求半径的测量精度 $\sigma_R < 0.1$m。按照误差等影响原则，求 S 和 H 的测量精度分别应为多少（已知弓弦长法求半径公式为 $R=\dfrac{H}{2}+\dfrac{S^2}{8H}$）？

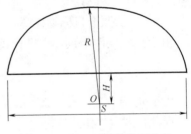

图 3-4　例 3-5 隧道截面示意

【解】 将公式 $R=\dfrac{H}{2}+\dfrac{S^2}{8H}$ 线性化可得

$$\mathrm{d}R = \left(\frac{1}{2}-\frac{S^2}{8H^2}\right)\mathrm{d}H + \left(\frac{S}{4H}\right)\mathrm{d}S = -17.5\mathrm{d}H + 3\mathrm{d}S$$

根据协方差传播律可得

$$\sigma_R^2 = (-17.5)^2\sigma_H^2 + 9\sigma_S^2$$

依题意要求

$$\sigma_R^2 = (-17.5)^2\sigma_H^2 + 9\sigma_S^2 \leqslant (0.1)^2$$

根据误差等影响原则有

$$(-17.5)^2\sigma_H^2 = 9\sigma_S^2 \leqslant \frac{(0.1)^2}{2}$$

则有

$$\sigma_H \leqslant 0.004\mathrm{m}, \quad \sigma_S \leqslant 0.024\mathrm{m}$$

即弦长与弓高测量精度应高于 0.004m 和 0.024m。

【本题点拨】 非线性函数线性化。

【例 3-6】 在 1：500 比例尺地图上某一圆的周长测量值及测量中误差为 $L=19.3\text{mm}\pm0.2\text{mm}$。试求此圆的实际面积及相应的中误差。

【解】 此圆的实际半径值为

$$r=500\times\frac{L}{2\pi}=500\times\frac{19.3}{2\pi\times1000}=1.5358\text{m}$$

此圆的面积为

$$S=\pi r^2=3.14\times1.5358^2=7.410453\text{m}^2$$

圆半径的中误差为

$$\sigma_r=500\times\frac{\sigma_L}{2\pi}=15.9\text{mm}$$

圆面积的中误差为

$$\sigma_S=2\pi r\sigma_r=2\times3.14\times1535.8\times15.9=0.154\text{m}^2$$

【本题点拨】 根据周长中误差求出圆半径中误差。

【例 3-7】 三角高程测量中，设仪器及照准物高的测量中误差均为 1mm，竖直角测量值及中误差为 $\alpha=15°37'41.6''\pm1.3''$，两点间斜距测量值及中误差为 $S=189.329\text{m}\pm2.4\text{mm}$。试求两点间高差测量值的中误差。

【解】 三角高程测量高差测量计算公式为

$$h=S\cdot\sin\alpha+i-v \tag{3-44}$$

式中 i——仪器高；

v——所照准目标物体高。

由于是非线性函数，先进行线性化可得

$$\mathrm{d}h=\sin\alpha\,\mathrm{d}S+S\cos\alpha\,\frac{\mathrm{d}\alpha}{\rho}+\mathrm{d}i-\mathrm{d}v \tag{3-45}$$

由于 $\sigma_\alpha=1.3''$，$\sigma_S=2.4\text{mm}$，$\sigma_i=1\text{mm}$，$\sigma_v=1\text{mm}$
因此，式（3-45）可得

$$\mathrm{d}h=\sin\alpha\,\mathrm{d}S+1000\times S\cos\alpha\,\frac{\mathrm{d}\alpha}{\rho''}+\mathrm{d}i-\mathrm{d}v \tag{3-46}$$

根据协方差传播律，三角高程测量高差计算值的方差为

$$\sigma_h^2=(\sin\alpha)^2\sigma_S^2+\left(\frac{1000S\cos\alpha}{\rho''}\right)^2\sigma_\alpha^2+\sigma_i^2+\sigma_v^2$$

$$=0.2693^2\times2.4^2+\left(\frac{189329\times0.963}{206265}\right)^2\times1.3^2+1+1$$

$$=0.42+1.32+1+1$$

$$=3.74\text{mm}^2$$

相应的中误差为

$$\sigma_h=1.9\text{mm}$$

【本题点拨】 单位如何统一化，式（3-46）右边第二项为什么要乘以 1000，又要除以 ρ''，一定要想清楚。

【例 3-8】 利用 50m 钢尺对某一段距离进行丈量，此段距离值为 3 次丈量距离之和。

3 次距离丈量值分别为 34.218m、47.134m 和 23.285m。钢尺实际长度为 49.995m。一次距离丈量中误差为 3.3mm。问此段距离丈量的均方误差是多少？

【解】 总的距离为三段距离丈量值之和，即

$$D = D_1 + D_2 + D_3$$

距离丈量值的方差为

$$\sigma_D^2 = \sigma_1^2 + \sigma_2^2 + \sigma_3^2 = 3.3^2 + 3.3^2 + 3.3^2 = 32.67 \text{mm}^2$$

距离丈量值的系统误差为

$$\varepsilon_D = \varepsilon_1 + \varepsilon_2 + \varepsilon_3$$

丈量一个整尺段距离时的系统误差大小为 $\varepsilon_0 = 49.995 - 50.000 = -0.005$m，则钢尺每米量距系统误差大小为 $\dfrac{-0.005}{50} = -0.0001$m。各段距离丈量中的系统误差大小为

$$\varepsilon_1 = -0.0001 \times 34.218 = -3.4 \text{mm}$$

$$\varepsilon_2 = -0.0001 \times 47.134 = -4.7 \text{mm}$$

$$\varepsilon_3 = -0.0001 \times 23.285 = -2.3 \text{mm}$$

所以距离丈量的均方误差为

$$MSE(D) = 3.3^2 + 3.3^2 + 3.3^2 + (-3.4 - 4.7 - 2.3)^2 = 142.2 \text{mm}^2$$

【本题点拨】 均方误差的求法。

【例 3-9】 由已知水准点 A、B 和 C 向待定点 D 进行水准测量，以测定 D 点高程（图 3-5）。各路线长度为 $S_1 = 2$km，$S_2 = S_3 = 4$km，$S_4 = 1$km，设 2km 线路观测高差为单位权观测值，其中中误差 $\sigma_0 = 2$mm，试求：（1）D 点高程最或是值（加权平均值）的中误差 σ_D；（2）A、D 两点间高差最或是值的中误差 σ_{AD}。

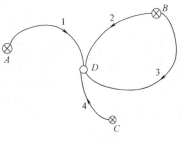

图 3-5 例 3-9 水准网示意

【解】 （1）D 点高程最或是值的权为

$$P_D = 1 + \frac{1}{2} + \frac{1}{2} + 2 = 4$$

$$\sigma_D = \sqrt{\frac{\sigma_0^2}{P_D}} = \sqrt{\frac{4}{4}} = 1 \text{mm}$$

（2）$\sigma_{AD} = 1$mm

【本题点拨】 关键看清楚本题的实质是不等精度的加权观测值；清楚为什么 σ_{AD} 的中误差与 σ_D 一样。

【例 3-10】 设有观测值向量 $L = \begin{bmatrix} L_1 & L_2 \end{bmatrix}^T$ 的权矩阵为 $P_{LL} = \begin{bmatrix} \dfrac{6}{5} & \dfrac{3}{5} \\ \dfrac{3}{5} & \dfrac{9}{5} \end{bmatrix}$，单位权方差 $\sigma_0^2 = 3$。试求 σ_1^2、σ_2^2、σ_{12}、P_{L_1}、P_{L_2}。

【解】 $Q_{LL} = P_{LL}^{-1} = \dfrac{1}{3} \begin{bmatrix} 3 & -1 \\ -1 & 2 \end{bmatrix}$，$D_{LL} = \sigma_0^2 Q_{LL} = \begin{bmatrix} 3 & -1 \\ -1 & 2 \end{bmatrix}$

因此，可得

$$\sigma_1^2=3,\ \sigma_2^2=2,\ \sigma_{12}=-1$$

$$P_{L_1}=1,\ P_{L_2}=\frac{3}{2}$$

【本题点拨】 权的求法一定要求出协因数，然后取倒数即可。

【例 3-11】 有一水准路线如图 3-6 所示。图中 A、B 为已知点，观测高差 h_1 和 h_2 以求 P 点的高程。设 h_1 和 h_2 的中误差分别为 σ_1 和 σ_2，且已知 $\sigma_1=2\sigma_2$，单位权中误差 $\sigma_0=\sigma_2$。若要求 P 点高程中误差 $\sigma_P=2\mathrm{mm}$，那么，观测精度 σ_1 和 σ_2 的值各应是多少?

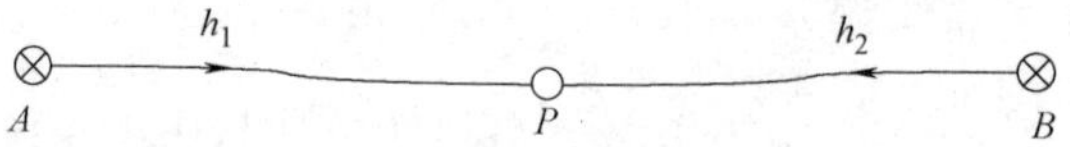

图 3-6 例 3-11 水准网示意

【解】

$$p_1=\frac{\sigma_0^2}{\sigma_1^2}=\frac{\sigma_2^2}{4\sigma_2^2}=\frac{1}{4},\quad p_2=\frac{\sigma_0^2}{\sigma_2^2}=\frac{\sigma_2^2}{\sigma_2^2}=1$$

$$p_P=1+\frac{1}{4}=\frac{5}{4},\quad \sigma_P=\frac{\sigma_0}{\sqrt{p_P}}=\frac{\sigma_0}{\frac{\sqrt{5}}{2}},\ 得\ \sigma_0=\sqrt{5}\ \mathrm{mm}$$

$$\sigma_1=2\sqrt{5}\ \mathrm{mm},\ \sigma_2=\sqrt{5}\ \mathrm{mm}$$

【本题点拨】 本题实质上是不等精度的加权观测值的求权问题。

【例 3-12】 设测站点的平面位置由角度 θ（30°）和距离 s（200m）给出，已知其中误差 $\sigma_\theta=20''$，$\sigma_s=0.10\mathrm{m}$，相关系数 $\rho_{\theta s}=0.50$，坐标增量 $\Delta x=s\cdot\cos\theta$，$\Delta y=s\cdot\sin\theta$。试求：(1) 向量 $L=\begin{bmatrix}\theta\\s\end{bmatrix}$ 的协方差矩阵 D_{LL}；(2) 设单位权方差 $\sigma_0^2=0.0010\mathrm{m}^2$，向量 $Z=\begin{bmatrix}\Delta x\\\Delta y\end{bmatrix}$ 的协因数矩阵 Q_{ZZ}。

【解】 (1) $D_{\theta s}=\rho_{\theta s}\sigma_\theta\sigma_s=1\mathrm{m}\cdot\mathrm{s}$

$$D_{LL}=\begin{bmatrix}\sigma_\theta^2 & \sigma_{\theta s}\\\sigma_{\theta s} & \sigma_s^2\end{bmatrix}=\begin{bmatrix}400\ (''\,)^2 & 1\mathrm{m}\cdot\mathrm{s}\\1\mathrm{m}\cdot\mathrm{s} & 0.010\mathrm{m}^2\end{bmatrix}$$

(2) $\mathrm{d}\Delta x=\cos\theta\mathrm{d}s-s\sin\theta\mathrm{d}\theta/\rho''=\frac{\sqrt{3}}{2}\mathrm{d}s-0.0005\mathrm{d}\theta$

$$\mathrm{d}\Delta y=\sin\theta\mathrm{d}s+s\cos\theta\mathrm{d}\theta/\rho''=\frac{1}{2}\mathrm{d}s+0.0009\mathrm{d}\theta$$

$$\begin{bmatrix}\mathrm{d}\Delta x\\\mathrm{d}\Delta y\end{bmatrix}=\begin{bmatrix}-0.005 & \frac{\sqrt{3}}{2}\\0.0009 & \frac{1}{2}\end{bmatrix}\begin{bmatrix}\mathrm{d}\theta\\\mathrm{d}s\end{bmatrix}$$

$$D_{ZZ}=\begin{bmatrix}-0.0005 & \frac{\sqrt{3}}{2}\\0.0009 & \frac{1}{2}\end{bmatrix}\begin{bmatrix}400 & 1\\1 & 0.01\end{bmatrix}\begin{bmatrix}-0.00005 & 0.0009\\\frac{\sqrt{3}}{2} & \frac{1}{2}\end{bmatrix}=\begin{bmatrix}0.0067 & 0.0047\\0.0047 & 0.0037\end{bmatrix}\mathrm{m}^2$$

$$Q_{ZZ}=D_{ZZ}/\sigma_0^2=\begin{bmatrix}6.7 & 4.7 \\ 4.7 & 3.7\end{bmatrix}$$

【本题点拨】 （1）协方差矩阵的每个量的单位是不一样的；（2）协因数矩阵的求法。

【例 3-13】 如图 3-7 所示的等边三角形，边长观测值为 $b\pm\sigma_b=800\text{m}\pm0.012\text{m}$，角度观测值为 $\beta_1=\beta_2=60°00'00''$，且它们的测角中误差相等。为使算得的边长 a 具有中误差 $\sigma_a=0.015\text{m}$，试问角 β_1、β_2 的观测精度应为多少？

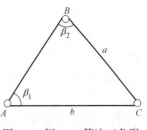

图 3-7 例 3-13 等边三角形

【解】
$$a=b\times\sin\beta_1/\sin\beta_2$$
$$\ln a=\ln b+\ln\sin\beta_1-\ln\sin\beta_2$$
$$\frac{\mathrm{d}a}{a}=\frac{\mathrm{d}b}{b}+\frac{\cos\beta_1}{\rho''\sin\beta_1}\mathrm{d}\beta_1-\frac{\cos\beta_2}{\rho''\sin\beta_2}\mathrm{d}\beta_2$$
$$a=b=800\text{m},\ \beta_1=\beta_2=60°00'00''$$

可得

$$\mathrm{d}a=\mathrm{d}b+\frac{\sqrt{3}\times800}{3\rho''}\mathrm{d}\beta_1-\frac{\sqrt{3}\times800}{3\rho''}\mathrm{d}\beta_2=\begin{bmatrix}1 & \dfrac{\sqrt{3}\times800}{3\rho''} & -\dfrac{\sqrt{3}\times800}{3\rho''}\end{bmatrix}\begin{bmatrix}\mathrm{d}b \\ \mathrm{d}\beta_1 \\ \mathrm{d}\beta_2\end{bmatrix}$$

$$\sigma_a^2=\begin{bmatrix}1 & \dfrac{\sqrt{3}\times800}{3\rho''} & -\dfrac{\sqrt{3}\times800}{3\rho''}\end{bmatrix}\begin{bmatrix}0.012^2 & 0 & 0 \\ 0 & \sigma_\beta^2 & 0 \\ 0 & 0 & \sigma_\beta^2\end{bmatrix}\begin{bmatrix}1 \\ \dfrac{\sqrt{3}\times800}{3\rho''} \\ -\dfrac{\sqrt{3}\times800}{3\rho''}\end{bmatrix}$$

$$=0.012^2+\frac{2\times800^2}{3\rho''^2}\sigma_\beta^2=0.015^2$$

$$\sigma_\beta^2=7.6('')^2,\ \text{即}\ \sigma_\beta=2.8''$$

【本题点拨】 （1）非线性函数线性化；（2）单位问题。

【例 3-14】 如图 3-8 所示，在测站 O 点用方向法观测了 1、2、3 等三个目标，得方向观测值为 R_1、R_2、R_3。已知各方向观测值相互独立，且为等精度，则由方向值构成的角度 β_1、β_2 的相关性如何（需要证明过程）？

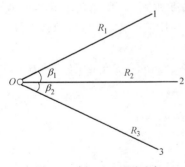

图 3-8 例 3-14 观测示意

【解】 $\beta_1=R_2-R_1=\begin{bmatrix}-1 & 1 & 0\end{bmatrix}\begin{bmatrix}R_1 \\ R_2 \\ R_3\end{bmatrix}$，$\beta_2=R_3-R_2=\begin{bmatrix}0 & -1 & 1\end{bmatrix}\begin{bmatrix}R_1 \\ R_2 \\ R_3\end{bmatrix}$

$$D(R)=D\begin{bmatrix}R_1 \\ R_2 \\ R_3\end{bmatrix}=\begin{bmatrix}\sigma^2 & 0 & 0 \\ 0 & \sigma^2 & 0 \\ 0 & 0 & \sigma^2\end{bmatrix}$$

根据协方差传播律可得

$$D_{\beta_1\beta_2} = \begin{bmatrix} -1 & 1 & 0 \end{bmatrix} \begin{bmatrix} \sigma^2 & 0 & 0 \\ 0 & \sigma^2 & 0 \\ 0 & 0 & \sigma^2 \end{bmatrix} \begin{bmatrix} 0 \\ -1 \\ 1 \end{bmatrix} = -\sigma^2 \neq 0$$

因此，β_1、β_2 相关。

【本题点拨】 （1）随机变量之间相关性的证明方法；（2）角度和方向观测值的函数表达式。

【例 3-15】 某圆周的测量值为 $L = 123.482\text{m}$，并假设观测值的真误差为 $\Delta = 0.013\text{m}$。求利用圆周周长计算所得圆面积的真误差。

【解】 由 $S = \dfrac{L^2}{4\pi}$，得 $dS = \dfrac{L}{2\pi}dL$

$$\Delta_S = \frac{L}{2\pi}\Delta = \frac{123.482 \times 0.013}{2 \times 3.14} = 0.256\text{m}$$

【本题点拨】 （1）求出面积与周长的表达式；（2）非线性函数线性化。

【例 3-16】 利用钢尺丈量一矩形的两条边，测量值分别是 102.433m 和 78.526m，钢尺名义长度为 30m，实际长度为 30.005m。求所测矩形面积的真误差是多少（没有偶然误差）？

【解】 设两条边长分别为 L_1、L_2，则其真误差分别为

$$\Delta_{L_1} = 102.433 \times 30.005/30 - 102.433 = 0.017\text{m}$$

$$\Delta_{L_2} = 78.526 \times 30.005/30 - 78.526 = 0.013\text{m}$$

由 $S = L_1 \times L_2$，得 $dS = L_2 dL_1 + L_1 dL_2$

所以，S 的真误差 Δ_S 为

$$\Delta_S = L_2 \Delta_{L_1} + L_1 \Delta_{L_2} = 78.526 \times 0.017 + 102.433 \times 0.013 = 2.667\text{m}^2$$

【本题点拨】 （1）非线性函数线性化；（2）真误差的定义。

【例 3-17】 在相同观测条件下（每一测回的观测精度相同），观测两个角度 $\angle A = 30°00'00''$ 和 $\angle B = 60°00'00''$，设对 $\angle A$ 观测 9 个测回，其平均值权为 $p_A = 1$，则对 $\angle B$ 观测 16 个测回取平均值的权 p_B 应为多少？

【解】 设每测回一次真误差为 σ_0，则对角 $\angle A$ 的 9 个测回的平均值的中误差为

$$\sigma_9 = \frac{\sigma_0}{3}$$

对角 $\angle B$ 的 16 个测回的平均值的中误差为

$$\sigma_{16} = \frac{\sigma_0}{4}$$

单位权中误差为 $\dfrac{\sigma_0}{3}$，所以

$$p_B = 16/9$$

【本题点拨】 权的求法。

【例 3-18】 设导线测量中，测定的距离为 450m，尺长为 50m，尺长检定中误差为 0.001m，每尺的测量中误差为 0.004m。（1）求距离的中误差；（2）试问角度测量应以什么样的精度才能与距离精度相匹配？

【解】 测定次数：$n=450/50=9$

（1）距离中误差为

$$\sigma_S^2 = 9 \times 0.004^2 + (9 \times 0.001)^2 = 9 \times 0.000025 \text{m}^2$$

$$\sigma_S = 3 \times 0.005 = 0.015 \text{m}$$

（2）由 $\dfrac{\sigma_a}{206265} \times 450 = 0.015$，得 $\sigma_a = 6.7''$

【本题点拨】 （1）系统误差的大小的确定；（2）均方误差的求法；（3）纵横向误差的求法及匹配。

【例 3-19】 某长度由 6 段构成，每段测量偶然误差中误差为 $\sigma = 2 \text{mm}$，系统误差为 6mm，该长度测量的综合中误差为多少？

【解】 全长的综合中误差为

$$\sigma_S^2 = n\sigma^2 + (n\varepsilon)^2 = 6 \times 4 + (6 \times 6)^2 = 1320 \text{mm}^2$$

$$\sigma_S = 36.3 \text{mm}$$

【本题点拨】 均方误差的求法。

【例 3-20】 随机向量 Y、Z 都是观测向量 L 的函数，函数关系为

$$Y = (E - A^{\mathrm{T}}(AA^{\mathrm{T}})^{-1}A)L$$

$$Z = (AA^{\mathrm{T}})^{-1}AL$$

A 为系数矩阵，已知 $Q_{LL} = E$，试证明 Y 与 Z 不相关。

【证明】 应用协因数传播律式（3-30），可得 Y 与 Z 的互协因数矩阵为

$$\begin{aligned} Q_{YZ} &= (E - A^{\mathrm{T}}(AA^{\mathrm{T}})^{-1}A)Q_{LL}\left[(AA^{\mathrm{T}})^{-1}A\right]^{\mathrm{T}} \\ &= (E - A^{\mathrm{T}}(AA^{\mathrm{T}})^{-1}A)E(A^{\mathrm{T}}(AA^{\mathrm{T}})^{-1}) \\ &= (E - A^{\mathrm{T}}(AA^{\mathrm{T}})^{-1}A)(A^{\mathrm{T}}(AA^{\mathrm{T}})^{-1}) \\ &= A^{\mathrm{T}}(AA^{\mathrm{T}})^{-1} - A^{\mathrm{T}}(AA^{\mathrm{T}})^{-1}AA^{\mathrm{T}}(AA^{\mathrm{T}})^{-1} \\ &= A^{\mathrm{T}}(AA^{\mathrm{T}})^{-1} - A^{\mathrm{T}}(AA^{\mathrm{T}})^{-1} = 0 \end{aligned}$$

所以，Y 与 Z 不相关。

【本题点拨】 对于 2 个随机变量或向量，主要就是求它们的互协因数或互协因数矩阵是否为 0，为 0 则不相关，否则就相关。

【例 3-21】 在利用 GIS 研究土壤侵蚀情况时，其中，由降雨引起的水土流失量 FAO 计算公式为

$$R = 0.11abc + 66$$

式中　a——年平均降雨量（cm）；

　　　　b——日最大降雨量（cm）（两年出现一次）；

　　　　c——两年中的最大暴雨降水量之和（cm）（每年取一次最大降雨量）。

设某地区的 a、b、c 数据为 $a = 172.5 \text{cm} \pm 20 \text{cm}$，$b = 5.41 \text{cm} \pm 1.1 \text{cm}$，$c = 2.25 \text{cm} \pm 0.5 \text{cm}$。求 R 的值及其中误差。

【解】 将 a、b、c 的数据代入公式可得

$$R = 0.11 \times 172.5 \times 5.41 \times 2.25 + 66 = 296.97 \text{cm}^3$$

对 R 线性化，可得

$$dR = 0.11bc\,da + 0.11ac\,db + 0.11ab\,dc = 1.34da + 42.69db + 102.65dc$$

所以，R 的方差为

$$\sigma_R^2 = (1.34 \times 20)^2 + (42.69 \times 1.1)^2 + (102.65 \times 0.5)^2 = 5557.65 \text{cm}^6$$

因此，R 的中误差为

$$\sigma_R = 74.55 \text{cm}^3$$

【本题点拨】　（1）非线性函数线性化；（2）权倒数传播律的应用。

【例 3-22】　有一条水准路线 AB，总长为 20km，已知 A 点高程中误差为 4mm，B 点高程中误差为 2mm，协方差为 0，高程精度最弱点的中误差为 $\sqrt{10}$ mm，试求：（1）每千米观测中误差；（2）高程最弱点位于何处。

【解】　（1）假设 A、B 点没有误差，则高程精度最弱点应该在水准路线的中间，而且两段的方差应该是最弱点方差的两倍，即为 20mm²。

因此，可得水准路线全长的方差为 40mm²。

由于 A 点中误差为 4mm，其方差为 16mm²；由于 B 点中误差为 2mm，其方差为 4mm²，二者之间不相关。

则水准路线由于测量所引起的方差为

$$\sigma_{AB}^2 = 40 - 16 - 4 = 20 \text{mm}^2$$

设每千米中误差为 σ_{km}，则有

$$20\sigma_{km}^2 = 20,\ 得\ \sigma_{km} = 1 \text{mm}$$

（2）从 A 点经过 Skm 的方差为 20mm²，则为最弱点，即

$$20 = 16 + S,\ 得\ S = 4 \text{km}$$

【本题点拨】　（1）最弱点的精度是其两段水准路线精度的 2 倍；（2）先假设已知点没有误差。

【例 3-23】　已知圆周长中误差为 3.14mm，求圆半径的中误差（$\pi = 3.14$）。

【解】　设周长为 P，半径为 r，则有

$$P = 2\pi r,\ 得\ r = \frac{P}{2\pi}$$

因此，根据协方差传播律有

$$\sigma_r^2 = \frac{\sigma_P^2}{4\pi^2} = \frac{1}{4} \text{mm}^2,\ 得\ \sigma_r = \frac{1}{2} \text{mm}$$

【本题点拨】　本题比较简单，关键是求出计算半径的表达式。

【例 3-24】　设观测两个长度结果为 $S_1 = 600\text{m} \pm 4\text{cm}$，$S_2 = 400\text{m} \pm 3\text{cm}$，试计算两结果的和及差的中误差，比较和及差哪个精度高。

【解】　根据 $S_1 = 600\text{m} \pm 4\text{cm}$，$S_2 = 400\text{m} \pm 3\text{cm}$
可得

$$\sigma_1 = 4\text{cm},\ \sigma_2 = 3\text{cm}$$
$$S_和 = S_1 + S_2,\ S_差 = S_1 - S_2$$

根据协方差传播律可得

$$\sigma_{S_和} = \sqrt{\sigma_1^2 + \sigma_2^2} = 5\text{cm}$$

$$\sigma_{S_{差}}=\sqrt{\sigma_1^2+\sigma_2^2}=5\text{cm}$$

相对误差

$$\frac{\sigma_{S_{和}}}{S_{和}}=\frac{5}{1000\times100}=\frac{1}{2\times10^4}$$

$$\frac{\sigma_{S_{差}}}{S_{差}}=\frac{5}{200\times100}=\frac{1}{4\times10^3}$$

因此，距离和的精度高于距离差的精度。

【本题点拨】 距离精度比较应根据相对误差进行比较。

【例 3-25】 已知一方向中误差为 σ，而角度为两方向之差，若视各角度相互独立，试求 n 边形内角和及其闭合差的限差。

【解】
$$L_i=\beta_{i+1}-\beta_i$$
$$\sigma_{\beta_{i+1}}=\sigma_{\beta_i}=\sigma$$

根据协方差传播律，可得

$$\sigma_{L_i}=\sqrt{\sigma_{\beta_{i+1}}^2+\sigma_{\beta_i}^2}=\sqrt{2}\sigma$$

内角和 c 为

$$c=\sum_{i=1}^{n}L_i$$

则有

$$\sigma_c^2=\sigma_{L_1}^2+\sigma_{L_2}^2+\cdots+\sigma_{L_n}^2=2n\sigma^2$$

闭合差 W 为

$$W=(n-2)\times180°-\sum_{i=1}^{n}L_i$$

所以

$$\sigma_W^2=2n\sigma^2，得\ \sigma_W=\sqrt{2n}\sigma$$

因此，其限差为

$$\Delta_{限}=2\sigma_W=2\sqrt{2n}\sigma$$

【本题点拨】 （1）根据方向中误差计算角度中误差；（2）极限误差和中误差的关系，本题中取的是 2 倍，实际中取 3 倍也可以。

【例 3-26】 在像片上投影差改正数公式为 $\delta=\dfrac{\Delta h}{H}\gamma$，式中高差 Δh 的中误差为 m_h，像点至底点距离 γ 的中误差为 m_γ，航高 H 的中误差为 m_H，求投影改正数 δ 的中误差。

【解】 由于是非线性函数，先进行线性化处理，可得

$$d\delta=\frac{\gamma}{H}d\Delta h+\frac{\Delta h}{H}d\gamma-\frac{\Delta h}{H^2}\gamma dH$$

根据协方差传播律可得

$$\sigma_\delta^2=\sigma_{d\delta}^2=\left(\frac{\gamma}{H}\right)^2 m_h^2+\left(\frac{\Delta h}{H}\right)^2 m_\gamma^2+\left(\frac{\Delta h\gamma}{H^2}\right)^2 m_H^2$$

因此

$$\sigma_\delta = \sigma_{d\delta}^2 = \sqrt{\left(\frac{\gamma}{H}\right)^2 m_h^2 + \left(\frac{\Delta h}{H}\right)^2 m_\gamma^2 + \left(\frac{\Delta h \gamma}{H^2}\right)^2 m_H^2}$$

【本题点拨】 非线性函数线性化处理。

【例 3-27】 二、三等三角测量的测角中误差分别为 $1.0''$ 和 $1.8''$，试证明《工程测量标准》GB 50026—2020 中为什么规定它们的三角形闭合差应分别小于 $3.5''$ 和 $7.0''$。

【解】 因为 $\sigma_W = \sqrt{3}\sigma_L$

因此，

二等 $\sigma_W = 1.732''$，三等 $\sigma_W = \sqrt{3} \times 1.8'' = 3.118''$

$\Delta_限 = 2\sigma_W$

二等 $\Delta_限 = 2 \times 1.732 = 3.464'' \approx 3.5''$

三等 $\Delta_限 = 2 \times 3.118 = 6.235'' \approx 7.0''$

【本题点拨】 掌握闭合差中误差的计算，限差与中误差的关系。

【例 3-28】 用 $L = 50\text{m} \pm 1\text{cm}$ 的钢尺丈量 A、B 之间的距离，往返各一次，得中数为 $S_{AB} = 400\text{m}$，已知每尺段丈量中误差 $m_\Delta = 2\text{cm}$，求：

（1）A、B 间距离中数的中误差；

（2）往返差值的限差。

【解】 （1） $S_1 = L_1 + L_2 + \cdots + L_8$

$S_2 = L_1' + L_2' + \cdots + L_8'$

$\overline{S} = \frac{S_1 + S_2}{2} = \frac{1}{2}(L_1 + L_2 + \cdots + L_8 + L_1' + L_2' + \cdots + L_8')$

由 $D_{ZZ} = (k_i^2 \Delta_i^2) + (k_i \varepsilon_i)^2$，可得

$$D_{\overline{SS}} = \left(\frac{1}{2}\right)^2 \times 16 \times \sigma_\Delta^2 + \left(\frac{1}{2} \times 16 \times \varepsilon_i\right)^2$$

$$= \frac{1}{4} \times 16 \times 4 + \left(\frac{1}{2} \times 16 \times 1\right)^2 = 16 + 64 = 80\text{cm}^2$$

$$\sigma_{\overline{S}} = 4\sqrt{5}\ \text{cm}$$

（2） $d = S_1 - S_2 = (L_1 + L_2 + \cdots + L_8) - (L_1' + L_2' + \cdots + L_8')$

$$D_{dd} = 4 \times 16 = 64\text{cm}^2$$

$$\sigma_d = 8\text{cm}$$

$$\Delta_限 = 2\sigma_d = 16\text{cm}$$

【本题点拨】 （1）系统误差的大小确定；（2）均方误差的求法。

【例 3-29】 用尺长 $50\text{m} \pm 1\text{mm}$ 的钢尺，丈量长方形的一条长边和一条短边，观测值为 $a = 200\text{m}$，$b = 100\text{m}$，已知每尺段丈量中误差均为 3mm，试求长方形周长及面积的中误差。

【解】 $a = L_1 + L_2 + L_3 + L_4$

$b = L_1' + L_2'$

$\sigma_a^2 = 4 \times 3^2 = 36\text{mm}^2$

$\sigma_b^2 = 2 \times 3^2 = 18\text{mm}^2$

$$\varepsilon_a = 4 \times \varepsilon_i = 4\text{mm}$$
$$\varepsilon_b = 2 \times \varepsilon_i = 2\text{mm}$$

周长 P 为

$$P = 2a + 2b$$

所以

$$D_{PP} = 4\sigma_a^2 + 4\sigma_b^2 + (2\varepsilon_a + 2\varepsilon_b)^2 = 144 + 72 + 12^2 = 360\text{mm}^2$$

$$\sigma_P = 6\sqrt{10}\,\text{mm}$$

面积 S 为

$$S = ab$$

线性化可得

$$dS = b\,da + a\,db = 100da + 200db$$

$$
\begin{aligned}
D_{SS} = D_{dSdS} &= 100^2\sigma_a^2 \times 10^6 + 200^2\sigma_b^2 \times 10^6 + (100\varepsilon_a \times 10^3 + 200\varepsilon_b \times 10^3)^2 \\
&= (36+72) \times 10^{10} + (4+4)^2 \times 10^{10} \\
&= 172 \times 10^{10}\,\text{mm}^4 = 172 \times 10^6\,\text{cm}^4 = 172 \times 10^2\,\text{dm}^4 = 1.72\text{m}^4
\end{aligned}
$$

$$\sigma_S = \frac{\sqrt{43}}{5}\text{m}^2$$

【本题点拨】 （1）系统误差的传播规律特点；（2）注意非线性函数线性化时单位的问题，在求面积中误差时 da、db 的单位是"mm"，而 a、b 的单位是"m"，二者单位要一致，可以都化为"m"或者"mm"，这一点一定要注意。

【例 3-30】 用尺长为 L 的钢尺丈量某段距离，共量了 9 个尺段，已知尺长检定中误差为 $m_\lambda = 2\text{mm}$，丈量一次的中误差 $m_\Delta = 4\text{mm}$，试求：

（1）由尺长检定中误差引起的全长中误差；

（2）由丈量中误差引起的全长中误差；

（3）由尺长检定中误差和丈量中误差引起的全长中误差。

【解】 尺长检定中误差 m_λ 为系统误差，丈量中误差 m_Δ 为偶然误差。

（1）$\varepsilon_L = 9 \times m_\lambda = 18\text{mm}$

（2）$\sigma_L = \sqrt{9 \times m_\Delta^2} = 12\text{mm}$

（3）$m_L = \sqrt{\sigma_L^2 + \varepsilon_L^2} = \sqrt{144 + 324} = 6\sqrt{13}\,\text{mm}$

【本题点拨】 （1）系统误差的认定；（2）系统误差的传播规律；（3）均方误差的求法。

【例 3-31】 已知 $ABCD$ 的坐标分别为（500，0）、（500，2000）、（0，500）、（0，2000）（单位：m），如图 3-9 所示，现利用全站仪分别从 A 点和 C 点出发确定 AB 线的中点 E，A 点架站时的后视为 B，C 点架站时的后视为 D，已知全站仪的测角精

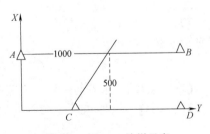

图 3-9 例 3-31 放样示意

度为 $2''$，假设测距没有误差，忽略瞄准误差，求两种放样方法确定的中点 E 距离 AB 线的垂直距离误差分别是多少，哪种方法使 E 点落在 AB 线上的精度高？

【解】 A 点架站，所引起的垂直距离误差就是由 A 点所引起的横向误差，即

$$\sigma_u = S \times \frac{\sigma_\beta}{\rho}$$

其中 $S = 1000\text{m}$，$\sigma_\beta = 2''$，$\rho = 206265''$，可得

$$\sigma_u = 1000 \times 10^{-5}\text{m} = 10\text{mm}$$

C 点架站，所引起的垂直距离误差就是由 C 点所引起的横向误差乘以 $\sin 45°$，即

$$\sigma'_C = \sin 45° \sigma_u = \sin 45° \times S' \times \frac{\sigma_\beta}{\rho}$$

其中 $S' = \sqrt{500^2 + 500^2} = 500\sqrt{2}\text{m}$，可得

$$\sigma'_C = \sin 45° \sigma_u = \sin 45° \times S \times \frac{\sigma_\beta}{\rho} = 500 \times 10^{-5}\text{m} = 5\text{mm}$$

因此，在 C 点假设仪器精度高。

【本题点拨】　（1）应清楚垂直距离误差是由什么引起的；（2）横向误差的求法。

【例 3-32】　A、B 两水准点间分 8 段进行水准测量，每段进行往返测，所得高差为 h'_1，h''_1，h'_2，h''_2，…，h'_8，h''_8，各观测高差的中误差均为 $m = 2\text{mm}$，试求：全长高差平差值的中误差及全长往返高差之差的限差。

【解】　全长高差的平差值 S 为

$$S = \frac{1}{2}(h'_1 + h'_2 + \cdots + h'_8 + h''_1 + h''_2 + \cdots + h''_8)$$

因此，根据协因数传播律可得

$$\sigma_S^2 = \frac{1}{4}[4 + 4 + \cdots + 4] = \frac{1}{4} \times 4 \times 16 = 16\text{mm}^2$$

得：$\sigma_S = 4\text{mm}$

全长往返高差之差 S_1 为

$$S_1 = (h'_1 + h'_2 + \cdots + h'_8) - (h''_1 + h''_2 + \cdots + h''_8)$$

因此，根据协因数传播律可得

$$\sigma_{S_1}^2 = 4 \times 8 + 4 \times 8 = 64\text{mm}^2$$

得：$\sigma_{S_1} = 8\text{mm}$

限差取 2 倍，则得

$$\Delta_{S_1} = 16\text{mm}$$

【本题点拨】　限差与中误差的关系。

【例 3-33】　已知 L_1，L_2，…，L_n 为同一量的独立等精度观测值，其精度为 m_0，$x = \frac{[L]}{n}$，$v_i = x - L_i$，试求 σ_x、σ_{v_i}，并证明 x 与 v_i 相互独立。

【解】　$x = \frac{[L]}{n} = \frac{1}{n}[L_1 + L_2 + \cdots + L_n]$

根据协因数传播律可得

$$\sigma_x^2 = \frac{1}{n^2}[m_0^2 + m_0^2 + \cdots + m_0^2] = \frac{m_0^2}{n}$$

得：$\sigma_x = \dfrac{m_0}{\sqrt{n}}$

$$v_i = x - L_i = \frac{1}{n}[L] - L_i = \frac{1}{n}L_1 + \frac{1}{n}L_2 + \cdots + \frac{1}{n}(1-n)L_i + \frac{1}{n}L_{i+1} + \cdots + \frac{1}{n}L_n$$

根据协因数传播律可得

$$\sigma_{v_i}^2 = \frac{1}{n^2}[1 + 1 + \cdots + (1-n)^2 + 1 + \cdots + 1]m_0^2 = \frac{1}{n^2}[(n-1) + (n-1)^2]m_0^2 = \frac{n-1}{n}m_0^2$$

$$\sigma_{v_i} = \sqrt{\frac{n-1}{n}}\,m_0$$

证明：

$$D_{xv_i} = \frac{1}{n^2}\begin{bmatrix}1 & 1 & \cdots & 1\end{bmatrix} diag\begin{pmatrix}m_0^2 & m_0^2 & \cdots & m_0^2\end{pmatrix}\begin{bmatrix}1\\1\\\vdots\\1-n\\1\\\vdots\\1\end{bmatrix}$$

$$= \frac{1}{n^2}[m_0^2 + m_0^2 + \cdots + (1-n)m_0^2 + m_0^2 + \cdots + m_0^2]$$

$$= 0$$

所以 x 与 v_i 相互独立。

【**本题点拨**】 （1）x 与 v_i 相互独立的关键是求它们的协方差或协因数或相关系数为 0；（2）思考为什么不能这样求：$D_{xv_i} \neq \sigma_{v_i}^2 + \sigma_x^2$。

【**例 3-34**】 请用二维随机变量的例子证明权矩阵不具有权的意义。

【**证明**】 $X = \begin{bmatrix}x_1\\x_2\end{bmatrix}$，其协方差矩阵为

$$D_{XX} = \begin{bmatrix}\sigma_{x_1}^2 & \sigma_{x_1 x_2}\\ \sigma_{x_1 x_2} & \sigma_{x_2}^2\end{bmatrix}$$

则其权矩阵为

$$P_{XX} = \sigma_0^2 D_{XX}^{-1} = \frac{\sigma_0^2}{\sigma_{x_1}^2 \sigma_{x_2}^2 - \sigma_{x_1 x_2}^2}\begin{bmatrix}\sigma_{x_2}^2 & -\sigma_{x_1 x_2}\\ -\sigma_{x_1 x_2} & \sigma_{x_2}^2\end{bmatrix}$$

$$\sigma_{x_1 x_2} = \sigma_{x_1}\sigma_{x_2}\rho_{x_1 x_2}$$

因此，可得

$$P_{XX} = \begin{bmatrix} \dfrac{\sigma_0^2}{\sigma_{x_1}^2(1-\rho_{x_1x_2}^2)} & -\dfrac{\sigma_0^2\rho_{x_1x_2}}{\sigma_{x_1}\sigma_{x_2}(1-\rho_{x_1x_2}^2)} \\[6mm] -\dfrac{\sigma_0^2\rho_{x_1x_2}}{\sigma_{x_1}\sigma_{x_2}(1-\rho_{x_1x_2}^2)} & \dfrac{\sigma_0^2}{\sigma_{x_2}^2(1-\rho_{x_1x_2}^2)} \end{bmatrix}$$

由上式可知，仅当 $\rho_{x_1x_2}=0$ 时，才有

$$p_1 = \frac{\sigma_0^2}{\sigma_{x_1}^2}, \quad p_2 = \frac{\sigma_0^2}{\sigma_{x_2}^2}$$

当 $\rho_{x_1x_2}\neq0$ 时，对角线上的元素不是通常意义下的权。

【本题点拨】 权矩阵不具有权的意义。

【例 3-35】 有 3 个几何量 A，B，C，它们的测量数据为 0.52，4.10，1.97，它们的系统误差分别为 0.02，-0.03，-0.05，随机误差分别为 0.001，0.002，0.001，计算公式为 $R=2A+B-C$，求 R 的值及 R 的系统误差和随机误差。

【解】 $R=2A+B-C=2\times0.52+4.10-1.97=5.14-1.97=3.17$

$\varepsilon_R = \sqrt{(2\times0.02-0.03+0.05)^2} = 0.06$

$\sigma_R = \sqrt{4\times0.001^2+0.002^2+0.001^2} = 0.001\sqrt{4+4+1} = 0.003$

【本题点拨】 系统误差的求法。

【例 3-36】 对某段距离进行了 5 次同精度丈量，观测值分别为 148.062，148.058，148.063，148.062，148.060（单位：m），试求这段距离的最或然值、观测值中误差以及最或然值的中误差。

【解】 （1）这段距离的最或然值 $\hat{L}$ 为

$\hat{L} = (L_1+L_2+L_3+L_4+L_5)/5$

$= (148.062+148.058+148.063+148.062+148.060)/5$

$= 148.061\text{m}$

（2）每段距离的改正数为

$$v_i = \hat{L} - L_i$$

则有

$$v_1=-1\text{mm}, \quad v_2=3\text{mm}, \quad v_3=-2\text{mm}, \quad v_4=-1\text{mm}, \quad v_5=1\text{mm}$$

则观测值中误差

$$\hat{\sigma}_L = \sqrt{\frac{[VV]}{5-1}} = \sqrt{4} = 2\text{mm}$$

（3）由于 $\hat{L}=(L_1+L_2+L_3+L_4+L_5)/5$

则根据协方差传播律可得

$$D(\hat{L}) = \frac{1}{25}[D(L_1)+D(L_2)+D(L_3)+D(L_4)+D(L_5)] = \frac{4\times5}{25} = \frac{4}{5}$$

所以

$$\hat{\sigma}_{\hat{L}}=\frac{2}{5}\sqrt{5}\text{ mm}$$

【本题点拨】（1）观测值中误差的求法；（2）最或然值的中误差与观测值中误差的关系。

【例 3-37】 有支导线如图 3-10 所示，A 点为已知点，已知方位角 α 的中误差 $\sigma_\alpha=1''$，观测角 β 的中误差 $\sigma_\beta=2''$，AC 边长 $S=600\text{m}$。若丈量 20m 长的中误差为 2mm，试求 C 点的点位中误差（$\rho''=2\times10^5$）。

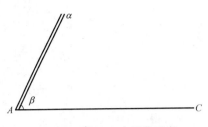

图 3-10 例 3-37 支导线示意

【解】 C 点的点位中误差可由如下方法求出

$$\sigma_C^2=\sigma_X^2+\sigma_Y^2=\sigma_s^2+\sigma_u^2$$

根据本题的条件，C 点的点位中误差由纵向、横向误差来求，即

$$\sigma_C^2=\sigma_s^2+\sigma_u^2$$

先求纵向方差。由于每次丈量 20m，其中误差为 2mm，即方差为 4mm^2，由于 AC 长度为 600m，则

$$\sigma_s^2=4\times\frac{600}{20}=120\text{mm}^2$$

横向误差是由 α_{AC} 方位角的测角误差引起的，$\alpha_{AC}=\alpha+\beta$，由于 $\sigma_\alpha=1''$，$\sigma_\beta=2''$，则根据协方差传播律可得

$$\sigma_{AC}=\sqrt{5}''$$

因此，有

$$\sigma_u^2=\frac{5\times600^2\times1000^2}{2^2\times10^{10}}=45\text{mm}^2$$

故有

$$\sigma_C^2=120+45=165\text{mm}^2,\ \sigma_C=\sqrt{165}\text{ mm}$$

【本题点拨】（1）纵向、横向方差的求法；（2）本题中的起始方位角是有误差的，则测角中误差应该按照协方差传播律来求，不能直接相加，即测角中误差为 3''。

【例 3-38】 已知 A 点的坐标 $(X,Y)=(10.000,10.000)\text{m}$，方差矩阵为 $\begin{bmatrix}1&0.5\\0.5&1\end{bmatrix}\text{cm}^2$，观测了 A 到 B 的方位角 $\alpha_{AB}=45°00'00''$，观测中误差为 $\sigma_\alpha=2''$，观测了 AB 的水平距离 $S_{AB}=4000.00\text{m}$，测距中误差为 $\sigma_S=2\text{cm}$。设观测值之间以及观测值与 A 点的坐标之间误差独立，求 B 点的坐标及其方差矩阵。

【解】 （1）
$$X_B=X_A+S\cos\alpha_{AB}$$
$$Y_B=Y_A+S\sin\alpha_{AB}$$

把相应的数据代入上式可得

$$X_B=X_A+S\cos\alpha_{AB}=10+4000\times\frac{\sqrt{2}}{2}=2838\text{m}$$

$$Y_B=Y_A+S\sin\alpha_{AB}=10+4000\times\frac{\sqrt{2}}{2}=2838\text{m}$$

（2）对 X_B，Y_B 取全微分可得

$$\mathrm{d}X_B = \mathrm{d}X_A + \cos\alpha_{AB}\mathrm{d}S - 100 \times S\sin\alpha_{AB}\mathrm{d}\alpha_{AB}/\rho''$$

$$\mathrm{d}Y_B = \mathrm{d}Y_A + \sin\alpha_{AB}\mathrm{d}S + 100 \times S\cos\alpha_{AB}\mathrm{d}\alpha_{AB}/\rho''$$

$$\mathrm{d}X_B = \mathrm{d}X_A + \frac{\sqrt{2}}{2}\mathrm{d}S - \sqrt{2}\,\mathrm{d}\alpha_{AB}$$

$$\mathrm{d}Y_B = \mathrm{d}Y_A + \frac{\sqrt{2}}{2}\mathrm{d}S + \sqrt{2}\,\mathrm{d}\alpha_{AB}$$

则可得

$$\begin{bmatrix} \mathrm{d}X_B \\ \mathrm{d}Y_B \end{bmatrix} = \begin{bmatrix} 1 & 0 & \frac{\sqrt{2}}{2} & -\sqrt{2} \\ 0 & 1 & \frac{\sqrt{2}}{2} & \sqrt{2} \end{bmatrix} \begin{bmatrix} \mathrm{d}X_A \\ \mathrm{d}Y_A \\ \mathrm{d}S \\ \mathrm{d}\alpha_{AB} \end{bmatrix}$$

其中

$$D \begin{bmatrix} \mathrm{d}X_A \\ \mathrm{d}Y_A \\ \mathrm{d}S \\ \mathrm{d}\alpha_{AB} \end{bmatrix} = \begin{bmatrix} 1 & 0.5 & 0 & 0 \\ 0.5 & 1 & 0 & 0 \\ 0 & 0 & 4 & 0 \\ 0 & 0 & 0 & 4 \end{bmatrix}$$

根据协方差传播律可得

$$D \begin{bmatrix} \mathrm{d}X_B \\ \mathrm{d}Y_B \end{bmatrix} = \begin{bmatrix} \sigma_{X_B}^2 & \sigma_{X_B Y_B} \\ \sigma_{X_B Y_B} & \sigma_{Y_B}^2 \end{bmatrix} = \begin{bmatrix} 1 & 0 & \frac{\sqrt{2}}{2} & -\sqrt{2} \\ 0 & 1 & \frac{\sqrt{2}}{2} & \sqrt{2} \end{bmatrix} \begin{bmatrix} 1 & 0.5 & 0 & 0 \\ 0.5 & 1 & 0 & 0 \\ 0 & 0 & 4 & 0 \\ 0 & 0 & 0 & 4 \end{bmatrix} \begin{bmatrix} 1 & 0 \\ 0 & 1 \\ \frac{\sqrt{2}}{2} & \frac{\sqrt{2}}{2} \\ -\sqrt{2} & \sqrt{2} \end{bmatrix}$$

$$= \begin{bmatrix} 11 & -5.5 \\ -5.5 & 11 \end{bmatrix}$$

【本题点拨】（1）A 点坐标是有误差的；（2）$D \begin{bmatrix} \mathrm{d}X_A \\ \mathrm{d}Y_A \\ \mathrm{d}S \\ \mathrm{d}\alpha_{AB} \end{bmatrix}$ 的确定；（3）思考全微分中

为何要乘以 100；（4）注意单位的统一。

【例 3-39】 设有相关观测值 $\underset{n\times1}{L}$ 的两组线性函数：$\underset{t\times1}{Z} = KL + K_0$，已知 L 的协方差
$\underset{s\times1}{Y} = FL + F_0$

矩阵为

$$D_{LL} = \begin{bmatrix} \sigma_1^2 & \sigma_{12} & \cdots & \sigma_{1n} \\ \sigma_{21} & \sigma_2^2 & \cdots & \sigma_{2n} \\ & & \vdots & \\ \sigma_{n1} & \sigma_{n2} & \cdots & \sigma_n^2 \end{bmatrix}$$

试求：（1）Z 的方差矩阵 D_{ZZ} 以及 Z 和 Y 的协方差矩阵 D_{ZY}；（2）若已知 L 的综合误差为 $\Omega=\Delta+\varepsilon$，式中 Δ，ε 分别为观测值 L 的偶然误差和系统误差，试求 Z 的综合方差矩阵 $D_{ZZ}=E(\Omega_Z,\Omega_Z^{\mathrm{T}})$ 以及 Z 和 Y 的协方差矩阵 $D_{ZY}=E(\Omega_Z\Omega_Y^{\mathrm{T}})$。

【解】　（1）$\underset{t\times1}{\Omega_Z}=\underset{t\times n}{K}(\underset{n\times1}{\Delta}+\underset{n\times1}{\varepsilon})=K\begin{bmatrix}\Delta_1+\varepsilon_1\\\Delta_2+\varepsilon_2\\\vdots\\\Delta_n+\varepsilon_n\end{bmatrix}$

$$\underset{t\times1}{\Omega_Z^{\mathrm{T}}}=\left[\underset{t\times n}{K}(\underset{n\times1}{\Delta}+\underset{n\times1}{\varepsilon})\right]^{\mathrm{T}}=\begin{bmatrix}\Delta_1+\varepsilon_1\\\Delta_2+\varepsilon_2\\\vdots\\\Delta_n+\varepsilon_n\end{bmatrix}^{\mathrm{T}}K^{\mathrm{T}}$$

$$E(\Omega_Z\Omega_Z^{\mathrm{T}})=KE\left[\begin{bmatrix}\Delta_1+\varepsilon_1\\\Delta_2+\varepsilon_2\\\vdots\\\Delta_n+\varepsilon_n\end{bmatrix}\begin{bmatrix}\Delta_1+\varepsilon_1&\Delta_2+\varepsilon_2&\cdots&\Delta_n+\varepsilon_n\end{bmatrix}\right]K^{\mathrm{T}}$$

$$=K\begin{bmatrix}E(\Delta_1+\varepsilon_1)(\Delta_1+\varepsilon_1)&E(\Delta_1+\varepsilon_1)(\Delta_2+\varepsilon_2)&\cdots&E(\Delta_1+\varepsilon_1)(\Delta_n+\varepsilon_n)\\E(\Delta_2+\varepsilon_2)(\Delta_1+\varepsilon_1)&E(\Delta_2+\varepsilon_2)(\Delta_2+\varepsilon_2)&\cdots&E(\Delta_2+\varepsilon_2)(\Delta_n+\varepsilon_n)\\\vdots&\vdots&\vdots&\vdots\\E(\Delta_n+\varepsilon_n)(\Delta_1+\varepsilon_1)&E(\Delta_n+\varepsilon_n)(\Delta_2+\varepsilon_2)&\cdots&E(\Delta_n+\varepsilon_n)(\Delta_n+\varepsilon_n)\end{bmatrix}K^{\mathrm{T}}$$

$$E(\Delta_i+\varepsilon_i)(\Delta_i+\varepsilon_i)=E[\Delta_i^2+\varepsilon_i^2+2\Delta_i\varepsilon_i]=\sigma_i^2+\varepsilon_i^2$$
$$E(\Delta_i+\varepsilon_i)(\Delta_j+\varepsilon_j)=E[\Delta_i\Delta_j+\varepsilon_{ij}+2\Delta_i\varepsilon_j+\Delta_j\varepsilon_i]=\sigma_{ij}+\varepsilon_{ij}$$

则有

$$E(\Omega_Z\Omega_Z^{\mathrm{T}})=KE\left[\begin{bmatrix}\Delta_1+\varepsilon_1\\\Delta_2+\varepsilon_2\\\vdots\\\Delta_n+\varepsilon_n\end{bmatrix}\begin{bmatrix}\Delta_1+\varepsilon_1&\Delta_2+\varepsilon_2&\cdots&\Delta_n+\varepsilon_n\end{bmatrix}\right]K^{\mathrm{T}}$$

$$=K\begin{bmatrix}\sigma_1^2+\varepsilon_1^2&\sigma_{12}+\varepsilon_1\varepsilon_2&\cdots&\sigma_{1n}+\varepsilon_1\varepsilon_n\\\sigma_{12}+\varepsilon_1\varepsilon_2&\sigma_2^2+\varepsilon_2^2&\cdots&\sigma_{2n}+\varepsilon_2\varepsilon_n\\\vdots&\vdots&\vdots&\vdots\\\sigma_{1n}+\varepsilon_1\varepsilon_n&\sigma_{2n}+\varepsilon_2\varepsilon_n&\cdots&\varepsilon_n^2+\varepsilon_n^2\end{bmatrix}K^{\mathrm{T}}$$

$$=K\begin{bmatrix}\sigma_1^2&\sigma_{12}&\cdots&\sigma_{1n}\\\sigma_{12}&\sigma_2^2&\cdots&\sigma_{2n}\\\vdots&\vdots&\vdots&\vdots\\\sigma_{1n}&\sigma_{2n}&\cdots&\sigma_n^2\end{bmatrix}K^{\mathrm{T}}+K\begin{bmatrix}\varepsilon_1^2&\varepsilon_1\varepsilon_n&\cdots&\varepsilon_1\varepsilon_n\\\varepsilon_1\varepsilon_2&\varepsilon_2^2&\cdots&\varepsilon_2\varepsilon_n\\\vdots&\vdots&\vdots&\vdots\\\varepsilon_1\varepsilon_n&\varepsilon_2\varepsilon_n&\cdots&\varepsilon_n^2\end{bmatrix}K^{\mathrm{T}}$$

（2）同理可得

$$E(\Omega_Z\Omega_Y^{\mathrm{T}})=KE\left[\begin{bmatrix}\Delta_1+\varepsilon_1\\\Delta_2+\varepsilon_2\\\vdots\\\Delta_n+\varepsilon_n\end{bmatrix}[\Delta_1+\varepsilon_1 \quad \Delta_2+\varepsilon_2 \quad \cdots \quad \Delta_n+\varepsilon_n]\right]Y^{\mathrm{T}}$$

$$=K\begin{bmatrix}\sigma_1^2+\varepsilon_1^2 & \sigma_{12}+\varepsilon_1\varepsilon_2 & \cdots & \sigma_{1n}+\varepsilon_1\varepsilon_n\\\sigma_{12}+\varepsilon_1\varepsilon_2 & \sigma_2^2+\varepsilon_2^2 & \cdots & \sigma_{2n}+\varepsilon_2\varepsilon_n\\\vdots & \vdots & \vdots & \vdots\\\sigma_{1n}+\varepsilon_1\varepsilon_n & \sigma_{2n}+\varepsilon_2\varepsilon_n & \cdots & \varepsilon_n^2+\varepsilon_n^2\end{bmatrix}Y^{\mathrm{T}}$$

$$=K\begin{bmatrix}\sigma_1^2 & \sigma_{12} & \cdots & \sigma_{1n}\\\sigma_{12} & \sigma_2^2 & \cdots & \sigma_{2n}\\\vdots & \vdots & \vdots & \vdots\\\sigma_{1n} & \sigma_{2n} & \cdots & \sigma_n^2\end{bmatrix}Y^{\mathrm{T}}+K\begin{bmatrix}\varepsilon_1^2 & \varepsilon_1\varepsilon_n & \cdots & \varepsilon_1\varepsilon_n\\\varepsilon_1\varepsilon_2 & \varepsilon_2^2 & \cdots & \varepsilon_2\varepsilon_n\\\vdots & \vdots & \vdots & \vdots\\\varepsilon_1\varepsilon_n & \varepsilon_2\varepsilon_n & \cdots & \varepsilon_n^2\end{bmatrix}Y^{\mathrm{T}}$$

【本题点拨】 （1）掌握综合方差的求法；（2）系统误差的特性。

【例 3-40】 现有一施工放样工程，如图 3-11 要从 A 点距其 1000m 的 P 点放样，要使放样 P 点的精度（点位中误差）达到 3mm，已知测角中误差为 $1''$，测量距离的中误差为 1mm+1ppm× S，若使精度满足要求，至少需测几个测回（A 点与方位角 α 已知)？

图 3-11　放样示意

【解】 P 点的点位中误差按纵向和横向误差来求。先求纵向方差为

$$\sigma_s^2=1^2+(1\times10^{-6}\times1000\times1000)^2=2$$

由于 $\sigma_p^2=\sigma_s^2+\sigma_u^2$，得 $\sigma_u^2=9-2=7\mathrm{mm}^2$

$$\sigma_u^2=\left(\frac{1\times1000\times1000}{2\times10^5\times\sqrt{n}}\right)^2=7$$

因此，有

$$n=\frac{25}{7}$$

所以，至少要观测 4 个测回。

【本题点拨】 （1）纵向方差的求法，千万不能相加再平方，应该是先平方再相加，即用协方差传播律；（2）测回数的确定要取整再加 1。

§3.8　习　　题

1. 当只有一个观测值时，给定它的权是否有意义，为什么？
2. 权倒数传播律与误差传播律有何异同？

3. 已知边长 S 及坐标方位角 α 的中误差各为 σ_S，σ_α，试求坐标增量 $\Delta X = S \cdot \cos\alpha$、$\Delta Y = S \cdot \sin\alpha$ 的中误差。

4. 在已知水准点 A、B（其高程无误差）间布设水准路线，如图 3-12 所示。路线长度为 $S_1 = 2\text{km}$，$S_2 = 6\text{km}$，$S_3 = 4\text{km}$，设每千米观测中误差为 $\sigma = 1.0\text{mm}$，试求：（1）将闭合差按距离分配之后 P_1、P_2 两点间高差的中误差；（2）分配闭合差后 P_1 点高程的中误差。

图 3-12　习题 4 水准路线示意

5. 设有水准网如图 3-13 所示。网中 A、B 和 C 为已知水准点，$P_1 = P_3 = P_5 = 2$，$P_2 = P_4 = 5$，单位权中误差 $\sigma_0 = 2\text{mm}$，试求：（1）D 点高程最或是值（加权平均值）之中误差；（2）C、D 两点间高差最或是值之中误差 σ_{CD}。

6. 已知观测值向量 L 的协因数矩阵为 $Q_{LL} = \begin{bmatrix} 3 & 2 \\ 2 & 3 \end{bmatrix}$，设有函数 $Y = \begin{bmatrix} 2 & 1 \\ 2 & 1 \end{bmatrix} L$，$Z = \begin{bmatrix} 2 & 1 \\ 1 & 1 \end{bmatrix} L$，$W = 2Y + Z$，试求协因数矩阵 Q_{YY}，Q_{YZ}，Q_{ZZ}，Q_{YW}，Q_{ZW}，Q_{WW}。

7. 在图 3-14 中，令方向观测值 $l_i (i = 1, 2, \cdots, 12)$ 的协因数矩阵 $Q_{ll} = I$，试求角度观测值向量 $L_{8 \times 1}$ 的协因数矩阵 Q_{LL}。

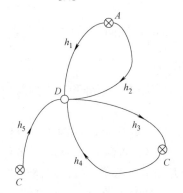

图 3-13　习题 5 水准网示意

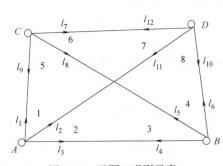

图 3-14　习题 7 观测示意

8. 一组不同精度观测值的真误差为 $\Delta_i (i = 1, 2, \cdots, n)$，相应的权为 $p_i (i = 1, 2, \cdots, n)$，如果要将 Δ_i 变换成一组同精度的观测值 Δ_i'，$\Delta_i' = a_i \Delta_i$，试求：（1）a_i 的值；（2）Δ_i' 的真误差。

9. 设 L_1，L_2 为同精度独立观测值，其中误差为 σ，试求：（1）函数 $Z = 2L_1 - L_2$ 的精度 D_{ZZ}；（2）当观测值还含有系统误差 ε_1、ε_2 时，D_{ZZ} 的值。

10. 在图 3-15 中，已知方向观测值 L_1、L_2 相互独立，其真误差分别为：$\Omega_i = \tilde{L}_i - L_i = \Delta_i + \varepsilon_i$ $(i = 1, 2)$，其中 $\tilde{L}_i$ 为真值，ε_i 为系统误差，且 $E(\Delta_i) = 0$，$E(\Omega_i) = \varepsilon_i$，$\sigma_i^2 = E(\Delta_i^2) = \sigma^2$，试求角度观测值 β 的方差。

11. 设 $X \sim N(\mu, \sigma^2)$，$Y \sim N(\mu, \sigma^2)$ 且设 X 和 Y 相互独立，试求：$Z_1 = X - Y$ 和

$Z_2 = \alpha X + \beta Y$ 的相关系数（α，β 是不为 0 的常数）。

12. 设（X，Y）服从二维正态分布，且有 $D(X) = \sigma_X^2$，$D(Y) = \sigma_Y^2$，$D_{XY} = 0$。试证：当 $\sigma_X^2 = a^2 \sigma_Y^2$ 时，随机变量 $W = X - aY$ 与 $V = X + aY$ 相互独立。

13. 图 3-16 为一闭合水准环，A 为已知高程点，B，C 为待定点，观测了高差 h_1，h_2，h_3，其路线长度分别为 $S_1 = 2\mathrm{km}$，$S_2 = 1\mathrm{km}$，$S_3 = 4\mathrm{km}$。令 h_3 为单位权观测值，试求将误差分配后，（1）各观测值的权，（2）C 点高程的权。

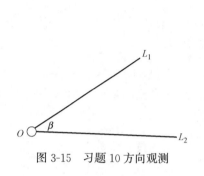

图 3-15 习题 10 方向观测

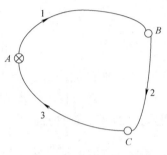

图 3-16 习题 13 水准网

14. 设水准测量中每站观测高差的中误差均为 $0.8\mathrm{cm}$，现要求从已知点推算待定点的高程中误差不大于 $4.8\mathrm{cm}$，试计算可设多少站？

15. 设 m 个互相独立的标准正态分布随机向量构成的随机向量 $Z = \begin{bmatrix} z_1 & z_2 & \cdots & z_m \end{bmatrix}^\mathrm{T}$，它们的有限个线性函数：$\underset{n \times 1}{X} = \begin{bmatrix} X_1 \\ X_2 \\ \vdots \\ X_n \end{bmatrix} = A \begin{bmatrix} Z_1 \\ Z_2 \\ \vdots \\ Z_n \end{bmatrix} + \underset{n \times 1}{\mu}$，试问 X 的数学期望和方差矩阵是什么？若对于二组随机向量矩阵 $\begin{bmatrix} X^\mathrm{T} & Z^\mathrm{T} \end{bmatrix}^\mathrm{T}$，则它的方差矩阵和数学期望应如何表示？

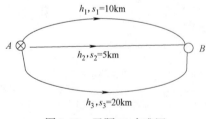

图 3-17 习题 16 水准网

16. 甲、乙、丙三人在 A、B 两水准点做水准测量（图 3-17）。甲路线观测高差为 h_1，单位权中误差为 $3\mathrm{mm}$（以 $2\mathrm{km}$ 为单位权）；乙路线观测高差为 h_2，单位权中误差为 $2\mathrm{mm}$（以 $1\mathrm{km}$ 为单位权）；丙路线观测高差为 h_3，单位权中误差为 $4\mathrm{mm}$（以 $4\mathrm{km}$ 为单位权）。（1）试根据这三段高差求 A、B 之间高差的最或是值；（2）求三者权之比。

17. 已知独立观测值 L_1、L_2 的中误差分别为 σ_1、σ_2，求下列函数的中误差：

（1）$x = 2L_1 - 3L_2$；（2）$x = \dfrac{L_1^2}{2} - 3L_1 L_2$；（3）$x = \dfrac{\sin L_1}{\cos(L_1 + L_2)}$。

18. 已知观测值 L_1，L_2 的中误差 $\sigma_1 = \sigma_2 = \sigma$，$\sigma_{12} = 0$，设 $X = 2L_1 + 5$，$Y = L_1 - 2L_2$，$Z = L_1 L_2$，$t = X + Y$，试求 X，Y，Z 和 t 的中误差。

19. 设有同精度独立观测值向量 $\underset{3 \times 1}{L} = \begin{bmatrix} L_1 & L_2 & L_3 \end{bmatrix}^\mathrm{T}$ 的函数为 $Y_1 = S_{AB} \dfrac{\sin L_1}{\sin L_3}$，

$Y_2 = \alpha_{AB} - L_2$，式中 α_{AB} 和 S_{AB} 为无误差的已知值，测角误差 $\sigma = 1''$，试求函数的方差 $\sigma_{Y_1}^2$、$\sigma_{Y_2}^2$ 及其协方差 $\sigma_{Y_1 Y_2}$。

20. 在水准测量中，设每站观测高差的中误差均为 1mm，要求从已知点推算待定点的高程中误差不大于 5cm，问可以设多少站？

21. 在一块梯形稻田中，测得上底边长 $a = 50.746$m，下底边长为 $b = 86.767$m，高为 $h = 67.420$m，其中误差分别为 $\sigma_a = 0.030$m，$\sigma_b = 0.040$m，$\sigma_h = 0.034$m，试求该梯形的面积 S 及其中误差 σ_S。

22. 对 $\angle A$ 进行 4 次同精度独立观测，一次测角中误差为 $2.4''$，已知 4 次算术平均值的权为 2，试求：（1）单位权观测值是多少？（2）单位权中误差是多少？（3）欲使 $\angle A$ 的权等于 6，应观测几次？

23. 若要在两坚强点（没有误差点）间布设一条附合水准路线，已知每千米观测中误差等于 5.0mm，欲使平差后线路中点高程中误差不大于 10.0mm，问该路线长度最多可达多少千米？

24. 设对某一长度进行同精度独立观测，已知一次观测中误差 $\sigma = 2$mm，设 4 次观测值平均值的权为 3。试求：（1）单位权中误差 σ_0；（2）一次观测值的权；（3）欲使平均值的权等于 9，应观测几次？

25. 设分 5 段测定 A、B 两水准点间的高差，每段各测两次，高差观测值和距离如表 3-1 所示。

高差观测值和距离　　　　　　　　　　　　表 3-1

序号	高差(m)		距离
	L_i'	L_i''	b(km)
1	+3.248	+3.240	4.0
2	+0.348	+0.356	3.2
3	+1.444	+1.437	2.0
4	-3.360	-3.352	2.6
5	-3.699	-3.704	3.4

试求：（1）每千米观测高差的中误差；（2）第二段观测高差的中误差；（3）第二段高差的平均值的中误差；（4）全长一次（往测或返测）观测高差的中误差；（5）全长高差平均值的中误差。

26. 甲、乙二人对同一水准网进行平差，用公式 $p_i = C / S_i$ 定权（S_i 为水准路线长度，单位为 km）。甲取 $C = 1$，得到改正数向量 V_1 及单位权方差因子 $\hat{\sigma}_{01}^2$，乙取 $C = 5$，得到改正数向量 V_2 及单位权方差因子 $\hat{\sigma}_{02}^2$。问：（1）二人所得改正数 V_1、V_2 应有何关系？（2）单位权方差因子 $\hat{\sigma}_{01}^2$、$\hat{\sigma}_{02}^2$ 应有何关系？

27. 已知距离 $AB = 100$m，丈量 1 次的权为 2，丈量 4 次平均值的中误差为 2cm，若以同样的精度丈量距离 CD 16 次，$CD = 400$m，试求两距离丈量结果的相对中误差。

28. 单一三角形的三个观测角 L_1、L_2 和 L_3 的协因数矩阵 $Q_{LL} = I$，现将三角形闭合差平均分配到各角，得 $\hat{L}_i = L_i - \dfrac{W}{3}$，$W = L_1 + L_2 + L_3 - 180°$，试求：（1）$W$、$\hat{L}_1$、$\hat{L}_2$ 和 $\hat{L}_3$ 的权；（2）W 与 $\hat{L} = [\hat{L}_1 \quad \hat{L}_2 \quad \hat{L}_3]^T$ 是否相关？试证明之。

29. 设附合水准路线长为 80km，令每千米观测高差的权为 1，求平差后最弱点（线路中点）高程的权及平差前的权（设起点高程无误差）。

30. 用钢尺量距，共测量 12 个尺段，设量一尺段的偶然中误差为 $\sigma = 0.001$m，钢尺的检定中误差为 $\varepsilon = 0.002$m，求全长的综合中误差。

31. 水准测量中，若每千米高差测量中误差为 $\sigma = 20$mm，每千米的测站数为 10，每测站高差测量中误差为多少？

32. 某系列等精度双次观测值差的和为 $300''$，当双次观测对的个数为 100 时，由双次观测对计算得的测角中误差为多少？

33. 设一函数模型为：$L = BX + \Delta$，其中 Δ 是随机观测误差向量，L 为观测向量，X 为参数向量，三者都是正态随机向量，其随机模型为 $E(X) = \mu_X$，$\mathrm{var}(X) = D_{XX}$，$\mathrm{var}(\Delta) = D_{\Delta\Delta}$，$\mathrm{cov}(\Delta, X) = 0$，试求观测值的方差、数学期望以及观测值 L 和参数向量 X 的协方差。

34. 水准测量时，设前后视读数的中误差均为 1mm，则一测站观测高差的中误差为多少？

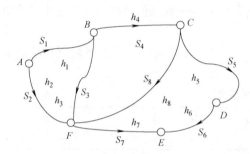

图 3-18　习题 35 水准网示意

35. 如图 3-18 所示的水准网中，设各路线长度为 S_i，观测高差为 h_i（$i = 1，2，\cdots，$ 8）。试求：（1）各闭合环高差闭合差 f_i（$i = 1，2，3$）的协因数矩阵 Q_{ff}。（2）各闭合环高差闭合差的权。

36. 某一水准路线分 3 段进行测量，每段均变动仪器高观测两次，观测值见表 3-2。求：（1）每千米观测高差的中误差；（2）各段一次观测高差的中误差；（3）各段高差平均值的中误差；（4）全长一次观测高差中误差；（5）全长高差平均值的中误差。

观测数据　　　　　　　　　　　　　　　　　　　　　　　　　表 3-2

测段	高差（m）		路线长（m）
	h_i'	h_i''	
1	5.580	5.586	2.1
2	−2.345	−2.342	4.5
3	1.450	1.455	1.4

37. 对某一距离进行了两组观测，观测距离值见表 3-3。试求：（1）两组观测值间的相关系数；（2）观测向量 $L = \begin{bmatrix} L_1 & L_2 \end{bmatrix}^{\mathrm{T}}$ 的协方差矩阵 D_{LL}。

观测数据　　　　　　　　　　　　　　　　　　　　　　　　　表 3-3

L_1	100.456	100.450	100.442	100.450	100.449	100.453	100.460	100.459	100.468
L_2	100.450	100.448	100.459	100.445	100.456	100.453	100.450	100.446	100.445

38. 三角高程测量中，设仪器高及目标高的测量中误差均为 1mm，竖直角测量值 $\tau = 16°30'36''$，中误差 $\sigma_\tau = 1.5''$，两点间斜距测量值为 180.300m，中误差 $\sigma_S = 2.5$mm，试求两点间高差观测值的中误差。

39. 设由已知水准点 A、B、C、D 向待定点 P 进行水准测量（图 3-19），得独立观测高差值及其相应的路线长度。已知高程为

$H_A=217.250\text{m}$，$H_B=210.450\text{m}$，$H_C=215.000\text{m}$，$H_D=218.000\text{m}$。

观测高差及其路线长度为

$h_1=1.092\text{m}$，$S_1=3\text{km}$；$h_2=7.858\text{m}$，$S_2=2\text{km}$；

$h_3=3.295\text{m}$，$S_3=2\text{km}$；$h_4=0.361\text{m}$，$S_4=6\text{km}$。

取 2km 观测路线为单位权观测值，其相应的中误差为 0.030m，试求 P 点高程及其中误差。

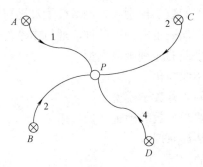

图 3-19　习题 39 水准网示意

40. 设 $z=x_1+x_2+\cdots+x_n$，$\Delta x_i=\Delta_i+\lambda$。其中，$\Delta_i$ 为偶然误差，λ 为系统误差，Δ_i 独立非等精度，其中误差为 m_{Δ_i}，则 z 的中误差 m_z 为多少？

第 4 章　平差数学模型与参数估计方法

本章学习目标

本章主要介绍了测量平差的数学模型，即函数模型和随机模型。阐述了测量参数估计的方法，也就是对平差模型附加一定的约束条件。通过本章的学习，应达到以下目标：

（1）重点掌握经典测量平差的 4 种函数模型。
（2）掌握非线性函数模型线性化方法。
（3）掌握经典测量平差的 4 种数学模型。
（4）重点掌握平差中必要观测数的确定及其作用。
（5）重点掌握最小二乘估计原理。
（6）了解参数最优估计的性质。
（7）了解模型的基本理论。
（8）了解最大似然估计的原理。

§4.1　基本概念

1. 几何模型

在测量工作中，最常见的是要确定某些几何量的大小。如为了确定某些点的高程而建立水准网，为了确定某些点的平面位置而建立平面控制网。前者包含点间的高差、点的高程元素，后者包含角度、边长、边的方位角以及点的二维坐标等元素，这些元素都是几何量。将包含这些几何量的网统称为几何模型。

2. 几何关系

用于描述几何量之间的关系，包括：平行、垂直、相切、正弦定理、余弦定理、多边形内角和、勾股定理、闭合路线、附合路线、边长条件、坐标方位角等。

3. 必要元素数和必要观测数

解决不同的问题，需要选择合适的几何模型，而几何模型一经选定，问题也就被指定了，从而也确定了能够唯一确定几何模型的元素的最少个数。

必要元素数是能够唯一确定一个几何模型的最少元素。必要元素数由必要观测数和必要起算数据（测量基准）组成。由于必要起算数据是已知的，因而必要元素也就由必要观测数确定。

4. 多余观测数

设对一个几何模型观测了 n 个几何元素，该模型的必要观测数为 t，则 $n < t$ 时，几何模型不能确定，即某些几何元素不能求出。$n = t$ 时，虽几何模型可唯一确定，但没有检核条件。即使有错也不能发现，可靠性为零。测量工作中一般要求 $n > t$，此时称 $r =$

$n-t$ 为多余观测数，又称自由度。

5. 闭合差

以观测值代入条件方程，由于存在观测误差，条件式将不能满足。测量平差中将观测值代入后所得值称为闭合差。测量平差的任务之一就是消除不符值。所谓消除不符值，就是合理调整观测值，对观测值加改正数，达到消除闭合差目的。可见消除不符值就是消除闭合差。闭合差一般用 w 表示。

6. 条件方程

一个几何模型若有多余观测值，则观测值的正确值与几何模型中的已知值之间必然产生相应的函数关系，这样的约束函数关系式在测量平差中称为条件方程。

一般有如下几种类型的条件方程：

$F(\widetilde{L})=0$，线性形式为

$$A\widetilde{L}+A_0=0 \tag{4-1}$$

$\widetilde{L}=F(\widetilde{X})$，线性形式为

$$\widetilde{L}=B\widetilde{X}+d \tag{4-2}$$

$F(\widetilde{L}, \widetilde{X})=0$，线性形式为

$$A\widetilde{L}+B\widetilde{X}+A_0=0 \tag{4-3}$$

$\Phi(\widetilde{X})=0$，线性形式为

$$C\widetilde{X}+C_0=0 \tag{4-4}$$

前 3 类方程中都含有观测量或同时含有观测量和未知参数，而最后一类方程则只含有未知参数而无观测量，为了便于区别，特将前 3 类方程统称为一般条件方程，而最后一类条件方程称为限制条件方程。

7. 测量基准

在平差问题中，如果没有足够的起算数据，只根据观测数据是无法确定未知参数的。这种起算数据称为平差问题的基准。

例如，水准网的未知参数一般是水准点高程，而被观测量是水准点之间的高差，只根据高差是不可能求得各水准点高程的。如果还考虑水准尺的尺度比，将尺度比也作为未知参数，则由高差也不可能确定尺度比，因此，水准网中为了求得各点高程，需要一个高程基准，为了求得尺度比，则还需要一个尺度基准。

一般来说，对于一个纯粹的 n 维几何空间大地网，当选取点位坐标和尺度比为未知参数，被观测量是边长（或高差）和方向（或角度）时，基准的类型和个数如下所示。

尺度基准：$d_1=c_n^0=1$

位置基准（平移自由度）：$d_2=c_n^1=n$

方位基准（旋转自由度）：$d_3=c_n^2=\frac{1}{2}n(n-1)$ $(n \geqslant 2)$

水准网可以说是一维空间的控制网，它的高程基准也就是它的位置基准，所以水准网的基准个数为

$$d_{\mathrm{I}}=d_1+d_2=c_1^0+c_1^1=1+1=2$$

当不考虑尺度基准时，$d_1=0$，$d_{\text{I}}=1$。

三角网、测边网和导线网都是二维平面控制网，故它们的基准个数为

$$d_{\text{II}}=d_1+d_2+d_3=c_2^0+c_2^1+c_2^2=4$$

以上 3 种二维平面控制网常不考虑尺度基准，此时 $d_{\text{II}}=3$。

而对于各种三维控制网，则有

$$d_{\text{III}}=d_1+d_2+d_3=c_3^0+c_3^1+c_3^2=1+3+3=7$$

§4.2 平 差 模 型

4.2.1 函数模型

为了确定一个几何模型，通常并不需要知道该模型中所有元素的大小，只需要知道其中部分元素的大小就行了，如根据两点已知的坐标，通过观测的边长和水平角就能算出另一些点的坐标；根据一点已知的高程，通过观测的高差就能算出另一些点的高程，即某些元素的大小可以通过观测值的函数关系推算出来，这种描述观测值与待求元素间的关系式称为函数模型。

1. 条件平差函数模型

以条件方程为函数模型的平差方法，称为条件平差方法。如果条件方程为线性形式，则可以直接写为

$$A\widetilde{L}+A_0=0 \tag{4-5}$$

将 $\widetilde{L}=L+\Delta$ 代入式（4-5），并令

$$W=AL+A_0$$

则式（4-5）为

$$A\Delta+W=0 \tag{4-6}$$

式（4-5）或式（4-6）即为条件平差函数模型。以此模型为基础的平差计算称为条件平差法。

2. 间接平差函数模型

$$\underset{n\times 1}{\widetilde{L}}=\underset{n\times t}{B}\,\underset{t\times 1}{\widetilde{X}}+\underset{n\times 1}{d} \tag{4-7}$$

将 $\widetilde{L}=L+\Delta$ 代入式（4-7），并令

$$l=L-d$$

则式（4-7）可写为

$$\Delta=B\widetilde{X}-l \tag{4-8}$$

式（4-7）或式（4-8）就是间接平差函数模型。其中式（4-7）称为观测方程。

3. 附有参数的条件平差函数模型

如果条件方程是线性的，其形式为

$$\underset{c\times n}{A}\,\underset{n\times 1}{\widetilde{L}}+\underset{c\times u}{B}\,\underset{u\times 1}{\widetilde{X}}+\underset{c\times 1}{A_0}=0 \tag{4-9}$$

将 $\widetilde{L}=L+\Delta$ 代入式（4-9），并令

$$W=AL+A_0$$

则得
$$A\Delta + B\tilde{X} + W = 0 \tag{4-10}$$

式（4-9）或式（4-10）为附有参数的条件平差函数模型，其特点是观测量 $\tilde{L}$ 和参数 $\tilde{X}$ 同时作为模型中的未知量参与平差，是一种间接平差与条件平差的混合模型。此平差问题，由于增选了 u 个参数，条件方程总数由 r 个增加到 $c=r+u$ 个，平差自由度即多余观测个数不变，仍为 r（$r=c-u$）。

4. 附有限制条件的间接平差函数模型

一般而言，附有限制条件的间接平差可组成下列方程，即
$$\begin{cases} \underset{n\times1}{\tilde{L}} = F(\underset{u\times1}{\tilde{X}}) \\ \underset{s\times1}{\Phi}(\tilde{X}) = 0 \end{cases}$$

线性形式的函数模型为
$$\underset{n\times1}{\tilde{L}} = \underset{n\times u}{B}\,\underset{u\times1}{\tilde{X}} + \underset{n\times1}{d} \tag{4-11}$$
$$\underset{s\times u}{C}\,\underset{u\times1}{\tilde{X}} + \underset{s\times1}{W_x} = 0 \tag{4-12}$$

将 $\tilde{L} = L + \Delta$ 代入式（4-11），并令
$$l = L - d$$

则式（4-11）和式（4-12）可写为
$$\Delta = B\tilde{X} - l \tag{4-13}$$
$$C\tilde{X} + W_x = 0 \tag{4-14}$$

这就是附有条件的间接平差函数模型。其中式（4-14）称为限制条件方程。该平差问题的自由度仍是 $r=n-t=n-(u-s)$。

4.2.2 函数模型的线性化

如果是非线性形式，在进行平差计算时，必须首先将非线性方程按泰勒公式展开，取至一次项，转换成线性方程。

设有函数
$$\underset{c\times1}{F} = F(\underset{n\times1}{\tilde{L}}, \underset{u\times1}{\tilde{X}}) \tag{4-15}$$

为了线性化，取 $\tilde{X}$ 的充分近似值 X^0，使
$$\tilde{X} = X^0 + \tilde{x} \tag{4-16}$$

同时考虑到
$$\tilde{L} = L + \Delta$$

$\tilde{x}$ 和 Δ 均要求是微小量，按泰勒级数在近似值处展开，略去二次和二次以上各项。

1. 条件平差法
$$\underset{r\times1}{F}(\tilde{L}) = \underset{r\times1}{F}(L) + \underset{r\times n}{A}\,\underset{n\times1}{\Delta} = \underset{r\times1}{0} \tag{4-17}$$

式中，$A = \dfrac{\partial F}{\partial \tilde{L}}\Big|_L$，令 $W = F(L)$

则式（4-17）变为
$$A\Delta + W = 0 \tag{4-18}$$

式（4-18）即为条件平差的线性函数模型。

2. 附有参数的条件平差

$$\underset{c\times 1}{F}(\widetilde{L},\widetilde{X})=F(L,X^0)+\underset{c\times n}{A}\underset{n\times 1}{\Delta}+\underset{c\times u}{B}\underset{u\times 1}{\widetilde{x}}=\underset{c\times 1}{0}$$

令

$$W=F(L,X^0)$$

则有

$$A\Delta+B\widetilde{x}+W=0 \qquad (4\text{-}19)$$

式（4-19）即为附有参数条件平差的线性函数模型。

3. 间接平差法

$$\underset{n\times 1}{\widetilde{L}}=F(\widetilde{X})=L+\Delta=\underset{n\times 1}{F}(X^0)+\underset{n\times t}{B}\underset{t\times 1}{\widetilde{x}}$$

式中，$B=\dfrac{\partial F}{\partial \widetilde{X}}\Big|_{x^0}$。

令 $l=L-F(X^0)$ 则有

$$\Delta=B\widetilde{x}-l \qquad (4\text{-}20)$$

式（4-20）即为间接平差线性化后的函数模型。

4. 附有限制条件的间接平差

$$\underset{n\times 1}{\widetilde{L}}=F(\widetilde{X})$$

$$\underset{s\times 1}{\Phi}(\widetilde{X})=0$$

因为

$$\Phi(\widetilde{X})=\Phi(X^0)+\dfrac{\partial \Phi}{\partial \widetilde{X}}\Big|_{X^0}\widetilde{x} \qquad (4\text{-}21)$$

令

$$W_x=\Phi(X^0)$$

则线性化后的模型为

$$\begin{cases} l+\Delta=B\widetilde{x} \\ C\widetilde{x}+W_x=0 \end{cases} \qquad (4\text{-}22)$$

式中

$$C=\dfrac{\partial \Phi}{\partial \widetilde{X}}\Big|_{X^0}=\begin{bmatrix} \dfrac{\partial \Phi_1}{\partial \widetilde{X}_1} & \dfrac{\partial \Phi_1}{\partial \widetilde{X}_2} & \cdots & \dfrac{\partial \Phi_1}{\partial \widetilde{X}_u} \\ \dfrac{\partial \Phi_2}{\partial \widetilde{X}_1} & \dfrac{\partial \Phi_2}{\partial \widetilde{X}_2} & \cdots & \dfrac{\partial \Phi_2}{\partial \widetilde{X}_u} \\ \cdots & \cdots & \cdots & \cdots \\ \dfrac{\partial \Phi_s}{\partial \widetilde{X}_1} & \dfrac{\partial \Phi_s}{\partial \widetilde{X}_2} & \cdots & \dfrac{\partial \Phi_s}{\partial \widetilde{X}_u} \end{bmatrix}_{X^0}$$

式（4-22）即为附有限制条件的间接平差线性化后的函数模型。

4.2.3 随机模型

随机模型是描述平差问题中的随机量（如观测量）及其相互间统计相关性质的模型。

观测不可避免地带有偶然误差，使观测结果具有随机性，从概率统计学的观点来看，观测量是一个随机量，描述随机变量的精度指标是方差，描述两个随机变量之间相关性的是协方差。方差、协方差是随机变量的主要统计性质。

对于观测向量 $L=(L_1, L_2, \cdots, L_n)^T$，随机模型是指 L 的方差-协方差矩阵，简称方差矩阵或协方差矩阵。观测向量 L 的方差矩阵为

$$\underset{n\times n}{D}=\sigma_0^2\underset{n\times n}{Q}=\sigma_0^2\underset{n\times n}{P^{-1}} \tag{4-23}$$

式中 D——L 的协方差矩阵；

Q——L 的协因数矩阵；

P——L 的权矩阵；

σ_0^2——单位权方差。

L 的随机性是由其误差 Δ 的随机性所决定的，Δ 是随机量。Δ 的方差就是 L 的方差，即 $D_L=D_\Delta=D$。式（4-23）称为平差的随机模型。

以上讨论是基于平差函数模型中只有 L（即 Δ）是随机量，而模型中的参数是非随机量的情况，这是本书研究平差中最为普遍的情形。

4.2.4 测量平差的数学模型

平差的数学模型与一般代数学中解方程只考虑函数模型不同，它还要考虑随机模型，因为带有误差的观测量是一种随机变量，所以平差的数学模型同时包含函数模型和随机模型两部分，在研究任何平差方法时必须同时考虑，这是测量平差的主要特点。

在这种情况下，各种平差方法的数学模型如下所示。

1. 条件平差

$$\begin{cases} AV+W=0 \\ D=\sigma_0^2Q=\sigma_0^2P^{-1} \end{cases} \tag{4-24}$$

2. 间接平差

$$\begin{cases} V=B\hat{x}-l \\ D=\sigma_0^2Q=\sigma_0^2P^{-1} \end{cases} \tag{4-25}$$

3. 附有参数的条件平差

$$\begin{cases} AV+B\hat{x}+W=0 \\ D=\sigma_0^2Q=\sigma_0^2P^{-1} \end{cases} \tag{4-26}$$

4. 附有限制条件的间接平差

$$\begin{cases} V=B\hat{x}-l \\ C\hat{x}+W_x=0 \\ D=\sigma_0^2Q=\sigma_0^2P^{-1} \end{cases} \tag{4-27}$$

4.2.5 高斯-马尔柯夫模型（简记为 *G-M* 模型）

G-M 模型是测量平差中最基本、最典型、应用最广的一种线性模型。其数学模型为

$$\widetilde{L}=L+\Delta=B\widetilde{X}, E(\Delta)=0$$
$$D(L)=D(\Delta)=\sigma_0^2 Q=\sigma_0^2 P^{-1} \tag{4-28}$$

式中　B——已知的 $n\times t$ 阶系数矩阵（B 由控制网的网形决定，也称为设计矩阵），且设

　　　　　B 为列满秩矩阵，即 $rg(B)=t$；

　　　　$\widetilde{X}$——$t\times 1$ 维未知参数向量；

　　　　L——$n\times 1$ 维随机观测向量。

此外，还要求观测值权矩阵 P 为正定矩阵。

$G\text{-}M$ 函数模型还有一层含意：观测误差 Δ 中仅含有偶然误差，即 $E(\Delta)=0$。由该 $G\text{-}M$ 模型的函数可直接得到间接平差的数学模型。

高斯利用似然函数由该模型导出最小二乘法，并随后指出该模型可以得到参数的最佳估值；马尔柯夫利用最佳线性无偏估计求该模型的参数。这就是该模型称为高斯-马尔柯夫模型的原因。

§4.3　n，r，t，c，u，s 的含义和关系

1. 含义

n：观测值的个数。

t：必要观测个数，由几何模型唯一确定，与实际观测量无关。必要元素之间为函数独立量，简称独立量。平差的前提就是要求 $n>t$。

r：多余观测个数，由观测值的个数和必要观测数唯一确定，也称为自由度。

c：条件方程的个数，不包括约束方程。

u：所选参数的个数。

s：所选参数中不独立参数的个数。

2. 关系

（1）r 与 n、t 的关系

$$r=n-t$$

（2）c 与 r、u、n、s 的关系

c 的确定是由多余观测个数 r 和独立参数的个数唯一确定，当参数独立时，即

$$c=r+u=n-t+u \tag{4-29}$$

如果 u 中所选参数的独立量为 t，不独立参数为 s，则式（4-29）可变为

$$c=r+(u-s)=n-t+t+s-s=n \tag{4-30}$$
$$u=t+s \tag{4-31}$$

§4.4　测量平差中必要观测数的确定

测量平差中必要观测数是非常重要的，它决定了平差结果的正确性，它决定着条件方程的个数。

1. 水准网的必要观测数的确定

对于水准网的必要观测数的确定比较简单，从以下 3 种情况给予研究。

（1）有已知水准点

如果有已知水准点，则必要观测数就等于未知点的个数。

（2）没有已知水准点

如果没有已知水准点，则必要观测数就等于点数减1。

（3）特殊情况

对于水准网而言，有些特殊情况，如两点之间的高差是已知时，必要观测个数要减去已知值的个数。

2. 平面控制网的必要观测数的确定

（1）测角网

对于测角网分3种情况进行讨论。

1）有两个已知点的测角网

对于这种情况，必要观测数 $t=2p$，p 为未知点的个数。

2）没有已知点或有一个已知点的测角网

对于测角网而言，如果要进行平差则必须要有两个已知点。如果不足两个，则就需要把未知点假设成已知点。因此对于有一个已知点的情况，$t=2(p-1)$；没有已知点时，则 $t=2(p-2)$。

3）特殊情况

对于测角网有的时候会出现一些情况，如两点之间的距离是已知的，或两点之间的方位角是已知的，或两线垂直，等等，判断必要观测数。可按以下步骤进行：

① 统计出已知值的个数，设为 m。

② 判断出该平面网的已知点，然后根据已知点的情况，判断必要观测数 t_1。

③ 该平面控制网的必要观测数 t 为

$$t=t_1-m \tag{4-32}$$

（2）边角网和测边网

边角网和测边网与测角网不同的是边都要进行测量。对于有两个已知点的测边网和边角网的必要观测数与测角网一样。没有已知点或只有一个已知点的情况与测角网不一样。

1）有两个已知点的边角网与测边网

这种情况下其必要观测数等于2倍未知点个数。

2）没有已知点或只有一个已知点的边角网和测边网

没有已知点或只有一个已知点时与测角网一样，也要假设一个已知点或两个已知点，只不过是假设点所测的边要作为必要观测值，则已知一个点的必要观测数为 $t=2(p-1)+1$，没有已知点的必要观测数为 $t=2(p-2)+1$，其中 p 为未知点的个数。

3）特殊情况

测边网或边角网有的时候会出现一些已知值，如两条线之间成直角，或某条边的方位角为已知值等，判断其必要观测数，可按以下步骤进行：

① 统计出已知值的个数，设为 m。

② 根据其已知点的个数，确定其必要观测数 t_2。

③ 必要观测数为：$t=t_2-m$。

3. 坐标值平差的必要观测数的确定

一般而言，对于坐标值平差，有 u 个点，每个点有一对坐标 $(x，y)$，则其观测数就是 $n=2u$，根据确定平面一个点需要两个条件，必要观测数 $t=2u$，因此 $n=t$ 时无法进行平差，所以没有已知值的坐标值是无法进行平差的。

坐标值平差中有哪些已知值？一般而言有两直线所成的角度、两线平行、图形的已知面积，两点之间的已知距离等已知值。

确定其必要观测数，可按以下步骤进行：

① 统计出已知值的个数，设为 m。

② 计算点数设为 u，则计算出 $t_3=2u$。

③ 必要观测数为：$t=t_3-m$。

4. GPS 网的必要观测数的确定

GPS 网是一个三维坐标，因而确定一个点需要三个条件。在 GPS 网中每条基线向量就是 3 个观测量。GPS 网可以分为有已知点和没有已知点的情况。下面就这两种情况讨论必要观测数的确定。

（1）有已知点

有已知点情况下，其必要观测数为未知点数的 3 倍。

（2）无已知点

如果没有已知点，则假设一个已知点，设待求点的个数为 u，则其必要观测数为

$$t=3\times(u-1) \tag{4-33}$$

必要观测数的确定要注意以下几点：

（1）坐标值平差的必要观测数的确定与测角网、测边网和边角网的必要观测数的确定不一样，虽然都是平面控制网。

（2）对于边角网和测边网，如果没有已知点或只有一个已知点，一定要理解其必要观测数与测角网不一样，要在测角网的基础上加 1。

（3）GPS 网是三维坐标，确定一个点要 3 个条件。

（4）对于确定已知值的个数，不能重复，特别是坐标值平差中要特别注意。

§4.5 参数最优估计的性质

1. 一致性

如果能找到一个估计量，不管子样容量 n 如何，它的概率分布集中在一点 θ 上，成为一点分布，则每次观测（抽样）皆可求出参数的真值，这自然是最好的。但实际上在随机实验中，对于有限的 n 不会出现这种情况，只有 $n\to\infty$ 时才会产生这种情况。因此，要求 t 概率性趋近于 θ，亦即

$$P(|t-\theta|>\varepsilon)\underset{n\to\infty}{\longrightarrow}0 \tag{4-34}$$

式中 ε——任意小的正数。当 n 大时，则 $|t-\theta|>\varepsilon$ 的概率很小，根据小概率原理可知，当 n 很大时，则可认为 t 等于 θ。

根据概率论中切比雪夫大数定律可知

$$E(t) \xrightarrow[n \to \infty]{} \theta, \quad D(t) = E(t - \theta)^2 \xrightarrow[n \to \infty]{} 0 \tag{4-35}$$

则 t 概率性趋近于 θ。这就是一致性估计量的条件。

2. 无偏性

无论 n 大或小，如果

$$E(t) = \theta \tag{4-36}$$

则称 t 为 θ 的无偏估计量。如果

$$E(t) \xrightarrow[n \to \infty]{} \theta \tag{4-37}$$

则称 t 为渐进无偏的。有偏的一致估计量是渐进无偏的。

对于一个参数 θ 可以有无穷多个一致估计量，但其中只有一个是无偏的。

3. 有效性

如果有两个无偏估计量 t_1，t_2，且 $D(t_1) < D(t_2)$，则 t_1 显然比 t_2 好，因为 t_1 的概率分布更集中在 θ 的附近。在所有的对同一参数的无偏估计量中具有最小方差的估计量仅有一个，亦即

$$E(t) = \theta, \quad D(t) = \min \tag{4-38}$$

满足式（4-38）的 t 称为 θ 的有效估计量。从一致性、无偏条件可知，有效估计量也是一致性、无偏估计量。

§4.6　最大似然估计与最小二乘估计

1. 最大似然估计

一种较好地估计母体分布中参数的方法是最大似然估计方法，简称最或然法，也叫最大似然法。按此法所估计的参数称为最或然值。

最大似然法不仅可以估计母体数学期望，也可估计母体密度函数中的其他参数。无论母体分布是连续型或离散型的，是正态的或其他分布，最大似然法全都适用。在测量数据处理过程中，最大似然法是最常用的估计方法。测量误差服从正态分布时，便可导出测量平差时所熟知的最小二乘法。

设从密度函数为 $f(x, \theta)$ 的母体中抽取了子样 x_1，x_2，$\cdots$，x_n，欲由此估计未知参数 θ，因各子样独立，故它们同时出现的概率为

$$f(x_1, \theta) f(x_2, \theta) \cdots f(x_n, \theta) \mathrm{d}x_1 \mathrm{d}x_2 \cdots \mathrm{d}x_n$$

定义 $L = L(x_1, x_2, \cdots, x_n, \theta) = f(x_1, \theta) f(x_2, \theta) \cdots f(x_n, \theta)$ 为或然函数，它是 x_1，x_2，$\cdots$，x_n，θ 的函数。需要强调的是：θ 是变量，或然函数是 θ 的函数。如果 L 很小，则概率 $L \mathrm{d}x_1 \mathrm{d}x_2 \cdots \mathrm{d}x_n$ 很小。按小概率事件原理，在一次抽样中 x_1，x_2，$\cdots$，x_n 不应出现，因而由 L 小值而求出的 θ 应认为是不可能事件。最大或然法是以使或然函数成为最大值的参数之值作为该参数的估计量，称为最或然估计量。

因 $\ln L$ 与 L 同时达到最大值，为了便于计算，用式（4-39）来求最或然估计量

$$\frac{\partial}{\partial\theta}\ln L=0 \tag{4-39}$$

式（4-39）称为或然方程。

2. 最小二乘估计

一个平差问题一旦选定了数学模型，进行平差时，就要以这个模型为基础。由于测量值含有误差，在多余观测情况下，也就是观测值的个数 n 总是大于待估参数的个数 t 时，待估参数的解不定，也就是观测值与选定的数学模型不相适应。平差的任务就是想办法使观测值适应模型。为了使观测值适应数学模型，必须对观测值进行处理，处理后的观测值称为估值，设原观测向量为 L，处理后的观测向量为 $\hat{L}$，两者之差

$$V=\hat{L}-L \tag{4-40}$$

称为改正数或残差。

估值 $\hat{L}$ 满足数学模型，但要知道 $\hat{L}$，首先要求出 V，使 $\hat{L}$ 满足数学模型的残差向量 V 可能有很多个。为了得到唯一的残差向量 V，就必须有一个准则，可用的准则很多，在测量中通常用最小二乘准则，即

$$V^{\mathrm{T}}PV=\min \tag{4-41}$$

式中 P——权矩阵，它是适当选定的对称正定矩阵。

根据最小二乘准则，求观测向量的估值 $\hat{L}$，称为最小二乘平差。

§4.7 知 识 难 点

1. 平差模型的作用

平差模型是一种特殊的模型，它包括函数模型和随机模型。函数模型是观测量、参数和已知值之间满足的关系，只有列出了平差模型才能进行平差处理，因而，平差模型的建立是最为关键的测量数据处理工作。目前所遇到的平差问题都比较简单，因而很容易列出函数模型。在本科生阶段考虑的平差模型主要是函数模型，对于随机模型考虑比较少。

2. 必要观测数和必要元素数的关系

必要元素数是能够唯一确定一个几何模型的最少元素。必要元素数由必要观测数和必要起算数据（测量基准）组成。由于必要起算数据是已知的，必要元素也就由必要观测数确定。

如果必要起算数据不是已知的，则必要元素数就不等于必要观测数。

3. 必要参数的作用

必要参数的作用是决定采用何种平差模型。

如果不选取任何参数，即 $u=0$，则采用条件平差；如果选取参数独立且个数少于必要观测数，即 $u<t$，则采用附有参数的条件平差；如果选取参数独立且等于必要观测数，即 $u=t$，则采用间接平差；如果选取参数个数多于必要观测个数，且独立参数个数等于必要观测个数，即 $u>t$，$u=t+s$，则采用附有限制条件的间接平差。

4. 随机模型

平差随机模型是由观测真误差所确定的，即 Δ，其实质是 $D_{\Delta\Delta}$。只不过在本科生阶段

由于 $\Delta=\tilde{L}-L$，假设 $\tilde{L}$ 是真值，是一个未知的确定值，不是一个变量，也就是一个参数，因而有 $D_{LL}=D_{\Delta\Delta}$。

5. 平差的过程

（1）测量数据进行预处理，剔除粗差数据。

（2）建立平差模型，即函数模型和随机模型。

（3）引入估计准则，如最小二乘原理估计。本科生阶段的估计准则主要是最小二乘准则，但实际上估计准则是很多的，如极大似然估计、最小方差估计、贝叶斯估计等。千万不要以为在测量数据中只能用最小二乘准则。

（4）求解。

（5）对求解结果进行评价，即判断估计结果是否符合参数估计的最优性质。

6. 极大似然估计与最小二乘估计的关系

极大似然估计和最小二乘估计都是点估计的方法，下面研究两者之间的关系。

设有观测向量及其期望和方差矩阵为

$$L=\begin{bmatrix} L_1 \\ L_2 \\ \vdots \\ L_n \end{bmatrix}, \quad E(L)=\begin{bmatrix} E(L_1) \\ E(L_2) \\ \vdots \\ E(L_n) \end{bmatrix}, \quad D_{LL}=\begin{bmatrix} \sigma_1^2 & \sigma_{12} & \cdots & \sigma_{1n} \\ \sigma_{21} & \sigma_2^2 & \cdots & \sigma_{2n} \\ \vdots & \vdots & & \vdots \\ \sigma_{n1} & \sigma_{n2} & \cdots & \sigma_n^2 \end{bmatrix}$$

其中，观测向量服从正态分布，即 $L_i \sim N(E(L_i), \sigma_i^2)$。

由极大似然准则可知，其似然函数为

$$G=\frac{1}{(2\pi)^{\frac{n}{2}}|D_{LL}|^{\frac{1}{2}}}\exp\left[-\frac{1}{2}(L-E(L))^{\mathrm{T}}D_{LL}^{-1}(L-E(L))\right] \tag{4-42}$$

极大似然准则的应用方法是在似然函数达到最大（$G=\max$）时对参数进行估计。参数可以是分布中的期望 $E(L)$ 和方差 D_{LL}，此法得到的是渐进有效的参数估计量。

当要求 $G=\max$ 时，有

$$(L-E(L))^{\mathrm{T}}D_{LL}^{-1}(L-E(L))=\min$$

式中，$L-E(L)=\Delta$，Δ 是真误差，其估值是改正数 V，所以，上式等价于

$$\sigma_0^{-2}V^{\mathrm{T}}PV=\min$$

由于 σ_0^{-2} 是常数，所以 $G=\max$ 可与下式等价

$$V^{\mathrm{T}}PV=\min$$

所以，当观测值为正态随机变量时，可以从极大似然准则推导出最小二乘准则，从以上两个准则出发的平差结果将完全一致。由于平差中最小二乘法与极大似然法得到的估值相同，所以参数的最小二乘估值通常也称为最或然值，因此，平差值也就是最或然值。

7. 估计准则的作用

衡量所得估计结果的合理性、是不是最优。

8. 进行参数估计的准则有多种，选择最小二乘准则作为参数估计准则的原因

(1) 最小二乘准则比较简单；

(2) 最小二乘准则要求的条件简单。

9. 近似平差及其存在问题

在测量学教程中，对三角形、单一导线中的角度闭合差，进行反符号平均分配；单一水准路线中的高差闭合差，进行反符号按与距离或测站数成正比分配；单一导线中的坐标增量闭合差，进行反符号按与导线边长成正比分配等，在本书中称为近似平差原则。

总体来说，近似平差存在以下问题：

(1) 有时不能求出直接观测值的改正数，如导线中的边长改正数。

(2) 分配的原则不明确，且缺乏严谨的科学依据。

(3) 当条件较多时，前后互相影响，不能同时符合要求。特别是当水准路线变成水准网，导线变成导线网时，则多余观测值会增多，会同时有很多条件，此时近似平差将不能适应。

(4) 一般只计算近似平差值，没有评定平差值精度，特别是当观测值有多种类型（如导线中观测角度和边长）时，平差值精度计算不便。

10. 最小二乘方法存在的问题

(1) 最小二乘方法是对批量数据进行处理。处理数据量比较大。

(2) 最小二乘方法是一种静态数据处理的方法，不适合动态数据处理。

(3) 最小二乘方法处理的数据的精度比较低。这是因为最小二乘方法不需要估计量的任何信息，因此，其精度比较低。

$$\S 4.8 \quad 例 题 精 讲$$

【例 4-1】 指出下面所列方程属于基本平差法中的哪一类函数模型，并说明每个方程中的 n、t、r、u、c、s 等量各为多少（式中 A、B 为已知值）。

(1)
$$\begin{cases} \tilde{L}_1 + \tilde{L}_5 + \tilde{L}_6 = 0 \\ \tilde{L}_2 - \tilde{L}_6 + \tilde{L}_7 = 0 \\ \tilde{L}_3 + \tilde{L}_4 - \tilde{L}_7 = 0 \\ \tilde{L}_5 + \tilde{X} - A = 0 \\ \tilde{L}_4 - \tilde{X} + B = 0 \end{cases}$$

(2)
$$\begin{cases} \tilde{L}_1 = \tilde{X}_1 - A \\ \tilde{L}_2 = -\tilde{X}_1 + \tilde{X}_2 \\ \tilde{L}_3 = -\tilde{X}_2 + \tilde{X}_3 \\ \tilde{L}_4 = -\tilde{X}_3 + A \\ \tilde{L}_5 = -\tilde{X}_1 + \tilde{X}_3 \end{cases}$$

(3)
$$\begin{cases} \tilde{L}_1 = \tilde{X}_2 \\ \tilde{L}_2 = \tilde{X}_1 - \tilde{X}_2 \\ \tilde{L}_3 = -\tilde{X}_1 + \tilde{X}_3 \\ \tilde{L}_4 = -\tilde{X}_3 + A \\ \tilde{X}_2 - \tilde{X}_3 + B = 0 \end{cases}$$

(4)
$$\begin{cases} \tilde{L}_1 + \tilde{L}_2 + \tilde{L}_3 = 0 \\ \tilde{L}_4 + \tilde{L}_5 + \tilde{L}_6 = 0 \\ \tilde{L}_7 + \tilde{L}_8 + \tilde{L}_9 = 0 \\ \tilde{L}_{10} + \tilde{L}_{11} + \tilde{L}_{12} = 0 \\ \tilde{L}_1 + \tilde{L}_3 + \tilde{X}_4 + \tilde{L}_8 + A = 0 \end{cases}$$

【解】 （1）附有参数的条件平差函数模型

$n=7$，$t=3$，$r=4$，$u=1$，$c=5$

（2）间接平差函数模型

$n=5$，$t=3$，$r=2$，$u=3$，$c=5$

（3）附有限制条件的间接平差函数模型

$n=4$，$t=2$，$r=2$，$u=3$，$c=4$，$s=1$

（4）附有参数的条件平差函数模型

$n=12$，$t=8$，$r=4$，$u=1$，$c=5$

【本题点拨】 本题关键是要掌握观测值和参数个数的确定，千万不要受其下标的影响，如（4）中 X_4 虽然下标是 4，但其参数只出现 X_4，不能算作 4 个参数，只能是一个参数。

【例 4-2】 如图 4-1 所示的水准网中，A，B 点为已知水准点，P_1，P_2 点为待定水准点，观测高差为 h_1，h_2，h_3，h_4。

试按下面不同情况，分别列出相应的平差函数模型。

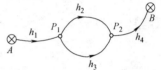

图 4-1　例 4-2 水准网

（1）按条件平差法。

（2）若选 P_1，P_2 点高程为未知参数 $\widetilde{X}_1$，$\widetilde{X}_2$ 时。

（3）若仅选 P_1 点高程为未知参数 $\widetilde{X}$ 时。

（4）若选 h_1，h_2，h_3 的平差值为未知参数 $\widetilde{X}_1$，$\widetilde{X}_2$，$\widetilde{X}_3$ 时。

【解】 本题 $n=4$，$t=2$，则 $r=n-t=4-2=2$。

（1）按条件平差法应列出 2 个条件方程，它们可以是

$$\tilde{h}_2-\tilde{h}_3=0$$

$$\tilde{h}_1+\tilde{h}_2+\tilde{h}_4+H_A-H_B=0$$

（2）此时参数个数 $u=t=2$，且不相关，属于间接平差，函数模型为

$$\tilde{h}_1=\widetilde{X}_1-H_A$$

$$\tilde{h}_2=-\widetilde{X}_1+\widetilde{X}_2$$

$$\tilde{h}_3=-\widetilde{X}_1+\widetilde{X}_2$$

$$\tilde{h}_4=-\widetilde{X}_2+H_B$$

（3）$u=1<t$，属于附有参数的条件平差，方程个数为 $r+u=3$

$$\tilde{h}_2-\tilde{h}_3=0$$

$$\tilde{h}_1+\tilde{h}_2+\tilde{h}_4+H_A-H_B=0$$

$$\tilde{h}_1-\widetilde{X}+H_A=0$$

（4）$u=3>t$ 且包含 2 个独立参数，属于附有条件的间接平差，限制条件方程个数为 $s=u-t=1$，观测方程个数为 4 个。函数模型为

75

$$\tilde{h}_1 = \tilde{X}_1$$
$$\tilde{h}_2 = \tilde{X}_2$$
$$\tilde{h}_3 = \tilde{X}_3$$
$$\tilde{h}_4 = -\tilde{X}_1 - \tilde{X}_2 - H_A + H_B$$

限制条件方程为

$$\tilde{X}_2 - \tilde{X}_3 = 0$$

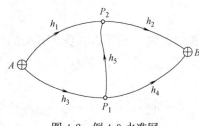

图 4-2　例 4-3 水准网

【本题点拨】　平差模型的选择是由所选参数确定的。

【例 4-3】　水准网如图 4-2 所示，求（1）按条件平差列出方程。（2）选 P_1 高程平差值为参数，列出全部条件方程。（3）选 P_1 和 P_2 高程平差值为参数，列出全部条件方程。

【解】　（1）$n=5$，$t=2$，$r=n-t=3$，$c=r=3$，由于没有选参数，则用条件平差。

$$\tilde{h}_1 - \tilde{h}_3 - \tilde{h}_5 = 0, \qquad \hat{h}_1 - \hat{h}_3 - \hat{h}_5 = 0,$$
$$\tilde{h}_2 - \tilde{h}_4 + \tilde{h}_5 = 0, \qquad \hat{h}_2 - \hat{h}_4 + \hat{h}_5 = 0,$$
$$H_A + \tilde{h}_1 + \tilde{h}_2 - H_B = 0, \quad H_A + \hat{h}_1 + \hat{h}_2 - H_B = 0$$

$$\begin{bmatrix} 1 & 0 & -1 & 0 & -1 \\ 0 & 1 & 0 & -1 & 1 \\ 1 & 1 & 0 & 0 & 0 \end{bmatrix} \begin{bmatrix} \tilde{h}_1 \\ \tilde{h}_2 \\ \tilde{h}_3 \\ \tilde{h}_4 \\ \tilde{h}_5 \end{bmatrix} + \begin{bmatrix} 0 \\ 0 \\ H_A - H_B \end{bmatrix} = 0,$$

$$\begin{bmatrix} 1 & 0 & -1 & 0 & -1 \\ 0 & 1 & 0 & -1 & 1 \\ 1 & 1 & 0 & 0 & 0 \end{bmatrix} \begin{bmatrix} \hat{h}_1 \\ \hat{h}_2 \\ \hat{h}_3 \\ \hat{h}_4 \\ \hat{h}_5 \end{bmatrix} + \begin{bmatrix} 0 \\ 0 \\ H_A - H_B \end{bmatrix} = 0$$

用 $\tilde{L} = L + \Delta$，$\hat{L} = L + v$ 代入上式可得

$$\Delta_1 - \Delta_3 - \Delta_5 + h_1 - h_3 - h_5 = 0, \quad v_1 - v_3 - v_5 + h_1 - h_3 - h_5 = 0$$
$$\Delta_2 - \Delta_4 + \Delta_5 + h_2 - h_4 + h_5 = 0, \quad v_2 - v_4 + v_5 + h_2 - h_4 + h_5 = 0$$
$$H_A + \Delta_1 + \Delta_2 - H_B + h_1 + h_2 = 0, \quad H_A + v_1 + v_2 - H_B + h_1 + h_2 = 0$$

$$\begin{bmatrix} 1 & 0 & -1 & 0 & -1 \\ 0 & 1 & 0 & -1 & 1 \\ 1 & 1 & 0 & 0 & 0 \end{bmatrix} \begin{bmatrix} \Delta_1 \\ \Delta_2 \\ \Delta_3 \\ \Delta_4 \\ \Delta_5 \end{bmatrix} + \begin{bmatrix} h_1-h_3-h_5 \\ h_2-h_4+h_5 \\ H_A-H_B+h_1+h_2 \end{bmatrix} = 0$$

$$\begin{bmatrix} 1 & 0 & -1 & 0 & -1 \\ 0 & 1 & 0 & -1 & 1 \\ 1 & 1 & 0 & 0 & 0 \end{bmatrix} \begin{bmatrix} v_1 \\ v_2 \\ v_3 \\ v_4 \\ v_5 \end{bmatrix} + \begin{bmatrix} h_1-h_3-h_5 \\ h_2-h_4+h_5 \\ H_A-H_B+h_1+h_2 \end{bmatrix} = 0 \text{（改正数条件方程）}$$

（2）$n=5$，$t=2$，$r=n-t=3$，$u=1$，$c=u+r=4$，由于所选参数个数小于必要观测数，所以用附有参数的条件平差。

设 P_1 的高差平差值为 $\hat{X}$，则有

$$\begin{aligned} \hat{h}_1-\hat{h}_3-\hat{h}_5=0 \\ \hat{h}_2-\hat{h}_4+\hat{h}_5=0 \\ H_A+\hat{h}_1+\hat{h}_2-H_B=0 \\ H_A+\hat{h}_3-\hat{X}=0 \end{aligned}, \quad \begin{bmatrix} 1 & 0 & -1 & 0 & -1 \\ 0 & 1 & 0 & -1 & 1 \\ 1 & 1 & 0 & 0 & 0 \\ 0 & 0 & 1 & 0 & 0 \end{bmatrix} \begin{bmatrix} \hat{h}_1 \\ \hat{h}_2 \\ \hat{h}_3 \\ \hat{h}_4 \\ \hat{h}_5 \end{bmatrix} + \begin{bmatrix} 0 \\ 0 \\ 0 \\ -1 \end{bmatrix}\hat{X} + \begin{bmatrix} 0 \\ 0 \\ H_A-H_B \\ H_A \end{bmatrix} = 0$$

用 $\hat{L}=L+V$ 代入上式，可得

$$v_1-v_3-v_5+h_1-h_3-h_5=0$$

$$v_2-v_4+v_5+h_2-h_4+h_5=0$$

$$H_A+v_1+v_2-H_B+h_1+h_2=0$$

$$H_A+v_3+h_3-\hat{X}=0$$

$$\begin{bmatrix} 1 & 0 & -1 & 0 & -1 \\ 0 & 1 & 0 & -1 & 1 \\ 1 & 1 & 0 & 0 & 0 \\ 0 & 0 & 1 & 0 & 0 \end{bmatrix} \begin{bmatrix} v_1 \\ v_2 \\ v_3 \\ v_4 \\ v_5 \end{bmatrix} + \begin{bmatrix} 0 \\ 0 \\ 0 \\ -1 \end{bmatrix}\hat{X} + \begin{bmatrix} h_1-h_3-h_5 \\ h_2-h_4+h_5 \\ H_A-H_B+h_1+h_2 \\ H_A+h_3 \end{bmatrix} = 0$$

（3）$n=5$，$t=2$，$r=n-t=3$，$u=2$，$s=0$，$c=u+r=5$，由于所选参数独立，而且参数个数等于必要观测数，所以选用间接平差。

设 P_1 的高差平差值为 $\hat{X}_1$，P_2 的高差平差值为 $\hat{X}_2$，则有

$$\hat{h}_1 = \hat{X}_2 - H_A$$
$$\hat{h}_2 = H_B - \hat{X}_2$$
$$\hat{h}_3 = \hat{X}_1 - H_A,\quad \hat{h} = \begin{bmatrix} 0 & 1 \\ 0 & -1 \\ 1 & 0 \\ -1 & 0 \\ -1 & 1 \end{bmatrix} \begin{bmatrix} \hat{X}_1 \\ \hat{X}_2 \end{bmatrix} - \begin{bmatrix} H_A \\ -H_B \\ H_A \\ -H_B \\ 0 \end{bmatrix} \quad \text{（观测方程）}$$
$$\hat{h}_4 = H_B - \hat{X}_1$$
$$\hat{h}_5 = \hat{X}_2 - \hat{X}_1$$

用 $\hat{L} = L + V$ 代入上式，可得

$$v_1 = \hat{X}_2 - H_A - h_1$$
$$v_2 = H_B - \hat{X}_2 - h_2$$
$$v_3 = \hat{X}_1 - H_A - h_3,\quad V = \begin{bmatrix} v_1 \\ v_2 \\ v_3 \\ v_4 \\ v_5 \end{bmatrix} = \begin{bmatrix} 0 & 1 \\ 0 & -1 \\ 1 & 0 \\ -1 & 0 \\ -1 & 1 \end{bmatrix} \begin{bmatrix} \hat{X}_1 \\ \hat{X}_2 \end{bmatrix} - \begin{bmatrix} H_A + h_1 \\ h_2 - H_B \\ H_A + h_3 \\ h_4 - H_B \\ h_5 \end{bmatrix} \quad \text{（误差方程）}$$
$$v_4 = H_B - \hat{X}_1 - h_4$$
$$v_5 = \hat{X}_2 - \hat{X}_1 - h_5$$

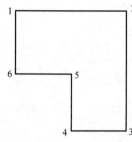

图 4-3　直角房屋示意

【本题点拨】 掌握函数模型方程的列立。

【例 4-4】 图 4-3 是对一直角房屋进行了数字化，有 12 个坐标值，有 6 个点。求其必要观测数。

【解】（1）由于是直角房屋，在图中有 5 个直角和 1 个 270°角，应该说是有 6 个已知值，但由于是多边形，确定了 5 个角的值，第 6 个角的值就确定了，所以，在本图中只能算 5 个已知值，$m = 5$。

（2）由于有 6 个点，所以 $t_3 = 2 \times 6 = 12$。

（3）则必要观测数为：$t = t_3 - m = 12 - 5 = 7$

【本题点拨】（1）坐标值平差的必要观测数的确定；（2）已知值的判定。

【例 4-5】 在下列非线性方程中，A、B 为已知值，L_i 为观测值，$\tilde{L}_i = L_i + \Delta_i$，写出其线性化的形式：（1）$\tilde{L}_1 \cdot \tilde{L}_2 - A = 0$；（2）$\tilde{L}_1^2 + \tilde{L}_2^2 - A^2 = 0$；（3）$\dfrac{\sin\tilde{L}_1 \sin\tilde{L}_3}{\sin\tilde{L}_2 \sin\tilde{L}_4} - 1 = 0$；（4）$A \cdot \dfrac{\sin\tilde{L}_3 \sin(\tilde{L}_4 + \tilde{L}_5)}{\sin\tilde{L}_5 \sin\tilde{L}_6} - B = 0$。

【解】（1）$L_2 \Delta_1 + L_1 \Delta_2 + L_1 L_2 - A = 0$

（2）$2L_1 \Delta_1 + 2L_2 \Delta_2 + L_1^2 + L_2^2 - A^2 = 0$

（3）$\sin\tilde{L}_1 \sin\tilde{L}_3 - \sin\tilde{L}_2 \sin\tilde{L}_4 = 0$，线性化可得

$\sin L_1 \sin L_3 - \sin L_2 \sin L_4 + \sin L_3 \cos L_1 \Delta_1 + \sin L_1 \cos L_3 \Delta_3 - \sin L_4 \cos L_2 \Delta_2 - \sin L_2 \cos L_4 \Delta_4 = 0$

（4）$A \sin\tilde{L}_3 \sin(\tilde{L}_4 + \tilde{L}_5) - B \sin\tilde{L}_5 \sin\tilde{L}_6 = 0$，线性化可得

$A \cos L_3 \sin(L_4 + L_5) \Delta_3 + A \sin L_3 \cos(L_4 + L_5)(\Delta_4 + \Delta_5) - B \cos L_5 \sin L_6 \Delta_5 - B \sin L_5 \cos L_6 \Delta_6 + A \sin L_3 \sin(L_4 + L_5) - B \sin L_5 \sin L_6 = 0$

【本题点拨】 本题中没有给出的 L_i 精度，按数学处理即可。

§4.9 习 题

1. 几何模型的必要元素与什么有关？必要元素就是必要观测数吗？为什么？

2. 必要观测值的特性是什么？在进行平差前，首先要确定哪些量？如何确定几何模型中的必要元素？试举例说明。

3. 在平差的函数模型中 n，t，r，u，s，c 等字母代表什么量？它们之间有什么关系？

4. 测量平差的函数模型和随机模型分别表示哪些量之间的什么关系？

5. 如图 4-4 所示，在已知高程的水准点 A、B（高程无误差）之间布设新水准点 P_1、P_2。各段观测高差及水准路线长度如下：$h_1 = 0.306$m，$h_2 = 0.104$m，$h_3 = 0.206$m，$H_A = 8.200$m，$H_B = 8.600$m，$S_1 = 2$km，$S_2 = 3$km，$S_3 = 2$km。请按以下要求写出平差的函数模型：（1）不设立未知数；（2）设 $\hat{h}_2$ 为未知数；（3）设 P_1、P_2 点的平差高程为未知数；（4）设 $\hat{h}_1$，P_1，P_2 点的平差高程为未知数。

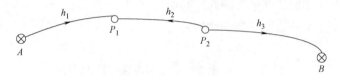

图 4-4 习题 5 水准网示意

6. 什么是参数估计？为什么说测量平差实质上就是参数估计？

7. 什么是最优无偏估值？最小二乘估值是否是最优无偏估值？为什么？

8. 设有 n 个独立观测值 L_i，其概率密度函数均为 $f(L_i) = \dfrac{1}{\sigma\sqrt{2\pi}}e^{-\frac{(L_i-\mu)^2}{2\sigma^2}}$，即具有相同的期望与方差。试求观测值期望和方差的极大似然估值。

9. 对某一未知量进行了 n 次同精度独立观测，得到观测值 L_1，L_2，$\cdots$，L_n，如果用算术平均值作为未知量的估值，这个估值是根据什么准则得到的？

第 5 章　条件平差

本章学习目标

本章是全书的重点，一定要理解和掌握。主要介绍了条件平差和附有参数的条件平差的原理以及其应用。通过本章的学习，应达到以下目标：

(1) 重点掌握条件平差的基本原理。

(2) 重点掌握条件平差精度评定的公式和运用。

(3) 重点掌握条件平差在测量中的应用。

(4) 掌握条件平差的分组平差的原理与应用。

(5) 掌握附有参数的条件平差的原理与应用。

(6) 会证明条件平差估值的统计性质。

§5.1　条件平差的基本原理

1. 条件方程

$$A\hat{L} + A_0 = 0 \tag{5-1}$$

2. 改正数方程

$$V = P^{-1}A^{\mathrm{T}}K = QA^{\mathrm{T}}K \tag{5-2}$$

3. 基础方程

$$\begin{cases} AV + W = 0 \\ W = AL + A_0 \\ V = P^{-1}A^{\mathrm{T}}K = QA^{\mathrm{T}}K \end{cases} \tag{5-3}$$

4. 法方程

$$AP^{-1}A^{\mathrm{T}}K + W = 0 \quad 或 \quad AQA^{\mathrm{T}}K + W = 0 \tag{5-4}$$

则有

$$N_{aa}K + W = 0 \tag{5-5}$$

5. 求解

N_{aa} 是一个 r 阶的满秩方阵，且可逆。由此可得联系数 K 的唯一解，为

$$K = -N_{aa}^{-1}W \tag{5-6}$$

将式（5-6）式代入式（5-2），可计算出 V，再将 V 代入 $\hat{L} = L + V$，即可计算出所求的观测值的最或然值 $\hat{L}$。

通过观测值的平差值 $\hat{L}$，可以进一步计算一些未知量（如待定点的高程、纵横坐标以及边的长度、某一方向的方位角等）的最或然值。

由上述推导可看出，K、V 及 $\hat{L}$ 都是由式（5-2）和式（5-3）计算出的，因此，把式（5-2）和式（5-3）合称为条件平差的基础方程。

6. 计算步骤

综上所述，条件平差的计算步骤可归结为以下几步：

（1）根据实际问题，确定出总观测值的个数 n、必要观测值的个数 t 及多余观测数 $r = n - t$，从而确定出条件方程个数。

（2）列出条件方程式（5-3），确保条件方程的独立性。

（3）根据条件方程的系数、闭合差及观测值的协因数矩阵组成法方程式（5-4），法方程的个数等于多余观测数 r。

（4）依据式（5-6）计算出联系数 K。

（5）将 K 代入式（5-2）计算出观测值改正数 V；并依据 $\hat{L} = L + V$ 计算出观测值的平差值 $\hat{L}$。

（6）为了检查平差计算的正确性，把平差值 $\hat{L}$ 代入式（5-1），看其是否满足方程。

（7）精度估计。

7. 条件平差的精度评定

测量平差的目的之一是要评定测量成果的精度。任何一个完整的平差过程，都应包括精度评定。精度评定由两部分组成：单位权中误差 $\hat{\sigma}_0^2$ 的计算及平差值函数（$\hat{\varphi} = f^{\mathrm{T}} \hat{L}$）的协因数 $Q_{\hat{\varphi}\hat{\varphi}}$ 及其中误差 $\hat{\sigma}_{\hat{\varphi}}$ 的计算等。

（1）$V^{\mathrm{T}} P V$ 计算

$V^{\mathrm{T}} P V$ 的计算有如下几种方式：

1）直接计算。纯量形式为

$$V^{\mathrm{T}} P V = [pvv] = p_1 v_1^2 + p_2 v_2^2 + \cdots + p_n v_n^2 \tag{5-7}$$

2）用法方程系数矩阵 N_{aa}、联系系数 K 计算

$$V^{\mathrm{T}} P V = (QA^{\mathrm{T}} K)^{\mathrm{T}} P (QA^{\mathrm{T}} K) = K^{\mathrm{T}} AQPQA^{\mathrm{T}} K = K^{\mathrm{T}} AQA^{\mathrm{T}} K = K^{\mathrm{T}} N_{aa} K \tag{5-8}$$

3）用闭合差 W、联系数 K 计算

$$V^{\mathrm{T}} P V = V^{\mathrm{T}} P (QA^{\mathrm{T}} K) = V^{\mathrm{T}} A^{\mathrm{T}} K = (AV)^{\mathrm{T}} K = -W^{\mathrm{T}} K \tag{5-9}$$

4）用闭合差 W、法方程系数阵 N_{aa} 计算

$$V^{\mathrm{T}} P V = V^{\mathrm{T}} P (QA^{\mathrm{T}} K) = V^{\mathrm{T}} A^{\mathrm{T}} K = (AV)^{\mathrm{T}} K$$

$$= -W^{\mathrm{T}} K = -W^{\mathrm{T}} (-N_{aa}^{-1} W) = W^{\mathrm{T}} N_{aa}^{-1} W \tag{5-10}$$

（2）单位权方差的估值公式

$$\hat{\sigma}_0^2 = \frac{V^{\mathrm{T}} P V}{r} \tag{5-11}$$

$$\hat{\sigma}_0 = \sqrt{\frac{V^{\mathrm{T}} P V}{r}} \tag{5-12}$$

（3）协因数矩阵的计算

$$Q_{ZZ} = \begin{bmatrix} Q_{LL} & Q_{LW} & Q_{LK} & Q_{LV} & Q_{L\hat{L}} \\ Q_{WL} & Q_{WW} & Q_{WK} & Q_{WV} & Q_{W\hat{L}} \\ Q_{KL} & Q_{KW} & Q_{KK} & Q_{KV} & Q_{K\hat{L}} \\ Q_{VL} & Q_{VW} & Q_{VK} & Q_{VV} & Q_{V\hat{L}} \\ Q_{\hat{L}L} & Q_{\hat{L}W} & Q_{\hat{L}K} & Q_{\hat{L}V} & Q_{\hat{L}\hat{L}} \end{bmatrix}$$

$$= \begin{bmatrix} Q & QA^{\mathrm{T}} & -QA^{\mathrm{T}}N_{aa}^{-1} & -QA^{\mathrm{T}}N_{aa}^{-1}AQ & Q-QA^{\mathrm{T}}N_{aa}^{-1}AQ \\ AQ & N_{aa} & -I & -AQ & 0 \\ -N_{aa}^{-1}AQ & -I & N_{aa}^{-1} & N_{aa}^{-1}AQ & 0 \\ -QA^{\mathrm{T}}N_{aa}^{-1}AQ & -QA^{\mathrm{T}} & QA^{\mathrm{T}}N_{aa}^{-1} & QA^{\mathrm{T}}N_{aa}^{-1}AQ & 0 \\ Q-QA^{\mathrm{T}}N_{aa}^{-1}AQ & 0 & 0 & 0 & Q-QA^{\mathrm{T}}N_{aa}^{-1}AQ \end{bmatrix}$$

$$(5\text{-}13)$$

由式（5-13）可知，平差值 $\hat{L}$ 与闭合差 W、联系数 K、改正数 V 是不相关的统计量，又由于它们都是服从正态分布的向量，所以 $\hat{L}$ 与 W、K、V 也是相互独立的向量，即

$$L = L$$

$$W = AL + A_0$$

$$K = -N_{aa}^{-1}W = -N_{aa}^{-1}AL - N_{aa}^{-1}A_0$$

$$V = QA^{\mathrm{T}}K = -QA^{\mathrm{T}}N_{aa}^{-1}AL - QA^{\mathrm{T}}N_{aa}^{-1}A_0$$

$$\hat{L} = L + V = (I - QA^{\mathrm{T}}N_{aa}^{-1}A)L - QA^{\mathrm{T}}N_{aa}^{-1}A_0$$

（4）平差值函数的中误差

设有平差值函数

$$\hat{\varphi} = f(\hat{L}_1, \hat{L}_2, \cdots, \hat{L}_n) \tag{5-14}$$

$$Q_{\hat{\varphi}\hat{\varphi}} = f^{\mathrm{T}}Qf - (AQf)^{\mathrm{T}}N_{aa}^{-1}AQf \tag{5-15}$$

式（5-15）即为平差值函数的协因数表达式。

平差值函数的方差为

$$D_{\hat{\varphi}\hat{\varphi}} = \sigma_0^2 Q_{\hat{\varphi}\hat{\varphi}} \tag{5-16}$$

§5.2　附有参数的条件平差原理

1. 条件方程

$$A\hat{L} + B\hat{X} + A_0 = 0 \tag{5-17}$$

2. 改正数方程

$$V = P^{-1}A^{\mathrm{T}}K = QA^{\mathrm{T}}K \tag{5-18}$$

3. 基础方程

$$\begin{cases} AV+B\hat{x}+W=0 \\ V=P^{-1}A^{\mathrm{T}}K \\ B^{\mathrm{T}}K=0 \end{cases} \tag{5-19}$$

4. 法方程

$$N_{aa}K+B\hat{x}+W=0 \tag{5-20}$$

$$B^{\mathrm{T}}K=0 \tag{5-21}$$

5. 求解

$$K=-N_{aa}^{-1}(W+B\hat{x}) \tag{5-22}$$

$$\hat{x}=-N_{bb}^{-1}B^{\mathrm{T}}N_{aa}^{-1}W \tag{5-23}$$

$$V=QA^{\mathrm{T}}K=-QA^{\mathrm{T}}N_{aa}^{-1}(W+B\hat{x}) \tag{5-24}$$

即可直接计算出观测值的改正数 V。

再由 $\hat{L}=L+V$，$\hat{X}=X^0+\hat{x}$ 分别计算出观测值平差值和非观测量的最或然值。

6. 计算步骤

综上所述，附有参数的条件平差的计算步骤可归结为以下几步：

（1）根据实际问题，确定出总观测值的个数 n、必要观测值的个数 t 及多余观测数 $r=n-t$，根据平差的实际问题，设 u 个独立量为参数（$u<t$），从而确定出条件方程个数。条件方程的个数等于多余观测数与参数个数之和，即 $c=r+u$。

（2）列出附有参数的条件方程式（5-17），确保条件方程的独立性。

（3）根据条件方程的系数矩阵 A、B、闭合差 W 及观测值的协因数矩阵组成法方程式（5-20）和式（5-21）。

（4）解算法方程，计算出联系数 K 和$\hat{x}$。

（5）将 K 代入式（5-24）计算出观测值改正数 V。

（6）计算观测量平差值 $\hat{L}=L+V$，$\hat{X}=X^0+\hat{x}$。

（7）为了检查平差计算的正确性，用平差值 $\hat{L}$ 和 $\hat{X}$ 重新列出平差值条件方程，看其是否满足方程。

（8）精度估计。

7. 精度评定

（1）单位权中误差计算

附有参数的条件平差的单位权方差和中误差的计算，仍使用下述公式计算：

$$\hat{\sigma}_0^2=\frac{V^{\mathrm{T}}PV}{r}=\frac{V^{\mathrm{T}}PV}{c-u} \tag{5-25}$$

$$\sigma_0=\sqrt{\frac{V^{\mathrm{T}}PV}{r}}=\sqrt{\frac{V^{\mathrm{T}}PV}{c-u}}$$

（2）协因数矩阵

$$Q_{ZZ} = \begin{bmatrix} Q_{LL} & Q_{LW} & Q_{L\hat{X}} & Q_{LV} & Q_{L\hat{L}} \\ Q_{WL} & Q_{WW} & Q_{W\hat{X}} & Q_{WV} & Q_{W\hat{L}} \\ Q_{\hat{X}L} & Q_{\hat{X}W} & Q_{\hat{X}\hat{X}} & Q_{\hat{X}V} & Q_{\hat{X}\hat{L}} \\ Q_{VL} & Q_{VW} & Q_{V\hat{X}} & Q_{VV} & Q_{V\hat{L}} \\ Q_{\hat{L}L} & Q_{\hat{L}W} & Q_{\hat{L}\hat{X}} & Q_{\hat{L}V} & Q_{\hat{L}\hat{L}} \end{bmatrix}$$

$$= \begin{bmatrix} Q & QA^{\mathrm{T}} & -QA^{\mathrm{T}}N_{aa}^{-1}BN_{bb}^{-1} & -Q_{VV} & Q-Q_{VV} \\ AQ & N_{aa} & -BN_{bb}^{-1} & -N_{aa}Q_{KK}AQ & BN_{bb}^{-1}B^{\mathrm{T}}N_{aa}^{-1}AQ \\ -N_{bb}^{-1}B^{\mathrm{T}}N_{aa}^{-1}AQ & -N_{bb}^{-1}B^{\mathrm{T}} & N_{bb}^{-1} & 0 & -N_{bb}^{-1}B^{\mathrm{T}}N_{aa}^{-1}AQ \\ -Q_{VV} & -QA^{\mathrm{T}}Q_{KK}N_{aa} & 0 & QA^{\mathrm{T}}Q_{KK}AQ & 0 \\ Q-Q_{VV} & QA^{\mathrm{T}}N_{aa}^{-1}BN_{bb}^{-1}B^{\mathrm{T}} & -QA^{\mathrm{T}}N_{aa}^{-1}BN_{bb}^{-1} & 0 & Q-Q_{VV} \end{bmatrix}$$

$$(5-26)$$

$$(N_{aa} = AQA^{\mathrm{T}}, \ N_{bb} = B^{\mathrm{T}}N_{aa}^{-1}B, \ Q_{KK} = N_{aa}^{-1} - N_{aa}^{-1}BN_{bb}^{-1}B^{\mathrm{T}}N_{aa}^{-1})$$

（3）平差值函数中误差计算

$$\hat{\varphi} = f(\hat{L}, \hat{X}) = f(\hat{L}_1, \hat{L}_2, \cdots, \hat{L}_n; \hat{X}_1, \hat{X}_2, \cdots, \hat{X}_t) \tag{5-27}$$

对其全微分，得权函数式

$$\mathrm{d}\hat{\varphi} = F_l^{\mathrm{T}}\mathrm{d}\hat{L} + F_x^{\mathrm{T}}\mathrm{d}\hat{X}$$

式中，$F_l^{\mathrm{T}} = \begin{bmatrix} \dfrac{\partial f}{\partial \hat{L}_1} & \dfrac{\partial f}{\partial \hat{L}_2} & \cdots & \dfrac{\partial f}{\partial \hat{L}_n} \end{bmatrix}_{L,X^0}$, $F_x^{\mathrm{T}} = \begin{bmatrix} \dfrac{\partial f}{\partial \hat{X}_1} & \dfrac{\partial f}{\partial \hat{X}_2} & \cdots & \dfrac{\partial f}{\partial \hat{X}_n} \end{bmatrix}_{L,X^0}$

根据协因数传播律，得函数的协因数为

$$Q_{\hat{\varphi}\hat{\varphi}} = F_l^{\mathrm{T}}Q_{\hat{L}\hat{L}}F_l + F_l^{\mathrm{T}}Q_{\hat{L}\hat{X}}F_x + F_x^{\mathrm{T}}Q_{\hat{X}\hat{L}}F_l + F_x^{\mathrm{T}}Q_{\hat{X}\hat{X}}F_x \tag{5-28}$$

函数 $\hat{\varphi}$ 的中误差为

$$D_{\hat{\varphi}\hat{\varphi}} = \hat{\sigma}_0^2 Q_{\hat{\varphi}\hat{\varphi}}$$

即

$$\hat{\sigma}_{\hat{\varphi}}^2 = \hat{\sigma}_0^2 Q_{\hat{\varphi}\hat{\varphi}} = \hat{\sigma}_0^2 \frac{1}{p_{\hat{\varphi}}}$$

$$\hat{\sigma}_{\hat{\varphi}} = \sigma_0 \sqrt{Q_{\hat{\varphi}\hat{\varphi}}} = \hat{\sigma}_0 \sqrt{\frac{1}{p_{\hat{\varphi}}}} \tag{5-29}$$

§5.3　条件平差估值的统计性质

1. 估计量 $\hat{L}$ 和 $\hat{X}$ 均为无偏估计

$$E(\hat{x}) = -Q_{\hat{X}\hat{X}}B^{\mathrm{T}}N_{aa}^{-1}E(W) = Q_{\hat{X}\hat{X}}B^{\mathrm{T}}N_{aa}^{-1}B\tilde{x} = N_{bb}^{-1}N_{bb}\tilde{x} = \tilde{x} \tag{5-30}$$

$$E(V) = -QA^{\mathrm{T}}N_{aa}^{-1}[E(W) + BE(\hat{x})] = -QA^{\mathrm{T}}N_{aa}^{-1}(-B\tilde{x} + B\tilde{x}) = 0 \tag{5-31}$$

所以有

84

$$E(\hat{L}) = E(L) + E(V) = \widetilde{L} \tag{5-32}$$

这就证明了 $\hat{L}$ 和 $\hat{X}$ 是 $\widetilde{L}$ 和 $\widetilde{X}$ 的无偏估计量。

2. 估计量 $\hat{X}$ 具有最小方差

参数 $\hat{X}$ 的协方差矩阵可由下式求出

$$D_{\hat{X}\hat{X}} = \hat{\sigma}_0^2 Q_{\hat{X}\hat{X}}$$

$D_{\hat{X}\hat{X}}$ 中主对角线元素就是各 $\hat{X}_i$（$i = 1, 2, \cdots, u$）的方差，要证明参数估值的方差最小，根据矩阵迹的定义，也就是要证明

$$\mathrm{tr}(D_{\hat{X}\hat{X}}) = \min \text{ 或 } \mathrm{tr}(Q_{\hat{X}\hat{X}}) = \min \tag{5-33}$$

由于 $\hat{x}$ 是 W 的线性函数。现假设存在另一个 $\hat{x}'$，它也是 W 的线性函数，即

$$\hat{x}' = HW \tag{5-34}$$

式中 H 为待定的系数矩阵。问题是 H 应等于什么才能使 $\hat{x}'$ 满足既无偏方差又最小，即 $\mathrm{tr}(Q_{\hat{x}'\hat{x}'}) = \min$。

首先要满足无偏性，则必须使

$$E(\hat{x}') = HE(W) = -HB\widetilde{x} = \widetilde{x}$$

显然只有当

$$HB = -I \tag{5-35}$$

$\hat{x}'$ 才是 $\widetilde{x}$ 无偏估计量。

对式（5-34）应用协因数传播律，得

$$Q_{\hat{x}'\hat{x}'} = HQ_{WW}H_1^{\mathrm{T}}$$

现在的问题是要求出既能满足式（5-35），又能使 $Q_{\hat{x}'\hat{x}'}$ 的迹达到极小的 H 矩阵。这就是一个条件极值问题，为此组成新的函数，即

$$\Phi = \mathrm{tr}(H_1 Q_{WW} H_1^{\mathrm{T}}) + \mathrm{tr}(2(HB + I)K^{\mathrm{T}})$$

其中 K^{T} 为联系数向量。为求 Φ 的极小值，须将上式对 H 求一阶导数并令其为零，得

$$\frac{\partial \Phi}{\partial H} = 2HQ_{WW} + 2KB^{\mathrm{T}} = 0 \tag{5-36}$$

因为 $Q_{WW} = N_{aa}$，故由式（5-36）可得

$$H = -KB^{\mathrm{T}}N_{aa}^{-1} \tag{5-37}$$

代入式（5-35）得

$$KB^{\mathrm{T}}N_{aa}^{-1}B = I \tag{5-38}$$

考虑到 $N_{bb} = B^{\mathrm{T}}N_{aa}^{-1}B$，则

$$K = N_{bb}^{-1} \tag{5-39}$$

所以，有

$$H = -N_{bb}^{-1}B^{\mathrm{T}}N_{aa}^{-1} \tag{5-40}$$

$$\hat{x}' = -N_{bb}^{-1}B^{\mathrm{T}}N_{aa}^{-1}W \tag{5-41}$$

可知：$\hat{x}' = \hat{x}$，$\hat{x}'$即为$\hat{x}$。由于$\hat{x}'$是在无偏和方差最小的条件下导出的，这说明由最小二乘准则估计求得的$\hat{x}$也是最优无偏估计量，故估计量$\hat{X} = X^0 + \hat{x}$的方差最小。

3. 估计量$\hat{L}$具有最小方差

观测值估值$\hat{L}$的计算公式为

$$\hat{L} = L - QA^{\mathrm{T}}N_{aa}^{-1}(I - BQ_{\hat{X}\hat{X}}B^{\mathrm{T}}N_{aa}^{-1})W \tag{5-42}$$

即$\hat{L}$是L、W的线性函数。

要证明$\hat{L}$具有最小方差，也就是要证明

$$\mathrm{tr}(D_{\hat{L}\hat{L}}) = \min \text{ 或 } \mathrm{tr}(Q_{\hat{L}\hat{L}}) = \min \tag{5-43}$$

现假设有另一函数

$$\hat{L}' = L + GW \tag{5-44}$$

式中G为待定系数。对式（5-44）取数学期望，得

$$E(\hat{L}') = E(L) + GE(W) = \tilde{L} - GB\tilde{x}$$

因此，若$\hat{L}'$为无偏估计量，则必须满足

$$GB = 0 \tag{5-45}$$

根据协因数传播律，得

$$Q_{\hat{L}'\hat{L}'} = Q + Q_{LW}G^{\mathrm{T}} + GQ_{WL} + GQ_{WW}G^{\mathrm{T}} \tag{5-46}$$

要在满足式（5-46）的情况下求$\mathrm{tr}(Q_{\hat{L}'\hat{L}'}) = \min$，为此组成新的函数，即

$$\Phi = \mathrm{tr}(Q_{\hat{L}'\hat{L}'}) + \mathrm{tr}(2GBK^{\mathrm{T}}) \tag{5-47}$$

为使Φ极小，将其对G求一阶偏导数，令一阶导数为零，即

$$\frac{\partial \Phi}{\partial G} = 2Q_{Lw} + 2GQ_{WW} + 2KB^{\mathrm{T}} = 0 \tag{5-48}$$

由$Q_{LW} = QA^{\mathrm{T}}$，$Q_{WW} = N_{aa}$，由式（5-48）解得

$$G = -(QA^{\mathrm{T}} + KB^{\mathrm{T}})N_{aa}^{-1} \tag{5-49}$$

代入式（5-45）得

$$-QA^{\mathrm{T}}N_{aa}^{-1}B - KB^{\mathrm{T}}N_{aa}^{-1}B = 0$$

因$N_{bb} = B^{\mathrm{T}}N_{aa}^{-1}B$，由上式可得

$$K = -QA^{\mathrm{T}}N_{aa}^{-1}BN_{bb}^{-1} \tag{5-50}$$

将式（5-50）代回到式（5-49），得

$$G = -QA^{\mathrm{T}}N_{aa}^{-1}(I - BQ_{\hat{X}\hat{X}}B^{\mathrm{T}}N_{aa}^{-1}) \tag{5-51}$$

将式（5-51）代入式（5-44），整理后得

$$\hat{L}' = L - QA^{\mathrm{T}}N_{aa}^{-1}(I - BQ_{\hat{X}\hat{X}}B^{\mathrm{T}}N_{aa}^{-1})W \tag{5-52}$$

$\hat{L}'$即为$\hat{L}$。由于$\hat{L}'$是在无偏和方差最小的条件下导出的，这说明由最小二乘准则估计求得的$\hat{L}$也是最优无偏估计量，故估计量$\hat{L}$的方差最小。

4. 单位权方差估值 $\hat{\sigma}_0^2$ 是 σ_0^2 的无偏估计量

在本章的平差方法中，单位权方差的估值都是用 $V^{\mathrm{T}}PV$ 除以各自的自由度，即

$$\hat{\sigma}_0^2 = \frac{V^{\mathrm{T}}PV}{r} \tag{5-53}$$

自由度即为多余观测个数，现在要证明：

$$E(\hat{\sigma}_0^2) = \sigma_0^2 \tag{5-54}$$

由二次型性质可知，若有服从任一分布的 q 维随机向量 $\underset{q \times 1}{Y}$，已知其数学期望为 $\underset{q \times 1}{\eta}$，方差矩阵为 $\underset{q \times q}{D_{YY}}$，可得

$$E(Y^{\mathrm{T}}BY) = \mathrm{tr}(BD_{YY}) + \eta^{\mathrm{T}}B\eta \tag{5-55}$$

式中 B——任一 q 阶的对称可逆矩阵。

现用 V 向量代替式（5-55）中的 Y 向量，则其中的 η 应换成 $E(V)$，D_{YY} 应换成 D_{VV}，B 矩阵可以换成权矩阵 P，于是有

$$E(V^{\mathrm{T}}PV) = \mathrm{tr}(PD_{VV}) + E(V)^{\mathrm{T}}PE(V) \tag{5-56}$$

前面已经证明 $E(V) = 0$，而 $D_{VV} = \sigma_0^2 Q_{VV}$，于是有

$$E(V^{\mathrm{T}}PV) = \sigma_0^2 \mathrm{tr}(PQ_{VV}) \tag{5-57}$$

由 $Q_{VV} = QA^{\mathrm{T}}(N_{aa}^{-1} - N_{aa}^{-1}BQ_{\hat{X}\hat{X}}B^{\mathrm{T}}N_{aa}^{-1})AQ$ 代入式（5-57），并顾及 $PQ = I$，$AQA^{\mathrm{T}} = N_{aa}$，$B^{\mathrm{T}}N_{aa}^{-1}B = N_{bb}$，则得

$$\begin{aligned}
E(V^{\mathrm{T}}PV) &= \sigma_0^2 \mathrm{tr}[PQA^{\mathrm{T}}(N_{aa}^{-1} - N_{aa}^{-1}BQ_{\hat{X}\hat{X}}B^{\mathrm{T}}N_{aa}^{-1})AQ] \\
&= \sigma_0^2 \mathrm{tr}[AQA^{\mathrm{T}}(N_{aa}^{-1} - N_{aa}^{-1}BQ_{\hat{X}\hat{X}}B^{\mathrm{T}}N_{aa}^{-1})] \\
&= \sigma_0^2 \mathrm{tr}[\underset{c \times c}{I} - Q_{\hat{X}\hat{X}}B^{\mathrm{T}}N_{aa}^{-1}B] = \sigma_0^2[c - \mathrm{tr}(Q_{\hat{X}\hat{X}}N_{bb})] \\
&= \sigma_0^2[c - \mathrm{tr}(N_{bb}^{-1}N_{bb})] = \sigma_0^2[c - u]
\end{aligned} \tag{5-58}$$

代入式（5-57）有

$$E(V^{\mathrm{T}}PV) = \sigma_0^2(c - u) \quad \text{或} \quad E\left(\frac{V^{\mathrm{T}}PV}{c - u}\right) = \sigma_0^2 \tag{5-59}$$

式（5-59）也可以写成

$$E\left(\frac{V^{\mathrm{T}}PV}{c - u}\right) = E\left(\frac{V^{\mathrm{T}}PV}{r}\right) = E(\hat{\sigma}_0^2) = \sigma_0^2 \tag{5-60}$$

故结论得证。说明单位权方差估值 $\hat{\sigma}_0^2$ 是 σ_0^2 的无偏估计量。

§5.4 条件平差的分组平差

由于条件平差中法方程的个数等于条件方程的个数，为了避免高阶求逆的麻烦，可以将 r 个条件方程分成两组来进行计算。

1. 平差计算公式

设有观测向量 L，其先验权逆矩阵为 Q，条件平差的线性函数模型为

$$AV + W = 0$$

式中，条件方程个数为 r，且 $W = AL + A_0$。

首先，将 r 个条件改正数方程分为两组，即

$$\underset{r_1 \times n}{A_1} \underset{n \times 1}{V} + \underset{r_1 \times 1}{W_1} = 0$$

$$\underset{r_2 \times n}{A_2} \underset{n \times 1}{V} + \underset{r_2 \times 1}{W_2} = 0 \tag{5-61}$$

式中，$r = r_1 + r_2$。$W_1 = A_1 L + A_1^0$，$W_2 = A_2 L + A_2^0$，先对式（5-61）的第一组条件改正数方程进行单独平差。第一组条件改正数方程为

$$A_1 V' + W_1 = 0 \tag{5-62}$$

组成法方程为

$$A_1 Q A_1^T K_1' + W_1 = 0 \tag{5-63}$$

解法方程，得

$$K_1' = -(A_1 Q A_1^T)^{-1} W_1 \tag{5-64}$$

第一次改正数为

$$V' = Q A_1^T K_1' = -Q A_1^T (A_1 Q A_1^T)^{-1} W_1 \tag{5-65}$$

第一次平差值为

$$\hat{L}' = L + V' \tag{5-66}$$

第一次平差值的协因数矩阵为

$$Q_{\hat{L}'\hat{L}'} = Q - Q A_1^T (A_1 Q A_1^T)^{-1} A_1 Q = Q - Q_{V'V'} \tag{5-67}$$

然后，将观测值的第一次平差值 $\hat{L}'$ 和 $Q_{\hat{L}'\hat{L}'}$ 视为新的观测值及其新的协因数矩阵，列立第二组改正数条件方程式并单独进行平差，得第二阶段的平差解，即新的第二组改正数条件方程为

$$A_2 V'' + W_2' = 0 \tag{5-68}$$

式中

$$W_2' = A_2 \hat{L}' + A_2^0 = A_2 V' + W_2 \tag{5-69}$$

组成法方程为

$$A_2 Q_{\hat{L}'\hat{L}'} A_2^T K_2' + W_2' = 0 \tag{5-70}$$

解法方程，得

$$K_2' = -(A_2 Q_{\hat{L}'\hat{L}'} A_2^T)^{-1} W_2' \tag{5-71}$$

计算第二次改正数为

$$V'' = -Q_{\hat{L}'\hat{L}'} A_2^T (A_2 Q_{\hat{L}'\hat{L}'} A_2^T)^{-1} W_2' \tag{5-72}$$

观测值的改正数为

$$V = V' + V'' \tag{5-73}$$

观测值的平差值为

$$\hat{L} = \hat{L}' + V'' = L + V' + V'' \tag{5-74}$$

计算第二次平差值的协因数矩阵为

$$Q_{\hat{L}\hat{L}}=Q_{\hat{L}'\hat{L}'}-Q_{\hat{L}'\hat{L}'}A_2^{\mathrm{T}}(A_2Q_{\hat{L}'\hat{L}'}A_2^{\mathrm{T}})^{-1}A_2Q_{\hat{L}'\hat{L}'}=Q_{\hat{L}'\hat{L}'}-Q_{V''V''} \tag{5-75}$$

可见，条件平差分组的实质是先对第一组条件方程单独进行平差，得到第一次平差结果 $\hat{L}'$ 和 $Q_{\hat{L}'\hat{L}'}$，然后把第一次平差结果 $\hat{L}'$ 看作是协因数矩阵 $Q_{\hat{L}'\hat{L}'}$ 的相关观测值，以 $\hat{L}'$ 来组成第二组条件方程，并组成、解算第二组法方程，进而求得第二次改正数 V''，由此计算最终平差值。

2. 精度评定

（1）单位权方差估值

$$\hat{\sigma}_0^2=\frac{V^{\mathrm{T}}PV}{r_1+r_2}=\frac{(V')^{\mathrm{T}}PV'+(V')^{\mathrm{T}}PV''+(V'')^{\mathrm{T}}PV'+(V'')^{\mathrm{T}}PV''}{r} \tag{5-76}$$

（2）平差值函数的协因数

设平差值函数的一般形式为

$$\hat{\varphi}=\hat{\varphi}(\hat{L}) \tag{5-77}$$

全微分化作线性形式为

$$\mathrm{d}\hat{\varphi}=G_{\hat{L}}^{\mathrm{T}}\mathrm{d}\hat{L} \tag{5-78}$$

根据协因数传播律，得

$$Q_{\hat{\varphi}\hat{\varphi}}=G_{\hat{L}}^{\mathrm{T}}Q_{\hat{L}\hat{L}}G_{\hat{L}} \tag{5-79}$$

式中，$Q_{\hat{L}\hat{L}}$ 可由式（5-75）计算得到。

§5.5 知识难点

1. 条件平差和附有参数的条件平差为什么要引入最小二乘准则

方程数少于未知数个数，得不到唯一的解，引入最小二乘准则就是附加一定的约束，得到唯一的解。

2. 最小二乘准则在条件平差中的具体作用

其具体作用是为得到改正数方程，即 $V=QA^{\mathrm{T}}K$。

3. 最小二乘准则在附有参数条件平差中的具体作用

其具体作用是可得到改正数方程：$\begin{cases}V=P^{-1}A^{\mathrm{T}}K\\B^{\mathrm{T}}K=0\end{cases}$。

4. 条件平差中怎么定权

条件平差中权尽量取整数，如在水准测量定权中 C 尽量选大。

5. 为什么用条件平差和附有参数的条件平差计算时，首先要得到基础方程？

得到基础方程后就可以得到唯一解。有了基础方程就可以进行解算。

6. 条件方程的列立注意事项

（1）条件方程的个数，对于条件平差是 r；对于附有参数的条件平差是 $r+u$。

（2）条件方程在形式上不统一。

（3）条件方程之间要独立。

7. 条件平差法方程的阶数

条件平差法方程的阶数是 r。

8. 条件分组平差的意义

其意义是减少高阶矩阵的求逆计算。

§5.6 例 题 讲 解

【例 5-1】 如图 5-1 所示为某一矩形的地块，对它的两边进行了独立观测，其观测值为 $L=[L_1 \quad L_2]^T=[8.60 \quad 10.50]^T$ cm；已知矩形的对角线为 13.54cm（无误差），求平差后矩形面积 $\hat{S}$ 及精度 $\hat{\sigma}_{\hat{S}}$。

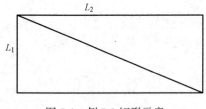

图 5-1　例 5-1 矩形示意

【解】 由题意可知，$n=2$，$t=1$，$r=n-t=1$，可以列出改正数条件方程为

$$8.6v_1+10.5v_2+0.44=0$$

所以，可得

$$A=[8.6 \quad 10.5], \quad W=0.44, \quad P=\begin{bmatrix} 1 & 0 \\ 0 & 1 \end{bmatrix}, \quad N_{aa}=AQA^T=184.21$$

$$V=-QA^T N_{aa}^{-1}W=-\begin{bmatrix} 0.020 \\ 0.025 \end{bmatrix} \text{cm}$$

$$\hat{L}=L+V=\begin{bmatrix} 8.580 \\ 10.475 \end{bmatrix} \text{cm}$$

$$Q_{\hat{L}\hat{L}}=Q-QA^T N_{aa}^{-1}AQ=\begin{bmatrix} 0.60 & -0.49 \\ -0.49 & 0.40 \end{bmatrix}$$

$$\hat{S}=\hat{L}_1\hat{L}_2=89.88\text{cm}^2$$

$$d\hat{S}=\hat{L}_2 d\hat{L}_1+\hat{L}_1 d\hat{L}_2=10.475 d\hat{L}_1+8.580 d\hat{L}$$

根据协因数传播律可得

$$Q_{\hat{S}\hat{S}}=[10.475 \quad 8.580]\begin{bmatrix} 0.60 & -0.49 \\ -0.49 & 0.40 \end{bmatrix}\begin{bmatrix} 10.475 \\ 8.580 \end{bmatrix}=29.84\text{cm}^2$$

$$V^T PV=W^T N_{aa}^{-1}W=0.00105, \quad r=1$$

$$\hat{\sigma}_0=\sqrt{\frac{V^T PV}{r}}=0.03\text{cm}$$

$$\hat{\sigma}_{\hat{S}}=\hat{\sigma}_0\sqrt{Q_{\hat{S}\hat{S}}}=0.18\text{cm}^2$$

【本题点拨】 （1）$V^T PV$ 的计算；（2）非线性函数的全微分。

【例 5-2】 在某航测像片上有一块矩形的稻田（图 5-2）。为了确定该稻田的面积，现用卡规量测了该矩形的长和宽分别为 l_1、l_2，又用求积仪量测了该矩形面积为 l_3。若设该矩形面积的平差值为参数 $\hat{X}$，按附有参数的条件平差法平差，试列出其条件方程。

【解】 本题 $n=3$，$t=2$，$r=n-t=1$，又设 $u=1$，
故条件方程的总数等于 2。

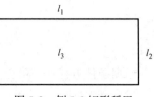
图 5-2　例 5-2 矩形稻田

两个平差值条件方程为
$$\begin{cases} \hat{l}_1\hat{l}_2-\hat{l}_3=0 \\ \hat{l}_3-\hat{X}=0 \end{cases}$$

以 $\hat{l}_i=l_i+v_i$，$\hat{X}=X^0+\hat{x}$，$X^0=l_3$ 代入以上条件方程，并将它们线性化，可得
$$\begin{cases} l_2v_1+l_1v_2-v_3+l_1l_2-l_3=0 \\ v_3-\hat{x}=0 \end{cases}$$

用矩阵表示条件方程为
$$\begin{bmatrix} l_2 & l_1 & -1 \\ 0 & 0 & 1 \end{bmatrix}\begin{bmatrix} v_1 \\ v_2 \\ v_3 \end{bmatrix}+\begin{bmatrix} 0 \\ -1 \end{bmatrix}\hat{x}+\begin{bmatrix} l_1l_2-l_3 \\ 0 \end{bmatrix}=0$$

所以
$$A=\begin{bmatrix} l_2 & l_1 & -1 \\ 0 & 0 & 1 \end{bmatrix},\ B=\begin{bmatrix} 0 \\ -1 \end{bmatrix},\ W=\begin{bmatrix} l_1l_2-l_3 \\ 0 \end{bmatrix}$$

【本题点拨】 非线性函数线性化。

【例 5-3】 试按条件平差法证明在单一水准路线（图 5-3）中，平差后高程最弱点在水准路线中央。

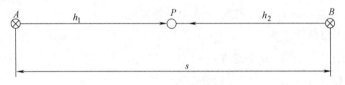
图 5-3　例 5-3 单一水准路线

【解】 按图示条件可知，$n=2$，$t=1$，$r=1$，可以列立一个条件方程，即
$$v_1-v_2+h_1-h_2+H_A-H_B=0$$

平差后 P 点高程为
$$\hat{H}_P=H_A+\hat{h}_1=H_B+\hat{h}_2$$

可得
$$\hat{H}_P=\frac{1}{2}(H_A+\hat{h}_1+H_B+\hat{h}_2)=\frac{1}{2}(\hat{h}_1+\hat{h}_2)+\frac{1}{2}(H_A+H_B)$$

因此，本题转化为求平差值函数的精度，即求其协因数。首先要求出平差值的协因数矩阵，根据条件平差可得
$$Q_{\hat{L}\hat{L}}=Q-QA^{\mathrm{T}}N_{aa}^{-1}AQ$$

先确定权矩阵 P，根据条件平差，设 $C=1$，则可得 P
$$P=\begin{bmatrix} \dfrac{1}{s_1} & 0 \\ 0 & \dfrac{1}{s_2} \end{bmatrix}$$

则
$$Q = P^{-1} = \begin{bmatrix} s_1 & 0 \\ 0 & s_2 \end{bmatrix}$$

而且，$s_1 + s_2 = s$。

根据条件方程式，可得
$$A = \begin{bmatrix} 1 & -1 \end{bmatrix}, \quad N_{aa} = AQA^{\mathrm{T}} = s_1 + s_2 = s$$

通过计算可得
$$Q_{\hat{h}\hat{h}} = Q - QA^{\mathrm{T}}N_{aa}^{-1}AQ$$

$$= \begin{bmatrix} s_1 & 0 \\ 0 & s_2 \end{bmatrix} - \frac{1}{s}\begin{bmatrix} s_1^2 & -s_1 s_2 \\ -s_1 s_2 & s_2^2 \end{bmatrix} = \frac{1}{s}\begin{bmatrix} s_1 s_2 & s_1 s_2 \\ s_1 s_2 & s_1 s_2 \end{bmatrix}$$

$$= \frac{s_1 s_2}{s}\begin{bmatrix} 1 & 1 \\ 1 & 1 \end{bmatrix}$$

则根据协因数传播律，可得
$$Q_{\hat{H}_{\mathrm{P}}\hat{H}_{\mathrm{P}}} = f^{\mathrm{T}}Q_{\hat{h}\hat{h}}f = \frac{s_1 s_2}{4s}\begin{bmatrix} 1 & 1 \end{bmatrix}\begin{bmatrix} 1 & 1 \\ 1 & 1 \end{bmatrix}\begin{bmatrix} 1 \\ 1 \end{bmatrix} = \frac{s_1 s_2}{s}$$

要使平差后为最弱点，则其协因数为最大，即 $Q_{\hat{H}_{\mathrm{P}}\hat{H}_{\mathrm{P}}}$ 为最大值，令其一阶导数为 0，可得 $s_1 = s_2 = \frac{1}{2}s$ 时，取得最大值，则结论得以成立。

【本题点拨】 (1) 本题实际上是要求 P 点平差后其协因数取最大值；(2) 要熟练掌握条件平差的协因数矩阵；(3) 掌握条件平差如何定权。

【例 5-4】 已知条件式为 $AV + W = 0$，其中 $W = AL + A_0$，A_0 为常数，观测值协因数矩阵为 $Q_{LL} = P^{-1}$，现有函数式 $F = f^{\mathrm{T}}(L + V)$。

(1) 试求：Q_{FF}。

(2) 试证：V 和 F 是互不相关的。

【解】 (1) $\because \quad \hat{L} = L + V$

$\therefore \quad F = f^{\mathrm{T}}(L + V) = f^{\mathrm{T}}\hat{L}$

按照协因数传播律和式 (5-13) 可得
$$Q_{FF} = f^{\mathrm{T}}Q_{\hat{L}\hat{L}}f = f^{\mathrm{T}}Qf - (AQf)^{\mathrm{T}}N_{aa}^{-1}AQf$$

(2) 要证 V 和 F 是互不相关的，则就是要证明 $Q_{FV} = 0$

由条件平差可得
$$V = -QA^{\mathrm{T}}N_{aa}^{-1}W = -QA^{\mathrm{T}}N_{aa}^{-1}AL - QA^{\mathrm{T}}N_{aa}^{-1}A_0$$

所以
$$F = f^{\mathrm{T}}(L + V) = f^{\mathrm{T}}(I - QA^{\mathrm{T}}N_{aa}^{-1}A)L - f^{\mathrm{T}}QA^{\mathrm{T}}N_{aa}^{-1}A_0$$

因此，有
$$Q_{FV} = -f^{\mathrm{T}}(I - QA^{\mathrm{T}}N_{aa}^{-1}A)Q(QA^{\mathrm{T}}N_{aa}^{-1}A)^{\mathrm{T}}$$
$$= -f^{\mathrm{T}}(I - QA^{\mathrm{T}}N_{aa}^{-1}A)Q(A^{\mathrm{T}}N_{aa}^{-1}AQ)$$
$$= -f^{\mathrm{T}}(QA^{\mathrm{T}}N_{aa}^{-1}AQ - QA^{\mathrm{T}}N_{aa}^{-1}AQA^{\mathrm{T}}N_{aa}^{-1}AQ)$$

$$= -f^T(QA^T N_{aa}^{-1} AQ - QA^T N_{aa}^{-1} N_{aa} N_{aa}^{-1} AQ)$$
$$= -f^T(QA^T N_{aa}^{-1} AQ - QA^T N_{aa}^{-1} AQ) = 0$$

所以，V 和 F 是互不相关的。

【本题点拨】 （1）把 V 化成 L 的函数；（2）两个变量是否相关就是要证明二者之间的协因数或协方差是否为 0。

【例 5-5】 图 5-4 中 A 为已知高程水准点，B、C、D、E、F 为待定点，观测了 6 条水准路线，每千米观测高差中误差 $\sigma_{km} = 2mm$，各观测高差及路线长度为：$S_3 = S_1 = 2km$，$S_1 = S_2 = S_5 = S_6 = 1km$。现以每千米观测高差为单位权观测值，经平差后求得单位权中误差 $\sigma_0 = 2mm$。试求：（1）平差后 C、E 点间高差中误差；（2）平差后 C、E 点间高差的精度较平差前提高了多少（用百分数表示）。

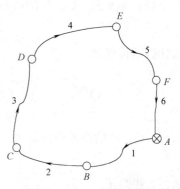

图 5-4　例 5-4 水准网示意

【解】 （1）根据条件可得，$n = 6$，$t = 5$，$r = n - t = 1$，可得改正数条件方程式为

$$v_1 + v_2 + v_3 + v_4 + v_5 + v_6 + h_1 + h_2 + h_3 + h_4 + h_5 + h_6 = 0$$

以每千米观测高差为单位权观测值，则有权矩阵为

$$P = \begin{bmatrix} 1 & 0 & 0 & 0 & 0 & 0 \\ 0 & 1 & 0 & 0 & 0 & 0 \\ 0 & 0 & \dfrac{1}{2} & 0 & 0 & 0 \\ 0 & 0 & 0 & \dfrac{1}{2} & 0 & 0 \\ 0 & 0 & 0 & 0 & 1 & 0 \\ 0 & 0 & 0 & 0 & 1 & 1 \end{bmatrix}, \quad N_{aa} = AQA^T = 8$$

经计算可得 $Q_{\hat{h}\hat{h}}$ 为

$$Q_{\hat{h}\hat{h}} = Q - QA^T N_{aa}^{-1} AQ = \frac{1}{8} \begin{bmatrix} 7 & -1 & -2 & -2 & -1 & -1 \\ -1 & 7 & -2 & -2 & -1 & -1 \\ -2 & -2 & 12 & -4 & -2 & -2 \\ -2 & -2 & -4 & 12 & -1 & -1 \\ -1 & -1 & -2 & -2 & 7 & -1 \\ -1 & -1 & -2 & -2 & -1 & 7 \end{bmatrix}$$

平差后 C、E 的高差 $\hat{h}_{CE}$ 为

$$\hat{h}_{CE} = \hat{h}_3 + \hat{h}_4$$

按协因数传播律可得

$$Q_{\hat{h}_{CE}\hat{h}_{CE}} = \begin{bmatrix} 1 & 1 \end{bmatrix} \begin{bmatrix} Q_{\hat{h}_3\hat{h}_3} & Q_{\hat{h}_3\hat{h}_4} \\ Q_{\hat{h}_3\hat{h}_4} & Q_{\hat{h}_4\hat{h}_4} \end{bmatrix} \begin{bmatrix} 1 \\ 1 \end{bmatrix} = \frac{1}{8} \begin{bmatrix} 1 & 1 \end{bmatrix} \begin{bmatrix} 12 & -4 \\ -4 & 12 \end{bmatrix} \begin{bmatrix} 1 \\ 1 \end{bmatrix} = 2$$

所以，平差后 C、E 的高差中误差为

$$\hat{\sigma}_{\hat{h}_{CE}} = \sigma_0 \sqrt{Q_{\hat{h}_{CE}\hat{h}_{CE}}} = 2\sqrt{2}\,\text{mm}$$

（2）不平差，C、E 的高差 h_{CE} 为

$$h_{CE} = h_3 + h_4$$

按协因数传播律，可得

$$Q_{h_{CE}h_{CE}} = \begin{bmatrix} 1 & 1 \end{bmatrix} \begin{bmatrix} Q_{h_3h_3} & Q_{h_3h_4} \\ Q_{h_3h_4} & Q_{h_4h_4} \end{bmatrix} \begin{bmatrix} 1 \\ 1 \end{bmatrix} = \begin{bmatrix} 1 & 1 \end{bmatrix} \begin{bmatrix} 2 & 0 \\ 0 & 2 \end{bmatrix} \begin{bmatrix} 1 \\ 1 \end{bmatrix} = 4$$

所以，C、E 的高差中误差为

$$\sigma_{h_{CE}} = 2\sqrt{4} = 4\text{mm}$$

所以，提高了

$$\frac{4 - 2\sqrt{2}}{4} = 29\%$$

【本题点拨】 （1）本题不需要求具体的残差，因此，不需要知道常数项的值；（2）平差后精度是一定提高了；（3）平差前的中误差的计算方法。

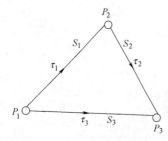

图 5-5　例 5-6 三角高程测量示意

【例 5-6】 图 5-5 是以三角高程测量方法来确定点间高程的，设竖直角为 τ_1，τ_2，τ_3，各点间距离为 S_1、S_2、S_3（无误差）。（1）列出图形条件平差时的线性条件式。（2）写出高差平差值的权函数式。

【解】 （1）由题意可知，$n=3$，$t=2$，$r=1$，则可列立条件方程式，即

$$S_1 \tan(\hat{\tau}_1) + S_2 \tan(\hat{\tau}_2) - S_3 \tan(\hat{\tau}_3) = 0$$

对其线性化，可得

$$\frac{1}{\rho}\left(\frac{S_1}{\cos^2\tau_1}v_1 + \frac{S_2}{\cos^2\tau_2}v_2 - \frac{S_3}{\cos^2\tau_3}v_3\right) + S_1\tan\tau_1 + S_2\tan\tau_2 - S_3\tan\tau_3 = 0$$

（2）$\hat{h}_1 = S_1\tan\hat{\tau}_1$，$\hat{h}_2 = S_2\tan\hat{\tau}_2$，$\hat{h}_3 = S_3\tan\hat{\tau}_3$
由于是非线性函数，直接求全微分可得

$$\mathrm{d}\hat{h}_1 = \frac{S_1}{\rho\cos^2\hat{\tau}_1}\mathrm{d}\hat{\tau}_1$$

$$\mathrm{d}\hat{h}_2 = \frac{S_2}{\rho\cos^2\hat{\tau}_2}\mathrm{d}\hat{\tau}_2$$

$$\mathrm{d}\hat{h}_3 = \frac{S_3}{\rho\cos^2\hat{\tau}_3}\mathrm{d}\hat{\tau}_3$$

所以，可得其权函数式为

$$\frac{1}{P_{\hat{h}_1}} = Q_{\hat{h}_1\hat{h}_1} = \frac{S_1^2}{(\rho\cos^2\hat{\tau}_1)^2}Q_{\hat{\tau}_1\hat{\tau}_1}$$

$$\frac{1}{P_{\hat{h}_2}} = Q_{\hat{h}_2\hat{h}_2} = \frac{S_2^2}{(\rho\cos^2\hat{\tau}_2)^2}Q_{\hat{\tau}_2\hat{\tau}_2}$$

$$\frac{1}{P_{\hat{h}_3}} = Q_{\hat{h}_3\hat{h}_3} = \frac{S_3^2}{(\rho\cos^2\hat{\tau}_3)^2}Q_{\hat{\tau}_3\hat{\tau}_3}$$

【本题点拨】 (1) 注意角度和边长在一起，把角度化为弧度，在本题中只要除以 ρ 就可以了；(2) 权函数式实际上就是求其协因数。

【例 5-7】 某测量队伍布设了一个水准网，如图 5-6 所示，测得各点间的高差为 $h_i =$ （$i=1，2，3$），算得水准网平差后高差的协因数矩阵为

$$Q_{\hat{h}\hat{h}} = \frac{1}{21}\begin{bmatrix} 13 & -7 & 1 \\ -7 & 12 & 5 \\ 1 & 5 & 11 \end{bmatrix}$$

试求：(1) 待定点 B、C 平差后高程的权；(2) B、C 两点间高差平差值的权。

【解】 (1) 求待定点 B、C 平差后高程的权，就是求出 B、C 平差后高程的协因数，也就是要求 $Q_{\hat{H}_B\hat{H}_B}$、$Q_{\hat{H}_C\hat{H}_C}$。由于

$$\hat{H}_B = H_A + \hat{h}_1，\quad \hat{H}_C = H_A + \hat{h}_3$$

根据协因数传播律则有

$$Q_{\hat{H}_B\hat{H}_B} = Q_{\hat{h}_1\hat{h}_1}，\quad Q_{\hat{H}_C\hat{H}_C} = Q_{\hat{h}_3\hat{h}_3}$$

根据算得水准网平差后高差的协因数矩阵，可得

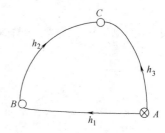

图 5-6 例 5-7 水准网

$$Q_{\hat{H}_B\hat{H}_B} = Q_{\hat{h}_1\hat{h}_1} = \frac{13}{21}，\quad Q_{\hat{H}_C\hat{H}_C} = Q_{\hat{h}_3\hat{h}_3} = \frac{11}{21}$$

所以，待定点 B、C 平差后高程的权分别为

$$P_{\hat{H}_B} = \frac{21}{13}，\quad P_{\hat{H}_C} = \frac{21}{11}$$

(2) B、C 两点间高差平差为 $\hat{h}_2$，可知 $Q_{\hat{h}_2\hat{h}_2} = \frac{12}{21}$，所以，$B$、$C$ 两点间高差平差值的权为

$$P_{\hat{h}_2} = \frac{21}{12} = \frac{7}{4}$$

【本题点拨】 (1) 学会运用平差值的协因数矩阵；(2) 权即是协因数的倒数。

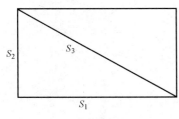

图 5-7 例 5-8 矩形示意

【例 5-8】 有一个矩形如图 5-7 所示，量测了 2 条边 S_1、S_2 和一条对角线 S_3，观测值及量测误差为 $S_1 = 461.829\text{m}$，$\sigma_1 = 2\text{cm}$，$S_2 = 245.488\text{m}$，$\sigma_2 = 1\text{cm}$，$S_3 = 523.005\text{m}$，$\sigma_3 = 2\text{cm}$。现设矩形面积的平差值为参数 $\hat{X}$，试用附有参数的条件平差法求：(1) 观测值的改正数；(2) 矩形面积的平差值及权。

【解】 (1) 由题意可知，$n=3$，$t=2$，$r=1$，$u=1$，

95

$c=2$，总共需要列出 2 个条件方程，即

$$\hat{S}_1^2 + \hat{S}_2^2 - \hat{S}_3^2 = 0$$

$$\hat{S}_1 \hat{S}_2 - \hat{X} = 0$$

将 $\hat{S}_i = S_i + v_i$ ($i=1$，2，3)，$\hat{X} = X^0 + \hat{x}$，令 $X^0 = S_1 S_2$，代入上式，并按泰勒级数展开，可得改正数条件方程，即

$$46182.9v_1 + 24548.8v_2 - 52300.5v_3 + 80766.8 = 0$$

$$24548.8v_1 + 46182.9v_2 - \hat{x} = 0$$

把改正数条件方程写成相应的矩阵形式为

$$\begin{bmatrix} 46182.9 & 24548.8 & -52300.5 \\ 24548.8 & 46182.9 & 0 \end{bmatrix} \begin{bmatrix} v_1 \\ v_2 \\ v_3 \end{bmatrix} + \begin{bmatrix} 0 \\ -1 \end{bmatrix} \hat{x} + \begin{bmatrix} 80766.8 \\ 0 \end{bmatrix} = 0$$

设 σ_2 为单位权中误差，则其权矩阵为

$$P = \begin{bmatrix} \dfrac{1}{4} & 0 & 0 \\ 0 & 1 & 0 \\ 0 & 0 & \dfrac{1}{4} \end{bmatrix}$$

其协因数矩阵为

$$Q_{LL} = \begin{bmatrix} 4 & 0 & 0 \\ 0 & 1 & 0 \\ 0 & 0 & 4 \end{bmatrix}$$

由公式 $\quad N_{aa} = AQA^{\mathrm{T}} = \begin{bmatrix} 20075453790 & 5668673878 \\ 5668673878 & 4543434578 \end{bmatrix}$

进而由公式 $N_{bb} = B^{\mathrm{T}} N_{aa}^{-1} B$，$\hat{x} = -N_{bb}^{-1} B^{\mathrm{T}} N_{aa}^{-1} W$，可得

$$\hat{x} = -22805.998 \mathrm{cm}^2$$

由公式 $V = -QA^{\mathrm{T}} N_{aa}^{-1} (B\hat{x} + W)$，可得

$$V = \begin{bmatrix} v_1 \\ v_2 \\ v_3 \end{bmatrix} = \begin{bmatrix} -0.743 \\ -0.099 \\ 0.842 \end{bmatrix} \mathrm{cm}$$

进而得到观测值的平差值为

$$\hat{S} = \begin{bmatrix} \hat{S}_1 \\ \hat{S}_2 \\ \hat{S}_3 \end{bmatrix} = \begin{bmatrix} 461.822 \\ 245.487 \\ 523.013 \end{bmatrix} \mathrm{m}$$

（2）矩形面积平差值为

$$\hat{X}=X^0+\hat{x}=113371.1971\text{m}^2$$

其权为

$$P_{\hat{X}}=Q_{\hat{X}\hat{X}}^{-1}=N_{bb}=3.398\times10^{-6}$$

【例 5-9】 设某平差问题是按条件平差法进行的，其法方程式为

$$\begin{bmatrix}10 & -2\\ -2 & 4\end{bmatrix}\begin{bmatrix}k_1\\ k_2\end{bmatrix}+\begin{bmatrix}6\\ 6\end{bmatrix}=0$$

试求：（1）单位权中误差 $\hat{\sigma}_0$。

（2）若已知一平差函数式 $F=f^\mathrm{T}\hat{L}$，并计算得 $[ff/p]=44$，$[af/p]=16$，$[bf/p]=4$，试求该平差值函数的权倒数 $\dfrac{1}{p_F}$ 及其中误差 $\hat{\sigma}_F$。

【解】 （1）由法方程可知，$r=2$，由法方程知道 N_{aa}、W，所以，$V^\mathrm{T}PV$ 的计算如下：

$$V^\mathrm{T}PV=W^\mathrm{T}N_{aa}^{-1}W=\frac{1}{36}\begin{bmatrix}6 & 6\end{bmatrix}\begin{bmatrix}4 & 2\\ 2 & 10\end{bmatrix}\begin{bmatrix}6\\ 6\end{bmatrix}=18$$

所以

$$\hat{\sigma}_0=\sqrt{\frac{V^\mathrm{T}PV}{r}}=\sqrt{9}=3$$

（2）$\dfrac{1}{p_F}=Q_{FF}=f^\mathrm{T}Q_{\hat{L}\hat{L}}f=f^\mathrm{T}Qf-(AQf)^\mathrm{T}N_{aa}^{-1}(AQf)$

由于

$$f^\mathrm{T}Qf=\left[\frac{ff}{p}\right]=44,\quad (AQf)^\mathrm{T}=[[af/p]\ [bf/p]]=[16\ \ 4]$$

所以

$$\frac{1}{p_F}=Q_{FF}=44-[16\ \ 4]\begin{bmatrix}10 & -2\\ -2 & 4\end{bmatrix}^{-1}\begin{bmatrix}16\\ 4\end{bmatrix}$$

$$=44-40=4$$

$$\hat{\sigma}_F=\hat{\sigma}_0\sqrt{Q_{FF}}=6$$

【本题点拨】 （1）$V^\mathrm{T}PV$ 的计算方法；（2）$Q_{\hat{L}\hat{L}}$ 的灵活运用。

【例 5-10】 在图 5-8 所示的水准网中，点 P 的高程 $H_\mathrm{P}=124.856\text{m}$，点 A、B、C、D 为待定点，各段水准路线的长度 S 和观测高差 h 列于表 5-1 中，并以 10km 水准路线的权为单位权，试按条件分组平差求各段高差的平差值。

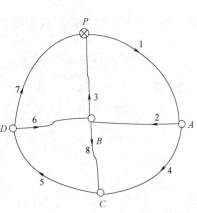

图 5-8　例 5-10 水准网示意

线路编号	路线长（km）	观测高差 h（m）	线路编号	路线长（km）	观测高差 h（m）
1	18.1	25.421	5	13.5	21.212
2	9.4	10.345	6	9.9	4.820
3	14.2	−35.794	7	13.8	−31.021
4	17.6	−15.562	8	14.0	−25.972

【解】　首先进行分组，把 $PACB$ 闭合环的条件式作为第一组，$PDCB$ 闭合环的条件式作为第二组，条件式中的改正数和闭合差均以 mm 为单位。

进行第一组平差，列立条件方程为

$$\left.\begin{array}{c} \hat{h}_1+\hat{h}_2+\hat{h}_3=0 \\ \hat{h}_2+\hat{h}_8-\hat{h}_4=0 \end{array}\right\}$$

得到改正数条件方程为

$$\left.\begin{array}{c} v_1+v_2+v_3-28=0 \\ v_2-v_4+v_8-65=0 \end{array}\right\}$$

则第一组改正数条件方程的系数矩阵 A_1 和常数项 w_1 分别为

$$A_1=\begin{bmatrix} 1 & 1 & 1 & 0 & 0 & 0 & 0 \\ 0 & 1 & 0 & -1 & 0 & 0 & 1 \end{bmatrix}, w_1=\begin{bmatrix} -28 \\ -65 \end{bmatrix}$$

观测向量的权矩阵的逆为对角矩阵

$$Q_{LL}=diag(1.81,0.94,1.42,1.76,1.35,0.99,1.38,1.40)$$

则第一组法方程的系数矩阵为

$$N_{11}=A_1Q_{LL}A_1^T=\begin{bmatrix} 4.17 & -0.94 \\ -0.94 & 4.10 \end{bmatrix}$$

解算第一组法方程为

$$N_{11}^{-1}=\begin{bmatrix} 0.2529 & 0.0580 \\ 0.0580 & 0.2572 \end{bmatrix}, K_1=-N_{11}^{-1}w_1=\begin{bmatrix} 3.3112 \\ -15.0940 \end{bmatrix}$$

求第一次改正数为

$$V'=Q_{LL}N_{11}^{-1}K_1=\begin{bmatrix} 5.993 & 17.301 & 4.702 & -26.565 & 0 & 0 & 0 & 21.132 \end{bmatrix}^T \text{mm}$$

求出第一次平差值的协因数矩阵 $Q_{\hat{L}'\hat{L}'}$ 为

$$Q_{\hat{L}'\hat{L}'}=Q-Q_{LL}A_1^T N_{aa}^{-1}A_1Q_{LL}$$

$$=\begin{bmatrix} 0.9816 & -0.3315 & -0.6500 & -0.4848 & 0 & 0 & 0 & 0.1470 \\ & 0.5918 & -0.2601 & 0.3295 & 0 & 0 & 0 & -0.2621 \\ & & 0.9101 & -0.1450 & 0 & 0 & 0 & 0.1154 \\ & & & 0.9632 & 0 & 0 & 0 & 0.6338 \\ & & & & 1.3500 & 0 & 0 & 0 \\ & & & & & 0.9900 & 0 & 0 \\ & & & & & & 1.3800 & \\ & & & & & & & 0.8959 \end{bmatrix}$$

然后按第一组平差结果，组成第二组条件方程，为

$$\left.\begin{array}{l} \hat{h}_3+\hat{h}_6-\hat{h}_7=0 \\ \hat{h}_5+\hat{h}_6+\hat{h}_8=0 \end{array}\right\}$$

将 $\hat{h}_i=v_i+\hat{h}_i'(i=1,2,\cdots,8)$ 代入上式，可得改正数条件方程为

$$\left.\begin{array}{l} v_3+v_6-v_7+51.7019=0 \\ v_5+v_6+v_8+81.1320=0 \end{array}\right\}$$

则第二组改正数条件方程的系数矩阵和常数项矩阵分别为

$$A_2=\begin{bmatrix} 0 & 0 & 1 & 0 & 0 & 1 & -1 & 0 \\ 0 & 0 & 0 & 0 & 1 & 1 & 0 & 1 \end{bmatrix},w_2=\begin{bmatrix} 51.7019 \\ 81.1320 \end{bmatrix}$$

第二组法方程的系数矩阵为

$$N_{22}=A_2Q_{\hat{L}'\hat{L}'}A_2^{\mathrm{T}}=\begin{bmatrix} 3.2359 & -1.1053 \\ -1.1053 & 3.2801 \end{bmatrix},N_{22}^{-1}=\begin{bmatrix} 0.3492 & 0.1177 \\ 0.1177 & 0.3445 \end{bmatrix}$$

解第二组法方程可得

$$K_2=-N_{22}^{-1}w_2=\begin{bmatrix} 8.2651 \\ -22.2460 \end{bmatrix}$$

求第二次改正数，即

$$V''=Q_{\hat{L}'\hat{L}'}A_2^{\mathrm{T}}K_2$$

$$=\begin{bmatrix}20.1002 & 7.9819 & -10.0843 & -12.9015 & -30.0321 & -30.2030 & 11.4017 & -20.8836\end{bmatrix}^{\mathrm{T}}\text{mm}$$

求改正数 $V=V'+V''$，即

$$V=\begin{bmatrix}26.0932 & 25.2829 & -5.3823 & -39.4665 & -30.0321 & -30.2030 & 11.4017 & 0.2484\end{bmatrix}^{\mathrm{T}}\text{mm}$$

求平差值 $\hat{L}=L+V=L+V'+V''$，即

$$\hat{L}=\begin{bmatrix}25.4471 & 10.3703 & -35.7994 & -15.6015 & 21.1820 & 4.7899 & -31.0096 & -25.9718\end{bmatrix}^{\mathrm{T}}\text{m}$$

平差值的协因数矩阵 $Q_{\hat{L}\hat{L}}$ 为

$$Q_{\hat{L}\hat{L}}=Q_{\hat{L}'\hat{L}'}-Q_{\hat{L}'\hat{L}'}A_2^{\mathrm{T}}N_{22}^{-1}A_2Q_{\hat{L}'\hat{L}'}$$

$$=\begin{bmatrix} 0.806 & -0.361 & -0.445 & -0.601 & -0.173 & 0.112 & -0.333 & 0.060 \\ & 0.561 & -0.200 & 0.360 & 0.082 & 0.119 & -0.081 & -0.201 \\ & & 0.645 & -0.059 & 0.090 & -0.231 & 0.414 & 0.141 \\ & & & 0.794 & -0.322 & -0.113 & -0.172 & 0.435 \\ & & & & 0.714 & -0.309 & -0.219 & -0.404 \\ & & & & & 0.541 & 0.310 & -0.231 \\ & & & & & & 0.724 & -0.091 \\ & & & & & & & 0.636 \end{bmatrix}$$

【本题点拨】 分组平差的关键是第二组平差。(1) 第二组平差的权矩阵是第一次平差的平差值的协因数矩阵；(2) 第二组平差的观测值是第一次平差的平差值。

【例 5-11】 证明条件平差中 $E(K^TNK)=r\sigma_0^2$。其中，K 为联系数矩阵，N 为法方程系数矩阵，r 为条件数，σ_0^2 为单位权方差。

【证明】 因为

$$K=-N_{aa}^{-1}W=-N_{aa}^{-1}(AL+A_0)$$

所以

$$E(K)=-N_{aa}^{-1}E(AL+A_0)=-N_{aa}^{-1}(A\tilde{L}+A_0)=0$$

$$Q_{KK}=N_{aa}^{-1}AQA^TN_{aa}^{-1}=N_{aa}^{-1}$$

根据二次型定理可得

$$E(K^TNK)=\mathrm{tr}(ND_{KK})+E(K)^TNE(K)=\mathrm{tr}(N\sigma_0^2Q_{KK})=\sigma_0^2\mathrm{tr}(NN_{aa}^{-1})$$
$$=\sigma_0^2\mathrm{tr}(\underset{r\times r}{I})=r\sigma_0^2$$

【本题点拨】 (1) 求出 K 的期望和方差；(2) 二次型的数学期望的公式。

【例 5-12】 条件平差中，令 $J_A=P^{-1}AN_{aa}^{-1}A$，试证明：(1) J_A、$I-J_A$ 为幂等矩阵；(2) $J_A=Q_{VV}P$；(3) 若 P 为对角矩阵，则 J_A、$I-J_A$ 的对角线元素均在区间 $[0, 1]$ 上。

【证明】 (1)

$$J_A^2=P^{-1}AN_{aa}^{-1}AP^{-1}AN_{aa}^{-1}A=P^{-1}AN_{aa}^{-1}N_{aa}N_{aa}^{-1}A$$
$$=P^{-1}AN_{aa}^{-1}N_{aa}N_{aa}^{-1}A=P^{-1}AN_{aa}^{-1}A$$
$$=J_A$$

所以 J_A 为幂等矩阵。

$$(I-J_A)^2=(I-J_A)(I-J_A)=I-2J_A+J_A^2=I-2J_A+J_A=I-J_A$$

所以 $I-J_A$ 亦为幂等矩阵。

(2) 在条件平差中 $Q_{VV}=QA^TN_{aa}^{-1}AQ$

$$Q_{VV}P=QA^TN_{aa}^{-1}AQP=QA^TN_{aa}^{-1}A=P^{-1}A^TN_{aa}^{-1}A=J_A$$

(3) $(I-J_A)_{ii}=(I)_{ii}-(J_A)_{ii}=1-(J_A)_{ii}$

所以可得

由于 $(J_A)_{ii}$ 对应的是方差，方差是恒大于 0，$(I-J_A)_{ii}$ 对应的也是方差，也是大于 0，因此可得

$$0<(J_A)_{ii}<1, 0<(I-J_A)_{ii}<1$$

因此

J_A、$I-J_A$ 的对角线元素均在区间 $[0, 1]$ 上。

【本题点拨】 （1）幂等矩阵的定义；（2）方差是大于 0 的。

【例 5-13】 已知条件平差的法方程为 $\begin{bmatrix} 4 & -2 \\ -2 & 3 \end{bmatrix} \begin{bmatrix} k_1 \\ k_2 \end{bmatrix} + \begin{bmatrix} w_1 \\ w_2 \end{bmatrix} = 0$，单位权中误差为

$\sigma_0 = 2$，则闭合差 w_1、w_2 的协方差 $\sigma_{w_1 w_2}$ 为多少？

【解】 根据 $\begin{bmatrix} 4 & -2 \\ -2 & 3 \end{bmatrix} \begin{bmatrix} k_1 \\ k_2 \end{bmatrix} + \begin{bmatrix} w_1 \\ w_2 \end{bmatrix} = 0$ 可得

$$\begin{bmatrix} w_1 \\ w_2 \end{bmatrix} = -\begin{bmatrix} 4 & -2 \\ -2 & 3 \end{bmatrix} \begin{bmatrix} k_1 \\ k_2 \end{bmatrix}$$

因此可得

$$Q\begin{bmatrix} w_1 \\ w_2 \end{bmatrix} = \begin{bmatrix} 4 & -2 \\ -2 & 3 \end{bmatrix} Q\begin{bmatrix} k_1 \\ k_2 \end{bmatrix} \begin{bmatrix} 4 & -2 \\ -2 & 3 \end{bmatrix}$$

又知

$$Q\begin{bmatrix} k_1 \\ k_2 \end{bmatrix} = N_{aa}^{-1}, \quad N_{aa} = \begin{bmatrix} 4 & -2 \\ -2 & 3 \end{bmatrix}$$

可得

$$Q\begin{bmatrix} w_1 \\ w_2 \end{bmatrix} = \begin{bmatrix} 4 & -2 \\ -2 & 3 \end{bmatrix} Q\begin{bmatrix} k_1 \\ k_2 \end{bmatrix} \begin{bmatrix} 4 & -2 \\ -2 & 3 \end{bmatrix} = \begin{bmatrix} 4 & -2 \\ -2 & 3 \end{bmatrix} \begin{bmatrix} 4 & -2 \\ -2 & 3 \end{bmatrix}^{-1} \begin{bmatrix} 4 & -2 \\ -2 & 3 \end{bmatrix} = \begin{bmatrix} 4 & -2 \\ -2 & 3 \end{bmatrix}$$

所以可得

$$Q_{w_1 w_2} = -2, \quad \text{则} \quad \sigma_{w_1 w_2} = \sigma_0^2 Q_{w_1 w_2} = 4 \times (-2) = -8$$

【本题点拨】 （1）法方程系数就是 N_{aa}；（2）$Q_{KK} = N_{aa}^{-1}$。

§5.7 习　题

1. 什么是一般条件方程？什么是限制条件方程？它们之间有什么区别？

2. 设某一平差问题的观测值个数为 n，必要观测数为 t，若按条件平差法进行平差，其条件方程、法方程及改正数方程的个数各为多少？

3. 在附有参数的条件平差模型里，所选参数的个数是否有限制？能否多于必要观测数？

4. 在条件平差中，试证明估计量 $\hat{L}$ 具有无偏性。

5. 如图 5-9 的水准网，A 点为已知点，B、C、D、E 为待定点，已知 B、E 两点间的高差 $\Delta H_{BE} = 1.000$m，各水准路线的观测高差及距离如表 5-2 所示。

观测高差和路线长度数据　　　　　　　　　　　　　　表 5-2

路线号	观测高差 h(m)	路线长度 S(km)	已知数据
1	4.342	1.8	
2	5.349	0.9	$H_A = 25.859$m
3	1.210	0.9	$\Delta H_{BE} = 1.000$m
4	2.354	0.9	
5	−2.150	1.8	

试按条件平差：（1）列出条件方程；（2）列出法方程；（3）求协因数矩阵 $Q_{\hat{X}\hat{X}}$ 和 Q_{VV}。

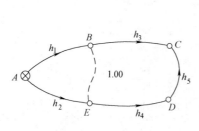

图 5-9　习题 5 水准网

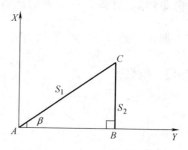

图 5-10　习题 7 直角△ABC

6. 已知附有参数的条件方程为（观测值等精度）

$$
\left.
\begin{aligned}
v_1+v_3-\hat{x}+2&=0\\
v_3-v_4+3&=0\\
v_2+\hat{x}-3&=0
\end{aligned}
\right\}
$$

试求：（1）该题的 n，t，r，u，c 各为多少；（2）未知数 $\hat{x}$ 及改正数 v_1，v_2，v_3。

7. 如图 5-10 所示的直角三角形 ABC 中，为确定 C 点坐标观测了边长 S_1、S_2 和角度 β，得观测值列于表 5-3 中，试按条件平差法求：（1）观测值的平差值；（2）C 点坐标的估值。

观测值数据　　　　　　　　　　　　表 5-3

观测量	观测值	中误差
β	45°00′00″	10″
S_1	215.465m	2cm
S_2	152.311m	3cm

8. 图 5-11 是某施工放样的水准网图，A 为已知点，$H_A=125.850$m。$P_1\sim P_4$ 为待定点。已知 P_1、P_3 两点间的高差为 -80m，网中 5 条路线的观测高差及其方差如表 5-4 所示。试求：（1）列出条件方程；（2）求 P_1、P_2 两点高程的平差值 $\hat{H}_{P_1}$、$\hat{H}_{P_2}$；（3）求观测值的改正数 V 及平差值 $\hat{L}$；（4）求 P_3 点高程平差值的方差。

观测高差数据和其方差　　　　　　　　　　表 5-4

路线	L（m）	σ_i^2（mm^2）
1	−5.860	4.0
2	−35.531	6.0
3	−44.470	6.0
4	50.783	8.0
5	35.083	8.0

9. 在单三角形 ABC 中，按同精度测得 L_1、L_2 及 L_3，试求：（1）平差后 A 角的权

P_A；（2）在求平差后 A 角的权 P_A 时，若设 $F_1=\hat{L}_1$ 或 $F_2=180-\hat{L}_2-\hat{L}_3$，最后求得的 P_{F_1} 与 P_{F_2} 是否相等？为什么？（3）求 A 角平差前与平差后的权之比；（4）求平差后三角形内角和其权倒数；（5）平差后三内角之和的权倒数等于零，这是为什么？

10. 有一长方形，$L=[L_1 \quad L_2]^T=[9.40 \quad 7.50]^T$ cm 为同精度独立边长观测值，已知长方形面积为 70.2cm^2（无误差），试用条件平差法求平差后长方形对角线 S 的长度。

11. 以条件平差为例，观测值的协因数矩阵为 Q_{LL}，观测值平差后的协因数矩阵 $Q_{\hat{L}\hat{L}}$ 较之平差前数值是减少还是增大？写出 $Q_{\hat{L}\hat{L}}$ 和 Q_{LL} 之间的关系。

12. 如图 5-12 所示的水准网中，A 为已知点，B、C、D 为待定点，同精度观测了 4 条水准路线高差，现选取 $\hat{h}_3$ 为参数，试求平差后 C、D 两点间高差的权。

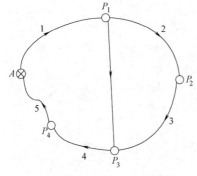
图 5-11　习题 8 水准网

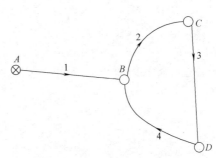
图 5-12　习题 12 水准网

13. 有一个矩形（图 5-13），量测了 2 条边 L_1、L_2 和一条对角线 L_3，观测值及量测误差为：$L_1=18.65\text{cm}$，$\sigma_1=1\text{mm}$；$L_2=12.37\text{cm}$，$\sigma_2=1\text{mm}$，$L_3=22.25\text{cm}$，$\sigma_3=2\text{mm}$。现设矩形面积的平差值为参数 $\hat{X}$，试用附有参数的条件平差法求：（1）观测值的改正数及平差值；（2）矩形面积的平差值及权。

14. 如图 5-14 所示，已知高程为 $H_A=53\text{m}$，$H_B=58\text{m}$，观测线路等长，测得高差为：$h_1=2.95\text{m}$，$h_2=2.97\text{m}$，$h_3=2.08\text{m}$，$h_4=2.06\text{m}$，现令 P 点的高程平差值为参数 $\hat{X}$，试按附有参数的条件平差法求：（1）观测高差的平差值，P 点高程的平差值 $\hat{X}$；（2）P 点高程的平差值 $\hat{X}$ 的权倒数 $Q_{\hat{X}\hat{X}}$。

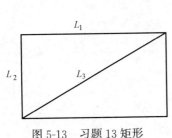
图 5-13　习题 13 矩形

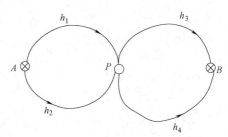
图 5-14　习题 14 水准网

15. 某水准网的条件方程为 $\begin{cases} v_1-v_2+v_3+5=0 \\ -v_3-v_4+v_5+1=0 \end{cases}$，平差值函数 $\hat{\varphi}=\hat{L}_1-\hat{L}_4$。已知各

段水准路线长度都为 1km，闭合差的单位为"mm"。试求：（1）由条件方程组成法方程；（2）计算每千米水准测量的中误差 σ_{km}；（3）计算平差值函数的精度 $\sigma_{\hat{\varphi}}$。

16. 如图 5-15 所示的水准网，观测高差和路线长度如表 5-5 所示。已知点高程为 $H_A=50.000m$，$H_B=40.000m$。试按条件平差分组完成：（1）各高差平差值；（2）平差后 P_1 到 P_2 点间高差的权倒数。

观测高差及路线长度　　　　　　　　　　　　　　表 5-5

编号	1	2	3	4	5	6	7
h(m)	10.356	15.000	20.360	14.501	4.651	5.856	10.500
S(km)	1.0	1.0	2.0	2.0	2.0	1.0	2.0

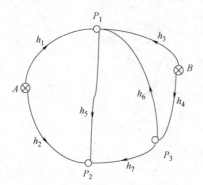

图 5-15　习题 16 水准网示意

17. 条件平差中求解的未知量是什么？能否由条件方程直接求得改正数？

第6章 间接平差

本章学习目标

本章是全书的重点，一定要理解和掌握。主要介绍了间接平差和附有限制条件的间接平差的原理以及其应用。通过本章的学习，应达到以下目标：

(1) 重点掌握间接平差的基本原理。

(2) 重点掌握间接平差的精度评定公式及其应用。

(3) 重点掌握直接平差的应用。

(4) 重点掌握导线网平差。

(5) 重点掌握间接平差在测量中的应用。

(6) 掌握附有限制条件的间接平差的原理与应用。

(7) 掌握间接平差的分组平差的基本原理。

(8) 掌握序贯平差的基本原理。

(9) 了解间接平差与条件平差的关系。

(10) 会推导间接平差估值的统计性质。

§6.1 间接平差的基本原理

1. 观测方程

$$V = B\hat{x} - l \tag{6-1}$$

2. 基础方程

$$\begin{cases} V = B\hat{x} - l \\ B^{\mathrm{T}}PV = 0 \end{cases}$$

3. 法方程

$$N_{BB}\hat{x} - W = 0 \tag{6-2}$$

式中，$\underset{t \times t}{N_{BB}} = B^{\mathrm{T}}PB$，$\underset{t \times 1}{W} = B^{\mathrm{T}}Pl$。

4. 求解

求解法方程，可得

$$\hat{x} = N_{BB}^{-1}W \tag{6-3}$$

或

$$\hat{x} = (B^{\mathrm{T}}PB)^{-1}B^{\mathrm{T}}Pl \tag{6-4}$$

将求出的 $\hat{x}$ 代入误差方程式 (6-1)，即可求得改正数 V，从而平差结果为

$$\hat{L} = L + V, \hat{X} = X^0 + \hat{x} \tag{6-5}$$

5. 计算步骤

（1）根据平差问题的性质，选择 t 个独立量作为参数。

（2）将每一个观测量的平差值分别表达成所选参数的函数，若函数非线性要将其线性化，列出误差方程式（6-1）。

（3）由误差方程系数 B 和自由项 l 组成法方程式（6-2），法方程个数等于参数的个数 t。

（4）解算法方程，求出参数 $\hat{x}$，计算参数的平差值 $\hat{X} = X^0 + \hat{x}$。

（5）由误差方程计算 V，求出观测量平差值 $\hat{L} = L + V$。

（6）评定精度。

6. 误差方程

（1）列误差方程时应该注意以下几点

1）有 n 个观测值就会产生 n 个误差方程，它们是一一对应的。

2）通常将欲求的值设为参数。

3）一个误差方程中只能出现一个观测值的改正数，且该改正数只能出现在误差方程中等号的左端，等号右端应该完全由参数和常数构成，不能再出现任何其他观测值的改正数。

4）参数近似值 X^0 已经取定，求每个误差方程常数项 l_i（$i = 1$，2，$\cdots$，n）时就不能再变动。

5）由于用了参数近似值 X^0，各常数项 l_i 的值通常会很小，为减少计算时截尾误差的影响，l_i 应采用"大值小单位"原则：如 $l_i = 0.016$m 时，一般取 $l_i = 16$mm；或 $l_i = 0°00'19''$ 时，应取 $l_i = 19''$。

（2）误差方程线性化

取 $\hat{X}$ 的充分近似值 X^0，$\hat{x}$ 是微小量，在按泰勒公式展开时可以略去二次和二次以上的项，而只取至一次项，于是可对非线性平差值方程式线性化，将

$$\hat{L}_i = L_i + v_i = f_i(\hat{X}_1, \hat{X}_2, \cdots, \hat{X}_t) = f_i(X_1^0 + \hat{x}_1, X_2^0 + \hat{x}_2, \cdots, X_t^0 + \hat{x}_t) \quad (6\text{-}6)$$

按泰勒公式展开得

$$v_i = \left(\frac{\partial f_i}{\partial \hat{X}_1}\right)_0 \hat{x}_1 + \left(\frac{\partial f_i}{\partial \hat{X}_2}\right)_0 \hat{x}_2 + \cdots + \left(\frac{\partial f_i}{\partial \hat{X}_t}\right)_0 \hat{x}_t - [L_i - f_i(X_1^0, X_2^0, \cdots, X_t^0)] \quad (6\text{-}7)$$

令

$$a_i = \left(\frac{\partial f_i}{\partial \hat{X}_1}\right)_0, b_i = \left(\frac{\partial f_i}{\partial \hat{X}_2}\right)_0, \cdots, t_i = \left(\frac{\partial f_i}{\partial \hat{X}_t}\right)_0$$

$$l_i = L_i - f_i(X_1^0, X_2^0, \cdots, X_t^0) = L_i - L_i^0$$

式中　L_i^0——相应函数的近似值，自由项 l_i 为观测值 L_i 减去其近似值 L_i^0。

由此，式（6-7）可写为

$$v_i = a_i \hat{x}_1 + b_i \hat{x}_2 + \cdots + t_i \hat{x}_t - l_i \quad (6\text{-}8)$$

需要指出，线性化的误差方程式是个近似式，因为它略去了 $\hat{x}_i$ 的二次以上的各项。当 $\hat{x}_i$ 很小时，略去高次项是不会影响计算精度的。如果由于某种原因不能求得较为精确的参数的近似值，即 $\hat{x}_i$（$i = 1$，2，$\cdots$，t）都很大，这样，平差值之间仍然会存在不符

值。此时，就要把第一次平差结果作为参数的近似值再进行一次平差。

上面给出了非线性误差方程线性化的一般方法，掌握这个一般方法，可以对一切非线性误差方程都进行线性化。

7. $V^T PV$ 的计算

（1）直接计算

$$V^T PV = p_1 v_1^2 + p_2 v_2^2 + \cdots + p_i v_i^2 + \cdots + p_n v_n^2 \tag{6-9}$$

（2）根据 l、W、$\hat{x}$ 计算

$$
\begin{aligned}
V^T PV &= (B\hat{x} - l)^T PV = \hat{x}^T B^T PV - l^T PV \\
&= -l^T P(B\hat{x} - l) = l^T Pl - l^T PB\hat{x} \\
&= l^T Pl - W^T \hat{x}
\end{aligned} \tag{6-10}
$$

8. 间接平差的精度评定

（1）单位权中误差

如果观测值没有误差，即 $L = \tilde{L}$，则误差方程满足

$$0 = B\tilde{X} + d - \tilde{L} \tag{6-11}$$

如果观测值有误差，则误差方程满足

$$V = B\hat{X} + d - L \tag{6-12}$$

由式（6-12）减去式（6-11），则有

$$V = B(\hat{X} - \tilde{X}) - (L - \tilde{L}) = B(\hat{X} - \tilde{X}) - \Delta \tag{6-13}$$

式（6-13）相当于用参数的真值作为参数的近似值情况下的误差方程，根据式（6-10）可得

$$
\begin{aligned}
V^T PV &= \Delta^T P\Delta - W^T \hat{x} = \Delta^T P\Delta - (B^T P\Delta)^T N^{-1}(B^T P\Delta) \\
&= \Delta^T P\Delta - \Delta^T PBN^{-1}B^T P\Delta = \Delta^T(I_n - PBN^{-1}B^T)P\Delta \\
&= \mathrm{tr}(P\Delta\Delta^T(I_n - PBN^{-1}B^T)) \\
E(V^T PV) &= \mathrm{tr}(PE(\Delta\Delta^T)(I_n - PBN^{-1}B^T)) \\
&= \mathrm{tr}(PE(\Delta\Delta^T)\mathrm{tr}(I_n - PBN^{-1}B^T) \\
&= P\sigma_0^2 Q(n - \mathrm{tr}(PBN^{-1}B^T)) \\
&= \sigma_0^2(n - \mathrm{tr}(B^T PBN^{-1})) = \sigma_0^2(n - \mathrm{tr}(NN^{-1})) \\
&= \sigma_0^2(n - \mathrm{tr}(I_t)) = \sigma_0^2(n - t)
\end{aligned}
$$

所以，可得

$$\hat{\sigma}_0^2 = \frac{V^T PV}{r} = \frac{V^T PV}{n - t} \tag{6-14}$$

中误差为

$$\hat{\sigma}_0 = \sqrt{\frac{V^T PV}{n - t}}$$

107

（2）协因数矩阵

设 $Z=(L \quad X \quad V \quad \hat{L})^{\mathrm{T}}$，则 Z 的协因数矩阵为

$$Q_{ZZ}=\begin{bmatrix} Q_{LL} & Q_{L\hat{X}} & Q_{LV} & Q_{L\hat{L}} \\ Q_{\hat{X}L} & Q_{\hat{X}\hat{X}} & Q_{\hat{X}V} & Q_{\hat{X}\hat{L}} \\ Q_{VL} & Q_{V\hat{X}} & Q_{VV} & Q_{V\hat{L}} \\ Q_{\hat{L}L} & Q_{\hat{L}\hat{X}} & Q_{\hat{L}V} & Q_{\hat{L}\hat{L}} \end{bmatrix}$$

$$Q_{ZZ}=\begin{bmatrix} Q & BN_{BB}^{-1} & BN_{BB}^{-1}B^{\mathrm{T}}-Q & BN_{BB}^{-1}B^{\mathrm{T}} \\ N_{BB}^{-1}B^{\mathrm{T}} & N_{BB}^{-1} & 0 & N_{BB}^{-1}B^{\mathrm{T}} \\ BN_{BB}^{-1}B^{\mathrm{T}}-Q & 0 & Q-BN_{BB}^{-1}B^{\mathrm{T}} & 0 \\ BN_{BB}^{-1}B^{\mathrm{T}} & BN_{BB}^{-1} & 0 & BN_{BB}^{-1}B^{\mathrm{T}} \end{bmatrix} \tag{6-15}$$

由式（6-15）可知，平差值 $\hat{X}$、$\hat{L}$ 与改正数 V 的互协因数矩阵为零，说明 $\hat{L}$ 与 V，$\hat{X}$ 与 V 统计不相关，这是一个很重要的结果。

（3）参数函数中的误差

$$\hat{\varphi}=\Phi(\hat{X}_1,\hat{X}_2,\cdots,\hat{X}_t) \tag{6-16}$$

令 $F=\begin{bmatrix} f_1 & f_2 & \cdots & f_t \end{bmatrix}^{\mathrm{T}}$，则式（6-16）为

$$\mathrm{d}\hat{\varphi}=F^{\mathrm{T}}\hat{x}$$

故函数 $\hat{\varphi}$ 的协因数为

$$Q_{\hat{\varphi}\hat{\varphi}}=F^{\mathrm{T}}Q_{\hat{X}\hat{X}}F=F^{\mathrm{T}}N_{BB}^{-1}F \tag{6-17}$$

设有函数向量 $\underset{m\times1}{\hat{\varphi}}$ 的权函数式为

$$\underset{m\times1}{\mathrm{d}\,\hat{\varphi}}=\underset{m\times t}{F^{\mathrm{T}}}\underset{t\times1}{\hat{x}} \tag{6-18}$$

即用来计算 m 个函数的精度，其协因数矩阵为

$$Q_{\hat{\varphi}\hat{\varphi}}=F^{\mathrm{T}}Q_{\hat{X}\hat{X}}F=F^{\mathrm{T}}N_{BB}^{-1}F \tag{6-19}$$

$Q_{\hat{X}\hat{X}}$ 是参数向量 $\hat{X}=\begin{bmatrix} \hat{X}_1 & \hat{X}_2 & \cdots & \hat{X}_t \end{bmatrix}^{\mathrm{T}}$ 的协因数矩阵，即

$$Q_{\hat{X}\hat{X}}=\begin{bmatrix} Q_{\hat{X}_1\hat{X}_1} & Q_{\hat{X}_1\hat{X}_2} & \cdots & Q_{\hat{X}_1\hat{X}_t} \\ Q_{\hat{X}_2\hat{X}_1} & Q_{\hat{X}_2\hat{X}_2} & \cdots & Q_{\hat{X}_2\hat{X}_t} \\ \vdots & \vdots & \vdots & \vdots \\ Q_{\hat{X}_t\hat{X}_1} & Q_{\hat{X}_t\hat{X}_2} & \cdots & Q_{\hat{X}_t\hat{X}_t} \end{bmatrix}$$

其中对角线元素 $Q_{\hat{X}_i\hat{X}_i}$ 是参数 $\hat{X}_i$ 的协因数，故 $\hat{X}_i$ 的中误差为

$$\sigma_{\hat{X}_i}=\sigma_0\sqrt{Q_{\hat{X}_i\hat{X}_i}} \tag{6-20}$$

式（6-18）的函数 $\hat{\varphi}$ 的协方差矩阵为

$$D_{\hat{\varphi}\hat{\varphi}}=\sigma_0^2 Q_{\hat{\varphi}\hat{\varphi}}=\sigma_0^2(F^{\mathrm{T}}N_{BB}^{-1}F) \tag{6-21}$$

9. 直接平差

对同一未知量进行多次直接观测，求该量的平差值并评定精度，称为直接平差，显然它是间接平差中具有一个参数的特殊情况。

$$\hat{X} = N_{BB}^{-1}W = \frac{[pL]}{[p]} \tag{6-22}$$

特别地，当 $p_1 = p_2 = \cdots = p_n = 1$ 时，则未知量的平差值为

$$\hat{X} = N_{BB}^{-1}W = \frac{\sum_{i=1}^{n} L_i}{n} \tag{6-23}$$

直接平差问题仅有一个参数，即 $t = 1$，故单位权中误差计算公式为

$$\sigma_0^2 = \frac{V^T P V}{n-1}$$

$\hat{X}$ 的协因数为

$$Q_{\hat{X}\hat{X}} = N_{BB}^{-1} = \frac{1}{\sum_{i=1}^{n} p_i}$$

或

$$p_{\hat{X}} = \sum_{i=1}^{n} p_i \tag{6-24}$$

故 $\hat{X}$ 的中误差为

$$\sigma_{\hat{X}} = \sigma_0 \sqrt{Q_{\hat{X}\hat{X}}} = \sigma_0 \Big/ \sqrt{\sum_{i=1}^{n} p_i} \tag{6-25}$$

观测值 L_i 的中误差为

$$\sigma_{L_i} = \sigma_0 / \sqrt{p_i} \tag{6-26}$$

特别地，当 $p_1 = p_2 = \cdots = p_n = 1$，即为同精度观测时，精度评定公式为

$$\sigma_0^2 = \frac{V^T V}{n-1} \tag{6-27}$$

$$\sigma_{\hat{X}} = \sigma_0 / \sqrt{n}$$

亦即对某个量所作的 n 个同精度观测值的算术平均值就是该量的平差值，此平差值的权 $p_{\hat{X}}$ 为单个观测值权的 n 倍。

§6.2 附有限制条件的间接平差

1. 附有限制条件的间接平差数学模型

$$\underset{n\times1}{V} = \underset{n\times u}{B}\,\underset{u\times1}{\hat{x}} - \underset{n\times1}{l} \tag{6-28}$$

$$\underset{u\times1}{C}\,\hat{x} + \underset{s\times1}{W} = 0 \tag{6-29}$$

$$D = \sigma_0^2 Q = \sigma_0^2 P^{-1}$$

其中

$$rg(B)=u, \ rg(C)=s, \ u<n, \ s<u \tag{6-30}$$

2. 附有限制条件的间接平差的两种解法

（1）解法1

利用约束条件式（6-29）将多设的参数表示成独立参数的函数，并将该函数代入误差方程式（6-28）中，替换多设的参数，使有约束变成无约束，然后用间接平差的方法求解。一般而言，当约束条件式很简单时，用此法效果比较好。当约束条件式比较多而且复杂时，用此法的效果就不好，应该采用解法2。

（2）解法2

根据最小二乘原理来求解：

1）基础方程

$$\begin{cases} B^\mathrm{T}PV+C^\mathrm{T}K_S=0 \\ V=B\hat{x}-l \\ C\hat{x}+W_x=0 \end{cases} \tag{6-31}$$

2）法方程

$$\begin{cases} N_{BB}\hat{x}+C^\mathrm{T}K_S-W=0 \\ C\hat{x}+W_x=0 \end{cases} \tag{6-32}$$

3）求解

用 CN_{BB}^{-1} 左乘式（6-32）的第一式，并减去第二式，得

$$CN_{BB}^{-1}C^\mathrm{T}K_S-(CN_{BB}^{-1}W+W_x)=0 \tag{6-33}$$

若令

$$\underset{s\times s}{N_{CC}}=CN_{BB}^{-1}C^\mathrm{T}$$

则式（6-33）也可以写成

$$N_{CC}K_S-(CN_{BB}^{-1}+W_x)=0 \tag{6-34}$$

式中 N_{CC} 的秩为 $rg(N_{CC})=rg(CN_{BB}^{-1}C^\mathrm{T})=rg(C)=s$，且 $N_{CC}^\mathrm{T}=(CN_{BB}^{-1}C^\mathrm{T})^\mathrm{T}=CN_{BB}^{-1}C^\mathrm{T}$，故 N_{CC} 为一 s 阶的满秩对称正方矩阵，是可逆矩阵。于是

$$K_S=N_{CC}^{-1}(CN_{BB}^{-1}W+W_x) \tag{6-35}$$

将式（6-35）代入式（6-32）第一式，经整理可得

$$\hat{x}=(N_{BB}^{-1}-N_{BB}^{-1}C^\mathrm{T}N_{CC}^{-1}CN_{BB}^{-1})W-N_{BB}^{-1}C^\mathrm{T}N_{CC}^{-1}W_x \tag{6-36}$$

由上式解得 $\hat{x}$ 之后，代入式（6-28）可求得 V，最后即可求出

$$\hat{L}=L+V \tag{6-37}$$

$$\hat{X}=X^0+\hat{x} \tag{6-38}$$

在实际平差计算中，当列出误差方程和限制条件方程之后，即可计算 N_{BB}、N_{BB}^{-1}、N_{CC}、N_{CC}^{-1}，然后由式（6-36）计算 $\hat{x}$，再代入误差方程（6-28）中计算 V，最后由式（6-37）和式（6-38）求得观测值和参数的平差值。

3. 精度评定

（1）单位权方差的估值公式

附有限制条件的间接平差的单位权方差估值仍是 $V^\mathrm{T}PV$ 除以其自由度，即

$$\hat{\sigma}_0^2 = \frac{V^T P V}{r} = \frac{V^T P V}{n-u+s} \tag{6-39}$$

式中 $V^T P V$ 可以用已经算出的 V 和已知的权矩阵 P 直接计算。此外，也可按以下导出的公式计算。

$$V^T P V = (B\hat{x} - l)^T P V = \hat{x}^T B^T P V - l^T P V$$

根据式（6-31）的第一式，则有

$$V^T P V = -\hat{x}^T C^T K_S - l^T P(B\hat{x} - l) = l^T P l - \hat{x}^T C^T K_S - l^T P B \hat{x}$$

又根据式（6-31）的第三式，则上式可写成

$$V^T P V = l^T P l + W_x^T K_S - W^T \hat{x} \tag{6-40}$$

（2）协因数矩阵

令 $Z = \begin{bmatrix} L & W & \hat{X} & V & \hat{L} \end{bmatrix}^T$，根据协因数传播律可得

$$Q_{ZZ} = \begin{bmatrix} Q_{LL} & Q_{LW} & Q_{L\hat{X}} & Q_{LV} & Q_{L\hat{L}} \\ Q_{WL} & Q_{WW} & Q_{W\hat{X}} & Q_{WV} & Q_{W\hat{L}} \\ Q_{\hat{X}L} & Q_{\hat{X}W} & Q_{\hat{X}\hat{X}} & Q_{\hat{X}V} & Q_{\hat{X}\hat{L}} \\ Q_{VL} & Q_{VW} & Q_{V\hat{X}} & Q_{VV} & Q_{V\hat{L}} \\ Q_{\hat{L}L} & Q_{\hat{L}W} & Q_{\hat{L}\hat{X}} & Q_{\hat{L}V} & Q_{\hat{L}\hat{L}} \end{bmatrix}$$

$$= \begin{bmatrix} Q & B & BQ_{\hat{X}\hat{X}} & -Q_{VV} & Q - Q_{VV} \\ B^T & N_{BB} & N_{BB}Q_{\hat{X}\hat{X}} & (Q_{\hat{X}\hat{X}}N_{BB} - I)^T B^T & N_{BB}Q_{\hat{X}\hat{X}}B^T \\ Q_{\hat{X}\hat{X}}B^T & Q_{\hat{X}\hat{X}}N_{BB} & Q_{\hat{X}\hat{X}} & 0 & Q_{\hat{X}\hat{X}}B^T \\ -Q_{VV} & B(Q_{\hat{X}\hat{X}}N_{BB} - I) & 0 & Q - BQ_{\hat{X}\hat{X}}B^T & 0 \\ Q - Q_{VV} & BQ_{\hat{X}\hat{X}}N_{BB} & BQ_{\hat{X}\hat{X}} & 0 & Q - Q_{VV} \end{bmatrix} \tag{6-41}$$

式中，$Q_{\hat{X}\hat{X}} = N_{BB}^{-1} - N_{BB}^{-1}C^T N_{CC}^{-1}C N_{BB}^{-1}$。

4. 平差参数函数的协因数

在附有限制条件的间接平差中，因在 u 个参数中包含了 t 个独立参数，故平差中所求任一量都能表达成这 u 个参数的函数。设某个量的平差值 $\hat{\varphi}$ 为

$$\hat{\varphi} = \Phi(\hat{X}) \tag{6-42}$$

对其全微分，得权函数式为

$$d\hat{\varphi} = \left(\frac{d\Phi}{d\hat{X}}\right)_0 d\hat{X} = F^T d\hat{X} \tag{6-43}$$

式中，F 为

$$F^T = \begin{bmatrix} \dfrac{\partial \Phi}{\partial \hat{X}_1} & \dfrac{\partial \Phi}{\partial \hat{X}_2} & \cdots & \dfrac{\partial \Phi}{\partial \hat{X}_u} \end{bmatrix}_0 \tag{6-44}$$

用 X^0 代入各偏导数中，即得各偏导数值，然后按式（6-45）计算其协因数

$$Q_{\hat{\varphi}\hat{\varphi}}=F^{\mathrm{T}}Q_{\hat{X}\hat{X}}F \tag{6-45}$$

可根据式（6-41）得到 $Q_{\hat{X}\hat{X}}$ 的计算公式。于是函数 $\hat{\varphi}$ 的中误差为

$$\hat{\sigma}_{\hat{\varphi}}=\hat{\sigma}_0\sqrt{Q_{\hat{\varphi}\hat{\varphi}}} \tag{6-46}$$

§6.3　间接平差与条件平差的关系

1. 法矩阵之间的关系

条件平差的法方程的系数为

$$N_{aa}=AP^{-1}A^{\mathrm{T}}=AQA^{\mathrm{T}}$$

改正数 V 的计算公式为

$$V=-QA^{\mathrm{T}}N_{aa}^{-1}W=QA^{\mathrm{T}}N_{aa}^{-1}AV$$

间接平差的法方程系数为

$$N_{BB}=B^{\mathrm{T}}PB$$

改正数 V 的计算公式为

$$V=B\hat{x}-l=BN_{BB}^{-1}B^{\mathrm{T}}Pl-l=(BN_{BB}^{-1}B^{\mathrm{T}}P-I)l$$

对于残差 V 来讲，两种平差方法应该相等，即有

$$(BN_{BB}^{-1}B^{\mathrm{T}}P-I)l=QA^{\mathrm{T}}N_{aa}^{-1}AV \tag{6-47}$$

由式（6-47）可得

$$(BN_{BB}^{-1}B^{\mathrm{T}}P-I)(B\hat{x}-V)=QA^{\mathrm{T}}N_{aa}^{-1}AV$$

$$(BN_{BB}^{-1}B^{\mathrm{T}}PB\hat{x}-B\hat{x})-(BN_{BB}^{-1}B^{\mathrm{T}}P-I)V=QA^{\mathrm{T}}N_{aa}^{-1}AV$$

$$(BN_{BB}^{-1}N_{BB}\hat{x}-B\hat{x})+V=QA^{\mathrm{T}}N_{aa}^{-1}AV+BN_{BB}^{-1}B^{\mathrm{T}}PV \tag{6-48}$$

$$V=(QA^{\mathrm{T}}N_{aa}^{-1}A+BN_{BB}^{-1}B^{\mathrm{T}}P)V$$

所以有

$$QA^{\mathrm{T}}N_{aa}^{-1}A+BN_{BB}^{-1}B^{\mathrm{T}}P=I \tag{6-49}$$

2. 系数矩阵 A、B 之间的关系

式（6-49）左乘 A 可得

$$AQA^{\mathrm{T}}N_{aa}^{-1}A+ABN_{BB}^{-1}B^{\mathrm{T}}P=A \tag{6-50}$$

根据式（6-50）可得

$$A+ABN_{BB}^{-1}B^{\mathrm{T}}P=A \tag{6-51}$$

把式（6-51）右乘 B 可得

$$AB+ABN_{BB}^{-1}B^{\mathrm{T}}PB=AB \tag{6-52}$$

由式（6-52）可得

$$AB+ABN_{BB}^{-1}N_{BB}=AB$$

$$AB+AB=AB$$

所以

$$AB=0 \tag{6-53}$$

3. 误差方程的常数项 l 与条件方程的闭合差 W 之间的关系

用 A 左乘 $V=B\hat{x}-l=BN_{BB}^{-1}B^{\mathrm{T}}Pl-l=(BN_{BB}^{-1}B^{\mathrm{T}}P-I)l$ 可得

$$AV=A(BN_{BB}^{-1}B^{\mathrm{T}}P-I)l \tag{6-54}$$

由于 $W=-AV$，$AB=0$，则根据式（6-54）可得

$$-W=ABN_{BB}^{-1}B^{\mathrm{T}}Pl-Al=-Al \tag{6-55}$$

所以

$$W=Al \tag{6-56}$$

4. 间接平差中的 d 与条件平差中的 A_0 之间的关系

$$l=L-BX^0-d \tag{6-57}$$

$$W=AL+A_0 \tag{6-58}$$

把式（6-57）和式（6-58）代入式（6-56）可得

$$AL+A_0=A(L-BX^0-d)$$

$$AL+A_0=AL-ABX^0-Ad$$

所以有

$$A_0=-Ad \tag{6-59}$$

5. 条件方程向误差方程的转换

条件方程向误差方程转换的步骤按如下进行：

（1）确定观测值的个数 n，观测值个数就是残差的个数。

（2）根据条件方程的个数判断其必要观测数 t，条件方程的个数就是多余观测数 r，则 $t=n-r$。

（3）设立 t 个独立的参数，一般独立参数的近似值设为相应的观测值。

（4）列出 n 个误差方程。

6. 误差方程转化为条件方程

误差方程转化为条件方程的步骤按如下进行：

（1）确定改正数 v_i 的个数，则 n 为改正数的个数。

（2）确定参数的个数，则 t 为参数的个数。

（3）条件方程的个数为 $c=n-t$。

（4）消除参数，得到独立的 c 个条件方程。

§6.4 间接平差估值的统计性质

1. 估计量 $\hat{X}$ 和 $\hat{L}$ 具有无偏性

（1）估计量 $\hat{X}$ 具有无偏性

要证明 $\hat{X}$ 具有无偏性，也就是要证明：$E(\hat{X})=\tilde{X}$，因为 $\hat{X}=X^0+\hat{x}$，$\tilde{X}=X^0+\tilde{x}$，故证明 $E(\hat{X})=\tilde{X}$ 与证明 $E(\hat{x})=\tilde{x}$ 等价。

$$E(\hat{x})=(N_{BB}^{-1}-N_{BB}^{-1}C^{\mathrm{T}}N_{CC}^{-1}CN_{BB}^{-1})N_{BB}\tilde{x}+N_{BB}^{-1}C^{\mathrm{T}}N_{CC}^{-1}C\tilde{x}$$

$$=\tilde{x}-N_{BB}^{-1}C^{\mathrm{T}}N_{CC}^{-1}\tilde{x}+N_{BB}^{-1}C^{\mathrm{T}}N_{CC}^{-1}\tilde{x}=\tilde{x} \tag{6-60}$$

所以未知数的估计量 $\hat{X}$ 具有无偏性。

（2）$\hat{L}$ 具有无偏性

要证明 $\hat{L}$ 具有无偏性，也就是要证明：$E(\hat{L})=\widetilde{L}$

先证明改正数 V 的数学期望等于零。

因为
$$V=B\hat{x}-l \tag{6-61}$$

等号两边取数学期望，顾及 $E(l)=B\widetilde{x}$ 和式（6-61），则

$$E(V)=BE(\hat{x})-E(l)=B\widetilde{x}-B\widetilde{x}=0$$

所以改正数 V 的数学期望 $E(V)=0$。

可知 $\hat{L}=L+V$，两边取数学期望有

$$E(\hat{L})=E(L)+E(V) \tag{6-62}$$

根据式（6-61），则式（6-62）有

$$E(\hat{L})=E(L)+E(V)=\widetilde{L} \tag{6-63}$$

所以 $\hat{L}$ 具有无偏性。

2. $\hat{X}$ 的方差最小

由于 $\hat{X}=X^0+\hat{x}$，要证明 $\hat{X}$ 的方差最小，也就是要证明 $\hat{x}$ 的方差最小。因此，下面就以证明 $\hat{x}$ 的方差最小来代替证明 $\hat{X}$ 的方差最小。

参数估计量 $\hat{x}$ 的方差矩阵为

$$D_{\hat{x}\hat{x}}=\hat{\sigma}_0^2 Q_{\hat{x}\hat{x}} \tag{6-64}$$

$D_{\hat{x}\hat{x}}$ 中对角线元素分别是各 $\hat{x}_i$（$i=1,2,\cdots,u$）的方差，要证明参数估计量的方差最小，根据迹的定义知，也就是要证明

$$\mathrm{tr}(D_{\hat{x}\hat{x}})=\min \quad \text{或} \quad \mathrm{tr}(Q_{\hat{x}\hat{x}})=\min \tag{6-65}$$

由前面可知

$$\hat{x}=(N_{BB}^{-1}-N_{BB}^{-1}C^{\mathrm{T}}N_{CC}^{-1}CN_{BB}^{-1})W-N_{BB}^{-1}C^{\mathrm{T}}N_{CC}^{-1}W_x$$

$\hat{x}$ 是 W 和 W_x 的线性函数。现在假设有 W 和 W_x 的另一个线性函数 $\hat{x}'$，即设

$$\hat{x}'=H_1 W+H_2 W_x \tag{6-66}$$

式中 H_1、H_2——待求的系数矩阵。

问题在于 H_1 和 H_2 应等于什么，才能使 $\hat{x}'$ 既满足无偏又满足方差最小，即其 $\mathrm{tr}(Q_{\hat{x}'\hat{x}'})=\min$。首先要满足无偏性，即须使

$$E(\hat{x}')=H_1 E(W)+H_2 E(W_x)=H_1 B^{\mathrm{T}}PB\widetilde{x}-H_2 C\widetilde{x}=(H_1 N_{BB}-H_2 C)\widetilde{x}$$

显然只有满足式（6-67）时，$\hat{x}'$ 才是 $\widetilde{x}$ 的无偏估计。

$$H_1 N_{BB}-H_2 C=I \tag{6-67}$$

应用协因数传播律，由式（6-66）中 W_x 为非随机量 [因 $W_x=\Phi(X^0)$]，得

$$Q_{\hat{x}'\hat{x}'}=H_1 Q_{WW}H_1^{\mathrm{T}}$$

现在的问题是要求出 H_1 和 H_2，既能满足式（6-67）中的条件，又能使 $\mathrm{tr}(Q_{\hat{x}'\hat{x}'})=\min$。

这是一个求极值的问题，为此组成函数

$$\Phi = \mathrm{tr}(H_1 Q_{WW} H_1^T) + \mathrm{tr}(2(I + H_2 C - H_1 N_{BB})K^T)$$

其中 K^T 为联系数向量。为求函数 Φ 极小值，需将上式对 H_1 和 H_2 求偏导数并令其为零，得

$$\frac{\partial \Phi}{\partial H_1} = 2H_1 Q_{WW} - 2K N_{BB}^T = 0$$

$$\frac{\partial \Phi}{\partial H_2} = 2K C^T = 0 \tag{6-68}$$

由式（6-41）知，$Q_{WW} = N_{BB}$，故由式（6-68）第一式可得

$$H_1 = K N_{BB}^T N_{BB}^{-1} = K \tag{6-69}$$

代入式（6-67），得

$$K N_{BB} - H_2 C = I \tag{6-70}$$

故得

$$K = (I + H_2 C) N_{BB}^{-1} \tag{6-71}$$

代入式（6-68）第二式，则有

$$N_{BB}^{-1} C^T + H_2 C N_{BB}^{-1} C^T = 0 \tag{6-72}$$

因为

$$N_{CC} = C N_{BB}^{-1} C^T$$

故式（6-72）得

$$H_2 = -N_{BB}^{-1} C^T N_{CC}^{-1} \tag{6-73}$$

再将式（6-73）代入式（6-71）可得

$$K = (I - N_{BB}^{-1} C^T N_{CC}^{-1} C) N_{BB}^{-1} \tag{6-74}$$

由式（6-69）可得

$$H_1 = (I - N_{BB}^{-1} C^T N_{CC}^{-1} C) N_{BB}^{-1} = N_{BB}^{-1} - N_{BB}^{-1} C^T N_{CC}^{-1} C N_{BB}^{-1} \tag{6-75}$$

将式（6-75）和式（6-73）代入式（6-64）可得

$$\hat{x}' = (N_{BB}^{-1} - N_{BB}^{-1} C^T N_{CC}^{-1} C N_{BB}^{-1}) W - N_{BB}^{-1} C^T N_{CC}^{-1} W_x$$

可得：$\hat{x} = \hat{x}'$，$\hat{x}'$ 是在无偏和方差最小的条件下求得的，因此，这说明 $\hat{x}$ 也是无偏估计，而且方差最小（有效性），故 $\hat{X}$ 也是最优无偏估计。

3. 估计量 $\hat{L}$ 具有最小方差

要证明 $\hat{L}$ 具有最小方差，也就是要证明：

$$\mathrm{tr}(D_{\hat{L}\hat{L}}) = \min \quad \text{或} \quad \mathrm{tr}(Q_{\hat{L}\hat{L}}) = \min$$

这一证明步骤与前述类似，故在下面的证明中不作过多解释。

因为

$$\hat{L} = L + V = L + B\hat{x} - (L - BX^0 - d) = B\hat{x} + L^0$$
$$= B(N_{BB}^{-1} - N_{BB}^{-1} C^T N_{CC}^{-1} C N_{BB}^{-1}) W - B N_{BB}^{-1} C^T N_{CC}^{-1} W_x + L^0 \tag{6-76}$$

即 $\hat{L}$ 是 W、W_x、L^0 的线性函数。现设有另一函数

$$\hat{L}' = G_1 W + G_2 W_x + L^0 \tag{6-77}$$

式中 G_1，G_2——均为待定系数阵。

对式（6-77）两边取期望，得

$$E(\hat{L}')=G_1E(W)+G_2E(W_x)-L^0=G_1N_{BB}\tilde{x}-G_2C\tilde{x}+L^0$$

又因为

$$\tilde{L}=B\tilde{X}+d=BX^0+d+B\tilde{x}=L^0+B\tilde{x} \tag{6-78}$$

若 $\hat{L}'$ 是无偏估计，则必须有

$$G_1N_{BB}-G_2C=B \tag{6-79}$$

按协因数传播律，并考虑 W_x 和 L^0 是非随机量，由式（6-77）可得

$$Q_{\hat{L}'\hat{L}'}=G_1Q_{WW}G_1^T \tag{6-80}$$

要在满足式（6-80）的条件下求 $\mathrm{tr}(Q_{\hat{L}\hat{L}})=\min$，为此组成函数

$$\Phi=\mathrm{tr}(Q_{\hat{L}'\hat{L}'})+\mathrm{tr}(2(B+G_2C-G_1N_{BB})K^T) \tag{6-81}$$

为使 Φ 极小，将其对 G_1、G_2 求偏导数并令其为零

$$\frac{\partial\Phi}{\partial G_1}=2G_1Q_{WW}-2KN_{BB}^T=G_1N_{BB}-2KN_{BB}=0 \tag{6-82}$$

$$\frac{\partial\Phi}{\partial G_2}=KC^T=0 \tag{6-83}$$

由式（6-82）可得

$$G_1=K \tag{6-84}$$

把式（6-84）代入式（6-79）可得

$$KN_{BB}=B+G_2C\Rightarrow K=(B+G_2C)N_{BB}^{-1} \tag{6-85}$$

把式（6-85）代入式（6-83）得

$$(B+G_2C)N_{BB}^{-1}C^T=0\Rightarrow BN_{BB}^{-1}C^T+G_2CN_{BB}^{-1}C^T=0\Rightarrow G_2=-BN_{BB}^{-1}C^TN_{CC}^{-1} \tag{6-86}$$

把式（6-86）代入式（6-85）得

$$K=(B-BN_{BB}^{-1}C^TN_{CC}^{-1}C)N_{BB}^{-1}\Rightarrow G_1=(B-BN_{BB}^{-1}C^TN_{CC}^{-1}C)N_{BB}^{-1} \tag{6-87}$$

把式（6-87）和式（6-86）代入式（6-77）可得

$$\hat{L}'=B(I-N_{BB}^{-1}C^TN_{CC}^{-1}C)N_{BB}^{-1}W-BN_{BB}^{-1}C^TN_{CC}^{-1}W_x+L^0 \tag{6-88}$$

所以 $\hat{L}=\hat{L}'$，上式中 $\hat{L}'$ 是在无偏和方差最小的条件下求得的，这说明 $\hat{L}$ 也是无偏估计，且方差最小，即无偏最优估计。

4. 单位权方差估值 $\hat{\sigma}_0^2$ 具有无偏性

单位权方差 σ_0^2 的估计量为 $\hat{\sigma}_0^2=\dfrac{V^TPV}{r}=\dfrac{V^TPV}{n-u+s}$，只要证明 $E(\hat{\sigma}_0^2)=\sigma_0^2$ 即可。

由数理统计学可知，若有服从任一分布的 q 维随机向量 Y，已知数学期望为 η，方差矩阵为 D_{YY}，则 Y 向量的任一二次型的数学期望可以表达成

$$E(Y^TBY)=\mathrm{tr}(BD_{YY})+\eta^TB\eta \tag{6-89}$$

可知：$E(V)=0$，$Q_{VV}=Q-BQ_{\hat{X}\hat{X}}B^T=Q-B(N_{BB}^{-1}-N_{BB}^{-1}C^TN_{CC}^{-1}CN_{BB}^{-1})B^T$

则有

$$
\begin{aligned}
E(V^{\mathrm{T}}PV) &= \operatorname{tr}(PD_{VV}) = \sigma_0^2 \operatorname{tr}(PQ_{VV}) \\
&= \sigma_0^2 \operatorname{tr}(P(Q - B(N_{BB}^{-1} - N_{BB}^{-1}C^{\mathrm{T}}N_{CC}^{-1}CN_{BB}^{-1})B^{\mathrm{T}}) \\
&= \sigma_0^2 \operatorname{tr}(\underset{n \times n}{I} - PB(N_{BB}^{-1} - N_{BB}^{-1}C^{\mathrm{T}}N_{CC}^{-1}CN_{BB}^{-1})B^{\mathrm{T}}) \\
&= n\sigma_0^2 - \sigma_0^2 \operatorname{tr}(N_{BB}^{-1} - N_{BB}^{-1}C^{\mathrm{T}}N_{CC}^{-1}CN_{BB}^{-1})B^{\mathrm{T}}PB) \\
&= n\sigma_0^2 - \sigma_0^2 \operatorname{tr}(\underset{u \times u}{I}\, N_{BB}^{-1} - N_{BB}^{-1}C^{\mathrm{T}}N_{CC}^{-1}C) \\
&= n\sigma_0^2 - u\sigma_0^2 + \sigma_0^2 \operatorname{tr}(N_{BB}^{-1}C^{\mathrm{T}}N_{CC}^{-1}C) \\
&= n\sigma_0^2 - u\sigma_0^2 + \sigma_0^2 \operatorname{tr}(CN_{BB}^{-1}C^{\mathrm{T}}N_{CC}^{-1}) \\
&= n\sigma_0^2 - u\sigma_0^2 + \sigma_0^2 \operatorname{tr}(N_{CC}N_{CC}^{-1}) \\
&= (n-u)\sigma_0^2 + \sigma_0^2 \operatorname{tr}(\underset{s \times s}{I}) = (n-u+s)\sigma_0^2
\end{aligned} \tag{6-90}
$$

所以
$$
E\left(\frac{V^{\mathrm{T}}PV}{r}\right) = \frac{(n-u+s)\sigma_0^2}{r} = \sigma_0^2
$$

因此，$\hat{\sigma}_0^2$ 是 σ_0^2 的无偏估计。

§6.5 间接平差的分组平差

在实际平差计算中，为了简化计算，常将观测值或参数分成两组或多组，进行平差计算。

1. 观测值分组

设有一组观测值 $\underset{n \times 1}{L}$，在选定 t 个参数的情况下，误差方程为

$$
\begin{cases}
V = B\hat{x} - l \\
l = L - BX_0 - d
\end{cases} \tag{6-91}
$$

现将观测值 $\underset{n \times 1}{L}$ 分为两组，即

$$
\underset{n \times 1}{L} = \begin{bmatrix} \underset{n_1 \times 1}{L_1} \\ \underset{n_2 \times 1}{L_2} \end{bmatrix}
$$

并且 $n = n_1 + n_2$。设 L_1 与 L_2 不相关，即权矩阵为

$$
P = \begin{bmatrix} P_1 & 0 \\ 0 & P_2 \end{bmatrix}
$$

则式（6-91）可写为

$$
\begin{bmatrix} \underset{n_1 \times 1}{V_1} \\ \underset{n_2 \times 1}{V_2} \end{bmatrix} = \begin{bmatrix} B_1 \\ B_2 \end{bmatrix} \hat{x} - \begin{bmatrix} l_1 \\ l_2 \end{bmatrix} \tag{6-92}
$$

式中

$$
V = \begin{bmatrix} V_1 \\ V_2 \end{bmatrix}, \quad B = \begin{bmatrix} B_1 \\ B_2 \end{bmatrix}, \quad l = \begin{bmatrix} l_1 \\ l_2 \end{bmatrix} = \begin{bmatrix} L_1 \\ L_2 \end{bmatrix} - \begin{bmatrix} B_1 \\ B_2 \end{bmatrix} X_0 - \begin{bmatrix} d_1 \\ d_2 \end{bmatrix} \tag{6-93}
$$

组成法方程为

$$\begin{bmatrix} B_1^T & B_2^T \end{bmatrix} \begin{bmatrix} P_1 & 0 \\ 0 & P_2 \end{bmatrix} \begin{bmatrix} A_1 \\ A_2 \end{bmatrix} - \begin{bmatrix} B_1^T & B_2^T \end{bmatrix} \begin{bmatrix} P_1 & 0 \\ 0 & P_2 \end{bmatrix} \begin{bmatrix} l_1 \\ l_2 \end{bmatrix} = 0 \qquad (6\text{-}94)$$

$$(B_1^T P_1 B_1 + B_2^T P_2 B_2)\hat{x} - (B_1^T P_1 l_1 + B_2^T P_2 l_2) = 0 \qquad (6\text{-}95)$$

或

$$(N_1 + N_2)\hat{x} - (W_1 + W_2) = 0 \qquad (6\text{-}96)$$

式中，$N_1 = B_1^T P_1 B_1$，$N_2 = B_2^T P_2 B_2$，$W_1 = B_1^T P_1 l_1$，$W_2 = B_2^T P_2 l_2$，分别为第一组和第二组误差方程单独组成法方程的系数矩阵和自由项向量。可以看出，在两组观测值互不相关的情况下，分别组成误差方程和法方程，然后对两组法方程的系数矩阵和自由项向量取和，即构成平差所需的法方程。

由式（6-95）或式（6-96）可得未知数权逆矩阵为

$$Q_{\hat{X}\hat{X}} = N^{-1} = (N_1 + N_2)^{-1} \qquad (6\text{-}97)$$

单位权方差及单位权中误差公式为

$$\hat{\sigma}_0^2 = \frac{V^T P V}{n_1 + n_2 - t} \qquad (6\text{-}98)$$

$$\hat{\sigma}_0 = \sqrt{\frac{V^T P V}{n_1 + n_2 - t}} \qquad (6\text{-}99)$$

2. 逐次分组平差

（1）各组误差中具有相同的参数

1）第一次平差

设对式（6-93）的第一组误差方程单独平差，得参数改正数为 $\hat{x}'$，即

$$\begin{cases} \hat{x}' = N_1^{-1} W_1 \\ V_1' = B_1 \hat{x}' - l_1 \\ \hat{\sigma}_0^2 = \dfrac{V_1'^T P_1 V_1'}{n_1 - t} \\ Q_{\hat{x}'\hat{x}'} = P_{\hat{x}'}^{-1} = N_1^{-1} \end{cases} \qquad (6\text{-}100)$$

第一次平差后，得参数平差值为

$$\hat{X}' = X_0 + \hat{x}' \qquad (6\text{-}101)$$

2）第二次平差

取第一次平差值 $\hat{X}'$ 作为整体平差时参数的近似值，即设 $\hat{X} = \hat{X}' + \hat{x}'' = X_0 + \hat{x}' + \hat{x}''$，代入到式（6-92）和式（6-93），可得

$$\begin{cases} V_1 = A_1 \hat{x}'' - l_1' \\ V_2 = A_2 \hat{x}'' - l_2' \end{cases} \qquad (6\text{-}102)$$

$$\begin{cases} l_1' = L_1 - B_1 \hat{X}' - d_1 = -V_1' \\ l_2' = L_2 - B_2 \hat{X}' - d_2 \end{cases} \qquad (6\text{-}103)$$

由式（6-102），得整体平差的法方程为

$$(B_1^T P_1 B_1 + B_2^T P_2 B_2)\hat{x}'' - (B_1^T P_1 l_1' + B_2^T P_2 l_2') = 0 \qquad (6\text{-}104)$$

考虑到式 (6-103)，并注意到 V_1' 是第一组单独平差的观测值改正数，有

$$B_1^T P l_1' = -B_1^T P V_1' = 0$$

则式 (6-104) 变为

$$(B_1^T P_1 B_1 + B_2^T P_2 B_2)\hat{x}'' - B_2^T P_2 l_2' = 0$$

$$\hat{x}'' = (B_1^T P_1 B_1 + B_2^T P_2 B_2)^{-1} B_2^T P_2 l_2' \qquad (6\text{-}105)$$

知第一组单独平差的权逆矩阵为

$$P_{\hat{X}'} = B_1^T P_1 B_1$$

则式 (6-105) 亦可写为

$$\hat{x}'' = (P_{\hat{X}'} + B_2^T P_2 B_2)^{-1} B_2^T P_2 l_2' \qquad (6\text{-}106)$$

平差值为

$$\hat{X} = \hat{X}' + \hat{x}'' = X_0 + \hat{x}' + \hat{x}'' \qquad (6\text{-}107)$$

逐次平差的计算公式，只用到第一次平差结果和第二组观测值，与用第一组观测值和第二组观测值一起平差时的结果相同。当已经对第一组观测值单独平差时，逐次平差的计算量和存储量一般小于整体平差。

3）精度估计公式

单位权方差公式为

$$\hat{\sigma}_0^2 = \frac{V^T P V}{n_1 + n_2 - t} = \frac{V_1^T P_1 V_1 + V_2^T P_2 V_2}{n_1 + n_2 - t} \qquad (6\text{-}108)$$

当逐次平差时，V_1 常不保存，此时必须将式 (6-108) 稍加变化。由式 (6-102) 可知

$$
\begin{aligned}
V_1^T P_1 V_1 &= (B_1 \hat{x}'' - l_1')^T P_1 (B_1 \hat{x}'' - l_1') \\
&= \hat{x}''^T B_1^T P_1 B_1 \hat{x}'' - \hat{x}''^T B_1^T P l_1' - l_1'^T P_1 B_1 \hat{x}'' + l_1'^T P l_1' \\
&= \hat{x}'' P_{\hat{X}'} \hat{x}'' + V_1'^T P_1 V_1'
\end{aligned}
$$

代入式 (6-108)，则有

$$\hat{\sigma}_0^2 = \frac{\hat{x}''^T P_{\hat{X}'} \hat{x}'' + (V_1'^T P_1 V_1' + V_2^T P_2 V_2)}{n_1 + n_2 - t}$$

考虑到式 (6-100)，可得

$$\hat{\sigma}_0^2(n_1 + n_2 - t) = \hat{x}''^T P_{\hat{X}'} \hat{x}'' + V_2^T P_2 V_2 + \hat{\sigma}_0^2(n_1 - t)$$

$$\hat{\sigma}_0^2 = \frac{\hat{x}''^T P_{\hat{X}'} \hat{x}'' + V_2^T P_2 V_2}{n_2} \qquad (6\text{-}109)$$

参数平差值的权逆矩阵为

$$Q_{\hat{X}\hat{X}} = (B_1^T P_1 B_1 + B_2^T P_2 B_2)^{-1} = (P_{\hat{X}'} + B_2^T P_2 B_2)^{-1} = (N_1 + N_2)^{-1} \qquad (6\text{-}110)$$

4）参数平差值函数的权倒数

设有函数 $\hat{\varphi} = \Phi(\hat{X})$，对其进行全微分可得

$$\mathrm{d}\hat{\varphi}=\left(\frac{\mathrm{d}\Phi(\hat{X})}{\mathrm{d}\hat{X}}\right)_0\mathrm{d}\hat{X}=F_{\hat{X}}^{\mathrm{T}}\mathrm{d}\hat{X} \tag{6-111}$$

式中，系数矩阵 $F_{\hat{X}}$ 为

$$F_{\hat{X}}^{\mathrm{T}}=\left[\left(\frac{\partial\Phi}{\partial\hat{X}_1}\right)_0\left(\frac{\partial\Phi}{\partial\hat{X}_2}\right)_0\cdots\left(\frac{\partial\Phi}{\partial\hat{X}_t}\right)_0\right]$$

根据协因数传播律，可得

$$Q_{\hat{\varphi}\hat{\varphi}}=F_{\hat{X}}^{\mathrm{T}}Q_{\hat{X}\hat{X}}F_{\hat{X}}=F_{\hat{X}}^{\mathrm{T}}(N_1+N_2)^{-1}F_{\hat{X}} \tag{6-112}$$

5）递推公式

前面推导了两组观测值的逐次平差公式。当再有新的观测值时，可将前两次平差结果作为第一组，依新观测值再次进行平差。在有 m 组观测值进行逐次平差时，上述参数解向量及精度估计公式可扩展为

$$\hat{V}^{(m)}=(P_{\hat{X}}^{(m-1)}+B_m^{\mathrm{T}}P_mB_m)^{-1}B_m^{\mathrm{T}}P_ml_m^{(m)}$$

$$\hat{X}=\hat{X}^{(m-1)}+\hat{x}^{(m)}$$

$$P_{\hat{X}}^{(m-1)}=B_1^{\mathrm{T}}P_1B_1+B_2^{\mathrm{T}}P_2B_2+\cdots+B_{m-1}^{\mathrm{T}}P_{m-1}B_{m-1}$$

$$\hat{\sigma}_0^2=\frac{(\hat{V}^{(m)\mathrm{T}}P_{\hat{X}}^{(m-1)}\hat{x}^{(m)}+V_m^{\mathrm{T}}P_mV_m)}{n_m}$$

$$Q_{\hat{X}\hat{X}}=(P_{\hat{X}}^{(m-1)}+B_m^{\mathrm{T}}P_mB_m)^{-1}=\left(\sum_{i=1}^{m}B_i^{\mathrm{T}}P_iB_i\right)^{-1} \tag{6-113}$$

（2）各组误差方程具有不同的参数

设各组误差方程中，除有公共参数外，还有不同的参数。其误差方程设为

$$\begin{cases}\underset{n_1\times1}{V_1}=\underset{n_1\times t_1}{B_{11}}\underset{t_1\times1}{\hat{X}_1}+\underset{n_1\times t_2}{B_{12}}\underset{t_2\times1}{\hat{X}_2}\qquad\qquad+\underset{n_1\times1}{d_{10}}-\underset{n_1\times1}{L_1}\\[2mm]\underset{n_2\times1}{V_2}=\qquad\qquad\underset{n_2\times t_2}{B_{22}}\underset{t_2\times1}{\hat{X}_2}+\underset{n_2\times t_3}{B_{23}}\underset{t_3\times1}{\hat{X}_3}+\underset{n_2\times1}{d_{20}}-\underset{n_2\times1}{L_2}\end{cases} \tag{6-114}$$

式中　$\hat{X}_1$，$\hat{X}_3$——分别为仅与第一、二两组观测值有关的参数向量；

　　　$\hat{X}_2$——两组的共同参数向量。取

$$\hat{X}_{\mathrm{I}}=\begin{bmatrix}\hat{X}_1\\\hat{X}_2\end{bmatrix},\ X_{\mathrm{I}}^0=\begin{bmatrix}X_1^0\\X_2^0\end{bmatrix},\ \hat{x}_{\mathrm{I}}=\begin{bmatrix}\hat{x}_1\\\hat{x}_2\end{bmatrix}$$

1）第一次平差

第一组误差方程可写为

$$V_1=\begin{bmatrix}B_{11}&B_{12}\end{bmatrix}\begin{bmatrix}\hat{X}_1\\\hat{X}_2\end{bmatrix}+d_{10}-L_1$$

引入参数近似值之后，则有

120

$$\begin{cases} V_1 = \begin{bmatrix} B_{11} & B_{12} \end{bmatrix} \begin{bmatrix} \hat{x}_1 \\ \hat{x}_2 \end{bmatrix} - l_1 \\ l_1 = L_1 - B_{11}X_1^0 - B_{12}X_2^0 - d_{10} \end{cases} \tag{6-115}$$

第一组单独平差，设观测值改正数为 V_1'，参数改正数为

$$\hat{x}_1' = \begin{bmatrix} \hat{x}_1' \\ \hat{x}_2' \end{bmatrix}$$

则有

$$\hat{x}_1' = \begin{bmatrix} \hat{x}_1' \\ \hat{x}_2' \end{bmatrix} = \left[\begin{bmatrix} B_{11}^{\mathrm{T}} \\ B_{12}^{\mathrm{T}} \end{bmatrix} P_1 \begin{bmatrix} B_{11} & B_{12} \end{bmatrix} \right]^{-1} \begin{bmatrix} B_{11}^{\mathrm{T}} \\ B_{12}^{\mathrm{T}} \end{bmatrix} P_1 l_1$$

$$= \begin{bmatrix} B_{11}^{\mathrm{T}}P_1 B_{11} & B_{11}^{\mathrm{T}}P_1 B_{12} \\ B_{12}^{\mathrm{T}}P_1 B_{11} & B_{12}^{\mathrm{T}}P_1 B_{12} \end{bmatrix}^{-1} \begin{bmatrix} B_{11}^{\mathrm{T}}P_1 l_1 \\ B_{12}^{\mathrm{T}}P_1 l_1 \end{bmatrix} = \begin{bmatrix} N_{11} & N_{12} \\ N_{21} & N_{22} \end{bmatrix}^{-1} \begin{bmatrix} W_1 \\ W_2 \end{bmatrix} \tag{6-116}$$

由此求得第一次平差的观测值改正数

$$V_1' = B_{11}\hat{x}_{11}' + B_{12}\hat{x}_2' - l_1 \tag{6-117}$$

及

$$\hat{X}_{\mathrm{I}}' = X_{\mathrm{I}}^0 + \hat{x}_{\mathrm{I}}' \tag{6-118}$$

$$Q_{\hat{x}_{\mathrm{I}}'\hat{x}_{\mathrm{I}}'} = \begin{bmatrix} N_{11} & N_{12} \\ N_{21} & N_{22} \end{bmatrix}^{-1}, \quad P_{\hat{x}_{\mathrm{I}}'} = \begin{bmatrix} N_{11} & N_{12} \\ N_{21} & N_{22} \end{bmatrix}, \quad \hat{\sigma}_0^2 = \frac{V_1^{\mathrm{T}}P_1 V_1}{n_1 - t_1 - t_2} \tag{6-119}$$

2）第二次平差

现取第一组平差后的参数值为近似值，即

$$\hat{X}_{\mathrm{I}} = X_{\mathrm{I}}^0 + \hat{x}_{\mathrm{I}}' + \hat{x}_{\mathrm{I}}'' = \hat{X}_{\mathrm{I}}' + \hat{x}_{\mathrm{I}}''$$

$$\hat{X}_3 = X_3^0 + \hat{x}_3$$

代入式（6-114），得整体平差误差方程

$$\begin{cases} V_1 = B_{11}\hat{x}_1'' + B_{12}\hat{x}_2'' & -l_1' \\ V_2 = \quad\quad B_{22}\hat{x}_2'' + B_{23}\hat{x}_3 & -l_2' \end{cases} \tag{6-120}$$

式中

$$l_1' = L_1 - B_{11}\hat{X}_1' - B_{12}\hat{X}_2' - d_{10} = -V_1'$$

$$l_2' = L_2 - B_{22}\hat{X}_2' - B_{23}X_3^0 - d_{20}$$

按式（6-120）组成法方程，即

$$\begin{bmatrix} B_{11}^{\mathrm{T}} & 0 \\ B_{12}^{\mathrm{T}} & B_{22}^{\mathrm{T}} \\ 0 & B_{23}^{\mathrm{T}} \end{bmatrix} \begin{bmatrix} P_1 & 0 \\ 0 & P_2 \end{bmatrix} \begin{bmatrix} B_{11} & B_{12} & 0 \\ 0 & B_{22} & B_{23} \end{bmatrix} \begin{bmatrix} \hat{x}_1'' \\ \hat{x}_2'' \\ \hat{x}_3 \end{bmatrix} = \begin{bmatrix} B_{11}^{\mathrm{T}} & 0 \\ B_{12}^{\mathrm{T}} & B_{22}^{\mathrm{T}} \\ 0 & B_{23}^{\mathrm{T}} \end{bmatrix} \begin{bmatrix} P_1 & 0 \\ 0 & P_2 \end{bmatrix} \begin{bmatrix} l_1' \\ l_2' \end{bmatrix}$$

$$\begin{bmatrix} B_{11}^{\mathrm{T}}P_1B_{11} & B_{11}^{\mathrm{T}}P_1B_{12} & 0 \\ B_{12}^{\mathrm{T}}P_1B_{11} & B_{12}^{\mathrm{T}}P_1B_{12}+B_{22}^{\mathrm{T}}P_2B_{22} & B_{22}^{\mathrm{T}}P_2B_{23} \\ 0 & B_{23}^{\mathrm{T}}P_2B_{22} & B_{23}^{\mathrm{T}}P_2B_{23} \end{bmatrix} \begin{bmatrix} \hat{x}_1'' \\ \hat{x}_2'' \\ \hat{x}_3 \end{bmatrix} = \begin{bmatrix} B_{11}^{\mathrm{T}}P_1l_1' \\ B_{12}^{\mathrm{T}}P_1l_1'+B_{22}^{\mathrm{T}}P_2l_2' \\ B_{23}^{\mathrm{T}}P_2l_2' \end{bmatrix} \tag{6-121}$$

引入简化符号，并注意到 $l_1'=-V_1'$，则式（6-121）变为

$$\begin{bmatrix} N_{11} & N_{12} & 0 \\ N_{21} & N_{22}+N_{22}' & N_{23} \\ 0 & N_{32} & N_{33} \end{bmatrix} \begin{bmatrix} \hat{x}_1'' \\ \hat{x}_2'' \\ \hat{x}_3 \end{bmatrix} = \begin{bmatrix} 0 \\ W_2' \\ W_3' \end{bmatrix} \tag{6-122}$$

式中，$W_2'=B_{22}^{\mathrm{T}}P_2l_2'$，$W_3'=B_{23}^{\mathrm{T}}P_2l_2'$。

参数改正数向量及其权矩阵分别为

$$\begin{bmatrix} \hat{x}_1'' \\ \hat{x}_2'' \\ \hat{x}_3 \end{bmatrix} = \begin{bmatrix} N_{11} & N_{12} & 0 \\ N_{21} & N_{22}+N_{22}' & N_{23} \\ 0 & N_{32} & N_{33} \end{bmatrix}^{-1} \begin{bmatrix} 0 \\ W_2' \\ W_3' \end{bmatrix} \tag{6-123}$$

$$P_{\hat{x}} = \begin{bmatrix} N_{11} & N_{12} & 0 \\ N_{21} & N_{22}+N_{22}' & N_{23} \\ 0 & N_{32} & N_{33} \end{bmatrix} \tag{6-124}$$

单位权方差为

$$\hat{\sigma}_0^2 = \frac{V_1^{\mathrm{T}}PV_1+V_2^{\mathrm{T}}P_2V_2}{n_1+n_2-t_1-t_2-t_3} \tag{6-125}$$

知

$$V_1^{\mathrm{T}}PV_1 = V_1'^{\mathrm{T}}P_1V_1'+\hat{x}_{\mathrm{I}}''^{\mathrm{T}}P_{\hat{x}_{\mathrm{I}}'}\hat{x}_{\mathrm{I}}''$$

$$V_1'^{\mathrm{T}}P_1V_1' = (n_1-t_1-t_2)\hat{\sigma}_0^2$$

代入式（6-125），可得

$$\hat{\sigma}_0^2 = \frac{\hat{x}_{\mathrm{I}}''^{\mathrm{T}}P_{\hat{x}_{\mathrm{I}}'}\hat{x}_{\mathrm{I}}''+V_2^{\mathrm{T}}P_2V_2}{n_2-t_3} \tag{6-126}$$

对于多组观测值的情况，可按前述方法扩充。

3. 参数分组

设参数分两组，相应误差方程系数矩阵也分块

$$\hat{x} = \begin{bmatrix} \hat{x}_1 \\ \hat{x}_2 \end{bmatrix}, \ B = \begin{bmatrix} B_1 & B_2 \end{bmatrix} \tag{6-127}$$

则误差方程为

$$V = \begin{bmatrix} B_1 & B_2 \end{bmatrix} \begin{bmatrix} \hat{x}_1 \\ \hat{x}_2 \end{bmatrix} - l$$

$$l = L - \begin{bmatrix} B_1 & B_2 \end{bmatrix} \begin{bmatrix} X_1^0 \\ X_2^0 \end{bmatrix} - d$$

可得法方程为

$$\begin{bmatrix} B_1^{\mathrm{T}}PB_1 & B_1^{\mathrm{T}}PB_2 \\ B_2^{\mathrm{T}}PB_1 & B_2^{\mathrm{T}}PB_2 \end{bmatrix} \begin{bmatrix} \hat{x}_1 \\ \hat{x}_2 \end{bmatrix} = \begin{bmatrix} B_1^{\mathrm{T}}Pl \\ B_2^{\mathrm{T}}Pl \end{bmatrix}$$

$$\begin{bmatrix} N_{11} & N_{12} \\ N_{21} & N_{22} \end{bmatrix} \begin{bmatrix} \hat{x}_1 \\ \hat{x}_2 \end{bmatrix} = \begin{bmatrix} W_1 \\ W_2 \end{bmatrix} \tag{6-128}$$

根据分块矩阵求逆，对式（6-128）进行求解，可得

$$\begin{bmatrix} \hat{x}_1 \\ \hat{x}_2 \end{bmatrix} = \begin{bmatrix} N_{11} & N_{12} \\ N_{21} & N_{22} \end{bmatrix}^{-1} \begin{bmatrix} W_1 \\ W_2 \end{bmatrix} = \begin{bmatrix} N_{11}^{-1} + N_{11}^{-1}N_{12}\widetilde{N}_{22}^{-1}N_{21}N_{11}^{-1} & -N_{11}^{-1}N_{12}\widetilde{N}_{22}^{-1} \\ -\widetilde{N}_{22}^{-1}N_{21}N_{11}^{-1} & \widetilde{N}_{22}^{-1} \end{bmatrix} \begin{bmatrix} W_1 \\ W_2 \end{bmatrix} \tag{6-129}$$

式中

$$\widetilde{N}_{22} = N_{22} - N_{21}N_{11}^{-1}N_{12}$$

从式（6-129），可得参数向量改正数的解为

$$\begin{cases} \hat{x}_1 = (N_{11}^{-1} + N_{11}^{-1}N_{12}\widetilde{N}_{22}^{-1}N_{21}N_{11}^{-1})W_1 - N_{11}^{-1}N_{12}\widetilde{N}_{22}^{-1}W_2 \\ \hat{x}_2 = \widetilde{N}_{22}^{-1}W_2 - \widetilde{N}_{22}^{-1}N_{21}N_{11}^{-1}W_1 \end{cases} \tag{6-130}$$

在平差过程中，当对一部分参数感兴趣，而另一部分参数不需要求出时，可利用式（6-130）直接求出所需的参数。

§6.6 序 贯 平 差

序贯平差也叫逐次相关间接平差，它是将观测值分成两组或多组，按组的顺序分别做相关间接平差，从而使其达到与两期一起做整体平差同样的结果。分组后可以使每组的法方程阶数降低，降低计算强度，现在常用于控制网的改扩建或分期布网的平差计算，即观测值可以是不同期的，平差工作可以分期进行。序贯平差的递推公式有明显的规律性，特别适合计算机编程计算，所以用途广泛。

本节介绍的序贯平差，其参数不随时间变化，有时又称为静态卡尔曼滤波。下面以观测值分两组为例说明平差原理，在此基础上，再总结出递推公式。

1. 平差原理

设有 k 期参数不变的误差方程式以及对应的观测值的权矩阵（观测值间互独立）为

$$\begin{cases} V_1 = B_1\hat{x} - l_1 & P_1 = Q_1^{-1} = \sigma^2 D_1^{-1} \\ V_2 = B_2\hat{x} - l_2 & P_2 = Q_2^{-1} = \sigma^2 D_2^{-1} \\ \quad\vdots & \quad\vdots \\ V_k = B_k\hat{x} - l_k & P_k = Q_k^{-1} = \sigma^2 D_k^{-1} \end{cases} \tag{6-131}$$

上式第一个误差方程用间接平差法（第一期平差）解得

$$\hat{x}_{\mathrm{I}} = (B_1^{\mathrm{T}}P_1B_1)^{-1}B_1^{\mathrm{T}}P_1l_1 = Q_{\hat{x}_{\mathrm{I}}}B_1^{\mathrm{T}}P_1l_1 \tag{6-132}$$

式中，$Q_{\hat{x}_{\mathrm{I}}} = (B_1^{\mathrm{T}}P_1B_1)^{-1} = P_{\hat{x}_{\mathrm{I}}}^{-1}$

第二期平差结果为

$$\hat{x}_{\rm II} = \hat{x}_{\rm I} + Q_{\hat{x}_{\rm I}} B_2^{\rm T} P_2 (l_2 - B_2 \hat{x}_{\rm I}) = \hat{x}_{\rm I} + Q_{\hat{x}_{\rm I}} B_2^{\rm T} (Q_2 + B_2 Q_{\hat{x}_{\rm I}} B_2^{\rm T})^{-1} (l_2 - B_2 \hat{x}_{\rm I})$$

$$(6\text{-}133)$$

$$Q_{\hat{x}_{\rm II}} = (P_{\hat{x}_{\rm I}} + B_2^{\rm T} P_2 B_2)^{-1} = Q_{\hat{x}_{\rm I}} - Q_{\hat{x}_{\rm I}} B_2^{\rm T} (P_2^{-1} + B_2 Q_{\hat{x}_{\rm I}} B_2^{\rm T})^{-1} B_2 Q_{\hat{x}_{\rm I}}$$

$$= Q_{\hat{x}_{\rm I}} - Q_{\hat{x}_{\rm I}} B_2^{\rm T} (Q_2 + B_2 Q_{\hat{x}_{\rm I}} B_2^{\rm T})^{-1} B_2 Q_{\hat{x}_{\rm I}} \qquad (6\text{-}134)$$

于是，就得到了两期观测值整体平差后参数值的计算公式 [式（6-133）] 和参数协因数矩阵的计算公式 [式（6-134）]。参照这两式，可得第 k 期整体平差的递推公式为

$$\hat{x}_k = \hat{x}_{k-1} + Q_{\hat{x}_{k-1}} B_k^{\rm T} (Q_k + B_k Q_{\hat{x}_{k-1}} B_k^{\rm T})^{-1} (l_k - B_k \hat{x}_{k-1}) \qquad (6\text{-}135)$$

$$Q_{\hat{x}_k} = Q_{\hat{x}_{k-1}} - Q_{\hat{x}_{k-1}} B_k^{\rm T} (Q_k + B_k Q_{\hat{x}_{k-1}} B_k^{\rm T})^{-1} B_k Q_{\hat{x}_{k-1}} \qquad (6\text{-}136)$$

令

$$J_k = Q_{\hat{x}_{k-1}} B_k^{\rm T} (Q_k + B_k Q_{\hat{x}_{k-1}} B_k^{\rm T})^{-1}, \ \bar{l}_k = l_k - B_k \hat{x}_{k-1}$$

则上两式变为

$$\hat{x}_k = \hat{x}_{k-1} + J_k \bar{l}_k \qquad (6\text{-}137)$$

$$Q_{\hat{x}_k} = Q_{\hat{x}_{k-1}} - J_k B_k Q_{\hat{x}_{k-1}} \qquad (6\text{-}138)$$

这两个公式的特点为：只要在第 $(k-1)$ 期平差值 $\hat{x}_{k-1}$，$Q_{\hat{x}_{k-1}}$ 的基础上进行调整，就可得到第 k 期的平差值 $\hat{x}_k$，$Q_{\hat{x}_k}$，达到两期整体平差的结果。特别是第 k 期一般都只取一个观测值的误差方程（所以称为逐次递推间接平差），则式中 $(Q_k + B_k Q_{\hat{x}_{k-1}} B_k^{\rm T})$ 就是一个标量，从而避免了矩阵求逆计算。

2. 平差值的计算

两期最后的平差值为

$$\hat{L}_1 = \hat{L}_1' + V_1'' = L_1 + V_1, \ (V_1 = V_1' + V_2'') \qquad (6\text{-}139)$$

$$\hat{L}_2 = \hat{L}_2' + V_2'' = L_2 + V_2'', \ (V_2 = V_2'', V_2' = 0) \qquad (6\text{-}140)$$

$$\hat{X} = X^0 + \hat{x}_{\rm II} = X^0 + \hat{x}_{\rm I} + \Delta x \qquad (6\text{-}141)$$

3. 精度评定

单位权方差计算式为

$$\hat{\sigma}_0^2 = \frac{V^{\rm T} P V}{n-t} = \frac{V^{\rm T} P V}{r} \qquad (6\text{-}142)$$

第 k 期整体平差的 $V^{\rm T} P V$ 的递推公式为

$$V^{\rm T} P V = V_{k-1}'^{\rm T} P_{k-1} V_{k-1}' + \bar{l}_k^{\rm T} (Q_k + B_k Q_{\hat{x}_{k-1}} B_k^{\rm T})^{-1} \bar{l}_k \qquad (6\text{-}143)$$

§6.7 知 识 难 点

1. 条件平差与间接平差的关系

条件平差和间接平差都是对测量数据处理的方法，都是按照最小二乘原则进行的平差估计。

条件平差和间接平差是测量平差的两大基石，其他平差理论，如附有参数的条件平差和附有限制条件的间接平差等都是在此基础上发展起来的。在各种有关测量平差的文献和教程中，这两种平差方法都作为独立的方法被提出。

条件平差是以 n 个观测量的平差值作为未知数，并通过它们之间存在的 r 个条件方程来消除观测值之间的不符值，同时运用求条件极值的原理解出改正数 V，从而求得各观测量的平差值。

间接平差（参数平差或未知数平差）是通过选定足以确定某个平差问题的 t 个未知数（未知参数）来消除观测值之间的不符值，并用求自由极值的方法解出未知参数的最或然值，从而求得各观测量的平差值。

对于同一个平差问题，如果同时运用上述两种平差方法来求解，所求得的各观测值改正数、观测量的平差值及未知参数的最或然值应该相同，同时两者的系数矩阵和常数向量也应该存在一定的内在联系。

2. 有了条件平差为什么还要引进间接平差

主要理由有如下几点：（1）一般而言间接平差所设的参数就是所求；（2）间接平差编程方便；（3）如果 $t<r$，则法方程求逆比较简单。

3. 间接平差的优越性

主要优点：（1）一般而言，所选参数就是所求的结果；（2）便于编程；（3）列立误差方程一般不会产生相关性，即误差方程都是独立的。

4. 误差方程的特点

（1）形式比较固定，左边是观测值的平差值，右边是参数的函数；（2）误差方程个数就是观测量的个数；（3）误差方程都是独立的；（4）对于同一问题，所列的误差方程是一样的。

5. 最小二乘原则在间接平差的作用

最小二乘原则在间接平差中提供了 $B^{\mathrm{T}}PV=0$。

6. 间接平差定权的特点

相比条件平差而言，间接平差的单位权中误差尽量取大。

7. 序贯平差与分组平差的区别

序贯平差是分组平差的又一种解法，有一套规律性很强的递推公式，在特定情况下比分组平差方法更为简单，计算量更小。分组平差一般是将观测值或参数分成两组或多组，主要是简化计算。

分组平差是在观测值都已获得的情况下，为了计算简单，人为地进行分组。

在许多测量工程中，序贯平差的观测数据是分期分批获得的，客观上观测值被分成若干组，并且在最新观测数据获得之前，原来的观测值已经进行过平差。序贯平差又称为静态卡尔曼滤波。

8. 序贯平差和分组平差如何分组

序贯平差和分组平差的分组关键是第一组，第一组的误差方程个数要大于必要参数个数。

§6.8 例 题 精 讲

【**例 6-1**】 采用间接平差对某水准网进行平差，得到误差方程及权矩阵（取 $c=2\mathrm{km}$）

如下

$$\begin{bmatrix} v_1 \\ v_2 \\ v_3 \\ v_4 \\ v_5 \\ v_6 \end{bmatrix} = \begin{bmatrix} 1 & 0 \\ 1 & 0 \\ 0 & 1 \\ 1 & -1 \\ -1 & 0 \\ 0 & -1 \end{bmatrix} \begin{bmatrix} \hat{x}_1 \\ \hat{x}_2 \end{bmatrix} - \begin{bmatrix} H_A+h_1 \\ H_A+h_2 \\ H_A+h_3 \\ h_4 \\ -H_B+h_5 \\ -H_B+h_6 \end{bmatrix} \qquad P=diag(1,1,1,2,1,1)$$

（1）试画出该水准网的图形。

（2）若已知误差方程常数项 $l=\begin{bmatrix} 2 & 1 & 0 & -2 & 0 & -1 \end{bmatrix}^T$mm，求观测值的改正数。

（3）求每千米观测高差的中误差。

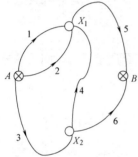

图 6-1　例 6-1 水准网

【解】（1）按题意可画出如图 6-1 所示的水准网图形。

（2）$\hat{x}=(B^T PB)^{-1}B^T Pl=\dfrac{1}{16}\begin{bmatrix} 38 \\ 39 \end{bmatrix}$mm

$V=B\hat{x}-l=\dfrac{1}{16}\begin{bmatrix} 6 & 22 & 39 & 31 & -38 & -23 \end{bmatrix}^T$mm

（3）$\hat{\sigma}_0=\sqrt{\dfrac{V^T PV}{n-t}}=1.40$mm

$\hat{\sigma}_1=\hat{\sigma}_0/\sqrt{2}=0.99$mm

【本题点拨】（1）由误差方程确定几何模型；（2）计算出来的结果 $\hat{\sigma}_0$ 是 2km 的中误差。

【例 6-2】　设由同精度独立观测值列出的误差方程为

$$V=\begin{bmatrix} 0 & 2 \\ 2 & -3 \\ -1 & 2 \end{bmatrix}\hat{x}-\begin{bmatrix} -1 \\ 3 \\ 2 \end{bmatrix}$$

试按间接平差法求 $Q_{\hat{X}\hat{X}}$，$Q_{\hat{L}\hat{X}}$，$Q_{\hat{L}V}$，$Q_{\hat{L}\hat{L}}$。

【解】　由题意可知 $n=3$，$u=t=2$，$c=3$。且

$$B=\begin{bmatrix} 0 & 2 \\ 2 & -3 \\ -1 & 2 \end{bmatrix}, l=\begin{bmatrix} -1 \\ 3 \\ 2 \end{bmatrix}, P=\begin{bmatrix} 1 & 0 & 0 \\ 0 & 1 & 0 \\ 0 & 0 & 1 \end{bmatrix}$$

可得法方程系数矩阵为

$$N_{BB}=B^T PB=\begin{bmatrix} 5 & -8 \\ -8 & 17 \end{bmatrix}$$

根据下式进行推导

$$Q_{\hat{X}\hat{X}}=N_{BB}^{-1}, Q_{\hat{L}\hat{X}}=BN_{BB}^{-1}, Q_{\hat{L}V}=0, Q_{\hat{L}\hat{L}}=BN_{BB}^{-1}B^T$$

可得

$$Q_{\hat{X}\hat{X}}=\dfrac{1}{21}\begin{bmatrix} 17 & 8 \\ 8 & 5 \end{bmatrix}, Q_{\hat{L}\hat{X}}=\dfrac{1}{21}\begin{bmatrix} 16 & 10 \\ 10 & 1 \\ -1 & 2 \end{bmatrix}, Q_{\hat{L}V}=0, Q_{\hat{L}\hat{L}}=\dfrac{1}{21}\begin{bmatrix} 20 & 2 & 4 \\ 2 & 17 & -8 \\ 4 & -8 & 5 \end{bmatrix}$$

【本题点拨】 列出 $\hat{X}$、$\hat{L}$、V 与 $\hat{L}$ 的函数关系式。

【例6-3】 图6-2为一扇形的建筑物轮廓图，测量了该扇形的圆心角 α、半径 r 和弧长 L。观测值及观测精度如表6-1所示。试按间接平差法求该扇形面积的平差值。

观测值及其观测精度　　表6-1

观测量	观测值	观测精度
α	30°	6″
r	38.00m	2cm
L	20.00m	2cm

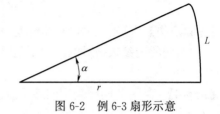

图6-2　例6-3扇形示意

【解】 由题意可知 $n=3$，$t=2$。选 r、L 的平差值为参数，分别记为 $\hat{X}_1$、$\hat{X}_2$，则可列出观测方程为

$$\hat{a}=\hat{X}_2/\hat{X}_1$$

$$\hat{r}=\hat{X}_1$$

$$\hat{L}=\hat{X}_2$$

按照 $\hat{a}=a+v_1$，$\hat{r}=r+v_2$，$\hat{L}=L+v_3$，$\hat{X}_1=r+\hat{x}_1$，$\hat{X}_2=L+\hat{x}_2$，并注意单位的统一，要把 a 化为弧度，v_1 的单位为秒，也应化为弧度，应除以 $\rho''=206265$，并按泰勒级数展开，得到误差方程为

$$v_1=-28.57\hat{x}_1+54.28\hat{x}_2+618.80$$
$$v_2=\hat{x}_1$$
$$v_3=\hat{x}_2$$

从而相应的矩阵

$$B=\begin{bmatrix} -28.57 & 54.28 \\ 1 & 0 \\ 0 & 1 \end{bmatrix},\ l=\begin{bmatrix} -618.80 \\ 0 \\ 0 \end{bmatrix}$$

以2cm为单位权中误差，则可得到观测值的权矩阵为

$$P=\begin{bmatrix} \dfrac{1}{9}(\text{cm}/'')^2 & 0 & 0 \\ 0 & 1 & 0 \\ 0 & 0 & 1 \end{bmatrix}$$

从而计算出 N_{BB}，W，$\hat{x}$，V，即

$$N_{BB}=B^{\mathrm{T}}PB=\begin{bmatrix} 91.69 & -172.31 \\ -172.31 & 328.37 \end{bmatrix},\ W=B^{\mathrm{T}}Pl=\begin{bmatrix} 1964.35 \\ -3732.05 \end{bmatrix}$$

$$\hat{x}=N_{BB}^{-1}W=\begin{bmatrix} 4.9 \\ -8.9 \end{bmatrix}\text{cm},\ V=\begin{bmatrix} -4.3'' \\ 4.9\text{cm} \\ -8.9\text{cm} \end{bmatrix}$$

从而得到平差值

$$\hat{r}=38.049\text{m}, \hat{L}=19.911\text{m}, \hat{a}=29°59'55.7''$$

面积的平差值为

$$\hat{S}=\frac{1}{2}\hat{r}\hat{L}=378.7968\text{m}^2$$

【本题点拨】（1）观测值权矩阵是有单位的；（2）非线性函数线性化时注意单位统一；（3）本题所选参数是对的，但不是最佳的，选角度和半径为参数是最好的，想一想这是为什么？

【例6-4】 某平差问题是用间接平差法进行的，共有10个独立观测值，两个未知数，列出10个误差方程后得法方程式如下：

$$\begin{bmatrix} 10 & -2 \\ -2 & 8 \end{bmatrix}\begin{bmatrix} \hat{x}_1 \\ \hat{x}_2 \end{bmatrix}=\begin{bmatrix} -6 \\ -14 \end{bmatrix}$$

且已知 $[pll]=66.0$。求：（1）未知数的解；（2）单位权中误差；（3）设 $F=4\hat{x}_1+3\hat{x}_2$，求 $\dfrac{1}{p_F}$。

【解】（1）$\begin{bmatrix} \hat{x}_1 \\ \hat{x}_2 \end{bmatrix}=\begin{bmatrix} 10 & -2 \\ -2 & 8 \end{bmatrix}^{-1}\begin{bmatrix} -6 \\ -14 \end{bmatrix}=\begin{bmatrix} -1 \\ -2 \end{bmatrix}$

（2）$V^{\text{T}}PV=l^{\text{T}}Pl-W^{\text{T}}\hat{x}=66-\begin{bmatrix} -6 & -14 \end{bmatrix}\begin{bmatrix} -1 \\ -2 \end{bmatrix}=66-34=32$

$$r=n-t=8$$

$$\hat{\sigma}_0=\sqrt{\frac{V^{\text{T}}PV}{r}}=\sqrt{\frac{32}{8}}=2$$

（3）$Q_{\hat{x}\hat{x}}=N_{BB}^{-1}=\dfrac{1}{76}\begin{bmatrix} 8 & 2 \\ 2 & 10 \end{bmatrix}$

$$\frac{1}{p_F}=Q_{FF}=\frac{1}{76}\begin{bmatrix} 4 & 3 \end{bmatrix}\begin{bmatrix} 8 & 2 \\ 2 & 10 \end{bmatrix}\begin{bmatrix} 4 \\ 3 \end{bmatrix}=\frac{7}{2}$$

图6-3 例6-5水准路线

【本题点拨】 $V^{\text{T}}PV$ 的计算方法。

【例6-5】 设某水准网，各观测高差、线路长度和起算点高程如图6-3所示，计算 P 点的平差值 $\hat{H}_P$（精确到 0.001m）。

【解】 设 P 点的平差值为参数 $\hat{X}$，则有 $n=3$，$u=1$，$t=1$，选 $X_0=H_A+h_1=8.015+0.004=8.019$m。

误差方程为

$$v_1=\hat{x}$$
$$v_2=\hat{x}-4$$
$$v_3=-\hat{x}+8$$

根据间接平差选取权的规则，取 8.0km 为单位权，则有

128

$$P = \begin{bmatrix} 4 & 0 & 0 \\ 0 & 1 & 0 \\ 0 & 0 & 2 \end{bmatrix}$$

则有

$$\hat{x} = (B^{\mathrm{T}}PB)^{-1}B^{\mathrm{T}}Pl = 3\text{mm}$$

$$\hat{H}_{\mathrm{P}} = \hat{X} = 8.019 + 0.003 = 8.021\text{m}$$

【本题点拨】 注意选参数，一般是按照求什么就选什么为参数的原则；本题也可采用直接平差进行计算。

【例 6-6】 有水准网如图 6-4 所示，A、B、C、D 为已知点，P_1、P_2 为待定点，观测高差为 $h_1 \sim h_5$，路线长度为 $s_1 = s_2 = s_5 = 6\text{km}$，$s_3 = 8\text{km}$，$s_4 = 4\text{km}$，若要求网中最弱点平差后的高程中误差$\leqslant 5\text{cm}$，试估算该网每千米观测高差中误差应为多少。

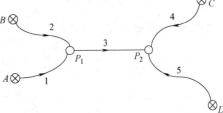

图 6-4　例 6-6 水准网

【解】 $n = 5$，$t = 2$，$u = 2$，$c = 5$

设平差后 P_1，P_2 点高程为 $\hat{X}_1$，$\hat{X}_2$

可列出误差方程为

$$\begin{aligned} v_1 &= \hat{x}_1 \\ v_2 &= \hat{x}_1 - l_2 \\ v_3 &= -\hat{x}_1 + \hat{x}_2 - l_3, \quad B = \begin{bmatrix} 1 & 0 \\ 1 & 0 \\ -1 & 1 \\ 0 & 1 \\ 0 & 1 \end{bmatrix} \\ v_4 &= \hat{x}_2 \\ v_5 &= \hat{x}_2 - l_5 \end{aligned}$$

令 $C = 24\text{km}$，则可得

$$P = diag(4, 4, 3, 6, 4)$$

$$N_{BB} = B^{\mathrm{T}}PB = \begin{bmatrix} 11 & -3 \\ -3 & 13 \end{bmatrix}$$

$$Q_{\hat{x}\hat{x}} = N_{BB}^{-1} = \frac{1}{134} \begin{bmatrix} 13 & 3 \\ 3 & 11 \end{bmatrix}$$

由于，

$$\frac{13}{134} > \frac{11}{134}$$

所以，P_1 为最弱点。

设每千米观测值中误差为 K，则

$$\sigma_0 = \sqrt{24}K$$

$$\sigma_{l_1'} = K\sqrt{24}\sqrt{\frac{13}{134}} < 5, \text{得 } K \leqslant 3.277\text{cm}$$

所以，每千米观测值中误差应小于 3.277cm。

【本题点拨】 单位权观测值的选取。本题的解法也是对的，但最好选 $C = 1\text{km}$，这样解题会更简单。

【例 6-7】 在如图 6-5 所示的图形中，在共线的 3 点 A、B、C 之间独立观测，其中

边长 AB 丈量了 3 次，边长 BC 丈量了 2 次，观测长度为：$L_1=30.525\text{m}$，$L_2=30.521\text{m}$，$L_3=30.528\text{m}$，$L_4=25.324\text{m}$，$L_5=25.327\text{m}$。试求 AC 边平差后的权。

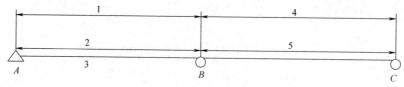

图 6-5　例 6-7 边长观测示意

【解】 根据题意可知 $n=5$，$t=2$，设 AB，BC 的平差值为参数 $\hat{X}_1$，$\hat{X}_2$，令 $X_1^0=\dfrac{L_1+L_2+L_3}{3}=30.525$，$X_2^0=\dfrac{L_4+L_5}{2}=25.325$。

则可列出误差方程，为

$$
\begin{aligned}
v_1&=\hat{x}_1\\
v_2&=\hat{x}_1+4\\
v_3&=\hat{x}_1-3\\
v_4&=\hat{x}_2+1\\
v_5&=\hat{x}_2-2
\end{aligned}
$$

所以，有

$$
B=\begin{bmatrix}1&0\\1&0\\1&0\\0&1\\0&1\end{bmatrix},\ P=\begin{bmatrix}1&0&0&0&0\\0&1&0&0&0\\0&0&1&0&0\\0&0&0&1&0\\0&0&0&0&1\end{bmatrix},\ N_{BB}=B^{\mathrm{T}}PB=\begin{bmatrix}3&0\\0&2\end{bmatrix},\ Q_{\hat{X}\hat{X}}=\frac{1}{6}\begin{bmatrix}2&0\\0&3\end{bmatrix}
$$

$$
\hat{S}_{AC}=\hat{X}_1+\hat{X}_2
$$

则有

$$
Q_{\hat{S}_{AC}\hat{S}_{AC}}=\frac{1}{6}\begin{bmatrix}1&1\end{bmatrix}\begin{bmatrix}2&0\\0&3\end{bmatrix}\begin{bmatrix}1\\1\end{bmatrix}=\frac{5}{6}
$$

$$
P_{\hat{S}_{AC}}=\frac{1}{Q_{\hat{S}_{AC}\hat{S}_{AC}}}=\frac{6}{5}
$$

【本题点拨】 (1) 必要参数的确定；(2) 参数近似值的确定。本题所选近似值比单选 L_1 科学。

图 6-6　例 6-8 三角形地块

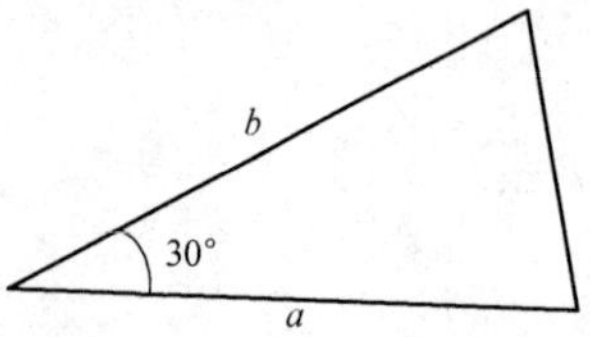

【例 6-8】 图 6-6 为某一三角形地块，量测了 2 段边长，得同精度观测值 $a=8.62\text{m}$，$b=8.29\text{m}$。已知三角形的面积为 17.85m^2，若设边长 a，b 的平差值为参数 $\hat{X}=\begin{bmatrix}\hat{X}_1 & \hat{X}_2\end{bmatrix}^{\mathrm{T}}$，试按附有限制条件的间接平差法求：(1) 误差方程和限制条件；(2) 边长 a，b 的平差值；(3) 参数的协因数矩阵 $Q_{\hat{X}\hat{X}}$。

【解】 （1）根据题意可得，$n=2$，$t=1$，$u=2$，则可以列出 2 个误差方程和 1 个限制条件，设 $X_1^0=a$，$X_2^0=b$，则可得

$$v_1=\hat{x}_1$$
$$v_2=\hat{x}_2$$
$$829\hat{x}_1+862\hat{x}_2+598=0$$

（2）$N_{BB}=B^{\mathrm{T}}PB=\begin{bmatrix}1 & 0\\ 0 & 1\end{bmatrix}$，$N_{BB}^{-1}=\begin{bmatrix}1 & 0\\ 0 & 1\end{bmatrix}$，$N_{CC}=CN_{BB}^{-1}C^{\mathrm{T}}=1430285$

$$Q_{\hat{X}\hat{X}}=N_{BB}^{-1}-N_{BB}^{-1}C^{\mathrm{T}}N_{CC}^{-1}CN_{BB}^{-1}=\begin{bmatrix}1 & 0\\ 0 & 1\end{bmatrix}-\frac{1}{1430285}\begin{bmatrix}829\\ 862\end{bmatrix}\begin{bmatrix}829 & 862\end{bmatrix}$$

$$=\begin{bmatrix}0.52 & -0.5\\ -0.5 & 0.48\end{bmatrix}$$

$$\hat{x}=(N_{BB}^{-1}-N_{BB}^{-1}C^{\mathrm{T}}N_{CC}^{-1}CN_{BB}^{-1})W-N_{BB}^{-1}C^{\mathrm{T}}N_{CC}^{-1}W_x=\begin{bmatrix}-0.3\\ -0.4\end{bmatrix}\mathrm{cm}$$

$$\hat{a}=8.62-0.003=8.617\mathrm{m}$$
$$\hat{b}=8.29-0.004=8.286\mathrm{m}$$

（3）$Q_{\hat{X}\hat{X}}=\begin{bmatrix}0.52 & -0.5\\ -0.5 & 0.48\end{bmatrix}$

【本题点拨】 非线性误差方程线性化时，应特别注意单位的问题。

【例 6-9】 如图 6-7 所示的水准网中，A、B 为已知点，$P_1\sim P_3$ 为待定点，观测高差 $h_1\sim h_5$，相应的路线长度为 4km、2km、2km、2km、4km，若已知平差后每千米观测高差中误差的估值为 3mm，试求 P_2 点平差后高差的中误差。

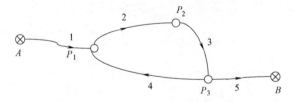

图 6-7 例 6-9 水准网示意

【解】 $n=5$，$t=3$，$r=2$，设 $\hat{P}_1$、$\hat{P}_2$、$\hat{P}_3$ 的平差值为参数 $\hat{X}_1$、$\hat{X}_2$、$\hat{X}_3$，令 $X_1^0=H_A+h_1$，$X_2^0=H_A+h_1+h_2$，$X_3^0=H_B-h_4$，
可列出误差方程为

$$v_1=\hat{x}_1$$
$$v_2=\hat{x}_2-\hat{x}_1-l_2$$
$$v_3=\hat{x}_3-\hat{x}_2-l_3$$
$$v_4=\hat{x}_1-\hat{x}_3-l_4$$
$$v_5=-\hat{x}_3$$

令 $C=1$km 为单位权观测值，则权矩阵为

$$P = diag(0.25, 0.5, 0.5, 0.5, 0.25)$$

$$B = \begin{bmatrix} 1 & 0 & 0 \\ -1 & 1 & 0 \\ 0 & -1 & 1 \\ 1 & 0 & -1 \\ 0 & 0 & -1 \end{bmatrix}, N_{BB} = B^T P B = \begin{bmatrix} 1.25 & -0.5 & -0.5 \\ -0.5 & 1 & -0.5 \\ -0.5 & -0.5 & 1.25 \end{bmatrix}, N_{BB}^{-1} = \begin{bmatrix} 2.3 & 2 & 1.7 \\ 2 & 3 & 2 \\ 1.7 & 2 & 2.3 \end{bmatrix}$$

$$Q_{\hat{V}\hat{V}} = N_{BB}^{-1} \Rightarrow Q_{\hat{H}_{P_2}\hat{H}_{P_2}} = 3$$

$$\hat{\sigma}_{P_2} = \hat{\sigma}_0 \sqrt{Q_{\hat{H}_{P_2}\hat{H}_{P_2}}} = 3\sqrt{3} = 5.2mm$$

【本题点拨】 （1）定权时，取 $C = 1km$，则单位权中误差 $\hat{\sigma}_0 = 3mm$；（2）$Q_{\hat{V}\hat{V}}$ 的计算只与 B，P 有关。

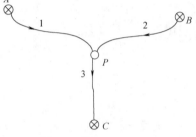

图 6-8　例 6-10 水准网

【例 6-10】 在如图 6-8 所示的水准网中，A、B、C 为已知点，P 为待定高程点，已知 $H_A = 21.910m$，$H_B = 22.870m$，$H_C = 26.890m$，观测高差及相应的路线长度为：$h_1 = 3.552m$，$h_2 = 2.605m$，$h_3 = -1.425m$，$S_1 = 2km$，$S_2 = 6km$，$S_3 = 3km$。试求：（1）P 点的最或是高程；（2）P 点平差后高程的权（当 $c = 1km$ 时）。

【解】 此题是直接平差，选 $c = 1km$ 为单位权观测值，则各观测路线的权为

$$P_1 = \frac{1}{2}, \quad P_2 = \frac{1}{6}, \quad P_3 = \frac{1}{3}$$

$$\hat{H}_P = \frac{[PL]}{[P]} = (21.910 + 3.552) \times \frac{1}{2} + (22.870 + 2.605) \times \frac{1}{6} + (26.890 - 1.425) \times \frac{1}{3}$$

$$= 25.462 \times \frac{1}{2} + 25.475 \times \frac{1}{6} + 25.465 \times \frac{1}{3}$$

$$= 25.465m$$

$$P = \frac{1}{2} + \frac{1}{6} + \frac{1}{3} = 1$$

【本题点拨】 判断本题平差是直接平差。

【例 6-11】 如图 6-9 所示的水准网中，A 为已知水准点，B、C、D 为待定高程点，观测了 6 段高差 $h_1 \sim h_6$，线路长度 $S_1 = S_2 = S_3 = S_4 = 1km$，$S_5 = S_6 = 2km$，如果在平差中舍去第 6 段线路高差 h_6，问平差后 D 点高程的权较平差不舍去 h_6 时所得到的权缩小了百分之多少？

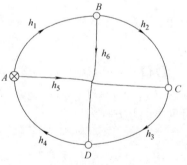

图 6-9　例 6-11 水准网示意

【解】 （1）不舍去 h_6 的情况，$n = 6$，$t = 3$，$r = 3$，设 B、C、D 的高程平差值为参数 $\hat{X}_1$、$\hat{X}_2$、$\hat{X}_3$，其初值分别为 $X_1^0 = H_A + h_1$，$X_2^0 = H_A + h_5$，$X_3^0 = H_A - h_4$，则误差方程为

$$v_1 = \hat{x}_1$$
$$v_2 = \hat{x}_2 - \hat{x}_1 - l_2$$
$$v_3 = \hat{x}_3 - \hat{x}_2 - l_3$$
$$v_4 = -\hat{x}_3$$
$$v_5 = \hat{x}_2$$
$$v_6 = \hat{x}_3 - \hat{x}_1 - l_6$$

选 $C = 2$km 为单位权观测值，则权矩阵 P 为

$$P = diag(2,2,2,2,1,1)$$

则有

$$B = \begin{bmatrix} 1 & 0 & 0 \\ -1 & 1 & 0 \\ 0 & -1 & 1 \\ 0 & 0 & -1 \\ 0 & 1 & 0 \\ -1 & 0 & 1 \end{bmatrix}, N_{BB} = B^{\mathrm{T}} P B = \begin{bmatrix} 5 & -2 & -1 \\ -2 & 5 & -2 \\ -1 & -2 & 5 \end{bmatrix}, N_{BB}^{-1} = \begin{bmatrix} 0.29 & 0.17 & 0.13 \\ 0.17 & 0.33 & 0.17 \\ 0.13 & 0.17 & 0.29 \end{bmatrix}$$

$$Q_{\hat{H}_P \hat{H}_P} = 0.29，得 P_{\hat{H}_P} = \frac{100}{29}$$

（2）舍去 h_6 的情况，$n = 5$，$t = 3$，$r = 2$，设 B、C、D 的高程平差值为参数 $\hat{X}_1$、$\hat{X}_2$、$\hat{X}_3$，其初值分别为 $X_1^0 = H_A + h_1$，$X_2^0 = H_A + h_5$，$X_3^0 = H_A - h_4$，则误差方程为

$$v_1 = \hat{x}_1$$
$$v_2 = \hat{x}_2 - \hat{x}_1 - l_2$$
$$v_3 = \hat{x}_3 - \hat{x}_2 - l_3$$
$$v_4 = -\hat{x}_3$$
$$v_5 = \hat{x}_2$$

选 $C = 2$km 为单位权观测值，则权矩阵 P 为

$$P = diag(2,2,2,2,1)$$

则有

$$B = \begin{bmatrix} 1 & 0 & 0 \\ -1 & 1 & 0 \\ 0 & -1 & 1 \\ 0 & 0 & -1 \\ 0 & 1 & 0 \end{bmatrix}, N_{BB} = B^{\mathrm{T}} P B = \begin{bmatrix} 4 & -2 & 0 \\ -2 & 5 & -2 \\ 0 & -2 & 4 \end{bmatrix}, N_{BB}^{-1} = \begin{bmatrix} 0.33 & 0.17 & 0.08 \\ 0.17 & 0.33 & 0.17 \\ 0.08 & 0.17 & 0.33 \end{bmatrix}$$

$$Q_{\hat{H}_P \hat{H}_P} = 0.33，得 P_{\hat{H}_P} = \frac{100}{33}$$

所以，

$$\frac{\dfrac{100}{29}-\dfrac{100}{33}}{\dfrac{100}{33}}=\frac{\dfrac{4}{29\times33}}{\dfrac{1}{33}}=\frac{4}{29}=14\%$$

【本题点拨】 对于两种情况，单位权观测值的选取要一致。

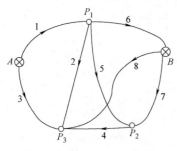

图 6-10　例 6-12 水准网示意

【例 6-12】 如图 6-10 所示的水准网中，A、B 为已知点，$P_1\sim P_3$ 为待定点，独立观测了 8 段路线的高差 $h_1\sim h_8$，路线长度 $S_1=S_2=S_3=S_4=S_5=S_6=S_7=1\mathrm{km}$，$S_8=2\mathrm{km}$，试问平差后哪一点高程精度最高，相对于精度最低的点的精度之比是多少？

【解】 $n=8$，$t=3$，$r=5$，选 P_1、P_2、P_3 的高程平差值为参数 $\hat{X}_1$、$\hat{X}_2$、$\hat{X}_3$，并设 $X_1^0=H_A+h_1$，$X_2^0=H_B+h_7$，$X_3^0=H_A+h_3$，则可列出误差方程，为

$$v_1=\hat{x}_1$$
$$v_2=\hat{x}_3-\hat{x}_1-l_2$$
$$v_3=\hat{x}_3$$
$$v_4=\hat{x}_3-\hat{x}_2-l_4$$
$$v_5=\hat{x}_2-\hat{x}_1-l_5$$
$$v_6=-\hat{x}_1-l_6$$
$$v_7=\hat{x}_2$$
$$v_8=\hat{x}_3-l_8$$

选 $C=2\mathrm{km}$ 为单位权观测值，则其权矩阵为

$$P=diag(2,2,2,2,2,2,2,1)$$

则有 $B=\begin{bmatrix}1 & 0 & 0\\ -1 & 0 & 1\\ 0 & 0 & 1\\ 0 & -1 & 1\\ -1 & 1 & 0\\ -1 & 0 & 0\\ 0 & 1 & 0\\ 0 & 0 & 1\end{bmatrix}$，$N_{BB}=\begin{bmatrix}8 & -2 & -2\\ -2 & 6 & -2\\ -2 & -2 & 7\end{bmatrix}$，$N_{BB}^{-1}=\begin{bmatrix}0.16 & 0.08 & 0.07\\ 0.08 & 0.22 & 0.08\\ 0.07 & 0.08 & 0.19\end{bmatrix}$

所以，精度最弱点是 P_2，精度最高点 P_1。

$$\frac{1}{0.22}:\frac{1}{0.16}=16:22=8:11$$

【本题点拨】 单位权观测值的选取要一致。

【例 6-13】 在水准网（图 6-11）中，A、B 为已知点，$H_A=5.530\mathrm{m}$，$H_B=8.220\mathrm{m}$，各路线长度及观测高差为，$h_1=1.157\mathrm{m}$，$S_1=2\mathrm{km}$，$h_2=1.532\mathrm{m}$，$S_2=2\mathrm{km}$，

$h_3 = -2.025\text{m}$, $S_3 = 2\text{km}$, $h_4 = -0.663\text{m}$, $S_4 = 2\text{km}$, $h_5 = 0.498\text{m}$, $S_5 = 4\text{km}$。试按间接平差法求：（1）待定点 C、D 最或是高程；（2）平差后 C、D 间高差的协因数 $Q_{\hat{\varphi}\hat{\varphi}}$ 及中误差 $\sigma_{\hat{\varphi}\hat{\varphi}}$；（3）在令 $c=2$ 和 $c=4$ 两种情况下，经平差分别求得的 $Q_{\hat{\varphi}\hat{\varphi}}$、$\hat{\sigma}_{\hat{\varphi}\hat{\varphi}}$ 是否相同，为什么？

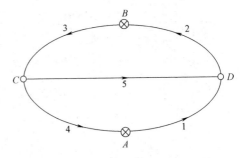

图 6-11　例 6-13 水准网

【解】（1）$n=5$，$t=2$，$r=3$，选 C、D 平差高程为参数分别为 $\hat{X}_1$、$\hat{X}_2$，设 $X_1^0 = H_B + h_3$，$X_2^0 = H_A + h_1$，则可列出误差方程为

$$v_1 = \hat{x}_2$$
$$v_2 = -\hat{x}_2 - X_2^0 + H_B - h_2 = -\hat{x}_2 - (-1)$$
$$v_3 = \hat{x}_1$$
$$v_4 = H_A - \hat{x}_1 - H_B - h_3 - h_4 = -\hat{x}_1 - 2$$
$$v_5 = \hat{x}_2 - \hat{x}_1 + H_A + h_1 - H_B - h_3 - h_5 = \hat{x}_2 - \hat{x}_1 - 6$$

令 $C=2\text{km}$ 为单位权观测值，则权矩阵为

$$P = diag(1,1,1,1,0.5)$$

则可得

$$W = \begin{bmatrix} -5 \\ 4 \end{bmatrix}, \quad N_{BB} = \begin{bmatrix} 2.5 & -0.5 \\ -0.5 & 2.5 \end{bmatrix}, \quad \hat{x} = N_{BB}^{-1}W = \begin{bmatrix} -1.75 \\ 1.25 \end{bmatrix}\text{mm}$$

$$\hat{X} = X^0 + \hat{x} = \begin{bmatrix} 6.193 \\ 6.688 \end{bmatrix}\text{m}$$

（2）$\hat{\varphi} = \hat{h}_5 = \hat{x}_2 - \hat{x}_1 + H_A + h_1 - H_B - h_3$

$$Q_{\hat{\varphi}\hat{\varphi}} = Q_{\hat{h}_5\hat{h}_5} = \begin{bmatrix} -1 & 1 \end{bmatrix} Q_{\hat{x}\hat{x}} \begin{bmatrix} -1 \\ 1 \end{bmatrix} = \frac{2}{3}$$

$$V^T P V = l^T P l - W^T \hat{x} = \begin{bmatrix} 0 & -1 & 0 & 2 & 6 \end{bmatrix} P \begin{bmatrix} 0 \\ -1 \\ 0 \\ 2 \\ 6 \end{bmatrix} - \begin{bmatrix} -5 & 4 \end{bmatrix} \begin{bmatrix} -1.75 \\ 1.25 \end{bmatrix} = 9.25$$

$$\hat{\sigma}_0^2 = \frac{V^T P V}{r} = \frac{9.25}{3} = 3.1$$

$$\hat{\sigma}_{\hat{\varphi}\hat{\varphi}} = \hat{\sigma}_{\hat{h}_5\hat{h}_5} = \hat{\sigma}_0\sqrt{Q_{\hat{h}_5\hat{h}_5}} = \sqrt{2}\text{mm}$$

（3）令 $C=4\text{km}$ 为单位权观测值，则权矩阵为

$$P = diag(2\ 2\ 2\ 2\ 1)$$

则可得

$$W = \begin{bmatrix} -10 \\ 8 \end{bmatrix}, \quad N_{BB} = \begin{bmatrix} 5 & -1 \\ -1 & 5 \end{bmatrix}, \quad \hat{x} = N_{BB}^{-1}W = \begin{bmatrix} -1.75 \\ 1.25 \end{bmatrix}\text{mm}$$

$$\hat{X}=X^0+\hat{x}=\begin{bmatrix}6.193\\6.688\end{bmatrix}\mathrm{m},N_{BB}^{-1}=\frac{1}{24}\begin{bmatrix}5&1\\1&5\end{bmatrix}$$

$$\hat{\varphi}=\hat{h}_5=\hat{x}_2-\hat{x}_1+H_A+h_1-H_B-h_3$$

$$Q_{\hat{\varphi}\hat{\varphi}}=Q_{\hat{h}_5\hat{h}_5}=\begin{bmatrix}-1&1\end{bmatrix}Q_{\hat{x}\hat{x}}\begin{bmatrix}-1\\1\end{bmatrix}=\frac{1}{3}$$

$$V^TPV=l^TPl-W^T\hat{x}=\begin{bmatrix}0&-1&0&2&6\end{bmatrix}P\begin{bmatrix}0\\-1\\0\\2\\6\end{bmatrix}-\begin{bmatrix}-10&8\end{bmatrix}\begin{bmatrix}-1.75\\1.25\end{bmatrix}=18.5$$

$$\hat{\sigma}_0^2=\frac{V^TPV}{r}=\frac{18.5}{3}=6.2$$

$$\hat{\sigma}_{\hat{\varphi}\hat{\varphi}}=\hat{\sigma}_{\hat{h}_5\hat{h}_5}=\hat{\sigma}_0\sqrt{Q_{\hat{h}_5\hat{h}_5}}=\sqrt{2}\,\mathrm{mm}$$

所以，$Q_{\hat{\varphi}\hat{\varphi}}$ 不相同，$\hat{\sigma}_{\hat{\varphi}\hat{\varphi}}$ 相同。

【本题点拨】 （1）权是相对精度指标，选择的 C 不一样则权也不一样；（2）中误差是绝对指标，不会随选择的权不一样而变化。

【例 6-14】 有水准网如图 6-12 所示，A、B 为已知点，$H_A=21.400\mathrm{mm}$，$H_B=23.810\mathrm{m}$，各路线观测高差为：

$h_1=1.058\mathrm{m}$，$h_2=0.912\mathrm{m}$，$h_3=0.446\mathrm{m}$，$h_4=-3.668\mathrm{m}$，$h_5=1.250\mathrm{m}$，$h_6=2.310\mathrm{m}$，$h_7=-3.225\mathrm{m}$，设观测高差为等权独立观测值，试按间接平差法求 P_1、P_2、P_3 待定点平差后的高程及中误差。

【解】 $n=7$，$t=3$，$r=4$，设 P_1、P_2、P_3 的平差高程为参数，分别为 $\hat{X}_1$，$\hat{X}_2$，$\hat{X}_3$，设其初值分别为 $X_1^0=H_A+h_1$，$X_2^0=H_B-h_3$，$X_3^0=H_A-h_5$，则列出误差方程为

$$v_1=\hat{x}_1$$
$$v_2=\hat{x}_2-\hat{x}_1-6$$
$$v_3=-\hat{x}_2$$
$$v_4=\hat{x}_3+H_A-h_5-H_B-h_4=\hat{x}_3-(-8)$$
$$v_5=\hat{x}_3$$
$$v_6=\hat{x}_1-\hat{x}_3+H_A+h_1-H_A+h_5-h_6=\hat{x}_1-\hat{x}_3-2$$
$$v_7=\hat{x}_3-\hat{x}_2+H_A-h_5-H_B+h_3-h_7=\hat{x}_3-\hat{x}_2-(-11)$$

所以得

$$B=\begin{bmatrix}1&0&0\\-1&1&0\\0&-1&0\\0&0&1\\0&0&1\\1&0&-1\\0&-1&1\end{bmatrix},\ l=\begin{bmatrix}0\\6\\0\\-8\\0\\2\\-11\end{bmatrix},\ P=\underset{7\times7}{E},\ N_{BB}=\begin{bmatrix}3&-1&-1\\-1&3&-1\\-1&-1&4\end{bmatrix},\ W=\begin{bmatrix}-4\\17\\-21\end{bmatrix}$$

136

$$N_{BB}^{-1} = \begin{bmatrix} 0.46 & 0.21 & 0.17 \\ 0.21 & 0.46 & 0.17 \\ 0.17 & 0.17 & 0.33 \end{bmatrix}$$

$$\hat{x} = N_{BB}^{-1}W = \begin{bmatrix} -1.8 \\ 3.5 \\ -4.8 \end{bmatrix} \text{mm}$$

$$V^{\mathrm{T}}PV = l^{\mathrm{T}}Pl - W^{\mathrm{T}}\hat{x} = 58$$

$$\hat{\sigma}_0^2 = \frac{V^{\mathrm{T}}PV}{r} = \frac{58}{4} = 14.5 \text{mm}^2$$

$$\hat{\sigma}_{P_1} = \hat{\sigma}_0\sqrt{0.46} = 2.6\text{mm}, \quad \hat{\sigma}_{P_2} = \hat{\sigma}_0\sqrt{0.46} = 2.6\text{mm}, \quad \hat{\sigma}_{P_3} = \hat{\sigma}_0\sqrt{0.33} = 2.2\text{mm}$$

【本题点拨】 $V^{\mathrm{T}}PV$ 的计算方法。

【例 6-15】 在图 6-12 所示的水准网中，加测了两条水准路线 8、9（图 6-13），$h_8 = 1.973$m，$h_9 = -1.354$m，其余观测高差见【例 6-14】。设观测高差的权矩阵为单位矩阵，试求：（1）增加了两条水准路线后，单位权中误差是否有变化；（2）增加了两条水准路线后，待定点 P_1、P_2、P_3 平差后高差的权较之未增两条水准路线时有何变化？

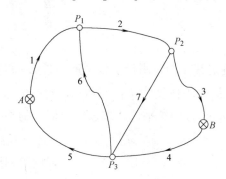

图 6-12　例 6-14 水准网

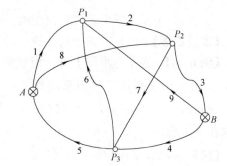

图 6-13　例 6-15 水准网

【解】 $n=9$，$t=3$，$r=6$，设 P_1、P_2、P_3 的平差高程为参数，分别为 $\hat{X}_1$，$\hat{X}_2$，$\hat{X}_3$，设其初值分别为 $X_1^0 = H_A + h_1$，$X_2^0 = H_B - h_3$，$X_3^0 = H_A - h_5$，则列出误差方程为

$$v_1 = \hat{x}_1$$
$$v_2 = \hat{x}_2 - \hat{x}_1 - 6$$
$$v_3 = -\hat{x}_2$$
$$v_4 = \hat{x}_3 + H_A - h_5 - H_B - h_4 = \hat{x}_3 - (-8)$$
$$v_5 = \hat{x}_3$$
$$v_6 = \hat{x}_1 - \hat{x}_3 + H_A + h_1 - H_A + h_5 - h_6 = \hat{x}_1 - \hat{x}_3 - 2$$
$$v_7 = \hat{x}_3 - \hat{x}_2 + H_A - h_5 - H_B + h_3 - h_7 = \hat{x}_3 - \hat{x}_2 - (-11)$$
$$v_8 = \hat{x}_2 + H_B - h_3 - h_8 - H_A = \hat{x}_2 - 9$$
$$v_9 = \hat{x}_1 + H_A + h_1 - h_9 - H_B = \hat{x}_1 - (-2)$$

所以得

$$B=\begin{bmatrix}1 & 0 & 0 \\ -1 & 1 & 0 \\ 0 & -1 & 0 \\ 0 & 0 & 1 \\ 0 & 0 & 1 \\ 1 & 0 & -1 \\ 0 & -1 & 1 \\ 0 & 1 & 0 \\ 1 & 0 & 0\end{bmatrix},\quad l=\begin{bmatrix}0 \\ 6 \\ 0 \\ -8 \\ 0 \\ 2 \\ -11 \\ 9 \\ -2\end{bmatrix},\quad P=\underset{9\times9}{E},\quad N_{BB}=\begin{bmatrix}4 & -1 & -1 \\ -1 & 4 & -1 \\ -1 & -1 & 4\end{bmatrix},\quad W=\begin{bmatrix}-6 \\ 26 \\ -21\end{bmatrix}$$

$$N_{BB}^{-1}=\begin{bmatrix}0.3 & 0.1 & 0.1 \\ 0.1 & 0.3 & 0.1 \\ 0.1 & 0.1 & 0.3\end{bmatrix}$$

$$V^{\mathrm{T}}PV=l^{\mathrm{T}}Pl-W^{\mathrm{T}}\hat{x}=79.3$$

$$\hat{\sigma}_0^2=\frac{79.3}{6}=13.2\text{mm}^2$$

故，（1）中误差减少；（2）权变大。

【本题点拨】（1）$V^{\mathrm{T}}PV$ 的计算；（2）N_{BB}^{-1} 的计算。

【例 6-16】 在某地形图上有一矩形稻田，为确定其面积，测量了该矩形的长 L_1 和宽 L_2，并用求积仪测量了该矩形面积 L_3。观测值及观测精度为 $L_1=70\text{cm}$，$\sigma_1^2=1\text{cm}^2$，$L_2=30\text{cm}$，$\sigma_2^2=1\text{cm}^2$，$L_3=2115\text{cm}^2$，$\sigma_3^2=2\text{cm}^4$，试按间接平差法求该矩形面积的平差值及其中误差。

【解】 $n=3$，$t=2$，$r=1$，设 $\hat{X}_1=\hat{L}_1$，$\hat{X}_2=\hat{L}_2$，令 $X_1^0=L_1$，$X_2^0=L_2$，则可列出误差方程为

$$v_1=\hat{x}_1$$

$$v_2=\hat{x}_2$$

$$v_3=30\hat{x}_1+70\hat{x}_2-15$$

令 $\sigma_0^2=1\text{cm}^2$，则权矩阵为

$$P=\begin{bmatrix}1 & 0 & 0 \\ 0 & 1 & 0 \\ 0 & 0 & \frac{1}{2}\text{cm}^{-2}\end{bmatrix},\quad B=\begin{bmatrix}1 & 0 \\ 0 & 1 \\ 30 & 70\end{bmatrix},\quad l=\begin{bmatrix}0 \\ 0 \\ 15\end{bmatrix},\quad N_{BB}=\begin{bmatrix}451 & 1050 \\ 1050 & 2451\end{bmatrix}$$

$$N_{BB}^{-1}=\begin{bmatrix}0.84 & -0.36 \\ -0.36 & 0.16\end{bmatrix},\quad W=\begin{bmatrix}225 \\ 525\end{bmatrix},\quad \hat{x}=\begin{bmatrix}0.1 \\ 0.2\end{bmatrix},\quad \hat{X}=\begin{bmatrix}70.1 \\ 30.2\end{bmatrix}\text{cm}$$

$$\hat{S}=70.1\times30.2=2117$$

$$\mathrm{d}\hat{S}=30.2\,\hat{x}_1+70.1\,\hat{x}_2$$

$$Q_{\hat{S}\hat{S}}=\begin{bmatrix}30.2 & 70.1\end{bmatrix}N_{BB}^{-1}\begin{bmatrix}30.2\\70.1\end{bmatrix}=2.03\mathrm{cm}^2$$

$$\hat{\sigma}_{\hat{S}}^2=2.03\mathrm{cm}^4,\ 得\ \hat{\sigma}_{\hat{S}}=1.4\mathrm{cm}^2$$

【本题点拨】 （1）非线性函数线性化时注意单位统一；（2）注意面积中误差的单位；（3）权的确定。

【例 6-17】 如图 6-14 所示，A、D 为已知水准点，B、C 为未知点，观测了 4 条水准路线，路线长度分别为 $S_1=S_4=2\mathrm{km}$，$S_2=S_3=1\mathrm{km}$，某人平差算得各高差改正数为 $V=\dfrac{1}{6}$ $\begin{bmatrix}-20 & 1 & 1 & 22\end{bmatrix}^{\mathrm{T}}\mathrm{mm}$。此结果对吗？为什么？

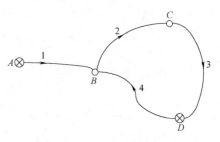

图 6-14　例 6-17 水准网示意

【解】 $n=4$，$t=2$，$r=2$，设 B、C 的高程平差值为参数，分别为 $\hat{X}_1$、$\hat{X}_2$，并设 $X_1^0=H_A+h_1$，$X_2^0=H_D-h_3$，则可列出误差方程为

$$v_1=\hat{x}_1$$
$$v_2=\hat{x}_2-\hat{x}_1-l_2$$
$$v_3=-\hat{x}_2$$
$$v_4=\hat{x}_1-l_4$$

令 $C=2\mathrm{km}$ 为单位权观测值，则有

$$P=\begin{bmatrix}1 & 0 & 0 & 0\\0 & 2 & 0 & 0\\0 & 0 & 2 & 0\\0 & 0 & 0 & 1\end{bmatrix},\ B=\begin{bmatrix}1 & 0\\-1 & 1\\0 & -1\\1 & 0\end{bmatrix}$$

$$B^{\mathrm{T}}PV=0$$

所以，答案正确。

【本题点拨】 （1）$B^{\mathrm{T}}PV=0$；（2）B 由几何模型确定，与具体的观测值没有关系。

【例 6-18】 有一矩形，已知对角线长 $S_0=59.00\mathrm{cm}$（无误差），同精度观测了矩形边长 L_1、L_2，$L_1=50.830\mathrm{cm}$，$L_2=30.240\mathrm{cm}$，若设参数 $\hat{X}=\begin{bmatrix}\hat{X}_1 & \hat{X}_2\end{bmatrix}^{\mathrm{T}}=\begin{bmatrix}\hat{L}_1 & \hat{L}_2\end{bmatrix}^{\mathrm{T}}$。试按附有限制条件的间接平差法求：（1）误差方程及限制条件方程；（2）L_1、L_2 的平差值及其中误差；（3）矩形面积平差值 $\hat{S}$ 及其中误差 $\hat{\sigma}_{\hat{S}}$。

【解】 $n=2$，$t=1$，$r=1$，设 $X_1^0=L_1$，$X_2^0=L_2$。

（1）误差方程和限制条件方程为

$$v_1 = \hat{x}_1$$

$$v_2 = \hat{x}_2$$

$$101.66\hat{x}_1 + 60.48\hat{x}_2 + 17.1465 = 0$$

(2) $B = \begin{bmatrix} 1 & 0 \\ 0 & 1 \end{bmatrix}$, $P = \begin{bmatrix} 1 & 0 \\ 0 & 1 \end{bmatrix}$, $l = \begin{bmatrix} 0 \\ 0 \end{bmatrix}$, $C = [101.66 \quad 60.48]$, $W_X = 17.1465$

$$N_{BB} = \begin{bmatrix} 1 & 0 \\ 0 & 1 \end{bmatrix}, \quad N_{BB}^{-1} = \begin{bmatrix} 1 & 0 \\ 0 & 1 \end{bmatrix}, \quad W = B^{\mathrm{T}}Pl = 0$$

$$N_{CC} = 1393, \quad N_{CC}^{-1} = 0.00007$$

$$\hat{x} = (N_{BB}^{-1} - N_{BB}^{-1}C^{\mathrm{T}}N_{CC}^{-1}CN_{BB}^{-1})W - N_{BB}^{-1}C^{\mathrm{T}}N_{CC}^{-1}W_x = \begin{bmatrix} -0.12 \\ -0.07 \end{bmatrix} \mathrm{cm}$$

$$\hat{L} = L + V = L + \hat{x} = \begin{bmatrix} 50.71 \\ 30.17 \end{bmatrix} \mathrm{cm}$$

$$Q_{\hat{X}\hat{X}} = N_{BB}^{-1} - N_{BB}^{-1}C^{\mathrm{T}}N_{CC}^{-1}CN_{BB}^{-1} = \begin{bmatrix} 0.26 & -0.44 \\ -0.44 & 0.74 \end{bmatrix}$$

$$\hat{\sigma}_0 = \sqrt{\frac{V^{\mathrm{T}}PV}{r}} = \sqrt{0.0193}\,\mathrm{cm}$$

(3) $\hat{S} = \hat{X}_1 \times \hat{X}_2 = 1529.9\mathrm{cm}^2$

$$\mathrm{d}\hat{S} = 30.17\,\hat{x}_1 + 50.71\,\hat{x}_2 = [30.17 \quad 50.71] \begin{bmatrix} \hat{x}_1 \\ \hat{x}_2 \end{bmatrix}$$

$$Q_{\hat{S}\hat{S}} = 793.24\mathrm{cm}^2$$

$$\hat{\sigma}_{\hat{S}} = \hat{\sigma}_0 \sqrt{Q_{\hat{S}\hat{S}}} = 3.91\mathrm{cm}^2$$

【本题点拨】 （1）非线性函数线性化时的单位统一；（2）$Q_{\hat{S}\hat{S}}$ 的单位。

【例 6-19】 某平差问题的函数模型为

$$v_1 + v_2 + v_3 = 2\hat{x}_1 + \hat{x}_2 + 2$$

$$v_1 + 2v_2 \quad\quad = 3\hat{x}_1 - \hat{x}_2 - 7$$

$$v_2 + v_3 = \hat{x}_1 \quad\quad\quad -1$$

$\hat{x}_1 - 2\hat{x}_2 - 2 = 0$。观测值的方差矩阵为 $D_{LL} = diag[\sigma^2, \sigma^2, \sigma^2]^{\mathrm{T}}$，试求：（1）该平差问题的必要观测数 t 和多余观测数 r；（2）参数的平差值 $\hat{x}$ 和改正数 V。

【解】 由函数模型可得

$$v_1 = \hat{x}_1 + \hat{x}_2 - (-3)$$
$$v_2 = \hat{x}_1 - \hat{x}_2 - 5$$
$$v_3 = \hat{x}_2 - (-4)$$
$$\hat{x}_1 - 2\hat{x}_2 - 2 = 0$$

(1) $n=3$, $t=1$, $r=2$

(2) $B = \begin{bmatrix} 1 & 1 \\ 1 & -1 \\ 0 & 1 \end{bmatrix}$, $l = \begin{bmatrix} -3 \\ 5 \\ -4 \end{bmatrix}$, $C = \begin{bmatrix} 1 & -2 \end{bmatrix}$, $W_x = -2$, $P = \begin{bmatrix} 1 & 0 & 0 \\ 0 & 1 & 0 \\ 0 & 0 & 1 \end{bmatrix}$

$$N_{BB} = \begin{bmatrix} 2 & 0 \\ 0 & 3 \end{bmatrix}, \quad N_{BB}^{-1} = \begin{bmatrix} \dfrac{1}{2} & 0 \\ 0 & \dfrac{1}{3} \end{bmatrix}, \quad N_{CC} = 1.833, \quad N_{CC}^{-1} = 0.5455, \quad W = \begin{bmatrix} 2 \\ -12 \end{bmatrix}$$

$$\hat{x} = (N_{BB}^{-1} - N_{BB}^{-1} C^T N_{CC}^{-1} C N_{BB}^{-1}) W - N_{BB}^{-1} C^T N_{CC}^{-1} W_x$$

$$= \begin{bmatrix} -6.0909 \\ 5.4545 \end{bmatrix} + \begin{bmatrix} 0.5455 \\ -0.7273 \end{bmatrix} = \begin{bmatrix} -5.5554 \\ 4.7272 \end{bmatrix} = \begin{bmatrix} -5.56 \\ 4.73 \end{bmatrix}$$

$$V = B\hat{x} - l = \begin{bmatrix} 2.17 \\ -15.29 \\ 8.73 \end{bmatrix}$$

【本题点拨】 （1）n 的判断就是根据改正数的个数；（2）t 的个数就是独立参数的个数。

【例 6-20】 有水准网如图 6-15 所示，A，B 为已知水准点，P_1，P_2，P_3 为待定点，现观测高差 $h_1 \sim h_8$，相应的路线长度为：$S_1 = S_2 = S_3 = S_4 = S_5 = S_6 = 2\text{km}$，$S_7 = S_8 = 1\text{km}$，若设 2km 观测高差为单位权观测值，经平差计算后的 $[PVV] = 78.62\text{mm}^2$，试计算网中 3 个待定点平差后高程的中误差。

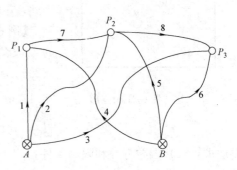

图 6-15　例 6-20 水准网

【解】 $n=8$，$t=3$，$r=5$，设 P_1，P_2，P_3 的高程平差值为参数，分别为 $\hat{X}_1$，$\hat{X}_2$，$\hat{X}_3$，可列出误差方程为

$$v_1 = \hat{X}_1 - l_1$$
$$v_2 = \hat{X}_2 - l_2$$
$$v_3 = \hat{X}_3 - l_3$$
$$v_4 = \hat{X}_1 - l_4$$
$$v_5 = \hat{X}_2 - l_5$$

$$v_6 = \hat{X}_3 - l_6$$
$$v_7 = \hat{X}_2 - \hat{X}_1 - l_7$$
$$v_8 = \hat{X}_3 - \hat{X}_2 - l_8$$

则得

$$P = diag(1,1,1,1,1,1,2,2)$$

$$B = \begin{bmatrix} 1 & 0 & 0 \\ 0 & 1 & 0 \\ 0 & 0 & 1 \\ 1 & 0 & 0 \\ 0 & 1 & 0 \\ 0 & 0 & 1 \\ -1 & 1 & 0 \\ 0 & -1 & 1 \end{bmatrix}, \quad N_{BB} = \begin{bmatrix} 4 & -2 & 0 \\ -2 & 6 & -2 \\ 0 & -2 & 4 \end{bmatrix}$$

$$N_{BB}^{-1} = \begin{bmatrix} 0.3125 & 0.1250 & 0.0625 \\ 0.1250 & 0.2500 & 0.1250 \\ 0.0625 & 0.1250 & 0.3125 \end{bmatrix}$$

$$\hat{\sigma}_0 = \sqrt{\frac{V^T P V}{r}} = \sqrt{\frac{78.62}{5}} = 3.97 \text{mm}$$

$$\hat{\sigma}_{P_1} = 2.22 \text{mm}, \quad \hat{\sigma}_{P_2} = 1.98 \text{mm}, \quad \hat{\sigma}_{P_3} = 2.22 \text{mm}$$

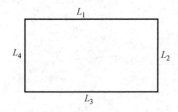

图 6-16 例 6-21 长方形

【本题点拨】 精度的计算与观测值的大小没有关系，因此，本题中参数不必取近似值。

【例 6-21】 有一长方形如图 6-16 所示，量测了矩形的 4 段边长，得同精度观测值：$L_1 = 8.62 \text{cm}$，$L_2 = 3.29 \text{cm}$，$L_3 = 8.68 \text{cm}$，$L_4 = 3.21 \text{cm}$。已知矩形面积为 28.17cm^2，若设边长 L_1，L_2 的平差值为参数 $\hat{X} = \begin{bmatrix} \hat{L}_1 & \hat{L}_2 \end{bmatrix}^T = \begin{bmatrix} \hat{X}_1 & \hat{X}_2 \end{bmatrix}^T$，试按附有限制条件的间接平差法求：（1）误差方程和限制条件；（2）矩形 4 边边长的平差值；（3）参数的协因数矩阵 $Q_{\hat{X}\hat{X}}$。

【解】 （1）$n = 4$，$t = 1$，$r = 3$，令 $X_1^0 = L_1$，$X_2^0 = L_2$ 可列出误差方程和限制条件方程为

$$v_1 = \hat{x}_1$$
$$v_2 = \hat{x}_2$$
$$v_3 = \hat{x}_1 - 0.6$$
$$v_4 = \hat{x}_2 - (-0.8)$$
$$32.9\hat{x}_1 + 86.2\hat{x}_2 + 18.98 = 0$$

142

$$B = \begin{bmatrix} 1 & 0 \\ 0 & 1 \\ 1 & 0 \\ 0 & 1 \end{bmatrix}, \ l = \begin{bmatrix} 0 \\ 0 \\ 0.6 \\ -0.8 \end{bmatrix}, \ C = \begin{bmatrix} 32.9 & 86.2 \end{bmatrix}, \ W = \begin{bmatrix} 0.6 \\ -0.8 \end{bmatrix}, \ W_x = 18.98$$

$$N_{BB} = \begin{bmatrix} 2 & 0 \\ 0 & 2 \end{bmatrix}, \ N_{BB}^{-1} = \begin{bmatrix} 0.5 & 0 \\ 0 & 0.5 \end{bmatrix}, \ N_{CC} = 4256.4, \ N_{CC}^{-1} = 0.0002$$

(2) $\hat{x} = (N_{BB}^{-1} - N_{BB}^{-1} C^{\mathrm{T}} N_{CC}^{-1} C N_{BB}^{-1}) W - N_{BB}^{-1} C^{\mathrm{T}} N_{CC}^{-1} W_x = \begin{bmatrix} 4.7 \\ 3.6 \end{bmatrix}$ mm

(3) $Q_{\hat{x}\hat{x}} = N_{BB}^{-1} - N_{BB}^{-1} C^{\mathrm{T}} N_{CC}^{-1} C N_{BB}^{-1} = \begin{bmatrix} 0.4364 & -0.1666 \\ -0.1666 & 0.0636 \end{bmatrix}$

【本题点拨】 （1）必要观测数的确定；（2）非线性误差方程线性化时单位的问题。

【例 6-22】 请按间接平差证明：平差值的精度肯定是提高了。

【证明】 根据间接平差可得：

$$Q_{\hat{L}\hat{L}} = B N_{BB}^{-1} B^{\mathrm{T}}$$

$$Q_{vv} = Q - B N_{BB}^{-1} B^{\mathrm{T}}$$

$$\therefore \ Q_{\hat{L}\hat{L}} = Q - Q_{vv}$$

可知

$$Q_{\hat{L}_i \hat{L}_i} = Q_{L_i L_i} - Q_{v_i v_i}$$

其中 $Q_{\hat{L}_i \hat{L}_i}$，$Q_{L_i L_i}$，$Q_{v_i v_i}$ 都是大于 0 的数。

所以，$Q_{L_i L_i} > Q_{\hat{L}_i \hat{L}_i}$，平差值的精度肯定是提高了。

【本题点拨】 方差都是大于 0 的。

【例 6-23】 有两组误差方程为

$$V_1 = \begin{bmatrix} -1 & 1 \\ -1 & 0 \\ 0 & -1 \end{bmatrix} \begin{bmatrix} \hat{x}_1 \\ \hat{x}_2 \end{bmatrix} - \begin{bmatrix} 0 \\ -1 \\ -1 \end{bmatrix}$$

$$V_2 = \begin{bmatrix} -1 & 0 \\ -1 & -1 \\ 0 & -1 \end{bmatrix} \begin{bmatrix} \hat{x}_1 \\ \hat{x}_2 \end{bmatrix} - \begin{bmatrix} -1 \\ 0 \\ 1 \end{bmatrix}$$

设两组观测值 L_1、L_2 均为等精度独立观测，试按间接分组平差法求：

（1）未知参数改正数 $\hat{x}$ 的值；

（2）未知参数的协因数矩阵；

（3）观测值的改正数向量 V。

【解】 第一组平差。由于同精度观测，取 $P_1 = I$。

根据第一组误差方程可得

$$N_{11} = B_1^{\mathrm{T}} P_1 B = \begin{bmatrix} -1 & -1 & 0 \\ 1 & 0 & -1 \end{bmatrix} \begin{bmatrix} 1 & 0 & 0 \\ 0 & 1 & 0 \\ 0 & 0 & 1 \end{bmatrix} \begin{bmatrix} -1 & 1 \\ -1 & 0 \\ 0 & -1 \end{bmatrix} = \begin{bmatrix} 2 & -1 \\ -1 & 2 \end{bmatrix}$$

$$W_1 = B_1^T P_1 l_1 = \begin{bmatrix} -1 & -1 & 0 \\ 1 & 0 & -1 \end{bmatrix} \begin{bmatrix} 1 & 0 & 0 \\ 0 & 1 & 0 \\ 0 & 0 & 1 \end{bmatrix} \begin{bmatrix} 0 \\ -1 \\ -1 \end{bmatrix} = \begin{bmatrix} 1 \\ 1 \end{bmatrix}$$

$$\begin{bmatrix} \hat{x}'_1 \\ \hat{x}'_2 \end{bmatrix} = N_{11}^{-1} W_1 = \begin{bmatrix} 1 \\ 1 \end{bmatrix}$$

第二组平差，用第一次平差结果建立误差方程为

$$V''_1 = \begin{bmatrix} -1 & 1 \\ -1 & 0 \\ 0 & -1 \end{bmatrix} \begin{bmatrix} \hat{x}''_1 \\ \hat{x}''_2 \end{bmatrix} - \begin{bmatrix} 0 \\ 0 \\ 0 \end{bmatrix}, \quad 权矩阵 P_1 = I_1$$

$$V''_2 = \begin{bmatrix} -1 & 0 \\ -1 & -1 \\ 0 & -1 \end{bmatrix} \begin{bmatrix} \hat{x}''_1 \\ \hat{x}''_2 \end{bmatrix} - \begin{bmatrix} 0 \\ 2 \\ 2 \end{bmatrix}, \quad 权矩阵 P_2 = I_2$$

组成和解算法方程，得

$$\hat{x}''_2 = (B_1^T P_1 B_1 + B_2^T P_2 B_2)^{-1} B_2^T P_2 l_2 = \begin{bmatrix} 4 & 0 \\ 0 & 4 \end{bmatrix}^{-1} \begin{bmatrix} -2 \\ -4 \end{bmatrix} = \begin{bmatrix} -0.5 \\ -1.0 \end{bmatrix}$$

（1）未知参数改正数 $\hat{x}$ 为

$$\hat{x} = \hat{x}'_1 + \hat{x}''_2 = \begin{bmatrix} 1 & -0.5 \\ 1 & -1 \end{bmatrix} = \begin{bmatrix} 0.5 \\ 0 \end{bmatrix}$$

（2）未知参数的协因数矩阵为

$$Q_{\hat{X}\hat{X}} = (B_1^T P_1 B_1 + B_2^T P_2 B_2)^{-1} = \frac{1}{4} \begin{bmatrix} 1 & 0 \\ 0 & 1 \end{bmatrix}$$

（3）观测值的改正数向量为

$$V'_1 = \begin{bmatrix} -1 & 1 \\ -1 & 0 \\ 0 & -1 \end{bmatrix} \begin{bmatrix} 1 \\ 1 \end{bmatrix} - \begin{bmatrix} 0 \\ -1 \\ -1 \end{bmatrix} = \begin{bmatrix} 0 \\ 0 \\ 0 \end{bmatrix}, \quad V''_1 = \begin{bmatrix} -1 & 1 \\ -1 & 0 \\ 0 & -1 \end{bmatrix} \begin{bmatrix} -0.5 \\ -1 \end{bmatrix} = \begin{bmatrix} -0.5 \\ -0.5 \\ 1 \end{bmatrix}$$

$$V_1 = V'_1 + V''_1 = \begin{bmatrix} -0.5 \\ -0.5 \\ 1 \end{bmatrix}$$

$$V_2 = \begin{bmatrix} -1 & 0 \\ -1 & -1 \\ 0 & -1 \end{bmatrix} \begin{bmatrix} -0.5 \\ -1 \end{bmatrix} - \begin{bmatrix} 0 \\ 2 \\ 2 \end{bmatrix} = \begin{bmatrix} 0.5 \\ -0.5 \\ -1 \end{bmatrix}$$

【本题点拨】 第二组平差时误差方程的处理。

【例 6-24】 在图 6-17 所示的水准网中，点 A 为已知点，其高程为 $H_A = 124.856\text{m}$，点 I、II、III、IV为待定点。第一期观测了 1～5 共 5 段水准路线，第二期观测了 6～8 共 3 段路线。观测高差、路线长度列于表 6-2 中。试按参数可变的间接分组平差法进行平差，并求各点高程的协因数矩阵。

观测数据   表 6-2

线号	高差（m）	距离（km）
1	25.421	18.1
2	10.345	9.4
3	−35.794	14.2
4	−15.562	17.6
5	−25.972	14.0
6	4.820	9.9
7	−31.021	13.8
8	21.212	13.5

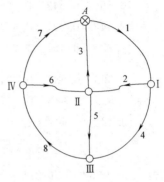

图 6-17 例 6-24 水准网示意

【解】 取 X 的近似值为

$$X^0 = \begin{bmatrix} X_1^0 \\ X_2^0 \\ X_3^0 \\ X_4^0 \end{bmatrix} = \begin{bmatrix} 150.277 \\ 160.650 \\ 134.678 \\ 155.877 \end{bmatrix}$$

第一组平差的误差方程为

$$V_1 = \begin{bmatrix} 1 \\ -1 \\ 0 \\ -1 \\ 1 \end{bmatrix} \hat{x}_1' + \begin{bmatrix} 0 & 0 \\ 1 & 0 \\ -1 & 0 \\ 0 & 1 \\ -1 & 1 \end{bmatrix} \begin{bmatrix} \hat{x}_2' \\ \hat{x}_3' \end{bmatrix} - \begin{bmatrix} 0 \\ -28 \\ 0 \\ 37 \\ 0 \end{bmatrix}$$

记作

$$V_1 = B_{11} \hat{x}_a' + B_{12} \hat{x}_b' - l_1$$

取单位权路线长为 10km，则观测值的权矩阵为

$$P_1 = diag(0.553, 1.064, 0.704, 0.568, 0.714)$$

$$N_{11} = B_{11}^{\mathrm{T}} P_1 B_{11} = 2.899, \quad B_{11}^{\mathrm{T}} P_1 l_1 = 8.758, \quad N_{12} = B_{11}^{\mathrm{T}} P_1 B_{12} = \begin{bmatrix} -1.778 & 0.146 \end{bmatrix}$$

$$N_{21} = B_{12}^{\mathrm{T}} P_1 B_{11} = \begin{bmatrix} -1.778 \\ 0.146 \end{bmatrix} \quad N_{22} = B_{12}^{\mathrm{T}} P_1 B_{12} = \begin{bmatrix} 2.492 & -0.714 \\ -0.714 & 1.283 \end{bmatrix}$$

$$B_{12}^{\mathrm{T}} P_1 l_1 = \begin{bmatrix} -29.781 \\ 21.023 \end{bmatrix}$$

则可求得

$$\begin{bmatrix} \hat{x}'_1 \\ \hat{x}'_2 \\ \hat{x}'_3 \end{bmatrix} = \begin{bmatrix} N_{11} & N_{12} \\ N_{21} & N_{22} \end{bmatrix}^{-1} \begin{bmatrix} B_{11}^T P_1 l_1 \\ B_{12}^T P_1 l_1 \end{bmatrix} = \begin{bmatrix} 2.899 & -1.778 & 0.146 \\ -1.778 & 2.492 & -0.714 \\ 0.146 & -0.714 & 1.283 \end{bmatrix} \begin{bmatrix} 8.758 \\ -29.781 \\ 21.023 \end{bmatrix}$$

$$= \begin{bmatrix} 0.666 & 0.542 & 0.226 \\ 0.542 & 0.921 & 0.451 \\ 0.226 & 0.451 & 1.005 \end{bmatrix} \begin{bmatrix} 8.758 \\ -29.781 \\ 21.023 \end{bmatrix} = \begin{bmatrix} -5.561 \\ -13.197 \\ 9.676 \end{bmatrix} mm$$

$$Q_{\hat{X}'\hat{X}'} = \begin{bmatrix} 0.663 & 0.537 & 0.224 \\ 0.537 & 0.913 & 0.447 \\ 0.224 & 0.447 & 1.003 \end{bmatrix}, \quad Q_{\hat{X}'_b\hat{X}'_b} = \begin{bmatrix} 0.913 & 0.447 \\ 0.447 & 1.003 \end{bmatrix},$$

$$P_{\hat{X}'_b\hat{X}'_b} = \begin{bmatrix} 1.402 & -0.625 \\ -0.625 & 1.275 \end{bmatrix}$$

第二组平差时的虚拟方程为

$$V_{\hat{X}'_b} = \begin{bmatrix} 1 & 0 \\ 0 & 1 \end{bmatrix} \begin{bmatrix} \hat{x}'_2 \\ \hat{x}'_3 \end{bmatrix}, \text{权矩阵为 } P_{\hat{X}'_b\hat{X}'_b}$$

$$l'_2 = l_2 - \begin{bmatrix} 1 & 0 \\ 0 & 0 \\ 0 & -1 \end{bmatrix} \begin{bmatrix} -13.077 \\ 9.735 \end{bmatrix} = \begin{bmatrix} 60.077 \\ 22.735 \end{bmatrix}$$

则有

$$V_2 = B_{22}\hat{x}''_b + B_{23}\hat{x}''_c - l'_2 = \begin{bmatrix} 1 & 0 \\ 0 & 0 \\ 0 & -1 \end{bmatrix} \begin{bmatrix} \hat{x}''_2 \\ \hat{x}''_3 \end{bmatrix} + \begin{bmatrix} -1 \\ -1 \\ 1 \end{bmatrix} \hat{x}''_4 - \begin{bmatrix} 60.077 \\ 22.735 \end{bmatrix}$$

$$P_2 = diag(1.010, 0.725, 0.741)$$

于是有

$$B_{22}^T P_2 B_{22} = \begin{bmatrix} 1.010 & 0 \\ 0 & 0.741 \end{bmatrix}, B_{22}^T P_2 B_{23} = \begin{bmatrix} -1.010 \\ -0.741 \end{bmatrix}$$

$$B_{23}^T P_2 B_{22} = [-1.010 \quad -0.741], \quad B_{23}^T P_2 B_{23} = 2.475$$

$$P_{\hat{X}'_b\hat{X}'_b} + B_{22}^T P_2 B_{22} = \begin{bmatrix} 2.412 & -0.625 \\ -0.625 & 2.016 \end{bmatrix}$$

$$B_{22}^T P_2 l'_2 = \begin{bmatrix} 60.884 \\ -17.580 \end{bmatrix}, \quad B_{23}^T P_2 l'_2 = -43.104$$

因此，有

146

$$\begin{bmatrix} \hat{x}_2'' \\ \hat{x}_3'' \\ \hat{x}_4'' \end{bmatrix} = \begin{bmatrix} 2.412 & -0.625 & -1.010 \\ -0.625 & 2.016 & -0.741 \\ -1.010 & -0.741 & 2.475 \end{bmatrix}^{-1} \begin{bmatrix} 60.884 \\ -17.580 \\ -43.104 \end{bmatrix}$$

$$= \begin{bmatrix} 0.658 & 0.340 & 0.370 \\ 0.340 & 0.733 & 0.358 \\ 0.370 & 0.358 & 0.662 \end{bmatrix} \begin{bmatrix} 60.884 \\ -17.580 \\ -43.104 \end{bmatrix}$$

$$= \begin{bmatrix} 18.117 \\ -7.628 \\ -12.303 \end{bmatrix} \text{mm}$$

$$\hat{x}_1'' = -(B_{11}^{\mathrm{T}} P_1 B_{11})^{-1} B_{11}^{\mathrm{T}} P_1 B_{12} \hat{x}_b''$$

$$= -0.345 \times \begin{bmatrix} -1.778 & 0.146 \end{bmatrix} \begin{bmatrix} 18.117 \\ -7.628 \end{bmatrix}$$

$$= 11.497 \text{mm}$$

最终平差值为

$$\begin{bmatrix} \hat{X}_1 \\ \hat{X}_2 \\ \hat{X}_3 \\ \hat{X}_4 \end{bmatrix} = \begin{bmatrix} X_1^0 + \hat{x}_1' + \hat{x}_1'' \\ X_2^0 + \hat{x}_2' + \hat{x}_2'' \\ X_3^0 + \hat{x}_3' + \hat{x}_3'' \\ X_4^0 + \hat{x}_4' + \hat{x}_4'' \end{bmatrix} = \begin{bmatrix} 150.2830 \\ 160.6550 \\ 134.6802 \\ 155.8647 \end{bmatrix} \text{m}$$

协因数矩阵为

$$Q_{11} = (B_{11}^{\mathrm{T}} P_1 B_{11})^{-1} + (B_{11}^{\mathrm{T}} P_1 B_{11})^{-1} B_{11}^{\mathrm{T}} P_{12} B_{12} Q_{\hat{X}_b \hat{X}_b} B_{12}^{\mathrm{T}} P_1 B_{11} (B_{11}^{\mathrm{T}} P_1 B_{11})^{-1}$$

$$= 0.511$$

$$\begin{bmatrix} Q_{12} & Q_{13} \end{bmatrix} = -(B_{11}^{\mathrm{T}} P_1 B_{11})^{-1} B_{11}^{\mathrm{T}} P_{12} B_{12} Q_{\hat{X}_b \hat{X}_b} = \begin{bmatrix} 0.306 & 0.201 \end{bmatrix}$$

$$Q_{14} = -(B_{11}^{\mathrm{T}} P_1 B_{11})^{-1} B_{11}^{\mathrm{T}} P_{12} B_{12} Q_{\hat{X}_b \hat{X}_c} = 0.341$$

于是，可得平差值的全部协因数矩阵为

$$Q_{\hat{X}\hat{X}} = \begin{bmatrix} Q_{11} & Q_{12} & Q_{13} & Q_{14} \\ Q_{21} & Q_{22} & Q_{23} & Q_{24} \\ Q_{31} & Q_{32} & Q_{33} & Q_{34} \\ Q_{41} & Q_{42} & Q_{43} & Q_{44} \end{bmatrix} = \begin{bmatrix} 0.511 & 0.306 & 0.201 & 0.341 \\ 0.306 & 0.658 & 0.340 & 0.370 \\ 0.201 & 0.340 & 0.733 & 0.358 \\ 0.341 & 0.370 & 0.358 & 0.662 \end{bmatrix}$$

【本题点拨】 虚拟观测值的含义。

【例 6-25】 有下列形式的误差观测方程

$$V_1 = AX - L_1$$

$$V_2 = AX + BY - L_2$$

观测权矩阵为 $P = \begin{bmatrix} \alpha E & 0 \\ 0 & E \end{bmatrix}$，$\alpha$ 为常数，E 为单位矩阵，若 $A^{\mathrm{T}}A$ 可逆，按最小二乘法推导 Y 估值的直接表达式。

【解】
$$V = \begin{bmatrix} V_1 \\ V_2 \end{bmatrix} = \begin{bmatrix} A & 0 \\ A & B \end{bmatrix} \begin{bmatrix} X \\ Y \end{bmatrix} - \begin{bmatrix} L_1 \\ L_2 \end{bmatrix}$$

$$\begin{bmatrix} \hat{X} \\ \hat{Y} \end{bmatrix} = \left[\begin{bmatrix} A & 0 \\ A & B \end{bmatrix}^{\mathrm{T}} \begin{bmatrix} \alpha E & 0 \\ 0 & E \end{bmatrix} \begin{bmatrix} A & 0 \\ A & B \end{bmatrix} \right]^{-1} \begin{bmatrix} A & 0 \\ A & B \end{bmatrix}^{\mathrm{T}} \begin{bmatrix} \alpha E & 0 \\ 0 & E \end{bmatrix} \begin{bmatrix} L_1 \\ L_2 \end{bmatrix}$$

$$= \begin{bmatrix} \alpha A^{\mathrm{T}}A + A^{\mathrm{T}}A & A^{\mathrm{T}}B \\ B^{\mathrm{T}}A & B^{\mathrm{T}}B \end{bmatrix}^{-1} \begin{bmatrix} \alpha A^{\mathrm{T}}L_1 + A^{\mathrm{T}}L_2 \\ B^{\mathrm{T}}L_2 \end{bmatrix}$$

$$= \begin{bmatrix} N_{11} & N_{12} \\ N_{21} & N_{22} \end{bmatrix}^{-1} \begin{bmatrix} \alpha A^{\mathrm{T}}L_1 + A^{\mathrm{T}}L_2 \\ B^{\mathrm{T}}L_2 \end{bmatrix}$$

$$= \begin{bmatrix} N_{11}^{-1} + N_{11}^{-1}N_{12}\widetilde{N}_{22}^{-1}N_{21}N_{11}^{-1} & -N_{11}^{-1}N_{12}\widetilde{N}_{22}^{-1} \\ -\widetilde{N}_{22}^{-1}N_{21}N_{11}^{-1} & \widetilde{N}_{22}^{-1} \end{bmatrix} \begin{bmatrix} \alpha A^{\mathrm{T}}L_1 + A^{\mathrm{T}}L_2 \\ B^{\mathrm{T}}L_2 \end{bmatrix}$$

式中，

$N_{11} = (\alpha+1) A^{\mathrm{T}}A$，$N_{12} = A^{\mathrm{T}}B$，$N_{21} = B^{\mathrm{T}}A$，$N_{22} = B^{\mathrm{T}}B$，

$\widetilde{N}_{22} = N_{22} - N_{21}N_{11}^{-1}N_{12}$

因此

$$\hat{Y} = -\widetilde{N}_{22}^{-1}N_{21}N_{11}^{-1}(\alpha A^{\mathrm{T}}L_1 + A^{\mathrm{T}}L_2) + \widetilde{N}_{22}^{-1}B^{\mathrm{T}}L_2$$

$$= \left(B^{\mathrm{T}}B - \frac{B^{\mathrm{T}}A(A^{\mathrm{T}}A)^{-1}A^{\mathrm{T}}B}{\alpha+1} \right)^{-1} B^{\mathrm{T}}L_2$$

$$- \left(B^{\mathrm{T}}B - \frac{B^{\mathrm{T}}A(A^{\mathrm{T}}A)^{-1}A^{\mathrm{T}}B}{\alpha+1} \right)^{-1} B^{\mathrm{T}}A \frac{(A^{\mathrm{T}}A)^{-1}}{\alpha+1}(\alpha A^{\mathrm{T}}L_1 + A^{\mathrm{T}}L_2)$$

【本题点拨】　分块矩阵求逆。

【例 6-26】　已知观测方程为 $L = AX + BS + \Delta$，权矩阵为 P，L 为 $n \times 1$ 观测向量，X 为 $m \times 1$ 参数向量，S 为 $k \times 1$ 参数向量，A 为 $n \times m$ 系数矩阵，B 为 $n \times k$ 系数矩阵，A、B 均为列满秩矩阵，推求 X、S 的最小二乘估值公式。

【解】
$$V = \begin{bmatrix} A & B \end{bmatrix} \begin{bmatrix} \hat{X} \\ \hat{S} \end{bmatrix} - L$$

$$\begin{bmatrix} \hat{X} \\ \hat{S} \end{bmatrix} = \left[\begin{bmatrix} A^{\mathrm{T}} \\ B^{\mathrm{T}} \end{bmatrix} P \begin{bmatrix} A & B \end{bmatrix} \right]^{-1} \begin{bmatrix} A^{\mathrm{T}} \\ B^{\mathrm{T}} \end{bmatrix} PL = \begin{bmatrix} A^{\mathrm{T}}PA & A^{\mathrm{T}}PB \\ B^{\mathrm{T}}PA & B^{\mathrm{T}}PB \end{bmatrix}^{-1} \begin{bmatrix} A^{\mathrm{T}}PL \\ B^{\mathrm{T}}PL \end{bmatrix}$$

其中 $A^{\mathrm{T}}PA$ 是 $m \times m$ 的矩阵，$B^{\mathrm{T}}PB$ 是 $k \times k$ 的矩阵

$$rank(A^{\mathrm{T}}PA) = rank(A) = m，rank(B^{\mathrm{T}}PB) = rank(B) = k$$

所以，$A^{\mathrm{T}}PA$，$B^{\mathrm{T}}PB$ 都是满秩正方矩阵，都可逆。

则有

$$\begin{bmatrix} \hat{X} \\ \hat{S} \end{bmatrix} = \begin{bmatrix} N_{11}^{-1} + N_{11}^{-1}N_{12}\widetilde{N}_{22}^{-1}N_{11}^{-1} & -N_{11}^{-1}N_{12}\widetilde{N}_{22}^{-1} \\ -\widetilde{N}_{22}^{-1}N_{21}N_{11}^{-1} & \widetilde{N}_{22}^{-1} \end{bmatrix} \begin{bmatrix} A^{\mathrm{T}}PL \\ B^{\mathrm{T}}PL \end{bmatrix}$$

式中，

$$N_{11}=A^{\mathrm{T}}PA, \quad N_{12}=A^{\mathrm{T}}PB, \quad N_{21}=B^{\mathrm{T}}PA, \quad N_{22}=B^{\mathrm{T}}PB$$

$$\widetilde{N}_{22}=N_{22}-N_{21}N_{11}^{-1}N_{12}$$

【本题点拨】 分块矩阵的求逆。

【例 6-27】 设有水准网如图 6-18 所示，A，B 为已知点，a，b 为未知点，已知点及观测数据列于表 6-3 中，该网第一次观测了 $h_1 \sim h_3$，第二次观测了 h_4，h_5，按序贯平差法求待定点高程及单位权中误差。

水准网观测数据和已知数据　　　　　　　　　　　　表 6-3

序号	$H(\mathrm{m})$	$S(\mathrm{km})$	序号	$H(\mathrm{m})$	$S(\mathrm{km})$
1	3.827	1	4	0.405	1
2	2.401	1	5	1.830	1
3	1.420	1			
已知值(m)	$H_A=10.000$			$H_B=12.000$	

【解】 本题中 $n=5$，$t=2$，$r=n-t=3$。设待定点高程为参数 $\hat{X}=\begin{bmatrix} \hat{a} & \hat{b} \end{bmatrix}^{\mathrm{T}}$，以 $h_1 \sim h_3$ 为第一组观测值，其余为第二组，又有近似值 $a^0=12.401\mathrm{m}$，$b^0=13.827\mathrm{m}$。

可列出第一期误差方程式

$$\left.\begin{array}{l} v_1=\delta\hat{b} \\ v_2=\delta\hat{a} \\ v_3=-\delta\hat{a}+\delta\hat{b}+6 \end{array}\right\}$$

第二期误差方程式

$$\left.\begin{array}{l} v_4=\delta\hat{a}-4 \\ v_5=\delta\hat{b}-3 \end{array}\right\}$$

（1）第一次平差

$$V_1'=\begin{bmatrix} 0 & 1 \\ 1 & 0 \\ -1 & 1 \end{bmatrix}\begin{bmatrix} \delta\hat{a}_1 \\ \delta\hat{b}_1 \end{bmatrix}-\begin{bmatrix} 0 \\ 0 \\ -6 \end{bmatrix}\mathrm{mm}, \quad P_1=\begin{bmatrix} 1 & 0 & 0 \\ 0 & 1 & 0 \\ 0 & 0 & 1 \end{bmatrix}$$

解得参数值改正数为

$$\delta\hat{a}_1=2\mathrm{mm}, \quad \delta\hat{b}_1=-2\mathrm{mm}$$

参数值为

$$\hat{a}_1=a^0+\delta\hat{a}_1=12.403\mathrm{m}, \quad \hat{b}_1=b^0+\delta\hat{b}_1=13.825\mathrm{m}$$

$\hat{x}_{\mathrm{I}}$ 的协因数矩阵为

$$Q_{\hat{x}_{\mathrm{I}}}=\frac{1}{3}\begin{bmatrix} 2 & 1 \\ 1 & 2 \end{bmatrix}$$

$$V_1'^{\mathrm{T}}P_1V_1'=12$$

（2）第二次平差

根据第二期误差方程可知

$$B_2=\begin{bmatrix}1&0\\0&1\end{bmatrix},\bar{l}_2=l_2-B_2\hat{x}_\mathrm{I}=\begin{bmatrix}4\\3\end{bmatrix}-\begin{bmatrix}1&0\\0&1\end{bmatrix}\begin{bmatrix}2\\-2\end{bmatrix}=\begin{bmatrix}2\\5\end{bmatrix}\mathrm{mm}$$

所以
$$J_2=\frac{1}{8}\begin{bmatrix}3&1\\1&3\end{bmatrix}$$

由式（6-128）可得

$$\hat{x}=\hat{x}_\mathrm{I}+J_2\bar{l}_2=\begin{bmatrix}2\\-2\end{bmatrix}+\frac{1}{8}\begin{bmatrix}11\\17\end{bmatrix}=\begin{bmatrix}3.4\\0.1\end{bmatrix}\mathrm{mm}$$

参数平差值
$$\hat{a}=a^0+3.4\mathrm{mm}=12.4044\mathrm{m},\hat{b}=b^0+0.1\mathrm{mm}=13.8271\mathrm{m}$$

根据式（6-129）可得参数协因数矩阵

$$Q_{\hat{X}\hat{X}}=\frac{1}{8}\begin{bmatrix}3&1\\1&3\end{bmatrix}$$

根据式（6-134）可得

$$V^\mathrm{T}PV=12+15.625=27.625$$

所以

$$\hat{\sigma}_0=\sqrt{\frac{27.625}{n-t}}=\sqrt{\frac{27.625}{3}}=3.0\mathrm{mm}$$

【本题点拨】 序贯平差的递推公式。

【例6-28】 按不同的测回数观测某角，其结果如表6-4所示。

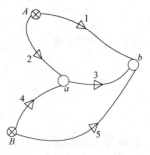

图6-18 例6-27水准网示意

观测数据	表6-4
观测值	测回数
78°18′05″	5
09	5
08	8
14	7
15	6
10	3

设以5测回平均值为单位权观测，试求：（1）该角的最或是值及其中误差；（2）一测回中误差。

【解】 这是直接平差，$n=6$，$t=1$，设5测回平均值为单位权，则各观测值的权为

$$p_{L_1}=\frac{5}{5}=1,\quad p_{L_2}=\frac{5}{5}=1,\quad p_{L_3}=\frac{8}{5}=1.6,$$

$$p_{L_4}=\frac{7}{5}=1.4,\quad p_{L_5}=\frac{6}{5}=1.2,\quad p_{L_6}=\frac{3}{5}=0.6$$

(1) 则该角的最或是值 $\hat{X}$ 为

$$\hat{X} = \frac{[PL]}{[P]} = 78°18' + \frac{5+9+8\times1.6+14\times1.4+15\times1.2+10\times0.6}{1+1+1.6+1.4+1.2+0.6}$$

$$= 78°18' + 10.3'' = 78°18''10.3''$$

$$P_{\hat{X}} = [P] = 6.8$$

$$V_1 = 5.3'',\ V_2 = 1.3'',\ V_3 = 2.3'',\ V_4 = -3.7'',\ V_5 = -4.7'',\ V_6 = 0.3''$$

$$V^{\mathrm{T}}PV = [PVV] = 28.1 + 1.7 + 8.5 + 19.2 + 26.5 + 0.1 = 84.1$$

$$\hat{\sigma}_0 = \sqrt{\frac{V^{\mathrm{T}}PV}{6-1}} = 4''$$

$$\hat{\sigma}_{\hat{X}} = \hat{\sigma}_0 / \sqrt{P_{\hat{X}}} = 4 / \sqrt{6.8} = 1.5''$$

(2) 一测回的中误差为

$$\hat{\sigma}_1 = \hat{\sigma}_0 \sqrt{5} = 8.9''$$

【本题点拨】 (1) 直接平差；(2) 一测回的中误差。

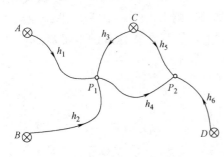

图 6-19　例 6-29 水准网

【例 6-29】 有水准网如图 6-19 所示，网中 A、B、C、D 为已知点，P_1、P_2 为待定点。高差观测值 h_1，…，h_6 的水准路线长度均为 2km，且各观测值独立。

(1) 设 P_1、P_2 点高程平差值为参数，试列出误差方程；(2) 欲使该水准网最弱点高程的方差不超过 $\frac{32}{11}\mathrm{mm}^2$，试求该水准网每千米高差观测中误差的最大值。

【解】 (1) 根据题意可得 $n=6$，$t=2$，$r=4$。

设 P_1、P_2 点高程平差值为参数，分别为 $\hat{X}_1$、$\hat{X}_2$，取其初值为 $X_1^0 = H_A + h_1$，$X_2^0 = H_D + h_6$，$\hat{X}_1 = X_1^0 + \hat{x}_1$，$\hat{X}_2 = X_2^0 + \hat{x}_2$ 则可列出如下误差方程，即

$$\left.\begin{array}{l} v_1 = \hat{x}_1 \\ v_2 = \hat{x}_1 - (H_B + h_2 - H_A - h_1) \\ v_3 = \hat{x}_1 - (H_C + h_3 - H_A - h_1) \\ v_4 = \hat{x}_2 - \hat{x}_1 - (H_A + h_1 + h_4 - H_D - h_6) \\ v_5 = \hat{x}_2 - (H_C + h_5 - H_D - h_6) \\ v_6 = \hat{x}_2 \end{array}\right\}$$

(2) 选 2km 观测值为单位权观测值，则有

$$B = \begin{bmatrix} 1 & 0 \\ 1 & 0 \\ 1 & 0 \\ -1 & 1 \\ 0 & 1 \\ 0 & 1 \end{bmatrix}, \quad P = diag(1,1,1,1,1,1), \quad N_{BB} = B^{\mathrm{T}}PB = \begin{bmatrix} 4 & -1 \\ -1 & 3 \end{bmatrix}$$

可得

$$Q_{\hat{X}\hat{X}} = N_{BB}^{-1} = \frac{1}{11} \begin{bmatrix} 3 & 1 \\ 1 & 4 \end{bmatrix}$$

因此，P_2 点平差后为高程最弱点，其协因数为

$$Q_{\hat{X}_2 \hat{X}_2} = \frac{4}{11}$$

其方差为

$$\hat{\sigma}_{\hat{X}_2}^2 = \sigma_0^2 \times Q_{\hat{X}_2 \hat{X}_2}, \quad 得 \ \sigma_0^2 = 8 \mathrm{mm}^2$$

设每千米的中误差为 σ_{km}，则有

$$2\sigma_{\mathrm{km}}^2 = 8, \quad 得 \ \sigma_{\mathrm{km}} = 2\mathrm{mm}$$

因此，该水准网每千米高差观测中误差的最大值为 2mm。

【本题点拨】 （1）求参数平差值的精度只与 B、P 有关，而与常数项 l 没有关系；
（2）本题在定权时，可以直接选取 1km 为单位权观测值，则求出的 σ_0 即为所求；（3）本题选 2km 为单位权观测值，求出的 σ_0 为 2km 的中误差，然后再求 1km 的中误差。

【例 6-30】 已知下列误差观测方程（观测权为单位矩阵）

$$\begin{cases} v_1 = x + y + 2z - 6 \\ v_2 = x + y + 3z - 5 \\ v_3 = x + y + 4z - 1 \\ v_4 = x + y + 1z - 3 \end{cases}$$

求未知数 z 的最优估值。

【解】 本题直接按间接平差计算，可得法方程系数为

$$N_{BB} = \begin{bmatrix} 1 & 1 & 1 & 1 \\ 1 & 1 & 1 & 1 \\ 2 & 3 & 4 & 1 \end{bmatrix} \begin{bmatrix} 1 & 1 & 2 \\ 1 & 1 & 3 \\ 1 & 1 & 4 \\ 1 & 1 & 1 \end{bmatrix} = \begin{bmatrix} 4 & 4 & 10 \\ 4 & 4 & 10 \\ 10 & 10 & 30 \end{bmatrix}$$

可知 N_{BB} 不可逆，而且 $rg(N_{BB}) = 2$，则说明只有两个独立参数，而所选的三个参数之间不独立。

设 $t = x + y + z$，则可得

$$\begin{cases} v_1 = t + z - 6 \\ v_2 = t + 2z - 5 \\ v_3 = t + 3z - 1 \\ v_4 = t - 3 \end{cases}$$

按间接平差可得

$$\begin{bmatrix} t \\ z \end{bmatrix} = \begin{bmatrix} \begin{bmatrix} 1 & 1 & 1 & 1 \\ 1 & 2 & 3 & 0 \end{bmatrix} \begin{bmatrix} 1 & 1 \\ 1 & 2 \\ 1 & 3 \\ 1 & 0 \end{bmatrix} \end{bmatrix}^{-1} \begin{bmatrix} 1 & 1 & 1 & 1 \\ 1 & 2 & 3 & 0 \end{bmatrix} \begin{bmatrix} 6 \\ 5 \\ 1 \\ 3 \end{bmatrix}$$

$$= \begin{bmatrix} 4 & 6 \\ 6 & 14 \end{bmatrix}^{-1} \begin{bmatrix} 15 \\ 19 \end{bmatrix} = \frac{1}{20} \begin{bmatrix} 14 & -6 \\ -6 & 4 \end{bmatrix} \begin{bmatrix} 15 \\ 19 \end{bmatrix}$$

$$= \frac{1}{20} \begin{bmatrix} 96 \\ -14 \end{bmatrix}$$

$$z = -0.7$$

【本题点拨】 （1）掌握法方程系数不可逆的原因；（2）重新设参数的技巧。

§6.9 习 题

1. 在间接平差中，独立参数的个数与什么量有关？误差方程和法方程个数是多少？

2. 在某平差问题中，如果多余观测个数少于必要观测个数，此时间接平差中法方程和条件平差的法方程的个数哪一个较少，为什么？

3. 已知某平差问题的误差方程为

$$\begin{cases} v_1 = \hat{x}_1 + 2 \\ v_2 = -\hat{x}_1 + \hat{x}_2 - 3 \\ v_3 = \hat{x}_2 - 1 \\ v_4 = -\hat{x}_1 + 6 \\ v_5 = -\hat{x}_2 + 5 \end{cases}$$

观测值的权矩阵为单位矩阵，试根据误差方程求单位权中误差估值。

4. 间接平差法与条件平差法的结果是否一样？为什么？

5. 证明间接平差法中改正数向量 V 和平差值向量 $\hat{X}$ 不相关。

6. 在间接平差中，计算 V^TPV 有哪几种途径？简述其推导过程。

7. 在水准网平差中，定权式为 $P_i = \dfrac{c}{S_i}$，S_i 以千米为单位，当令 $c = 2$ 时，经平差计算求得的单位权中误差 $\hat{\sigma}_0$ 代表什么量的中误差？在 $c = 1$ 和 $c = 2$ 两种情况下，经平差分别求得的 V、L、$\hat{\sigma}_0$ 以及 $[PVV]$ 相同吗？

8. 对某水准网列出如下的误差方程

$$V = \begin{bmatrix} 1 & 0 & 0 \\ 0 & 1 & 0 \\ -1 & 1 & 0 \\ 0 & 1 & -1 \\ 1 & -1 & 1 \end{bmatrix} \begin{bmatrix} \hat{x}_1 \\ \hat{x}_2 \\ \hat{x}_3 \end{bmatrix} - \begin{bmatrix} 0 \\ 0 \\ 8 \\ 7 \\ -6 \end{bmatrix}$$

试按间接平差法求：（1）未知参数 $\hat{X}_1$ 的权倒数 $\dfrac{1}{P_{\hat{x}_1}}$；（2）未知数函数 $\varphi = \hat{X}_1 + \hat{X}_3$

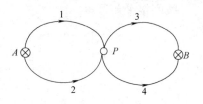

图 6-20 习题 9 水准网示意

的权倒数 $\dfrac{1}{P_\varphi}$。

9. 在如图 6-20 所示的水准网中，已知高程 $H_A=53.00\text{m}$，$H_B=58.00\text{m}$，测得高差（设每条线路长度相等）为 $h_1=2.95\text{m}$，$h_2=2.97\text{m}$，$h_3=2.08\text{m}$，$h_4=2.06\text{m}$。试求：（1）P 点高程的平差值；（2）P 点平差后高程的权倒数。

10. 某一平差问题有以下条件方程

$$v_1-v_2+v_3+5=0$$
$$v_3-v_4-v_5-2=0$$
$$v_5-v_6-v_7+3=0$$
$$v_1+v_4+v_7+4=0$$

试将其改写成误差方程。

11. 某一平差问题列有以下方程

$$v_1=-\hat{x}_1+3$$
$$v_2=-\hat{x}_2-1$$
$$v_3=-\hat{x}_1+2$$
$$v_4=-\hat{x}_2+1$$
$$v_5=-\hat{x}_1+\hat{x}_2-5$$

试将其改写成条件方程。

12. 如图 6-21 水准网中，A 为已知点，高程为 $H_A=10.000\text{m}$，观测高差及路线长度如表 6-5 所示。

观测高差及路线长度　　　　　　　　　　　　　　　　　　表 6-5

线路	h_i(m)	S_i(km)	线路	h_i(m)	S_i(km)
1	2.563	1	3	-3.885	2
2	-1.326	1	4	-3.883	2

若设参数 $\hat{X}=\begin{bmatrix}\hat{X}_1 & \hat{X}_2 & \hat{X}_3\end{bmatrix}^{\text{T}}=\begin{bmatrix}\hat{H}_B & \hat{h}_3 & \hat{h}_4\end{bmatrix}^{\text{T}}$，定权时 $C=2\text{km}$，试列出：（1）误差方程和限制条件；（2）法方程式。

13. 如图 6-22 所示水准网，水准路线长度均为 4km，设千米观测高差的中误差为 2mm，试估算平差后点 P_1、P_2 高程的中误差。

14. 证明间接平差中，函数 $\hat{\varphi}=3\hat{x}+10$ 与改正数 V 的相关性。

15. A、B、C 3 点在一直线上，测出了 AB、BC、AC 的距离，得出 3 个独立观测值：$l_{AB}=200.010\text{m}$，$l_{BC}=300.050\text{m}$，$l_{AC}=500.090\text{m}$。若令 100m 量距的权为单位权，试按间接平差求：（1）A、C 之间各段距离的平差值；（2）A、C 之间各段距离的平差值的中误差。

16. 在图 6-23 所示水准网中，A、B 为已知点，已知 $H_A=1.00\text{m}$，$H_B=10.00\text{m}$，P_1、P_2 为待定点，设各线路等长。观测高差值 $h_1=3.58\text{m}$，$h_2=5.40\text{m}$，$h_3=4.11\text{m}$，

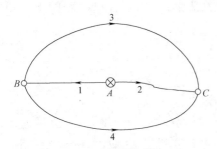

图 6-21　习题 12 水准网示意

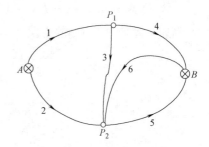

图 6-22　习题 13 水准网

$h_4 = 4.85\text{m}$，$h_5 = 0.50\text{m}$，现设 $\hat{X}_1 = \hat{H}_{P_1}$，$\hat{X}_2 = \hat{H}_{P_2}$，$\hat{X}_3 = \hat{h}_5$，试问：（1）应按哪种平差方法进行平差？（2）试列出其函数模型。

17. 有水准网如图 6-24 所示，网中 A、B 为已知点，C、D 为待定点，$h_1 \sim h_5$ 为高差观测值，设各线路等长。已知平差后算得 $V^\text{T}V = 48\text{mm}^2$，试求平差后 C、D 两点间高差 $\hat{h}_5$ 的权及中误差。

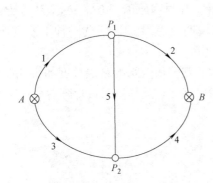

图 6-23　习题 16 水准网

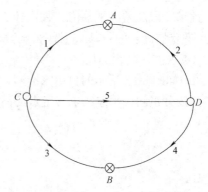

图 6-24　习题 17 水准网

18. 某平差问题函数模型（$Q = I$）为 $\begin{cases} v_1 & -v_2 & & & & -5 = 0 \\ v_1 & & +v_3 & -v_4 & & +6 = 0 \\ & & & v_4 & -v_5 & -3 = 0 \\ v_1 & & & & -\hat{x} & = 0 \end{cases}$，则该函数模型为_____平差方法的模型；$n = $____，$t = $____，$r = $____，$c = $____，$u = $____。

19. 如图 6-25 所示水准网，A、B、C、D 是已知点，P 是待定点。观测值及路线长度为 $h = \begin{bmatrix} h_1 & h_2 & h_3 & h_4 \end{bmatrix}^\text{T}$，$S = \begin{bmatrix} 1 & 2 & 2 & 1 \end{bmatrix}^\text{T}$。试完成：（1）建立间接平差函数模型、随机模型；（2）建立附有限制条件的间接平差函数模型、随机模型；（3）建立条件平差函数模型、随机模型；（4）是否可以建立附有参数的条件平差函数模型、随机模型？

20. 如图 6-26 所示的水准网，对 A、B、C、D 点间高差进行了水准测量，其观测高差和水准路线长度为

$h_1 = 0.023\text{m}$，$S_1 = 2\text{km}$；$h_2 = 1.114\text{m}$，$S_2 = 2\text{km}$；$h_3 = 1.142\text{m}$，$S_3 = 2\text{km}$；

$h_4 = 0.078\text{m}$，$S_4 = 5\text{km}$；$h_5 = 0.099\text{m}$，$S_5 = 5\text{km}$；$h_6 = 1.216\text{m}$，$S_6 = 5\text{km}$

若设 D 点相对高程为 $H_D = 10\text{m}$。试按间接平差法求：（1）各段高差的平差值；（2）高差平差值 $\hat{h}_1$、$\hat{h}_5$ 的中误差 $\hat{\sigma}_{\hat{h}_1}$、$\hat{\sigma}_{\hat{h}_5}$ 及 $\hat{\sigma}_{\hat{h}_1 \hat{h}_5}$。

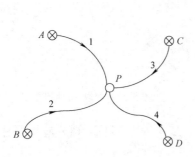

图 6-25　习题 19 水准网示意

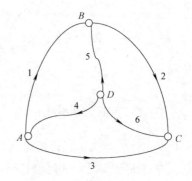

图 6-26　习题 20 水准网示意

21. 如图 6-27 所示的水准网中，A 为已知点，P_1、P_2、P_3 为待定点，观测了 5 条路线的高差，分别为 h_1、h_2、h_3、h_4、h_5，相应的路线长度相等。按照以下要求完成：（1）欲求 5 段高差的平差值，采用什么函数模型较好？并说明原因。（2）欲求 P_1、P_2、P_3 点平差后高程的权，采用什么函数模型较好？并说明原因。（3）任选一种平差方法，求 P_2 点平差后高程的权。

22. 如图 6-28 所示的自由水准网，各水准路线高差观测值及水准路线长度如表 6-6 所示，试按分组间接平差法求待定点的高程平差值（相对高程）及其协因数矩阵。

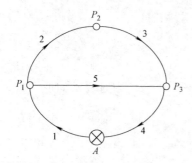

图 6-27　习题 21 水准网示意

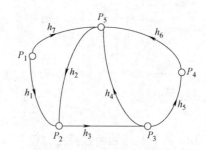

图 6-28　习题 22 自由水准网

水准路线观测高差及水准路线长度　　　　表 6-6

编号	1	2	3	4	5	6	7
h(m)	10.286	−10.069	−4.954	15.020	1.227	13.801	20.344
S(km)	4.7	3.1	3.5	3.2	4.4	3.8	4.0

23. 设某平差问题的误差方程为

$$v_1 = \hat{x}_1 + \hat{x}_2 - 1.2$$
$$v_2 = \hat{x}_1 + 2.1$$
$$v_3 = \hat{x}_2 - 2.4$$
$$v_4 = \hat{x}_2 + \hat{x}_3 + 4.0$$
$$v_5 = \hat{x}_3 - 2.5$$

已知观测值的权逆矩阵为单位矩阵，试以 $L_1 \sim L_3$ 为第一组观测值，以 L_4、L_5 为第二组观测值，按分组间接平差，求未知参数 $\hat{x}_i$（$i = 1$，2，3）及 $\hat{x}_2$ 的权倒数。

24. 如图 6-29 所示水准网中，A、B、C、D、E 为已知高程点，P_1、P_2、P_3 为待定点。已知高程为 $H_A = -7.1717\text{m}$，$H_B = -8.3295\text{m}$，$H_C = 39.9508\text{m}$，$H_D = 20.6211\text{m}$，$H_E = 28.9468\text{m}$。该网第一期观测值为

$$h_1 = 7.078\text{m}, S_1 = 6\text{km}; h_2 = 40.043\text{m}, S_2 = 6\text{km};$$

$$h_3 = -1.368\text{m}, S_3 = 4\text{km}; h_4 = 9.601\text{m}, S_4 = 8\text{km}$$

第二期观测值为

$h_5 = -11.020\text{m}$，$S_5 = 4\text{km}$；$h_6 = -16.659\text{m}$，$S_6 = 3\text{km}$；$h_7 = -2.688\text{m}$，$S_7 = 3\text{km}$

试按参数可变的间接分组平差法，求各待定点的高程平差值及 P_2 点高程平差值的中误差。

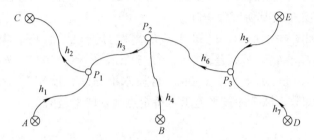

图 6-29　习题 24 水准网示意

25. 如图 6-30 所示水准网中，已知 A 点的高程为 20.000m，第一期观测了 $h_1 \sim h_6$，其高差观测值为

$h_1 = 1.545\text{m}$，$h_2 = 5.506\text{m}$，$h_3 = 3.955\text{m}$，$h_4 = 3.455\text{m}$，$h_5 = -7.510\text{m}$，$h_6 = -7.000\text{m}$

第二期观测了 $h_7 \sim h_{13}$，其高差观测值为

$h_7 = -3.536\text{m}$，$h_8 = -0.504\text{m}$，$h_9 = 15.450\text{m}$，$h_{10} = -8.000\text{m}$，$h_{11} = -30.465\text{m}$，$h_{12} = -12.021\text{m}$，$h_{13} = 22.457\text{m}$

若两组观测值 L_1、L_2 的协因数矩阵均为单位矩阵，试按参数可变的间接分组平差法，求各待定点高程的平差值及其协因数矩阵。

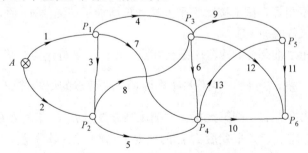

图 6-30　习题 25 水准网示意

26. 设有两组误差方程

$$V_1 = \begin{bmatrix} 1 & -1 \\ 0 & 1 \\ -1 & 1 \end{bmatrix} \begin{bmatrix} \hat{x}_1 \\ \hat{x}_2 \end{bmatrix} - \begin{bmatrix} 1 \\ -2 \\ 1 \end{bmatrix} \text{mm}$$

$$V_2 = \begin{bmatrix} -1 & 0 \\ 0 & 1 \end{bmatrix} \begin{bmatrix} \hat{x}_1 \\ \hat{x}_2 \end{bmatrix} - \begin{bmatrix} 3 \\ 1 \end{bmatrix} \text{mm}$$

其中，L_1 与 L_2 的权为 $P_1 = P_2 = I$，未知数的近似值为 $X^0 = \begin{bmatrix} 5.650 & 7.120 \end{bmatrix}^T \text{m}$，试按序贯平差求 $\hat{X}$ 及 $Q_{\hat{X}\hat{X}}$。

27. 某水准网如图 6-31 所示，已知点 A，B 的高程分别为 $H_A = 53.00\text{m}$，$H_B = 58.00\text{m}$，为确定待定点 P 点的高程，测得高差观测值为 $h_1 = 2.95\text{m}$，$h_2 = 2.97\text{m}$，$h_3 = 2.08\text{m}$，$h_4 = 2.06\text{m}$。各条路线长度相等。设 $\underset{4 \times 1}{L} = \begin{bmatrix} L_1 \\ L_2 \end{bmatrix}$，$L_1 = \begin{bmatrix} h_1 & h_2 \end{bmatrix}^T$，$L_2 = \begin{bmatrix} h_3 & h_4 \end{bmatrix}^T$，$P$ 点高程平差值为未知参数 $\hat{X}$。（1）试列出两组误差方程；（2）试按序贯平差法求 P 点高程平差值及其协因数矩阵。

28. 有水准网如图 6-32 所示，已知 A 点的高程 $H_A = 20.000\text{m}$，第一次观测了 $h_1 \sim h_3$，第二次观测了 $h_4 \sim h_6$，其高差为：$h_1 = 1.545\text{m}$，$h_2 = 5.506\text{m}$，$h_3 = 3.955\text{m}$，$h_4 = 3.455\text{m}$，$h_5 = -7.510\text{m}$，$h_6 = -7.000\text{m}$。各段水准路线长度相等（$Q = I$）。设各待定点高程平差值为未知数，试按序贯平差求各待定点高程的平差值。

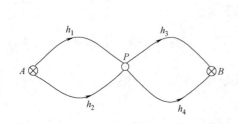

图 6-31　习题 27 水准网

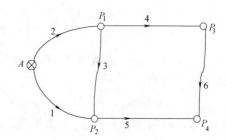

图 6-32　习题 28 水准网

29. 图 6-33 水准网中 A 是已知点，P_1、P_2、P_3 是待定点。第一次观测了 $h_1 \sim h_4$，第一次平差后，发现 3 个待定点高程精度达不到设计要求，为了提高精度，第二次观测了 h_5，设 5 条路线长度相等，试求按序贯平差法计算增加了观测值 h_5 后，P_1、P_2、P_3，3 个点高程平差值的权各增加了多少？

30. 图 6-34 所示水准网中，A、B 是已知点，C、D 是待定点。设其高差为参数 x_1、x_2，第一次观测了高差 $h_1 \sim h_5$，经平差计算得 C、D 两点的权矩阵 $P = \begin{bmatrix} 3 & -1 \\ -1 & 2 \end{bmatrix}$，现根据需要，增加了水准点 E，则第二次又观测了高差 h_6、h_7，设 h_6、h_7 是等精度独立观测值，试按序贯平差求：（1）平差后 E 点的权 P_E。（2）第二次平差后 C、D 点的权较第一次平差后权的改变量。

31. 对控制网进行间接平差，可否在观测前根据布设的网形和拟定的观测方案来估算网中待定点的精度，为什么？

32. 参数平差的法方程为 $\begin{bmatrix} 4 & -4 \\ -4 & 5 \end{bmatrix} \begin{bmatrix} \hat{x}_1 \\ \hat{x}_2 \end{bmatrix} + \begin{bmatrix} w_1 \\ w_2 \end{bmatrix} = 0$，$m_{w_1} = 2$，求 m_{w_2}。

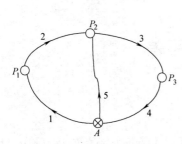

图 6-33 习题 29 水准网

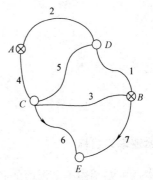

图 6-34 习题 30 水准网

159

第7章 坐标值平差

本章学习目标

本章主要阐述了坐标值的条件平差和间接平差。通过本章的学习，应达到以下目标：

（1）掌握坐标值平差必要观测数的确定和多余观测数的计算。

（2）掌握用条件平差计算坐标值的平差。

（3）掌握用间接平差计算坐标值的平差。

（4）掌握坐标值误差方程的列立。

本章所定义的坐标值平差主要是指两个方面：（1）观测值是坐标值；（2）间接平差中所选的参数为坐标值。主要研究第一种情况，对于第二种情况主要是针对间接平差中的导线网平差。

§7.1 误差方程列立

1. 测角网函数模型

观测值为角度，参数为待定点坐标的平差问题，称为测角网坐标平差。

（1）坐标改正数与坐标方位角改正数的关系

在图 7-1 中，j、k 是两个待定点，它们的近似坐标为 X_j^0、Y_j^0、X_k^0、Y_k^0。根据这些近似坐标可以计算 j、k 两点间的近似坐标方位角 α_{jk}^0 和近似边长 S_{jk}^0。设这两点的近似坐标改正数为 $\hat{x}_j$，$\hat{y}_j$，$\hat{x}_k$，$\hat{y}_k$，即

$$\hat{X}_j = X_j^0 + \hat{x}_j, \quad \hat{Y}_j = Y_j^0 + \hat{y}_j,$$

$$\hat{X}_k = X_k^0 + \hat{x}_k, \quad \hat{Y}_k = Y_k^0 + \hat{y}_k$$

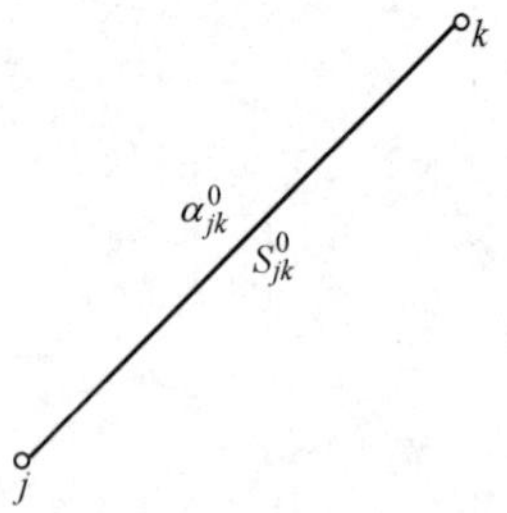

图 7-1 线段 jk

由近似坐标改正数引起的近似坐标方位角改正数为 $\delta\alpha_{jk}$，即

$$\hat{\alpha}_{jk} = \alpha_{jk}^0 + \delta\alpha_{jk} \tag{7-1}$$

现求坐标改正数 $\hat{x}_j$，$\hat{y}_j$，$\hat{x}_k$，$\hat{y}_k$ 与坐标方位角改正数 $\delta\alpha_{jk}$ 之间的线性关系。

根据图 7-1 可以写出

$$\hat{\alpha}_{jk} = \arctan \frac{(Y_k^0 + \hat{y}_k) - (Y_j^0 + \hat{y}_j)}{(X_k^0 + \hat{x}_k) - (X_j^0 + \hat{x}_j)}$$

将上式右端按泰勒公式展开，得

$$\hat{\alpha}_{jk} = \arctan\frac{Y_k^0 - Y_j^0}{X_k^0 - X_j^0} + \left(\frac{\partial\hat{\alpha}_{jk}}{\partial\hat{X}_j}\right)_0 \hat{x}_j + \left(\frac{\partial\hat{\alpha}_{jk}}{\partial\hat{Y}_j}\right)_0 \hat{y}_j + \left(\frac{\partial\hat{\alpha}_{jk}}{\partial\hat{X}_k}\right)_0 \hat{x}_k + \left(\frac{\partial\hat{\alpha}_{jk}}{\partial\hat{Y}_k}\right)_0 \hat{y}_k$$

等式中右边第一项就是由近似坐标算得的近似坐标方位角 α_{jk}^0，对照式（7-1）可知

$$\delta\hat{\alpha}_{jk} = \left(\frac{\partial\hat{\alpha}_{jk}}{\partial\hat{X}_j}\right)_0 \hat{x}_j + \left(\frac{\partial\hat{\alpha}_{jk}}{\partial\hat{Y}_j}\right)_0 \hat{y}_j + \left(\frac{\partial\hat{\alpha}_{jk}}{\partial\hat{X}_k}\right)_0 \hat{x}_k + \left(\frac{\partial\hat{\alpha}_{jk}}{\partial\hat{Y}_k}\right)_0 \hat{y}_k \tag{7-2}$$

式中，$\left(\dfrac{\partial\hat{\alpha}_{jk}}{\partial\hat{X}_j}\right)_0 = \dfrac{\dfrac{Y_k^0 - Y_j^0}{(X_k^0 - X_j^0)^2}}{1 + \left(\dfrac{Y_k^0 - Y_j^0}{X_k^0 - X_j^0}\right)^2} = \dfrac{Y_k^0 - Y_j^0}{(X_k^0 - X_j^0)^2 + (Y_k^0 - Y_j^0)^2} = \dfrac{\Delta Y_{jk}^0}{(S_{jk}^0)^2}$

同理可得

$$\left(\frac{\partial\hat{\alpha}_{jk}}{\partial\hat{Y}_j}\right)_0 = -\frac{\Delta X_{jk}^0}{(S_{jk}^0)^2}, \quad \left(\frac{\partial\hat{\alpha}_{jk}}{\partial\hat{X}_k}\right)_0 = -\frac{\Delta Y_{jk}^0}{(S_{jk}^0)^2}, \quad \left(\frac{\partial\hat{\alpha}_{jk}}{\partial\hat{Y}_k}\right)_0 = \frac{\Delta X_{jk}^0}{(S_{jk}^0)^2}$$

将上列结果代入式（7-2），并统一单位得

$$\delta\alpha_{jk}'' = \frac{\rho''\Delta Y_{jk}^0}{(S_{jk}^0)^2}\hat{x}_j - \frac{\rho''\Delta X_{jk}^0}{(S_{jk}^0)^2}\hat{y}_j - \frac{\rho''\Delta Y_{jk}^0}{(S_{jk}^0)^2}\hat{x}_k + \frac{\rho''\Delta X_{jk}^0}{(S_{jk}^0)^2}\hat{y}_k \tag{7-3}$$

或写成

$$\delta\alpha_{jk}'' = \frac{\rho''\sin\alpha_{jk}^0}{S_{jk}^0}\hat{x}_j - \frac{\rho''\cos\alpha_{jk}^0}{S_{jk}^0}\hat{y}_j - \frac{\rho''\sin\alpha_{jk}^0}{S_{jk}^0}\hat{x}_k + \frac{\rho''\cos\alpha_{jk}^0}{S_{jk}^0}\hat{y}_k \tag{7-4}$$

令

$$a_{jk} = \frac{\rho''\Delta Y_{jk}^0}{(S_{jk}^0)^2} = \frac{\rho''\sin\alpha_{jk}^0}{S_{jk}^0}, \quad b_{jk} = -\frac{\rho''\Delta X_{jk}^0}{(S_{jk}^0)^2} = -\frac{\rho''\cos\alpha_{jk}^0}{S_{jk}^0}$$

则式（7-4）可写成

$$\delta\alpha_{jk}'' = a_{jk}\hat{x}_j + b_{jk}\hat{y}_j - a_{jk}\hat{x}_k - b_{jk}\hat{y}_k \tag{7-5}$$

式（7-4）和式（7-5）就是坐标改正数与坐标方位角改正数间的一般关系式，称为坐标方位角改正数方程。其中 $\delta\alpha$ 以秒为单位。

1）若某边的两端均为待定点，则坐标改正数与坐标方位角改正数间的关系式就是式（7-4）。此时，$\hat{x}_j$ 与 $\hat{x}_k$ 前的系数的绝对值相等；$\hat{y}_j$ 与 $\hat{y}_k$ 前的系数的绝对值也相等。

2）若测站点 j 为已知点，则 $\hat{x}_j = \hat{y}_j = 0$，得

$$\delta\alpha_{jk}'' = -\frac{\rho''\Delta Y_{jk}^0}{(S_{jk}^0)^2}\hat{x}_k + \frac{\rho''\Delta X_{jk}^0}{(S_{jk}^0)^2}\hat{y}_k \tag{7-6}$$

若照准点 k 为已知点，则 $\hat{x}_k = \hat{y}_k = 0$，得

$$\delta\alpha_{jk}'' = \frac{\rho''\Delta Y_{jk}^0}{(S_{jk}^0)^2}\hat{x}_j - \frac{\rho''\Delta X_{jk}^0}{(S_{jk}^0)^2}\hat{y}_j \tag{7-7}$$

3）若某边的两个端点均为已知点，则 $\hat{x}_j = \hat{y}_j = \hat{x}_k = \hat{y}_k = 0$，得 $\delta\alpha''_{jk} = 0$。

4）同一边的正反坐标方位角的改正数相等，它们与坐标改正数的关系式也一样，这是因为

$$\delta\alpha''_{kj} = +\frac{\rho''\Delta Y^0_{kj}}{(S^0_{jk})^2}\hat{x}_k - \frac{\rho''\Delta X^0_{kj}}{(S^0_{jk})^2}\hat{y}_k - \frac{\rho''\Delta Y^0_{kj}}{(S^0_{jk})^2}\hat{x}_j + \frac{\rho''\Delta X^0_{kj}}{(S^0_{jk})^2}\hat{y}_j$$

对照式（7-2），顾及 $\Delta Y^0_{jk} = -\Delta Y^0_{kj}$，$\Delta X^0_{jk} = -\Delta X^0_{kj}$，得 $\delta\alpha''_{jk} = \delta\alpha''_{kj}$。据此，实际计算时，只要对每条待定边计算一个坐标方位角改正数方程即可。

（2）观测角度的误差方程

对于角度观测值 L_i（图7-2）来说，其观测方程为

$$L_i + v_i = \hat{\alpha}_{jk} - \hat{\alpha}_{jh} \tag{7-8}$$

将 $\hat{\alpha} = \alpha^0 + \delta\alpha$ 代入，并令

$$l_i = L_i - (\alpha^0_{jk} - \alpha^0_{jh}) = L_i - L^0_i$$

可得

$$v_i = \delta\alpha_{jk} - \delta\alpha_{jh} - l_i \tag{7-9}$$

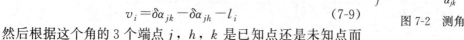

图7-2　测角示意

然后根据这个角的3个端点 j，h，k 是已知点还是未知点而灵活运用式（7-2），并以此代入式（7-9），即得线性化后的误差方程。即

$$v_i = \rho''\left(\frac{\Delta Y^0_{jk}}{(S^0_{jk})^2} - \frac{\Delta Y^0_{jh}}{(S^0_{jh})^2}\right)\hat{x}_j - \rho''\left(\frac{\Delta X^0_{jk}}{(S^0_{jk})^2} - \frac{\Delta X^0_{jh}}{(S^0_{jh})^2}\right)\hat{y}_j -$$

$$\rho''\frac{\Delta Y^0_{jk}}{(S^0_{jk})^2}\hat{x}_k + \rho''\frac{\Delta X^0_{jk}}{(S^0_{jk})^2}\hat{y}_k + \rho''\frac{\Delta Y^0_{jh}}{(S^0_{jh})^2}\hat{x}_h - \rho''\frac{\Delta Y^0_{jh}}{(S^0_{jh})^2}\hat{y}_h - l_i \tag{7-10}$$

或　$v_i = (a_{jk} - a_{jh})\hat{x}_j + (b_{jk} - b_{jh})\hat{y}_j - a_{jk}\hat{x}_k - b_{jk}\hat{y}_k + a_{jh}\hat{x}_h + b_{jh}\hat{y}_h - l_i$

式（7-10）即为线性化后的观测角度的误差方程式，可以当作公式使用。

2. 测边网模型

在图7-3中，测得待定点间的边长 L_i，设待定点的坐标平差值 $\hat{X}_j$、$\hat{Y}_j$、$\hat{X}_k$ 和 $\hat{Y}_k$ 为参数，令

图7-3　边长观测示意

$$\hat{X}_j = X^0_j + \hat{x}_j，\hat{Y}_j = Y^0_j + \hat{y}_j$$

$$\hat{X}_k = X^0_k + \hat{x}_k，\hat{Y}_k = Y^0_k + \hat{y}_k$$

由图7-3可写出 L_i 的平差值方程为

$$\hat{L}_i = L_i + v_i = \sqrt{(\hat{X}_k - \hat{X}_j)^2 + (\hat{Y}_k - \hat{Y}_j)^2} \tag{7-11}$$

按泰勒公式展开，得

$$L_i + v_i = S^0_{jk} + \frac{\Delta X^0_{jk}}{S^0_{jk}}(\hat{x}_k - \hat{x}_j) + \frac{\Delta Y^0_{jk}}{S^0_{jk}}(\hat{y}_k - \hat{y}_j) \tag{7-12}$$

式中，$\Delta X^0_{jk} = X^0_k - X^0_j$；$\Delta Y^0_{jk} = Y^0_k - Y^0_j$；$S^0_{jk} = \sqrt{(X^0_k - X^0_j)^2 + (Y^0_k - Y^0_j)^2}$

再令

$$l_i = L_i - S^0_{jk}$$

则由式（7-12）可得测边的误差方程为

$$v_i = -\frac{\Delta X_{jk}^0}{S_{jk}^0}\hat{x}_j - \frac{\Delta Y_{jk}^0}{S_{jk}^0}\hat{y}_j + \frac{\Delta X_{jk}^0}{S_{jk}^0}\hat{x}_k + \frac{\Delta Y_{jk}^0}{S_{jk}^0}\hat{y}_k - l_i \tag{7-13}$$

式中等号右边前 4 项之和是由坐标改正数引起的边长改正数。

式（7-13）就是测边坐标平差误差方程式的一般形式，它是在假设两端点都是待定点的情况下导出的。具体计算时，可按不同情况灵活运用。

（1）若某边的两端点均为待定点，则式（7-13）就是该观测边的误差方程。式中，$\hat{x}_j$ 与 $\hat{x}_k$ 的系数的绝对值相等，$\hat{y}_j$ 与 $\hat{y}_k$ 的系数的绝对值也相等。常数项等于该边的观测值减去其近似值。

（2）若 j 为已知点，则 $\hat{x}_j = \hat{y}_j = 0$，得

$$v_i = \frac{\Delta X_{jk}^0}{S_{jk}^0}\hat{x}_k + \frac{\Delta Y_{jk}^0}{S_{jk}^0}\hat{y}_k - l_i \tag{7-14}$$

若 k 为已知点，则 $\hat{x}_k = \hat{y}_k = 0$，得

$$v_i = -\frac{\Delta X_{jk}^0}{S_{jk}^0}\hat{x}_j - \frac{\Delta Y_{jk}^0}{S_{jk}^0}\hat{y}_j - l_i \tag{7-15}$$

若 j、k 均为已知点，则该边为固定边（不观测），故对该边不需要列误差方程。

（3）某边的误差方程，按 jk 向列立或按 kj 向列立的结果相同。

3. 导线网平差

在导线网中有两类观测值，即边长观测值和角度观测值，所以导线网是一种边角同测网。

（1）函数模型

导线网中角度观测的误差方程，其组成与测角网坐标平差的误差方程相同，边长观测的误差方程，其组成与测边网的误差方程相同。

（2）随机模型

确定边、角两类观测的随机模型，主要是为了给定两类观测值的权比问题。

导线网中各边长观测、角度观测相互之间都是独立的，因此，对于随机模型

$$D = \sigma_0^2 Q = \sigma_0^2 P^{-1} \tag{7-16}$$

式（7-16）中的权矩阵是对角矩阵。设网中有 n_1 个角度观测 β_1，β_2，$\cdots$，β_{n_1} 和 n_2 个边长观测 S_1，S_2，$\cdots$，S_{n_2}，$n_1 + n_2 = n$，则权矩阵为

$$P = diag(p_{\beta_1}, p_{\beta_2}, \cdots, p_{\beta_{n_1}}, p_{S_1}, p_{S_2}, \cdots, p_{S_{n_2}})$$

$$= \begin{bmatrix} p_{\beta_1} & & & & & & \\ & \ddots & & & & & \\ & & p_{\beta_{n_1}} & & & & \\ & & & p_{S_1} & & & \\ & & & & \ddots & \\ & & & & & p_{S_{n_2}} \end{bmatrix} = \begin{bmatrix} P_\beta & 0 \\ 0 & P_S \end{bmatrix}$$

由式（7-16）可知，确定权矩阵 P，必须已知先验方差 D，D 也是对角矩阵，为

$$D = diag\,(\sigma_{\beta_1}^2, \ \sigma_{\beta_2}^2, \ \cdots, \ \sigma_{\beta_{n_1}}^2, \ \sigma_{S_1}^2, \ \sigma_{S_2}^2, \ \cdots, \ \sigma_{S_{n_2}}^2\,)$$

单位权方差 σ_0^2 唯一，但可任意选取。

若 D 已知，则定权公式为

$$p_{\beta_i} = \frac{\sigma_0^2}{\sigma_{\beta_i}^2}, \ p_{S_i} = \frac{\sigma_0^2}{\sigma_{S_i}^2} \tag{7-17}$$

式中 $\sigma_{\beta_1} = \sigma_{\beta_2} = \cdots = \sigma_{\beta_{n_1}} = \sigma_\beta$。定权时，一般令

$$\sigma_0 = \sigma_\beta$$

即以测角中误差为导线网平差中的单位权观测值中误差，由此可得

$$p_{\beta_i} = \frac{\sigma_\beta^2}{\sigma_\beta^2} = 1, \ p_{S_i} = \frac{\sigma_\beta^2}{\sigma_{S_i}^2}。 \tag{7-18}$$

为了确定边、角观测的权比，必须已知 σ_β^2 和 $\sigma_{S_i}^2$，一般在平差前是无法精确知道的，所以采用经验定权的方法，亦即 σ_β^2 和 $\sigma_{S_i}^2$ 采用厂方给定的测角、测距仪器的标准精度或者是经验数据。如果已知测角精度 $\sigma_\beta = 10''$，测边精度为 $\sigma_S = 1.0\sqrt{S(\mathrm{m})}$ mm，则按式 (7-18) 的定权公式为

$$p_{\beta_i} = \frac{\sigma_\beta^2}{\sigma_\beta^2} = 1, \ p_{S_i} = \frac{100}{S_i(\mathrm{m})} ('')^2 / \mathrm{mm}^2 \tag{7-19}$$

在边角同测网中，权是有单位的，如式 (7-19) 中 $p_{\beta_i} = 1$ 无量纲（即单位为1），而边长的权，其单位为 $('')^2 / \mathrm{mm}^2$。在这种情况下，角度的改正数 v_{β_i} 要取秒为单位，而边长改正数 v_{S_i} 则要取毫米为单位，此时的 $p_{\beta_i} v_{\beta_i}^2$ 与 $p_{S_i} v_{S_i}^2$ 单位才能一致。

§7.2　坐标值的条件平差

设 $(x_i, \ y_i)(i = 1, \ 2, \ \cdots, \ n)$ 为数字化坐标值，其平差值为 $(\hat{x}_i、\hat{y}_i)$，相应的改正数为 v_{xi}, v_{yi}，则有

$$\hat{x}_i = x_i + v_{xi}, \ \hat{y}_i = y_i + v_{yi} \tag{7-20}$$

1. 直角与直角型模型

设有数字化坐标观测值 $(X_h, \ Y_h)$、$(X_j, \ Y_j)$ 和 $(X_k, \ Y_k)$，如图 7-4 所示。坐标平差值为 $\hat{X} = X + v_x$，$\hat{Y} = Y + v_y$，β_0 为已知值，如果两条直线垂直，则 $\beta_0 = 90°$或$270°$；如 h、j、k 3个点在同一条直线上，则 $\beta_0 = 180°$或$0°$。故有条件方程为

$$\hat{\alpha}_{jk} - \hat{\alpha}_{jh} = \beta_0 \tag{7-21}$$

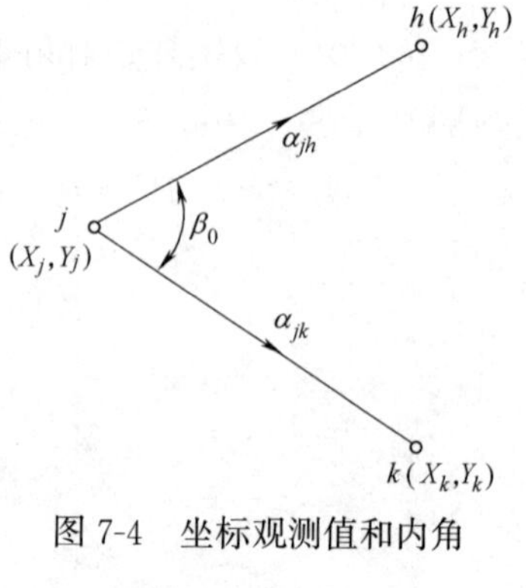

图 7-4　坐标观测值和内角

或　$\arctan \dfrac{(Y_k + v_{yk}) - (Y_j + v_{yj})}{(X_k + v_{xk}) - (X_j + v_{xj})} - \arctan \dfrac{(Y_h + v_{yk}) - (Y_j + v_{yj})}{(X_h + v_{xh}) - (X_j + v_{xj})} - \beta_0 = 0$

式中，左端的第一项为

$$\hat{\alpha}_{jk} = \arctan \frac{(Y_k + v_{yk}) - (Y_j + v_{yj})}{(X_k + v_{xk}) - (X_j + v_{xj})}$$

将上式右端按泰勒公式展开，得

$$\hat{\alpha}_{jk} = \arctan \frac{Y_k - Y_j}{X_k - X_j} + \left(\frac{\partial \hat{\alpha}_{jk}}{\partial \hat{X}_j}\right)_0 v_{xj} + \left(\frac{\partial \hat{\alpha}_{jk}}{\partial \hat{Y}_j}\right)_0 v_{yj} + \left(\frac{\partial \hat{\alpha}_{jk}}{\partial \hat{X}_k}\right)_0 v_{xk} + \left(\frac{\partial \hat{\alpha}_{jk}}{\partial \hat{Y}_k}\right)_0 v_{yk} \quad (7\text{-}22)$$

令

$$\alpha_{jk}^0 = \arctan \frac{Y_k - Y_j}{X_k - X_j}$$

$$\delta \alpha_{jk} = \left(\frac{\partial \hat{\alpha}_{jk}}{\partial \hat{X}_j}\right)_0 v_{xj} + \left(\frac{\partial \hat{\alpha}_{jk}}{\partial \hat{Y}_j}\right)_0 v_{yj} + \left(\frac{\partial \hat{\alpha}_{jk}}{\partial \hat{X}_k}\right)_0 v_{xk} + \left(\frac{\partial \hat{\alpha}_{jk}}{\partial \hat{Y}_k}\right)_0 v_{yk} \quad (7\text{-}23)$$

式中 $(\ )_0$——用坐标观测值代替坐标平差值计算的偏导数值。

于是式（7-23）又可写为

$$\hat{\alpha}_{jk} = \alpha_{jk}^0 + \delta \alpha_{jk}$$

因为

$$\left(\frac{\partial \hat{\alpha}_{jk}}{\partial \hat{X}_j}\right)_0 = \frac{Y_k - Y_j}{(X_k - X_j)^2 + (Y_k - Y_j)^2} = \frac{\Delta Y_{jk}^0}{(S_{jk}^0)^2}$$

$$\left(\frac{\partial \hat{\alpha}_{jk}}{\partial \hat{Y}_j}\right)_0 = -\frac{\Delta X_{jk}^0}{(S_{jk}^0)^2}; \quad \left(\frac{\partial \hat{\alpha}_{jk}}{\partial \hat{X}_k}\right)_0 = -\frac{\Delta Y_{jk}^0}{(S_{jk}^0)^2}; \quad \left(\frac{\partial \hat{\alpha}_{jk}}{\partial \hat{Y}_k}\right)_0 = -\frac{\Delta X_{jk}^0}{(S_{jk}^0)^2}$$

将上式结果代入式（7-23），并统一全式的单位得

$$\hat{\alpha}_{jk} = \alpha_{jk}^0 + \frac{\rho'' \Delta Y_{jk}^0}{(S_{jk}^0)^2} v_{xj} - \frac{\rho'' \Delta X_{jk}^0}{(S_{jk}^0)^2} v_{yj} - \frac{\rho'' \Delta Y_{jk}^0}{(S_{jk}^0)^2} v_{xk} + \frac{\rho'' \Delta X_{jk}^0}{(S_{jk}^0)^2} v_{yk} \quad (7\text{-}24)$$

同理可得

$$\hat{\alpha}_{jh} = \alpha_{jh}^0 + \frac{\rho'' \Delta Y_{jh}^0}{(S_{jh}^0)^2} v_{xj} - \frac{\rho'' \Delta X_{jh}^0}{(S_{jh}^0)^2} v_{yj} - \frac{\rho'' \Delta Y_{jh}^0}{(S_{jh}^0)^2} v_{xh} + \frac{\rho'' \Delta X_{jh}^0}{(S_{jh}^0)^2} v_{yh} \quad (7\text{-}25)$$

将式（7-24）和式（7-25）代入式（7-21），即得条件方程为

$$\rho'' \left[\frac{\Delta Y_{jk}^0}{(S_{jk}^0)^2} - \frac{\Delta Y_{jh}^0}{(S_{jh}^0)^2}\right] v_{xj} - \rho'' \left[\frac{\Delta X_{jk}^0}{(S_{jk}^0)^2} - \frac{\Delta X_{jh}^0}{(S_{jh}^0)^2}\right] v_{yj} - \frac{\rho'' \Delta X_{jk}^0}{(S_{jk}^0)^2} v_{xk} +$$

$$\frac{\rho'' \Delta X_{jk}^0}{(S_{jk}^0)^2} v_{yk} + \frac{\rho'' \Delta Y_{jk}^0}{(S_{jk}^0)^2} v_{xh} - \frac{\rho'' \Delta X_{jh}^0}{(S_{jh}^0)^2} v_{yh} + w = 0 \quad (7\text{-}26)$$

式中，$w = \alpha_{jk}^0 - \alpha_{jh}^0 - \beta_0$。

当 $\beta_0 = 90°$ 或 $270°$ 时，式（7-26）就是直角条件；当 $\beta_0 = 180°$ 或 $0°$ 时，式（7-26）就是直线条件。

2. 平行线模型

对平行的道路边线、桥梁等，如图 7-5 所示，存在以下条件：

$$\hat{\alpha}_{ij} - \hat{\alpha}_{kl} = 0 \quad (7\text{-}27)$$

式中 $\hat{\alpha}_{ij}$，$\hat{\alpha}_{kl}$ 意义与式（7-21）相同。

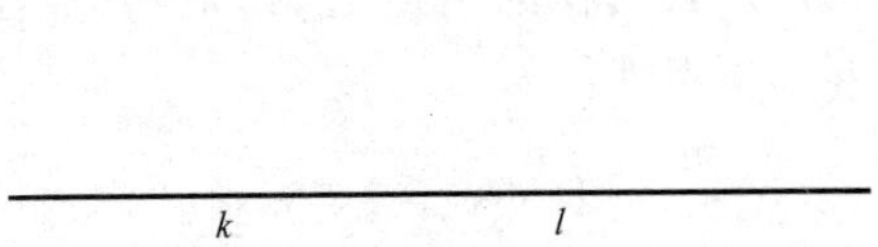

整理可得条件方程为

图 7-5　平行直线

$$a_{ij}v_{xj}+b_{ij}v_{yj}-a_{ij}v_{xi}-b_{ij}v_{yi}-a_{kl}v_{xl}-b_{kl}v_{yl}+a_{kl}v_{xk}+b_{kl}v_{yk}+w=0 \quad (7\text{-}28)$$

式中，$a_{ij}=-\dfrac{\sin\alpha_{ij}}{s_{ij}}=-\dfrac{\Delta Y_{ij}}{(s_{ij})^2}$，$b_{ij}=\dfrac{\cos\alpha_{ij}}{s_{ij}}=\dfrac{\Delta X_{ij}}{(s_{ij})^2}$，$a_{kl}=-\dfrac{\sin\alpha_{kl}}{s_{kl}}=-\dfrac{\Delta Y_{kl}}{(s_{kl})^2}$，$b_{kl}=$

$\dfrac{\cos\alpha_{kl}}{s_{kl}}=\dfrac{\Delta X_{kl}}{(s_{kl})^2}$，$w=\alpha_{ij}-\alpha_{kl}$，$\alpha_{ij}=\arctan\dfrac{y_j-y_i}{x_j-x_i}$，$\alpha_{kl}=\arctan\dfrac{y_l-y_k}{x_l-x_k}$。

3. 距离模型

数字化所得两点间距离应与已知值相符合，为此所组成的条件方程为距离型条件方程。

设点（$\hat{X}_j$，$\hat{Y}_j$）与点（$\hat{X}_k$，$\hat{Y}_k$）之间的距离已知值为 S_0，则其条件方程为

$$\sqrt{(\hat{X}_k-\hat{X}_j)^2+(\hat{Y}_k-\hat{Y}_j)^2}=S_0 \quad (7\text{-}29)$$

设
$$f=\sqrt{(\hat{X}_k-\hat{X}_j)^2+(\hat{Y}_k-\hat{Y}_j)^2}$$

则式（7-29）线性化过程为

$$f=s_{kj}+\left(\frac{\partial f}{\partial \hat{X}_j}\right)_0 v_{\hat{X}_j}+\left(\frac{\partial f}{\partial \hat{Y}_j}\right)_0 v_{\hat{Y}_j}+\left(\frac{\partial f}{\partial \hat{X}_k}\right)_0 v_{\hat{X}_k}+\left(\frac{\partial f}{\partial \hat{Y}_k}\right)_0 v_{\hat{Y}_k} \quad (7\text{-}30)$$

其中

$$s_{kj}=\sqrt{(X_k-X_j)^2+(Y_k-Y_j)^2}$$

$$\left(\frac{\partial f}{\partial \hat{X}_j}\right)_0=-\frac{X_k-X_j}{s_{ij}}=-\frac{\Delta X_{kj}^0}{s_{kj}}=-\cos\alpha_{kj}^0$$

$$\left(\frac{\partial f}{\partial \hat{Y}_j}\right)_0=-\frac{Y_k-Y_j}{s_{ij}}=-\frac{\Delta Y_{kj}^0}{s_{kj}}=-\sin\alpha_{kj}^0$$

$$\left(\frac{\partial f}{\partial \hat{X}_k}\right)_0=\frac{X_k-X_j}{s_{ij}}=\frac{\Delta X_{kj}^0}{s_{kj}}=\cos\alpha_{kj}^0$$

$$\left(\frac{\partial f}{\partial \hat{Y}_k}\right)_0=\frac{Y_k-Y_j}{s_{ij}}=\frac{\Delta Y_{kj}^0}{s_{kj}}=\sin\alpha_{kj}^0$$

将以上关系式代入式（7-30），再考虑式（7-29），得改正数条件方程为

$$-\frac{\Delta X_{kj}^0}{s_{kj}}v_{\hat{X}_j}-\frac{\Delta Y_{kj}^0}{s_{kj}}v_{\hat{Y}_j}+\frac{\Delta X_{kj}^0}{s_{kj}}v_{\hat{X}_k}+\frac{\Delta Y_{kj}^0}{s_{kj}}v_{\hat{Y}_k}+w_i=0 \quad (7\text{-}31)$$

或者也可写成

$$-\cos\alpha_{kj}^0 v_{\hat{X}_j}-\sin\alpha_{kj}^0 v_{\hat{Y}_j}+\cos\alpha_{kj}^0 v_{\hat{X}_k}+\sin\alpha_{kj}^0 v_{\hat{Y}_k}+w_i=0 \quad (7\text{-}32)$$

式中，$w_i=s_{kj}-S_0=\sqrt{(X_k-X_j)^2+(Y_k-Y_j)^2}-S_0$。

4. 面积型条件方程

图 7-6 是由 n 个数字化坐标点 $P_1\sim P_n$ 构成的封闭凸多边形，其面积为给定值 A，当其点位编号为顺时针时，存在如下条件：

$$\frac{1}{2}\sum_{i=1}^{n}\hat{x}_i(\hat{y}_{i+1}-\hat{y}_{i-1})-A=0 \quad (7\text{-}33)$$

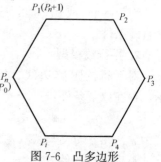

图 7-6 凸多边形

该条件称为面积条件。

其中，$P_n = P_0$，$P_{n+1} = P_1$，线性化后的改正数条件方程为

$$\sum_{i=1}^n a_i v_{x_i} - \sum_{i=1}^n b_i v_{y_i} + w = 0 \qquad (7\text{-}34)$$

式中，$a_i = \dfrac{1}{2}(y_{i+1} - y_{i-1})$；$b_i = \dfrac{1}{2}(x_{i+1} - x_{i-1})$；$w = \dfrac{1}{2}\sum_{i=1}^n x_i(y_{i+1} - y_{i-1}) - A$。

5. 圆曲线条件方程

如果圆曲线（图7-7）上的数字化点 $N \geqslant 3$，则对每个点可以列出以下条件：

$$(\hat{x}_i - x_0)^2 + (\hat{y}_i - y_0)^2 = R^2 \qquad (7\text{-}35)$$

式中　(x_0, y_0)——圆心坐标；

$\qquad\quad R$——圆的半径。

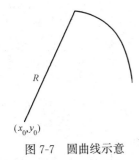

图7-7　圆曲线示意

将它们作为未知参数，线性化的含未知参数的条件方程为

$$\Delta x_{0i} v_{xi} + \Delta y_{0i} v_{yi} - \Delta x_{0i}\delta\hat{x}_0 - \Delta y_{0i}\delta\hat{y}_0 - R^0\delta R + w = 0$$

$$\qquad (7\text{-}36)$$

式中，$\Delta x_{0i} = x_i - x_0^0$，$\Delta y_{0i} = y_i - y_0^0$，$x_0 = x_0^0 + \delta\hat{x}_0$，$y_0 = y_0^0 + \delta\hat{y}_0$，$R = R^0 + \delta R$，$w = [(x_i - x_0^0)^2 + (y_i - y_0^0)^2 - (R^0)^2]/2$。

以上介绍了一些简单的数字化点之间为满足一些指定条件而构成条件方程的过程，实际应用中还可能遇到如两直线平行条件、圆弧上测的点要满足圆曲线条件等，这就需要使用者根据条件平差原理灵活运用。平差时将观测坐标所需要满足的所有条件式都放在一起，构成条件方程整体进行平差即可。

§7.3　坐标值的间接平差

1. 拟合模型

拟合模型是测量平差中常遇到的一种特殊的函数模型。测角网、测边网等其函数模型中所描述的观测数据与未知量间的关系是确定的，即是一种确定性的函数模型。而拟合模型则是一种函数模型或是统计回归模型。用一个函数去逼近所给定的一组数据，或者利用变量与变量之间统计相关性质给定的回归模型都属于这里所说的拟合模型。

下面举2个例子说明拟合模型误差方程的组成。

（1）在地图数字化中，已知圆上 m 个点的数字化观测值 $(X_i, Y_i)(i = 1, 2, \cdots, m)$，设为等权独立观测，试求该圆的曲线方程。

由于数字化观测值有误差，m 个点并不在同一圆曲线上，需要利用这些观测点拟合一条最佳圆曲线，这就是拟合模型问题。

圆曲线的参数方程以平差值表示为

$$\hat{X}_i = \hat{X}_0 + \hat{r}\cos\hat{\alpha}_i$$

$$\hat{Y}_i = \hat{Y}_0 + \hat{r}\sin\hat{\alpha}_i \qquad (7\text{-}37)$$

式中　$(\hat{X}_0, \hat{Y}_0)$——圆心坐标平差值；

　　　$\hat{r}$ 和 $\hat{\alpha}_i$——分别为半径和矢径方位角的平差值，它们为平差的未知参数，故此例 $n=2m$，$t=3+m$。

令

$$\hat{X}_i = X_i + v_{x_i}, \ \hat{Y}_i = Y_i + v_{y_i}$$
$$\hat{r} = r^0 + \delta r, \ \hat{\alpha}_i = \alpha_i^0 + \delta\alpha_i$$
$$\hat{X}_0 = X_0^0 + \hat{x}_0, \ \hat{Y}_0 = Y_0^0 + \hat{y}_0$$

将上式线性化，最后得误差方程为

$$\begin{cases} v_{x_i} = \hat{x}_0 + \cos\alpha^0 \delta r - r^0 \sin\alpha_i^0 \dfrac{\delta\alpha_i}{\rho} - l_{x_i} \\[2ex] v_{y_i} = \hat{y}_0 + \sin\alpha^0 \delta r + r^0 \cos\alpha_i^0 \dfrac{\delta\alpha_i}{\rho} - l_{y_i} \end{cases} \tag{7-38}$$

式中

$$\begin{cases} l_{x_i} = X_i - (X_0^0 + r^0 \cos\alpha_i^0) = X_i - X_i^0 \\[2ex] l_{y_i} = Y_i - (Y_0^0 + r^0 \sin\alpha_i^0) = Y_i - Y_i^0 \end{cases}$$

（2）数字高程模型、GPS 水准的高程异常拟合模型等常采用多项式拟合模型。已知 m 个点的数据是 $(Z_i,\ x_i,\ y_i)(i=1,\ 2,\ \cdots,\ m)$，其中 Z_i 是点 i 的高程（数字高程模型）或高程异常（GPS 水准拟合模型），$(x_i,\ y_i)$ 为 i 的坐标，视为无误差，并认为 Z 是坐标的函数，即可取拟合函数为

$$\hat{Z}_i = \hat{b}_0 + \hat{b}_1 x_i + \hat{b}_2 y_i + \hat{b}_3 x_i^2 + \hat{b}_4 x_i y_i + \hat{b}_5 y_i^2 \tag{7-39}$$

式中 $\hat{Z}_i = Z_i + v_{Z_i}$，未知参数为 $\hat{b}_0$，$\hat{b}_1$，$\cdots$，$\hat{b}_5$。$(x_i,\ y_i)$ 为常数，则其误差方程为

$$v_{Z_i} = \hat{b}_0 + x_i \hat{b}_1 + y_i \hat{b}_2 + x_i^2 \hat{b}_3 + x_i y_i \hat{b}_4 + y_i^2 \hat{b}_5 - Z_i \tag{7-40}$$

2. 坐标转换模型

在利用手工数字化仪采集 GIS 数据中，往往由于数字化仪坐标系与地面坐标系不一致及图纸变形而产生系统误差，为了消除此误差，通常是根据已知地面坐标的控制点和网格点采用平面相似变换法进行处理。

此外，在工程测量中，为施工设计和施工放样方便，施工坐标系与施工所在地的城市坐标系往往不相同，在施工控制测量中，必须将施工坐标系进行平面坐标转换，使施工坐标系统一到城市坐标系统。

为求取坐标转换参数的最佳估值，需要有一定数量的公共点。所谓的公共点是指这些点在两个坐标系中的坐标值都是已知的。设在本坐标系 XOY 中有两个以上的公共点坐标 $(X_i,\ Y_i)(i > 2)$，这些点在另一坐标系 $AO'B$ 中对应的坐标为 $(A_i,\ B_i)$，如图 7-8 所示。为将另一坐标系的控制网合理地匹配到本坐标系网上，需对另一坐标系加以平移、旋转和尺度改正，并保持控制网形状不变。

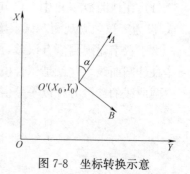

图 7-8　坐标转换示意

已知两坐标系之间的转换方程为

$$\begin{bmatrix} X_i \\ Y_i \end{bmatrix} = \begin{bmatrix} X_0 \\ Y_0 \end{bmatrix} + \mu \begin{bmatrix} \cos\alpha & -\sin\alpha \\ \sin\alpha & \cos\alpha \end{bmatrix} \begin{bmatrix} A_i \\ B_i \end{bmatrix} \qquad (7\text{-}41)$$

式中 (X_0, Y_0)——另一坐标系 $AO'B$ 的原点在本坐标系中的坐标；

μ——尺度比因子；

α——另一坐标系的主轴在本坐标系中的方位角。

X_0，Y_0，μ，α 这四个元素，就称为坐标旋转参数，它们取值的好坏，是决定转换后坐标值的可靠性的重要因素。所以一般公共点要取大于 2 点，并利用间接平差的方法求出坐标转换参数的最佳估值。

为计算方便，也可以令

$$a = X_0,\ b = Y_0,\ c = \mu\cos\alpha,\ d = \mu\sin\alpha$$

则式（7-41）变为

$$\begin{cases} X_i = a + A_i c - B_i d \\ Y_i = b + B_i c + A_i d \end{cases} \qquad (7\text{-}42)$$

上式是指当参数值和坐标值都不存在误差时，它们之间应该满足的理论关系式。将坐标转换参数的估值 $\hat{a}$，$\hat{b}$，$\hat{c}$，$\hat{d}$ 代入，由 i 点在另一坐标系的坐标值（A_i，B_i）就能转换出 i 点在本坐标系中的坐标估值（$\hat{X}_i$，$\hat{Y}_i$）。

$$\begin{bmatrix} \hat{X}_i \\ \hat{Y}_i \end{bmatrix} = \begin{bmatrix} \hat{a} \\ \hat{b} \end{bmatrix} + \begin{bmatrix} \hat{c} & -\hat{d} \\ \hat{d} & \hat{c} \end{bmatrix} \begin{bmatrix} A_i \\ B_i \end{bmatrix}$$

最小二乘原理在求最佳坐标转换参数中的应用时是这样考虑的：希望公共点 i 点通过坐标转换参数得到的坐标估值（$\hat{X}_i$，$\hat{Y}_i$）与该点已知的坐标值（X_i，Y_i）之差的平方和在达到最小的情况下，对最佳转换参数 $\hat{a}$，$\hat{b}$，$\hat{c}$，$\hat{d}$ 进行估计。所以误差方程为

$$\begin{cases} v_{X_i} = \hat{X}_i - X_i = \hat{a} + A_i\hat{c} - B_i\hat{d} - X_i \\ v_{Y_i} = \hat{Y}_i - Y_i = \hat{b} + B_i\hat{c} + A_i\hat{d} - Y_i \end{cases} \qquad (7\text{-}43)$$

所以当新旧两个坐标系中的公共点超过 2 个时，即 $i = 1$，2，$\cdots$，n，可以列出如下误差方程。

$$\begin{bmatrix} v_{X_1} \\ v_{Y_1} \\ v_{X_2} \\ v_{Y_2} \\ \vdots \\ v_{X_n} \\ v_{Y_n} \end{bmatrix} = \begin{bmatrix} 1 & 0 & A_1 & -B_1 \\ 0 & 1 & B_1 & A_1 \\ 1 & 0 & A_2 & -B_2 \\ 0 & 1 & B_2 & A_2 \\ \vdots & \vdots & \vdots & \vdots \\ 1 & 0 & A_n & -B_n \\ 0 & 1 & B_n & A_n \end{bmatrix} \begin{bmatrix} \hat{a} \\ \hat{b} \\ \hat{c} \\ \hat{d} \end{bmatrix} - \begin{bmatrix} X_1 \\ Y_1 \\ X_2 \\ Y_2 \\ \vdots \\ X_n \\ Y_n \end{bmatrix}$$

根据间接平差的过程，从上面的误差方程得到法方程，再从法方程解得参数最佳估值，则可得到坐标转换参数的最佳估值为

$$\hat{X}_0 = \hat{a}, \ \hat{Y}_0 = \hat{b}, \ \mu = \sqrt{\hat{c}^2 + \hat{d}^2}, \ \hat{\alpha} = \arctan\left(\frac{\hat{d}}{\hat{c}}\right)$$

当求出了上面 4 个坐标转换参数后，将它们的数值代入式（7-42），就得到了坐标转换方程，于是，任意 $AO'B$ 系（假设是施工坐标系）中的坐标值通过该方程，就能换算出它们在 XOY 系（假设是城市坐标系）中的坐标。

所以，只要将在两个坐标系中位置分布比较均匀、少量的、已知两套坐标的点，作为公共点，求出坐标转换参数，构造出坐标转换方程后，就可以用该转换方程对两个坐标系中大量的非公共点进行自由的坐标转换。

3. 7 参数坐标转换模型

上一小节是进行平面坐标转换的 4 参数模型，但是如果要进行空间坐标转换，其转换参数除了前面所说的 4 个参数外，还要增加 1 个平移参数和 2 个转换参数，即 7 参数转换模型。当观测的公共控制点大于 3 个时，可采用间接平差法求得空间坐标转换模型中的 7 个参数。

7 参数转换模型共采用了 7 个参数，分别是 3 个平移参数 ΔX_0、ΔY_0、ΔZ_0，3 个旋转参数 ω_X、ω_Y、ω_Z（也称为 3 个欧拉角）和 1 个尺度参数 m。

若 $(X_A \quad Y_A \quad Z_A)^T$ 为某点在空间直角坐标系 A 的坐标；$(X_B \quad Y_B \quad Z_B)^T$ 为该点在空间直角坐标系 B 的坐标；$(\Delta X_0 \quad \Delta Y_0 \quad \Delta Z_0)^T$ 为空间直角坐标系 A 转换到空间直角坐标系 B 的平移参数；$(\omega_X \quad \omega_Y \quad \omega_Z)$ 为空间直角坐标系 A 转换到空间直角坐标系 B 的旋转参数；m 为空间直角坐标系 A 转换到空间直角坐标系 B 的尺度参数。

一般而言，ω_X、ω_Y、ω_Z 均为较小的角度，则有
$$\cos\omega \approx 1, \ \sin\omega \approx \omega$$
则由空间直角坐标系 A 转换到空间直角坐标系 B 的转换关系为

$$\begin{bmatrix} X_B \\ Y_B \\ Z_B \end{bmatrix} = \begin{bmatrix} \Delta X_0 \\ \Delta Y_0 \\ \Delta Z_0 \end{bmatrix} + (1+m)R(\omega)\begin{bmatrix} X_A \\ Y_A \\ Z_A \end{bmatrix} \tag{7-44}$$

其中，
$$R_1(\omega_X) = \begin{bmatrix} 1 & 0 & 0 \\ 0 & \cos\omega_X & \sin\omega_X \\ 0 & -\sin\omega_X & \cos\omega_X \end{bmatrix} = \begin{bmatrix} 1 & 0 & 0 \\ 0 & 1 & \omega_X \\ 0 & -\omega_X & 1 \end{bmatrix}$$

$$R_2(\omega_Y) = \begin{bmatrix} \cos\omega_Y & 0 & -\sin\omega_Y \\ 0 & 1 & 0 \\ \sin\omega_Y & 0 & \cos\omega_Y \end{bmatrix} = \begin{bmatrix} 1 & 0 & -\omega_Y \\ 0 & 1 & 0 \\ \omega_Y & 0 & 1 \end{bmatrix}$$

$$R_3(\omega_Z) = \begin{bmatrix} \cos\omega_Z & \sin\omega_Z & 0 \\ -\sin\omega_Z & \cos\omega_Z & 0 \\ 0 & 0 & 1 \end{bmatrix} = \begin{bmatrix} 1 & \omega_Z & 0 \\ -\omega_Z & 1 & 0 \\ 0 & 0 & 1 \end{bmatrix}$$

$$R(\omega) = R_3(\omega_Z)R_2(\omega_Y)R_1(\omega_X) = \begin{bmatrix} 1 & \omega_Z & -\omega_Y \\ -\omega_Z & 1 & \omega_X \\ \omega_Y & -\omega_X & 1 \end{bmatrix}$$

4. 单张像片空间后方交会

在摄影测量中，例如在航空摄影测量中，常常需要知道摄影瞬间摄影中心的位置和摄影光束的姿态。这些参数可以通过 GPS、惯性导航系统和雷达来测定。传统上，这些参数也可以利用一定数量的地面控制点，通过平差计算获得。

平差计算的基础是所谓的共线方程。它描述摄影中心坐标 (X_S, Y_S, Z_S)、地面点坐标 (X_A, Y_A, Z_A) 和相应的像点在像片坐标系中的坐标 (x, y) 之间的函数关系，其形式为

$$\begin{cases} x = -f \dfrac{a_1(X_A - X_S) + b_1(Y_A - Y_S) + c_1(Z_A - Z_S)}{a_3(X_A - X_S) + b_3(Y_A - Y_S) + c_3(Z_A - Z_S)} \\[3mm] y = -f \dfrac{a_2(X_A - X_S) + b_2(Y_A - Y_S) + c_2(Z_A - Z_S)}{a_3(X_A - X_S) + b_3(Y_A - Y_S) + c_3(Z_A - Z_S)} \end{cases}$$

式中　　f——摄影机主距；

a_i、b_i、c_i——分别为描述摄影光束姿态的参数 $(\varphi, \omega, \kappa)$ 的函数。

共线方程示意图如图 7-9 所示，(X_S, Y_S, Z_S) 与 (X_A, Y_A, Z_A) 是属于地面坐标系 $O\text{-}XYZ$ 中的坐标。假设 f 和地面控制点坐标 (X_A, Y_A, Z_A) 为已知，现欲求 (X_S, Y_S, Z_S) 和 $(\varphi, \omega, \kappa)$。为了求解这 6 个参数，至少需要 6 个方程，也就是至少需要 3 个地面控制点。当地面控制点超过 3 个时，需采用最小二乘原理解算参数的最优解。此时，可将共线方程改成如下的线性化误差方程，即

$$\begin{cases} v_x = \left(\dfrac{\partial x}{\partial X_S}\right)_0 \hat{x}_S + \left(\dfrac{\partial x}{\partial Y_S}\right)_0 \hat{y}_S + \left(\dfrac{\partial x}{\partial Z_S}\right)_0 \hat{z}_S + \left(\dfrac{\partial x}{\partial \varphi}\right)_0 \Delta\hat{\varphi} + \left(\dfrac{\partial x}{\partial \omega}\right)_0 \Delta\hat{\omega} + \left(\dfrac{\partial x}{\partial \kappa}\right)_0 \Delta\hat{\kappa} - l_x \\[3mm] v_y = \left(\dfrac{\partial y}{\partial X_S}\right)_0 \hat{x}_S + \left(\dfrac{\partial y}{\partial Y_S}\right)_0 \hat{y}_S + \left(\dfrac{\partial y}{\partial Z_S}\right)_0 \hat{z}_S + \left(\dfrac{\partial y}{\partial \varphi}\right)_0 \Delta\hat{\varphi} + \left(\dfrac{\partial y}{\partial \omega}\right)_0 \Delta\hat{\omega} + \left(\dfrac{\partial y}{\partial \kappa}\right)_0 \Delta\hat{\kappa} - l_y \end{cases}$$

$$(7\text{-}45)$$

式中　(x, y)——像点坐标的量测值，认为是观测值；

(x^0, y^0)——将近似值 X_S^0、Y_S^0、Z_S^0、φ^0、ω^0、κ^0 代入共线方程计算得到的像点坐标近似值；

l_x——$l_x = x - x^0$；

l_y——$l_y = y - y^0$。

对式（7-45）也可以表达如下

$$V = B\hat{x} - l$$

式中，

$$V = \begin{bmatrix} v_x \\ v_y \end{bmatrix}, \quad B = \begin{bmatrix} \left(\dfrac{\partial x}{\partial X_S}\right)_0 & \left(\dfrac{\partial x}{\partial Y_S}\right)_0 & \left(\dfrac{\partial x}{\partial Z_S}\right)_0 & \left(\dfrac{\partial x}{\partial \varphi}\right)_0 & \left(\dfrac{\partial x}{\partial \omega}\right)_0 & \left(\dfrac{\partial x}{\partial \kappa}\right)_0 \\[3mm] \left(\dfrac{\partial y}{\partial X_S}\right)_0 & \left(\dfrac{\partial y}{\partial Y_S}\right)_0 & \left(\dfrac{\partial y}{\partial Z_S}\right)_0 & \left(\dfrac{\partial y}{\partial \varphi}\right)_0 & \left(\dfrac{\partial y}{\partial \omega}\right)_0 & \left(\dfrac{\partial y}{\partial \kappa}\right)_0 \end{bmatrix}, \quad \hat{x} = \begin{bmatrix} \hat{x}_S \\ \hat{y}_S \\ \hat{z}_S \\ \Delta\hat{\varphi} \\ \Delta\hat{\omega} \\ \Delta\hat{\kappa} \end{bmatrix}, \quad l = \begin{bmatrix} l_x \\ l_y \end{bmatrix}$$

通过解算式（7-45）所组成的误差方程组，可以得到参数解 $\hat{x}_S$、$\hat{y}_S$、$\hat{z}_S$、$\Delta\hat{\varphi}$、

$\Delta\hat{\omega}$、$\Delta\hat{\kappa}$。

参数平差值为

$$\hat{X}_S = X_S^0 + \hat{x}_S ;\ \hat{Y}_S = Y_S^0 + \hat{y}_S ;$$

$$\hat{Z}_S = Z_S^0 + \hat{z}_S ;\ \hat{\varphi} = \varphi^0 + \Delta\hat{\varphi} ;$$

$$\hat{\omega} = \omega^0 + \Delta\hat{\omega} ;\ \hat{\kappa} = \kappa^0 + \Delta\hat{\kappa}$$

5. 同名点元的误差分析

（1）同名点元的误差建模

对某一地区不同比例尺的图层进行叠置，可在叠加图层上找到若干组相似点集。每组的相似点集描述了该地区包含位置误差的某个同名点。同名点坐标误差服从正态分布时，同名点在叠加图层中的坐标最或然值是其在各源图层坐标的带权平均值，且评估该点位置误差的最简单方法是计算出该点的中误差。一般来说，按照源图层的比例尺来定权，但所定的权是否准确，不得而知。

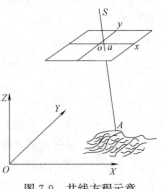

图 7-9 共线方程示意

设在对 m 幅地图进行叠置分析，获得了 n 个同名点的坐标数据。令第一幅图上同名点的坐标为 $(x_{1i},\ y_{1i})$，在第二幅图上同名点的坐标为 $(x_{2i},\ y_{2i})$，在第 j 幅地图上同名点的坐标为 $(x_{ji},\ y_{ji})$ $(j=1,\ 2,\ \cdots,\ m)$。设各点在第 j 幅图上的坐标为

$$W_j = (x_{j1},\ y_{j1},\ x_{j2},\ y_{j2},\ \cdots,\ x_{jn},\ y_{jn}) \tag{7-46}$$

令点的坐标真值序列为

$$\widetilde{W} = (\widetilde{x}_1,\ \widetilde{y}_1,\ \widetilde{x}_2,\ \widetilde{y}_2,\ \cdots,\ \widetilde{x}_n,\ \widetilde{y}_n) \tag{7-47}$$

设来自同一幅图的坐标数据 $(x_{ij},\ y_{ij})$ 服从期望为 $\widetilde{x}_j$、$\widetilde{y}_j$、方差为 σ_j^2 的正态分布，且各图层的误差是独立的。

根据最小二乘原理可求各图层的同名坐标的最或然值 $(\hat{x}_i,\ \hat{y}_i)$ $(i=1,\ 2,\ \cdots,\ n)$ 为

$$\hat{x}_i = \frac{\sum\limits_{k=1}^{m} p_k x_{ki}}{\sum\limits_{k=1}^{m} p_k} ,\ \hat{y}_i = \frac{\sum\limits_{k=1}^{m} p_k y_{ki}}{\sum\limits_{k=1}^{m} p_k} \tag{7-48}$$

式中　p_k——第 k 个图层的点位坐标的权。

以往是根据图层的比例尺定权。这种定权方法并不是很科学，采用估计源叠加图层的点源方差，由此推求权矩阵，然后估计合成各图层上同名点的坐标最或然值。

令

$$\Delta_i = W_i - \widetilde{W}(i=1,\ 2,\ \cdots,\ m) \tag{7-49}$$

$$\Delta_{ij} = \Delta_j - \Delta_i(i=1,\ 2,\ \cdots,\ m;\ j=1,\ 2,\ \cdots,\ m;\ i \neq j) \tag{7-50}$$

则 Δ_i 是真误差序列，$\Delta_i \sim N(0,\ \sigma_i^2 I_{2n})$。根据协方差传播律可知，$\Delta_{ij} \sim N(0,\ (\sigma_i^2 + \sigma_j^2)I_{2n})$。

令

$$\Omega_{12} = \Delta_{12}^{\mathrm{T}} \Delta_{12}$$

$$\Omega_{13} = \Delta_{13}^{\mathrm{T}} \Delta_{13}$$

$$\vdots$$

$$\Omega_{23} = \Delta_{23}^{\mathrm{T}} \Delta_{23}$$

$$\vdots$$

$$\Omega_{ij} = \Delta_{ij}^{\mathrm{T}} \Delta_{ij}$$

$$i = 1, 2, \cdots, m; \ j = 1, 2, \cdots, m; \ i \neq j \tag{7-51}$$

则根据统计理论可知

$$\frac{\Omega_{ij}}{\sigma_i^2 + \sigma_j^2} \sim \chi_{2n}^2 \tag{7-52}$$

根据 χ^2 变量的数学期望等于其自由度，可得

$$E\left(\frac{\Omega_{ij}}{\sigma_i^2 + \sigma_j^2}\right) = 2n, \ E\left(\frac{\Omega_{ij}}{2n}\right) = \sigma_i^2 + \sigma_j^2 \tag{7-53}$$

考虑 $\lim\limits_{n \to \infty} \dfrac{\Omega_{ij}}{2n} = E\left(\dfrac{\Omega_{ij}}{2n}\right)$，则有

$$l_{ij} = \frac{\Omega_{ij}}{2n} = E\left(\frac{\Omega_{ij}}{2n}\right) - v_{ij} \quad (i = 1, 2, \cdots, m; \ j = 1, 2, \cdots, m; \ i \neq j) \tag{7-54}$$

则有

$$v_{ij} = \sigma_i^2 + \sigma_j^2 - l_{ij} \tag{7-55}$$

则对所有的 Ω 能得到 $\dfrac{m(m-1)}{2}$ 个关于 σ_i^2 与式（7-55）类似的式子。将它们写成矩阵形式可得

$$V = B\theta - l \tag{7-56}$$

其中

$$V = \begin{bmatrix} V_{12} \\ V_{13} \\ \vdots \\ V_{1m} \\ V_{23} \\ \vdots \\ V_{2m} \\ V_{34} \\ \vdots \\ V_{m(m-1)} \end{bmatrix}_{\frac{m(m-1)}{2} \times 1}, \ B = \begin{bmatrix} 1 & 1 & 0 & 0 & \cdots & 0 & 0 \\ 1 & 0 & 1 & 0 & \cdots & 0 & 0 \\ 1 & 0 & 0 & 1 & \cdots & 0 & 0 \\ & & & \vdots & & & \\ 1 & 0 & 0 & 0 & \cdots & 0 & 1 \\ 0 & 1 & 1 & 0 & \cdots & 0 & 0 \\ & & & \vdots & & & \\ 0 & 1 & 0 & 0 & \cdots & 0 & 1 \\ 0 & 0 & 1 & 1 & \cdots & 0 & 0 \\ & & & \vdots & & & \\ 0 & 0 & 0 & 0 & \cdots & 1 & 1 \end{bmatrix}_{\frac{m(m-1)}{2} \times m}, \ \theta = \begin{bmatrix} \sigma_1^2 \\ \sigma_2^2 \\ \vdots \\ \sigma_m^2 \end{bmatrix}, \ l = \begin{bmatrix} \dfrac{\Omega_{12}}{2n} \\ \dfrac{\Omega_{13}}{2n} \\ \vdots \\ \dfrac{\Omega_{1m}}{2n} \\ \dfrac{\Omega_{23}}{2n} \\ \vdots \\ \dfrac{\Omega_{2m}}{2n} \\ \dfrac{\Omega_{34}}{2n} \\ \vdots \\ \dfrac{\Omega_{m(m-1)}}{2n} \end{bmatrix}_{\frac{m(m-1)}{2} \times 1} \tag{7-57}$$

由最小二乘原理可求得

$$\hat{\theta}=(B^{\mathrm{T}}B)^{-1}B^{\mathrm{T}}L \tag{7-58}$$

由上可知当 $m=2$，式（7-57）的 B 只有一行两列，法方程系数矩阵 $B^{\mathrm{T}}B$ 秩亏，不能采用式（7-58）求解。此时，可先按图层的比例尺定权，即

$$p_1=1,\ p_2=\frac{M_1}{M_2} \tag{7-59}$$

式中　M_1、M_2——分别为第一和第二叠置层的数字化原图比例尺的分母。由此可导出

$$\hat{\sigma}_2^2=\frac{\hat{\sigma}_1^2}{p_2}$$

则可解得

$$\hat{\sigma}_1^2=\frac{\Omega_{12}p_2}{1+p_2},\ \hat{\sigma}_2^2=\frac{\Omega_{12}}{1+p_2} \tag{7-60}$$

（2）多层叠置点元方差估计值的方差

由式（7-58）解出的 $\hat{\theta}$ 是点元方差的估计值。对于一个估计值，还需要考察它的方差，即求 $\hat{\sigma}_{\hat{\theta}}^2$。由式（7-58）可得

$$\hat{\sigma}_{\hat{\theta}}^2=\hat{\sigma}_0^2(B^{\mathrm{T}}B)^{-1}$$

$$\hat{\sigma}_0^2=\frac{[VV]}{r}=\frac{(B\hat{\theta}-L)^{\mathrm{T}}(B\hat{\theta}-L)}{\dfrac{m(m-1)}{2}-m} \tag{7-61}$$

（3）合成图层的同名点元的坐标及其精度

令 $p_k=\dfrac{\hat{\sigma}_0^2}{\hat{\sigma}_k^2}$，代入式（7-48），即可求得合成图层的同名点元的坐标值最优估计量 $(\hat{x}_i、\hat{y}_i)$，有

$$p_{\hat{x}_i}=p_{\hat{y}_i}=\sum_{i=1}^{m}p_k \tag{7-62}$$

则可以估计 $(\hat{x}_i、\hat{y}_i)$ 的精度，即

$$\hat{\sigma}_{\hat{x}_i}^2=\hat{\sigma}_{\hat{y}_i}^2=\frac{\hat{\sigma}_0^2}{p_{\hat{x}_i}} \tag{7-63}$$

显然，$(\hat{x}_i、\hat{y}_i)$ 的精度高于所有图层 $(x_i、y_i)$ 的精度。

6. 遥感图像配准误差建模

为了研究遥感图像纠正的精度，采取如下步骤获取一幅纠正影像：①选择图像区域内用于配准的若干控制点；②选择图像纠正的影像变换方法；③通过将控制点坐标代入变换方程以估算出变换参数；④使用附有估计参数的变换进行图像纠正，并获得纠正图像。

图像纠正精度受图像变换模型和控制点精度的影响。一般而言，影像变换的方法有正交投影变换、仿射变换、多项式变换和正形变换等。下面就正形变换进行讨论。

选定 n 个控制点，其相应的地面坐标分别为 $(x_i、y_i)(i=1,2,\cdots,n)$。令 (ξ_i,η_i) 表示图像配准前第 i 个控制点的坐标，基于正形变换，可得方程，即

$$\begin{cases} x_i = T_x + \mu\cos(\alpha)\xi_i - \mu\sin(\alpha)\eta_i \\ y_i = T_y + \mu\sin(\alpha)\xi_i + \mu\cos(\alpha)\eta_i \end{cases} \tag{7-64}$$

式中　T_x 与 T_y——平移参数；

$\quad\quad\quad\mu$——尺度参数；

$\quad\quad\quad\alpha$——旋转参数。

令

$$a = \mu\cos(\alpha), \ b = \mu\sin(\alpha)$$

则式（7-64）可以简化为

$$\begin{bmatrix} x_i \\ y_i \end{bmatrix} = \begin{bmatrix} 1 & 0 & \xi_i & -\eta_i \\ 0 & 1 & \eta_i & \xi_i \end{bmatrix} \begin{bmatrix} T_x \\ T_y \\ a \\ b \end{bmatrix} \tag{7-65}$$

将所有的控制点坐标代入式（7-65），可得一个线性方程组，其矩阵形式为

$$V = B\lambda - l \tag{7-66}$$

式中

$$\lambda = \begin{bmatrix} T_x \\ T_y \\ a \\ b \end{bmatrix}, \ B = \begin{bmatrix} 1 & 0 & \xi_1 & -\eta_1 \\ 0 & 1 & \eta_1 & \xi_1 \\ & & \vdots & \\ 1 & 0 & \xi_n & -\eta_n \\ 0 & 1 & \eta_n & \xi_n \end{bmatrix}, \ l = \begin{bmatrix} x_1 \\ y_1 \\ \vdots \\ x_n \\ y_n \end{bmatrix}, \ V = \begin{bmatrix} v_{x_1} \\ v_{y_1} \\ \vdots \\ v_{x_n} \\ v_{y_n} \end{bmatrix}$$

列向量 V 表示的是正形变换引起的位置误差，根据最小二乘方法可求得

$$\hat{\lambda} = (B^{\mathrm{T}}B)^{-1}B^{\mathrm{T}}l \tag{7-67}$$

$$Q_{\hat{\lambda}\hat{\lambda}} = (B^{\mathrm{T}}B)^{-1} = \frac{1}{q}\begin{bmatrix} \sum_{i=1}^{n}(\xi_i^2+\eta_i^2) & 0 & -\sum_{i=1}^{n}\xi_i & \sum_{i=1}^{n}\eta_i \\ 0 & \sum_{i=1}^{n}(\xi_i^2+\eta_i^2) & -\sum_{i=1}^{n}\eta_i & -\sum_{i=1}^{n}\xi_i \\ -\sum_{i=1}^{n}\xi_i & -\sum_{i=1}^{n}\eta_i & n & 0 \\ \sum_{i=1}^{n}\eta_i & -\sum_{i=1}^{n}\xi_i & 0 & n \end{bmatrix} \tag{7-68}$$

式中，$q = n\sum_{i=1}^{n}(\xi_i^2+\eta_i^2) - \left[(\sum_{i=1}^{n}\xi_i^2)^2 + (\sum_{i=1}^{n}\eta_i^2)^2\right]$。

通过控制点的均方差，可以计算出图像配准精度，即

$$\begin{cases} S_x = \dfrac{1}{\sqrt{n-2}} \sqrt{\displaystyle\sum_{i=1}^{n} v_{x_i}^2} \\ S_y = \dfrac{1}{\sqrt{n-2}} \sqrt{\displaystyle\sum_{i=1}^{n} v_{y_i}^2} \end{cases} \tag{7-69}$$

此外，对于每一个控制点 (x_i, y_i)，其 x 与 y 方向的位置误差及其径向误差分别为

$$\begin{cases} R_{x_i} = v_{x_i} \\ R_{y_i} = v_{y_i} \end{cases} \tag{7-70}$$

$$R_i = \sqrt{R_{x_i}^2 + R_{y_i}^2} \tag{7-71}$$

令 (x, y) 为图像纠正前某点的坐标，于是通过图像纠正后其相应的坐标为

$$\begin{bmatrix} \hat{x} \\ \hat{y} \end{bmatrix} = \begin{bmatrix} 1 & 0 & x & -y \\ 0 & 1 & y & x \end{bmatrix} \hat{\lambda} \tag{7-72}$$

变换后该坐标的协方差矩阵为

$$\begin{bmatrix} \hat{\sigma}_{\hat{x}}^2 & \hat{\sigma}_{\hat{x}\hat{y}} \\ \hat{\sigma}_{\hat{x}\hat{y}} & \hat{\sigma}_{\hat{y}}^2 \end{bmatrix} = \begin{bmatrix} 1 & 0 & x & -y \\ 0 & 1 & y & x \end{bmatrix} Q_{\hat{\lambda}\hat{\lambda}} \begin{bmatrix} 1 & 0 \\ 0 & 1 \\ x & y \\ -y & x \end{bmatrix}$$

$$= \frac{1}{q} \begin{bmatrix} \displaystyle\sum_{i=1}^{n}(x-\xi_i)^2 + \sum_{i=1}^{n}(y-\eta_i)^2 & 0 \\ 0 & \displaystyle\sum_{i=1}^{n}(x-\xi_i)^2 + \sum_{i=1}^{n}(y-\eta_i)^2 \end{bmatrix} \tag{7-73}$$

§7.4 知 识 难 点

1. 坐标值平差的多余观测数的确定

随着数字化技术的发展，坐标值作为观测值来进行平差，目前应用越来越广泛，如何判断坐标值平差的必要观测数则显得非常重要。

一般而言，对于坐标值平差，有 u 个点，每个点有一对坐标 (x, y)，则其观测数就是 $n = 2u$，根据确定平面一个点需要两个条件，必要观测数 $t = 2u$，因此 $n = t$ 无法进行平差，所以没有已知值的坐标值是无法进行平差的。

坐标值平差中包含的已知值一般而言有两直线所成的角度、两线平行、图形的已知面积、两点之间的已知距离等已知值。

确定其必要观测数，按如下步骤进行：

① 统计出已知值的个数，设为 m。

② 计算点数设为 u，则计算出 $t_3 = 2u$。

③ 必要观测数为：$t = t_3 - m$。

2. 坐标值的观测值

以点的坐标为观测值，可以进行条件平差和间接平差。

3. 坐标值平差的含义

本章所定义的坐标值平差主要是指两个方面：（1）观测值是坐标值；（2）间接平差中所选的参数为坐标值。主要研究第一种情况，对于第二种情况主要是针对间接平差中的导线网平差。

§7.5 实 例 精 讲

【例 7-1】 图 7-10 所示为地图上一矩形房屋线划图，为了对其进行数字化，测量了房屋的 3 个角点坐标测量值为 $(x_1, y_1)=(235.511, 358.805)$、 $(x_2, y_2)=(285.188, 405.301)$、 $(x_3, y_3)=(259.893, 332.809)$。数字化的要求是对点位测量坐标平差后，房屋的两条边长与测量坐标值算得的边长值相同，且房屋应为直角。试按条件平差法求出点位平差值。

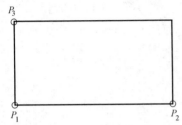

图 7-10　例 7-1 矩形房屋线划

【解】 矩形房屋的两条边是已知量，为了确定房屋的位置、方向和大小，还需测量房屋一个角点的坐标和一条边的方位角即可。因此，此问题的必要观测数为 $t=3$，观测数为 $n=6$，所以，多余观测个数为 $r=n-t=3$，可以列出 3 个条件方程，形式为

$$\sqrt{(\hat{x}_1-\hat{x}_2)^2+(\hat{y}_1-\hat{y}_2)^2}-\sqrt{(x_1-x_2)^2+(y_1-y_2)^2}=0$$

$$\sqrt{(\hat{x}_1-\hat{x}_3)^2+(\hat{y}_1-\hat{y}_3)^2}-\sqrt{(x_1-x_3)^2+(y_1-y_3)^2}=0$$

$$\arctan\frac{\hat{y}_2-\hat{y}_1}{\hat{x}_2-\hat{x}_1}-\arctan\frac{\hat{y}_3-\hat{y}_1}{\hat{x}_3-\hat{x}_1}-90°=0$$

取测量坐标为近似值。上述条件方程的线性化形式为

$$-\frac{\Delta x_{12}^0}{S_{12}^0}v_{x_1}-\frac{\Delta y_{12}^0}{S_{12}^0}v_{y_1}+\frac{\Delta x_{12}^0}{S_{12}^0}v_{x_2}+\frac{\Delta y_{12}^0}{S_{12}^0}v_{y_2}=0$$

$$-\frac{\Delta x_{13}^0}{S_{13}^0}v_{x_1}-\frac{\Delta y_{13}^0}{S_{13}^0}v_{y_1}+\frac{\Delta x_{13}^0}{S_{13}^0}v_{x_3}+\frac{\Delta y_{13}^0}{S_{13}^0}v_{y_3}=0$$

$$\rho\left[\frac{\Delta y_{12}^0}{(S_{12}^0)^2}-\frac{\Delta y_{13}^0}{(S_{13}^0)^2}\right]v_{x_1}-\rho\left[\frac{\Delta x_{12}^0}{(S_{12}^0)^2}-\frac{\Delta x_{13}^0}{(S_{13}^0)^2}\right]v_{y_1}-\rho\frac{\Delta y_{12}^0}{(S_{12}^0)^2}v_{x_2}+\rho\frac{\Delta x_{12}^0}{(S_{12}^0)^2}v_{y_2}+$$

$$\rho\frac{\Delta y_{13}^0}{(S_{13}^0)^2}v_{x_3}-\rho\frac{\Delta x_{13}^0}{(S_{13}^0)^2}v_{y_3}+\rho\arctan\frac{y_2-y_1}{x_2-x_1}-\rho\arctan\frac{y_3-y_1}{x_3-x_1}-5400'=0$$

上述线性化条件方程的数值形式为

$$-0.7301v_{x_1}-0.6833v_{y_1}+0.7301v_{x_2}+0.6833v_{y_2}=0$$

$$-0.6841v_{x_1}+0.7284v_{y_1}+0.6841v_{x_3}-0.7284v_{y_3}=0$$

$$104.8784v_{x_1}+29.0977v_{y_1}-34.5254v_{x_2}+36.8874v_{y_2}-70.3531v_{x_3}$$

$$-65.9851v_{y_3}-3.5647'=0$$

通常可以认定直接观测值相互独立，且每次坐标测量的量测条件是相同的，因而可以认为各观测值是等精度的。则观测值权矩阵为单位阵，即 $P=I$，法方程系数矩阵为

$$N_{aa}=AQA^{\mathrm{T}}=AA^{\mathrm{T}}=\begin{bmatrix} 2.0 & 2.0 & -96.4550 \\ 0.0 & 2.0 & -50.5240 \\ -96.4550 & -50.5240 & 2.3702 \end{bmatrix}$$

法方程解为

$$K=-N_{aa}^{-1}W=-\begin{bmatrix} 0.6308 & 0.0682 & 0.0037 \\ 0.0682 & 0.5358 & 0.0014 \\ 0.0270 & 0.0014 & 0.0001 \end{bmatrix}\begin{bmatrix} 0 \\ 0 \\ -3.5647 \end{bmatrix}=\begin{bmatrix} 0.0097 \\ 0.0051 \\ 0.0002 \end{bmatrix}$$

观测值改正数解为

$$V=QA^{\mathrm{T}}K=\begin{bmatrix} 0.0105 & 0.0029 & 0.0001 & 0.0140 & -0.0106 & -0.0169 \end{bmatrix}^{\mathrm{T}}$$

观测值平差值为

$$\begin{pmatrix} \hat{x}_1 \\ \hat{y}_1 \\ \hat{x}_2 \\ \hat{y}_2 \\ \hat{x}_3 \\ \hat{y}_3 \end{pmatrix}=\begin{pmatrix} 235.5215 \\ 358.8079 \\ 285.1881 \\ 405.3150 \\ 259.8824 \\ 332.7921 \end{pmatrix}$$

【本题点拨】 多余观测数 r 的确定；（2）条件方程的列立；（3）在改正数条件方程中为什么要乘以 ρ。

【例 7-2】 在地图综合中，经常需要进行线要素的综合。有一条线型地物，综合前是由 11 个点连接而成，其长度为 $S_{前}=136.8869\mathrm{m}$，综合后的图形是由 8 个点连接而成，如图 7-11 所示，各点综合后的坐标（设为独立等精度观测）如表 7-1 所示。现在要求综合前后的长度相等，试列出用条件平差法解算时的条件方程。

坐标数据　　　　　　　　　　　　　　　　　　　表 7-1

点号	X(北坐标)(km)	Y(东坐标)(km)	点号	X(北坐标)(km)	Y(东坐标)(km)
1	62.958	38.087	5	61.421	133.256
2	75.695	57.868	6	67.789	141.828
3	61.201	77.649	7	62.738	151.938
4	68.448	109.738	8	69.326	158.092

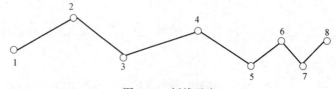

图 7-11　折线示意

【解】 由题意设综合后各点的坐标平差值为 $(\hat{X}_i,\hat{Y}_i)(i=1,2,\cdots,8)$，则由边长相等条件，可得

$$\sqrt{(\hat{X}_2-\hat{X}_1)^2+(\hat{Y}_2-\hat{Y}_1)}+\sqrt{(\hat{X}_3-\hat{X}_2)^2+(\hat{Y}_3-\hat{Y}_2)}+\sqrt{(\hat{X}_4-\hat{X}_3)^2+(\hat{Y}_4-\hat{Y}_3)}+$$

$$\sqrt{(\hat{X}_5-\hat{X}_4)^2+(\hat{Y}_5-\hat{Y}_4)}+\sqrt{(\hat{X}_6-\hat{X}_5)^2+(\hat{Y}_6-\hat{Y}_5)}+\sqrt{(\hat{X}_7-\hat{X}_6)^2+(\hat{Y}_7-\hat{Y}_6)}+$$

$$\sqrt{(\hat{X}_8-\hat{X}_7)^2+(\hat{Y}_8-\hat{Y}_7)}=136.8869$$

对上式进行线性化，则有

$$\frac{\Delta X_{12}^0}{S_{12}^0}V_{X_2}+\frac{\Delta Y_{12}^0}{S_{12}^0}V_{Y_2}-\frac{\Delta X_{12}^0}{S_{12}^0}V_{X_1}-\frac{\Delta Y_{12}^0}{S_{12}^0}V_{Y_1}+\frac{\Delta X_{23}^0}{S_{23}^0}V_{X_3}+\frac{\Delta Y_{23}^0}{S_{23}^0}V_{Y_3}-\frac{\Delta X_{23}^0}{S_{23}^0}V_{X_2}-$$

$$\frac{\Delta Y_{23}^0}{S_{23}^0}V_{Y_2}+\frac{\Delta X_{34}^0}{S_{34}^0}V_{X_4}+\frac{\Delta Y_{34}^0}{S_{34}^0}V_{Y_4}-\frac{\Delta X_{34}^0}{S_{34}^0}V_{X_3}-\frac{\Delta Y_{34}^0}{S_{34}^0}V_{Y_3}+\frac{\Delta X_{45}^0}{S_{45}^0}V_{X_5}+\frac{\Delta Y_{45}^0}{S_{45}^0}V_{Y_5}+$$

$$\frac{\Delta X_{45}^0}{S_{45}^0}V_{X_4}-\frac{\Delta Y_{45}^0}{S_{45}^0}V_{Y_4}+\frac{\Delta X_{56}^0}{S_{56}^0}V_{X_6}+\frac{\Delta Y_{56}^0}{S_{56}^0}V_{Y_6}-\frac{\Delta X_{56}^0}{S_{56}^0}V_{X_5}-\frac{\Delta Y_{56}^0}{S_{56}^0}V_{Y_5}+\frac{\Delta X_{67}^0}{S_{67}^0}V_{X_7}+$$

$$\frac{\Delta Y_{67}^0}{S_{67}^0}V_{Y_7}-\frac{\Delta X_{67}^0}{S_{67}^0}V_{X_6}+\frac{\Delta Y_{67}^0}{S_{67}^0}V_{Y_6}+\frac{\Delta X_{78}^0}{S_{78}^0}V_{X_8}+\frac{\Delta Y_{78}^0}{S_{78}^0}V_{Y_8}-\frac{\Delta X_{78}^0}{S_{78}^0}V_{X_7}-\frac{\Delta Y_{78}^0}{S_{78}^0}V_{Y_7}+$$

$$S_{12}^0+S_{23}^0+S_{34}^0+S_{45}^0+S_{56}^0+S_{67}^0+S_{78}^0-136.8869=0$$

代入数据，可得

$$-0.5414V_{X_1}-0.8408V_{Y_1}+1.1324V_{X_2}+0.0341V_{Y_2}-0.8113V_{X_3}-0.1688V_{Y_3}+$$

$$0.5066V_{X_4}+0.0173V_{Y_4}-0.8826V_{X_5}+0.1554V_{Y_5}+1.0432V_{X_6}-0.0918V_{Y_6}-$$

$$1.1777V_{X_7}+0.2119V_{Y_7}+0.7308V_{X_8}+0.6826V_{Y_8}+0.3994=0$$

【本题点拨】 (1) 必要观测数 t 的确定；(2) 非线性函数线性化。

【例 7-3】 为确定某一直线方程 $y=ax+b$，观测了 6 组数据：$x_1=1\text{cm}$，$y_1=3.31\text{cm}$，$x_2=2\text{cm}$，$y_2=4.55\text{cm}$，$x_3=3\text{cm}$，$y_3=5.91\text{cm}$，$x_4=4\text{cm}$，$y_4=7.10\text{cm}$，$x_5=5\text{cm}$，$y_5=8.41\text{cm}$，$x_6=6\text{cm}$，$y_6=9.59\text{cm}$。(1) 设 x_i 无误差，y_i 均为独立的等精度观测值，试列出确定该直线的误差方程，并求出参数的中误差；(2) 设 x_i，y_i 均为独立的等精度观测值，试按间接平差法列出误差方程（非线性方程要线性化）。

【解】 (1) 要确定直线方程，需要确定方程的系数 a，b。由题意可知 $n=6$，$t=2$，$r=4$，$c=6$，$u=2$。选直线方程斜率和截距为参数，记为 $\hat{a}$，$\hat{b}$。则有误差方程为

$$v_1=\hat{a}+\hat{b}-3.31$$

$$v_2=2\hat{a}+\hat{b}-4.55$$

$$v_3=3\hat{a}+\hat{b}-5.91$$

$$v_4=4\hat{a}+\hat{b}-7.10$$

$$v_5=5\hat{a}+\hat{b}-8.41$$

$$v_6=6\hat{a}+\hat{b}-9.59$$

则相应矩阵为

$$B=\begin{bmatrix}1 & 1\\2 & 1\\3 & 1\\4 & 1\\5 & 1\\6 & 1\end{bmatrix}, \quad l=\begin{bmatrix}3.31\\4.55\\5.91\\7.10\\8.41\\9.59\end{bmatrix}$$

由于为同精度观测，设权矩阵为 $P=diag(1,1,1,1,1,1)$，则法方程为

$$\begin{bmatrix}91 & 21\\21 & 6\end{bmatrix}\begin{bmatrix}\hat{a}\\\hat{b}\end{bmatrix}-\begin{bmatrix}158.13\\38.87\end{bmatrix}=0$$

解法方程可得参数的解为

$$\begin{bmatrix}\hat{a}\\\hat{b}\end{bmatrix}=\begin{bmatrix}1.26\\2.06\end{bmatrix}$$

所以，直线方程为 $\hat{y}=1.26x+2.06$。

将求得的参数代入误差方程，可以求出观测值的改正数为

$$V=\begin{bmatrix}0.01 & 0.04 & -0.06 & 0.01 & -0.04 & 0.04\end{bmatrix}^{\mathrm{T}}\mathrm{cm}$$

单位权中误差为

$$\hat{\sigma}=\sqrt{\frac{V^{\mathrm{T}}PV}{n-t}}=\sqrt{\frac{0.0086}{4}}=0.05\mathrm{cm}$$

参数的协因数矩阵为

$$Q_{\hat{X}\hat{X}}=\begin{bmatrix}Q_{\hat{a}\hat{a}} & Q_{\hat{a}\hat{b}}\\Q_{\hat{b}\hat{a}} & Q_{\hat{b}\hat{b}}\end{bmatrix}=\begin{bmatrix}0.06 & -0.2\\-0.2 & 0.87\end{bmatrix}$$

参数的中误差为

$$\hat{\sigma}_{\hat{a}}=\hat{\sigma}_0\sqrt{Q_{\hat{a}\hat{a}}}=0.01\mathrm{cm}, \quad \hat{\sigma}_{\hat{b}}=\hat{\sigma}_0\sqrt{Q_{\hat{b}\hat{b}}}=0.04\mathrm{cm}$$

(2) $n=12$，$t=8$，$u=8$，$c=12$，令 $\hat{a}=\delta a+1.26$，$\hat{b}=2.06+\delta b$，$\hat{X}_i=\hat{x}_i+X_i$

$$v_{x_1}=\hat{x}_1, \quad v_{y_1}=\delta a+\delta b+1.26\hat{x}_1+0.01;$$

$$v_{x_2}=\hat{x}_2, \quad v_{y_2}=2\delta a+\delta b+1.26\hat{x}_2+0.03;$$

$$x_{x_3}=\hat{x}_3, \quad v_{y_3}=3\delta a+\delta b+1.26\hat{x}_3-0.07;$$

$$v_{x_4}=\hat{x}_4, \quad v_{y_4}=4\delta a+\delta b+1.26\hat{x}_4;$$

$$v_{x_5}=\hat{x}_5, \quad v_{y_5}=5\delta a+\delta b+1.26\hat{x}_5-0.05;$$

$$v_{x_6}=\hat{x}_6, \quad v_{y_6}=6\delta a+\delta b+1.26\hat{x}_6+0.03$$

【本题点拨】 (1) 当 x_i 作为已知点时，t 的确定；(2) 当 x_i 作为观测点时，t 的确定；(3) 要思考为什么两种情况时的 t 不一样。

【例 7-4】 为确定某一抛物线方程 $y^2=ax$，观测了 5 组数据，$x_i=1,2,3,4,5$ $(i=1,2,\cdots,5)$，且无误差。$y_1=1.90$，$y_2=2.70$，$y_3=3.35$，$y_4=3.80$，$y_5=4.32$，y_i 为互相独立的等精度观测值，试求：(1) 抛物线的方程；(2) 待定系数 $\hat{a}$ 的中误差。

【解】 （1）

$$v_1 = \frac{1}{2 \times 1.90} \hat{a} - \frac{1.90}{2}$$

$$v_2 = \frac{2}{2 \times 2.70} \hat{a} - \frac{2.70}{2}$$

$$v_3 = \frac{3}{2 \times 3.35} \hat{a} - \frac{3.35}{2}$$

$$v_4 = \frac{4}{2 \times 3.80} \hat{a} - \frac{3.80}{2}$$

$$v_5 = \frac{5}{2 \times 4.32} \hat{a} - \frac{4.32}{2}$$

$$\hat{a} = (B^{\mathrm{T}} P B)^{-1} B^{\mathrm{T}} P L = 3.675$$

所以抛物线方程为

$$y^2 = 3.675x$$

（2）$V^{\mathrm{T}} P V = 0.02558$

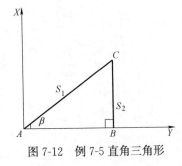

图 7-12　例 7-5 直角三角形

$$\hat{\sigma}_0 = \sqrt{\frac{V^{\mathrm{T}} P V}{n - t}} = 0.08$$

$$\hat{\sigma}_{\hat{a}} = 0.08$$

【本题点拨】 t 的确定。

【例 7-5】 如图 7-12 所示的直角三角形 ABC 中，为确定 C 点坐标观测了边长 S_1、S_2 和角度 β，得到观测值列于表 7-2 中，试按间接平差法求：（1）观测值的平差值；（2）C 点坐标的估值。

观测值数据　　　　　　　　　　　　表 7-2

观测量	观测值	中误差
β	$45°00'00''$	$10''$
S_1	215.465m	2cm
S_2	152.311m	3cm

【解】 （1）$n = 3$，$t = 2$，$r = 1$，选 C 点坐标平差值为参数 $\hat{X}$，$\hat{Y}$，并设 $X^0 = 152.311$m，$Y^0 = 152.357$m，可计算出 $S^0_{AC} = \sqrt{X^{0^2} + Y^{0^2}} = 215.433$m，$S^0_{BC} = 152.311$m，$S^0_{AB} = 152.357$m。

可列出误差方程为

$$V_1 = \frac{\Delta X^0_{AC}}{S^0_{AC}} \hat{x} + \frac{\Delta Y^0_{AC}}{S^0_{AC}} \hat{y} + S^0_{AC} - S_1 = 0.707 \hat{x} + 0.707 \hat{y} - 3.2$$

$$V_2 = \frac{\Delta X^0_{BC}}{S^0_{BC}} \hat{x} + \frac{\Delta Y^0_{BC}}{S^0_{BC}} \hat{y} + S^0_{BC} - S_2 = \hat{x}$$

$$V_3 = V_\beta = \rho'' \frac{\Delta Y_{AC}^0}{S_{AC}^{0^2}} \hat{x}/100 - \rho'' \frac{\Delta X_{AC}^0}{S_{AC}^{0^2}} \hat{y}/100 + \left(90 - \arctan\frac{Y^0}{X^0} - 45\right)\rho''$$

$$= 6.77\hat{x} - 6.77\hat{y} - 31.2$$

选 $\sigma_0^2 = 4\text{cm}^2$，则 B，P，l 为

$$B = \begin{bmatrix} 0.707 & 0.707 \\ 1 & 0 \\ 6.77 & -6.77 \end{bmatrix}, \quad P = \begin{bmatrix} \dfrac{1\text{cm}^2}{25('')^2} & 0 & 0 \\ 0 & 1 & 0 \\ 0 & 0 & \dfrac{4}{9} \end{bmatrix}, \quad l = \begin{bmatrix} 3.2 \\ 0 \\ 31.2 \end{bmatrix}$$

可得

$$\hat{x} = \begin{bmatrix} 0.3381 \\ -4.2668 \end{bmatrix}\text{cm}, \quad v = \begin{bmatrix} -5.9776'' \\ 0.3381\text{cm} \\ -0.0250\text{cm} \end{bmatrix}$$

$$\hat{L} = L + v = \begin{bmatrix} 44°59'54.0224'' \\ 215.468381\text{cm} \\ 125.310750\text{cm} \end{bmatrix}$$

（2）$\hat{X} = X^0 + \hat{x} = \begin{bmatrix} 152.31 \\ 152.31 \end{bmatrix}\text{m}$

【本题点拨】（1）必要观测数的确定；（2）角度误差方程注意单位的统一。

【例 7-6】 某一小组同学在进行数字测图实习时，由于疏忽导致所测碎部点的数据出现了问题，因此，他们采用坐标转换模型进行了数据转换，具体情况如下：选取了两个坐标系下的 7 个共同点，测得了这些点在新、旧两个坐标系中的坐标数据，如表 7-3 所示。试求新、旧两个坐标系之间的转换模型。

坐标数据　　　　　　　　　　　　　　　　　　　表 7-3

点号	新坐标系坐标		旧坐标系坐标	
	X（北坐标）	Y（东坐标）	X（北坐标）	Y（东坐标）
1	1269.996	691.288	999.994	1085.585
2	1203.093	712.608	994.966	1155.623
3	1121.825	741.267	991.422	1241.723
4	1062.523	763.049	989.644	1304.874
5	951.579	798.498	981.394	1421.051
6	964.713	854.474	1038.247	1429.627
7	983.106	914.355	1100.678	1434.767

【解】 $n = 14$，$t = 4$，$r = 10$。根据平面坐标转换模型，可得误差方程为

$$
\begin{bmatrix} v_{x_1} \\ v_{y_1} \\ v_{x_2} \\ v_{y_2} \\ v_{x_3} \\ v_{y_3} \\ v_{x_4} \\ v_{y_4} \\ v_{x_5} \\ v_{y_5} \\ v_{x_6} \\ v_{y_6} \\ v_{x_7} \\ v_{y_7} \end{bmatrix}
=
\begin{bmatrix}
1 & 0 & 999.994 & -1085.585 \\
0 & 1 & 1085.585 & 999.994 \\
1 & 0 & 994.996 & -1155.623 \\
0 & 1 & 1155.623 & 994.996 \\
1 & 0 & 991.442 & -1241.723 \\
0 & 1 & 1241.723 & 991.442 \\
1 & 0 & 989.644 & -1304.874 \\
0 & 1 & 1304.874 & 989.644 \\
1 & 0 & 981.394 & -1421.051 \\
0 & 1 & 1421.051 & 981.394 \\
1 & 0 & 1038.247 & -1429.627 \\
0 & 1 & 1429.627 & 1038.247 \\
1 & 0 & 1100.678 & -1434.767 \\
0 & 1 & 1434.767 & 1100.678
\end{bmatrix}
\begin{bmatrix} \hat{a} \\ \hat{b} \\ \hat{c} \\ \hat{d} \end{bmatrix}
-
\begin{bmatrix} 1269.996 \\ 691.288 \\ 1203.093 \\ 712.608 \\ 1121.825 \\ 741.267 \\ 1062.523 \\ 763.049 \\ 951.579 \\ 798.498 \\ 964.713 \\ 854.474 \\ 983.106 \\ 914.355 \end{bmatrix}
$$

解算可得

$$\hat{a}=190.70027,\ \hat{b}=-640.13873,\ \hat{c}=0.37107202,\ \hat{d}=0.928601$$

【本题点拨】 平面坐标转换的参数确定。

【例 7-7】 为确定某一抛物线方程 $y=ax^2+bx+c$，某个同学观测了 8 组数据 $(x_i,y_i)(i=1,2,\cdots,8)$，已知 x_i 无误差，y_i 均为独立的等精度观测值，试列出该抛物线的误差方程。

【解】 $n=8$，$t=3$，$r=5$，$u=3$，$c=8$，未知参数为 $\hat{a}$、$\hat{b}$、$\hat{c}$，且令

$$\hat{a}=a^0+\delta a,\ \hat{b}=b^0+\delta b,\ \hat{c}=c^0+\delta c$$

则观测方程为

$$\hat{y}_i^2=x_i^2\hat{a}+x_i\hat{b}+\hat{c}\quad (i=1,2,\cdots,8)$$

将 $\hat{y}_i=y_i+v_i(i=1,2,\cdots,8)$ 代入上式，并按泰勒级数展开，可得

$$v_i=\frac{1}{2y_i}\begin{bmatrix} x_i^2 & x_i & 1 \end{bmatrix}\begin{bmatrix} \delta a \\ \delta b \\ \delta c \end{bmatrix}-l_i,\ l_i=\frac{1}{2y_i}(y_i^2-x_i^2a^0-x_ib^0-c^0)$$

【本题点拨】 （1）非线性函数线性化；（2）不能取全微分。

【例 7-8】 已知一圆弧上 4 个点的正射像片坐标 X，Y 的值如表 7-4 所示。观测值的中误差均为 1m，坐标原点的近似值 $A^0=0$，$B^0=0$，试按间接平差法求：（1）平差后圆的方程；（2）平差后圆的面积及其中误差；（3）平差后圆心的点位中误差。

坐标观测值　　　　　　　　　　　　　　　　　　表 7-4

坐标＼点号	1	2	3	4
X(m)	0	50	90	120
Y(m)	120	110	80	0

【解】 根据参数方程 $\begin{cases} \hat{X}_i = \hat{X}_0 + \hat{r}\cos\hat{\alpha}_i \\ \hat{Y}_i = \hat{Y}_0 + \hat{r}\sin\hat{\alpha}_i \end{cases}$ （$i=1$，2，3，4），共有 7 个未知参数，即圆

心坐标（$\hat{X}_0$，$\hat{Y}_0$），半径的平差值 $\hat{r}$ 和矢径方位角的平差值 $\hat{\alpha}_i$（$i=1$，2，3，4），故 $n=$

8，$t=7$。令 $\hat{X}_i = X_i + v_{x_i}$，$\hat{Y}_i = Y_i + v_{y_i}$，$\hat{r} = r^0 + \delta r$，$\hat{\alpha}_i = \alpha_i^0 + \delta\alpha_i$，$\hat{X}_0 = X_0^0 + \hat{x}_0$，

$\hat{Y}_0 = Y_0^0 + \hat{y}_0$，进行线性化，则得误差方程为

$$\begin{cases} v_{x_i} = \hat{x}_0 + \cos\alpha_i^0 \delta r - r^0\sin\alpha_i^0 \dfrac{\delta\alpha_i}{\rho''} - l_{x_i} \\ v_{y_i} = \hat{y}_0 + \sin\alpha_i^0 \delta r + r^0\cos\alpha_i^0 \dfrac{\delta\alpha_i}{\rho''} - l_{y_i} \end{cases} \quad (i=1,2,3,4)$$

由题意，以点 $O(0，0)$ 为圆心坐标近似值，$r^0 = 120\text{m}$，$X_0^0 = 0$，$Y_0^0 = 0$，$\alpha_1^0 = 90°$，$\alpha_2^0 = 65°32'22''$，$\alpha_3^0 = 41°38'01''$，$\alpha_4^0 = 0$，从而可得到具体的误差方程为

$$\begin{cases} v_{x_1} = \hat{x}_0 - 120 \times \dfrac{\delta\alpha_1}{\rho''} = \hat{x}_0 - 0.0006\delta\alpha_1 \\ v_{y_1} = \hat{y}_0 + \delta r_i \\ v_{x_2} = \hat{x}_0 + 0.41\delta r - 109.2 \times \dfrac{\delta\alpha_2}{\rho''} - 0.34 = \hat{x}_0 + 0.41\delta r - 0.0005\delta\alpha_2 - 0.34 \\ v_{y_2} = \hat{y}_0 + 0.91\delta r + 49.2 \times \dfrac{\delta\alpha_2}{\rho''} - 0.76 = \hat{y}_0 + 0.91\delta r + 0.00025\delta\alpha_2 - 0.76 \\ v_{x_3} = \hat{x}_0 + 0.75\delta r - 79.2 \times \dfrac{\delta\alpha_3}{\rho''} - 0.31 = \hat{x}_0 + 0.75\delta r - 0.00039\delta\alpha_3 - 0.31 \\ v_{y_3} = \hat{y}_0 + 0.66\delta r + 90 \times \dfrac{\delta\alpha_3}{\rho''} - 0.28 = \hat{y}_0 + 0.66\delta r + 0.00045\delta\alpha_3 - 0.28 \\ v_{x_4} = \hat{x}_0 + \delta r \\ v_{y_4} = \hat{y}_0 + 120 \times \dfrac{\delta\alpha_4}{\rho''} = \hat{y}_0 + 0.0006\delta\alpha_4 \end{cases}$$

权矩阵为单位矩阵，$l = \begin{bmatrix} 0 & 0 & 0.34 & 0.76 & 0.31 & 0.28 & 0 & 0 \end{bmatrix}^{\text{T}}$
则得

$$\hat{x} = \begin{bmatrix} \hat{x}_0 & \hat{y}_0 & \delta r & \delta\alpha_1 & \delta\alpha_2 & \delta\alpha_3 & \delta\alpha_4 \end{bmatrix}^{\text{T}} = (B^{\text{T}}B)^{-1}B^{\text{T}}l$$

$$= \begin{bmatrix} 1.4\text{m} & 1.6\text{m} & -1.5\text{m} & 2400.5'' & 1212.8'' & -385.9'' & -2631'' \end{bmatrix}$$

$$Q_{\hat{x}\hat{x}} = N_{BB}^{-1}$$

$$= \begin{bmatrix} 8.0 & 6.8 & -8.7 & 13803.6 & 7739.5 & 452.4 & -11664.6 \\ 6.8 & 7.4 & -8.4 & 11664.6 & 5379.5 & -1714.0 & -12661.8 \\ -8.7 & -8.4 & 10.4 & -14966.4 & -7644.4 & 858.8 & 14452.6 \\ 13803.6 & 11664.6 & -14966.4 & 26681169.9 & 13303227.7 & 777637.1 & -20049901.7 \\ 7739.5 & 5379.5 & -7644.4 & 13303227.7 & 11239009.2 & 1927072.5 & -9246755.0 \\ 452.4 & -1714.0 & 858.8 & 777637.1 & 1927072.5 & 5673167.1 & 2946179.3 \\ -11664.6 & -12661.8 & 14452.6 & -20049901.7 & -9246755.0 & 2946179.3 & 24718521.0 \end{bmatrix}$$

184

可得 $Q_{\delta r \delta r} = 10.4$，单位权方差估值为 0.14m^2，因此，$\hat{\sigma}_{\hat{r}} = 1.21\text{m}$。

可得

$$\hat{X}_0 = \hat{x}_0 = 1.5\text{m}$$

$$\hat{Y}_0 = \hat{y}_0 = 1.6\text{m}$$

$$\hat{r} = r^0 + \delta r = 120 - 1.5 = 118.5\text{m}$$

(1) 平差后圆的方程为

$$(X - 1.5)^2 + (Y - 1.6)^2 = 118.5^2$$

(2) 圆的面积 $\hat{S}$ 为

$$\hat{S} = \pi \hat{r}^2 = 44093\text{m}^2$$

$$\text{d}S = 2\pi \hat{r} \delta r, \quad D_{\hat{S}\hat{S}} = (2\pi \hat{r})^2 D_{\delta r \delta r}, \text{得} \hat{\sigma}_{\hat{S}} = 2\pi \hat{r} \hat{\sigma}_{\delta r} = 900.46\text{m}^2$$

(3) 圆心的点位中误差

$$Q_{PP} = Q_{\hat{x}_0 \hat{x}_0} + Q_{\hat{y}_0 \hat{y}_0} = 15.4$$

$$Q_{PP} = 15.4 \times 0.14 = 2.16\text{m}^2, \text{得} \hat{\sigma}_P = 1.47\text{m}$$

【本题点拨】 (1) t 的确定；(2) 非线性函数线性化；(3) 初值的选取；(4) 圆的面积中误差的单位。

【例 7-9】 已知 5 个点在 CGCS2000 和北京 54 坐标系下的坐标，如表 7-5 所示，根据布尔沙模型求解 CGCS2000 和北京 54 坐标系之间的转换参数。

CGCS2000 和北京 54 坐标系的坐标数据　　　　表 7-5

点号	X_{2000}	Y_{2000}	Z_{2000}	X_{54}	Y_{54}	Z_{54}
1	-2066241.5001	5360801.8835	2761896.3022	-2066134.4896	5360847.0595	2761895.5970
2	-1983936.0407	5430615.7282	2685375.7214	-1983828.7084	5430658.9827	2685374.6681
3	-1887112.7302	5468749.1944	2677688.9806	-1887005.1714	5468790.6487	2677687.2680
4	-1808505.4212	5512502.2716	2642356.5720	-1808397.7260	5512542.0921	2642354.4550
5	-1847017.0670	5573542.7934	2483802.9904	-1846909.0036	5573582.6511	2483801.6147

【解】 两个坐标系之间转换的布尔沙模型为

$$\begin{pmatrix} X \\ Y \\ Z \end{pmatrix}_{54} = \begin{pmatrix} T_X \\ T_Y \\ T_Z \end{pmatrix} + (1+m)R_3(\omega_Z)R_2(\omega_Y)R_1(\omega_X)\begin{pmatrix} X \\ Y \\ Z \end{pmatrix}_{2000}$$

$$R_1(\omega_X) = \begin{bmatrix} 1 & 0 & 0 \\ 0 & \cos\omega_X & \sin\omega_X \\ 0 & -\sin\omega_X & \cos\omega_X \end{bmatrix}$$

$$R_2(\omega_Y) = \begin{bmatrix} \cos\omega_Y & 0 & -\sin\omega_Y \\ 0 & 1 & 0 \\ \sin\omega_Y & 0 & \cos\omega_Y \end{bmatrix}$$

$$R_3(\omega_Z) = \begin{bmatrix} \cos\omega_Z & \sin\omega_Z & 0 \\ -\sin\omega_Z & \cos\omega_Z & 0 \\ 0 & 0 & 1 \end{bmatrix}$$

式中 T_X，T_Y，T_Z——由 CGCS2000 坐标系转换到北京 54 坐标系的平移参数；

ω_X，ω_Y，ω_Z——由 CGCS2000 坐标系转换到北京 54 坐标系的旋转参数；

m——由 CGCS2000 坐标系转换到北京 54 坐标系的尺度参数。

考虑通常情况下，两个不同基准间旋转的 3 个欧拉角 ω_X，ω_Y，ω_Z 都非常小，因此，布尔沙模型最终可简化表示为

$$\begin{pmatrix} X \\ Y \\ Z \end{pmatrix}_{54} = \begin{pmatrix} X \\ Y \\ Z \end{pmatrix}_{2000} + \begin{pmatrix} 1 & 0 & 0 & 0 & -Z_{2000} & Y_{2000} & X_{2000} \\ 0 & 1 & 0 & Z_{2000} & 0 & -X_{2000} & Y_{2000} \\ 0 & 0 & 1 & -Y_{2000} & X_{2000} & 0 & Z_{2000} \end{pmatrix} \begin{pmatrix} T_X \\ T_Y \\ T_Z \\ \omega_X \\ \omega_Y \\ \omega_Z \\ m \end{pmatrix}$$

按题意可知，必要观测数 $t=7$，$n=15$，$r=8$。选取 7 个转换参数为待估参数。

（1）列误差方程

将北京 54 坐标系下的坐标视为观测值，设 CGCS2000 坐标系下的坐标无误差，则可列出误差方程为

$$\begin{bmatrix} v_{x_1} \\ v_{y_1} \\ v_{z_1} \\ \vdots \\ v_{x_5} \\ v_{y_5} \\ v_{z_5} \end{bmatrix} = \begin{bmatrix} 1 & 0 & 0 & 0 & -Z_1 & Y_1 & X_1 \\ 0 & 1 & 0 & Z_1 & 0 & -X_1 & Y_1 \\ 0 & 0 & 1 & -Y_1 & X_1 & 0 & Z_1 \\ \vdots & \vdots & \vdots & \vdots & \vdots & \vdots & \vdots \\ 1 & 0 & 0 & 0 & -Z_5 & Y_5 & X_5 \\ 0 & 1 & 0 & Z_5 & 0 & -X_5 & Y_5 \\ 0 & 0 & 1 & -Y_5 & X_5 & 0 & Z_5 \end{bmatrix} \begin{bmatrix} T_X \\ T_Y \\ T_Z \\ \omega_X \\ \omega_Y \\ \omega_Z \\ m \end{bmatrix} - \begin{bmatrix} X_1 \\ Y_1 \\ Z_1 \\ \vdots \\ X_5 \\ Y_5 \\ Z_5 \end{bmatrix}_{54} - \begin{bmatrix} X_1 \\ Y_1 \\ Z_1 \\ \vdots \\ X_5 \\ Y_5 \\ Z_5 \end{bmatrix}_{2000}$$

写成矩阵形式为

$$V = B\hat{X} - l$$

由于各点的坐标可视为同精度独立观测值，因此 $P=I$。

（2）参数求解

把各点坐标已知值代入上述误差方程，然后按照下列公式求解出参数估值：

$$\hat{X} = (B^\mathrm{T}B)^{-1}B^\mathrm{T}l$$

$$求得\quad\begin{Bmatrix}\hat{T}_X\\\hat{T}_Y\\\hat{T}_Z\\\hat{\omega}_X\\\hat{\omega}_Y\\\hat{\omega}_Z\\\hat{m}\end{Bmatrix}=\begin{Bmatrix}-9.3089\text{m}\\26.0137\text{m}\\12.2981\text{m}\\0.51683\text{s}\\-1.21848\text{s}\\3.50699\text{s}\\-4.27148\text{ppm}\end{Bmatrix}$$

（3）精度评定

将所求的 $\hat{X}$ 代入 $V=B\hat{X}-L$ 求改正数 V，利用改正数进行精度评定。

单位权中误差 $\hat{\sigma}_0=\sqrt{\dfrac{V^{\mathrm{T}}PV}{n-t}}=\sqrt{\dfrac{V^{\mathrm{T}}PV}{8}}=0.035\text{m}$，$\hat{\sigma}_0=0.035\text{m}$

【本题点拨】 空间坐标转换的 7 参数模型。

【例 7-10】 为了确定一空间方程 $z=ax+by+c$，观测了 16 组数据（表 7-6），x_i、y_i、z_i 为互相独立的等精度观测值，试确定该空间方程。

观测数据 表 7-6

编号	x_i	y_i	z_i	编号	x_i	y_i	z_i
1	1.00	1.05	5.95	9	2.08	4.96	10.16
2	1.02	2.92	10.01	10	1.92	5.96	13.86
3	1.17	4.99	14.03	11	1.01	5.94	17.85
4	0.79	7.06	18.09	12	0.96	8.01	21.99
5	1.02	3.01	8.05	13	2.00	5.94	12.01
6	0.89	3.26	12.02	14	1.99	7.08	15.92
7	0.84	4.87	15.86	15	1.84	7.92	19.94
8	1.06	7.10	20.10	16	0.97	9.17	23.99

【解】 $n=48$，$t=35$，$r=13$，选参数为 $\hat{X}_i$、$\hat{Y}_i$（$i=1,2,\cdots,16$），$\hat{a}$、$\hat{b}$、$\hat{c}$，令 $X_i^0=X_i$，$Y_i^0=Y_i$，$a^0=-3.71$，$b^0=2.21$，$c^0=7.34$，则可列出误差方程为

$$v_1=\hat{x}_1 \qquad\qquad v_{25}=\hat{x}_9$$
$$v_2=\hat{y}_1 \qquad\qquad v_{26}=\hat{y}_9$$
$$v_4=\hat{x}_2 \qquad\qquad v_{28}=\hat{x}_{10}$$
$$v_5=\hat{y}_2 \qquad\qquad v_{29}=\hat{y}_{10}$$
$$v_7=\hat{x}_3 \qquad\qquad v_{31}=\hat{x}_{11}$$
$$v_8=\hat{y}_3 \qquad\qquad v_{32}=\hat{y}_{11}$$
$$v_{10}=\hat{x}_4 \qquad\qquad v_{34}=\hat{x}_{12}$$
$$v_{11}=\hat{y}_4 \qquad\qquad v_{35}=\hat{y}_{12}$$
$$v_{13}=\hat{x}_5 \qquad\qquad v_{37}=\hat{x}_{13}$$
$$v_{14}=\hat{y}_5 \qquad\qquad v_{38}=\hat{y}_{13}$$

$$v_{16} = \hat{x}_6 \qquad\qquad v_{40} = \hat{x}_{14}$$
$$v_{17} = \hat{y}_6 \qquad\qquad v_{41} = \hat{y}_{14}$$
$$v_{19} = \hat{x}_7 \qquad\qquad v_{43} = \hat{x}_{15}$$
$$v_{20} = \hat{y}_7 \qquad\qquad v_{44} = \hat{y}_{15}$$
$$v_{22} = \hat{x}_8 \qquad\qquad v_{46} = \hat{x}_{16}$$
$$v_{23} = \hat{y}_8 \qquad\qquad v_{47} = \hat{y}_{16}$$

$$v_3 = \delta\hat{a} + 1.05\delta\hat{b} + \delta\hat{c} - 3.71\hat{x}_1 + 2.21\hat{y}_1$$
$$v_6 = 1.02\delta\hat{a} + 2.92\delta\hat{b} + \delta\hat{c} - 3.71\hat{x}_2 + 2.21\hat{y}_2 - 0.001$$
$$v_9 = 1.17\delta\hat{a} + 4.99\delta\hat{b} + \delta\hat{c} - 3.71\hat{x}_3 + 2.21\hat{y}_3 - 0.0028$$
$$v_{12} = 0.79\delta\hat{a} + 7.06\delta\hat{b} + \delta\hat{c} - 3.71\hat{x}_4 + 2.21\hat{y}_4 + 1.9217$$
$$v_{15} = 1.02\delta\hat{a} + 3.01\delta\hat{b} + \delta\hat{c} - 3.71\hat{x}_5 + 2.21\hat{y}_5 + 2.1579$$
$$v_{18} = 0.89\delta\hat{a} + 3.26\delta\hat{b} + \delta\hat{c} - 3.71\hat{x}_6 + 2.21\hat{y}_6 - 0.7773$$
$$v_{21} = 0.84\delta\hat{a} + 4.87\delta\hat{b} + \delta\hat{c} - 3.71\hat{x}_7 + 2.21\hat{y}_7 - 0.8737$$
$$v_{24} = 1.06\delta\hat{a} + 7.10\delta\hat{b} + \delta\hat{c} - 3.71\hat{x}_8 + 2.21\hat{y}_8 - 1.0016$$
$$v_{27} = 2.08\delta\hat{a} + 4.96\delta\hat{b} + \delta\hat{c} - 3.71\hat{x}_9 + 2.21\hat{y}_9 + 0.4248$$
$$v_{30} = 1.92\delta\hat{a} + 5.96\delta\hat{b} + \delta\hat{c} - 3.71\hat{x}_{10} + 2.21\hat{y}_{10} - 0.4716$$
$$v_{33} = 1.01\delta\hat{a} + 5.94\delta\hat{b} + \delta\hat{c} - 3.71\hat{x}_{11} + 2.21\hat{y}_{11} - 1.1297$$
$$v_{36} = 0.96\delta\hat{a} + 8.01\delta\hat{b} + \delta\hat{c} - 3.71\hat{x}_{12} + 2.21\hat{y}_{12} - 0.5095$$
$$v_{39} = 2.00\delta\hat{a} + 5.94\delta\hat{b} + \delta\hat{c} - 3.71\hat{x}_{13} + 2.21\hat{y}_{13} + 1.0374$$
$$v_{42} = 1.99\delta\hat{a} + 7.08\delta\hat{b} + \delta\hat{c} - 3.71\hat{x}_{14} + 2.21\hat{y}_{14} - 0.3161$$
$$v_{45} = 1.84\delta\hat{a} + 7.92\delta\hat{b} + \delta\hat{c} - 3.71\hat{x}_{15} + 2.21\hat{y}_{15} - 1.9232$$
$$v_{48} = 0.97\delta\hat{a} + 9.17\delta\hat{b} + \delta\hat{c} - 3.71\hat{x}_{16} + 2.21\hat{y}_{16} + 0.0170$$

权矩阵为单位矩阵 $P = I$。

$$\hat{x} = [\hat{x}_1 \quad \hat{y}_1 \quad \hat{x}_2 \quad \hat{y}_2 \quad \hat{x}_3 \quad \hat{y}_3 \quad \hat{x}_4 \quad \hat{y}_4 \quad \hat{x}_5 \quad \hat{y}_5 \quad \hat{x}_6 \quad \hat{y}_6 \quad \hat{x}_7 \quad \hat{y}_7 \quad \hat{x}_8 \quad \hat{y}_8$$
$$\hat{x}_9 \quad \hat{y}_9 \quad \hat{x}_{10} \quad \hat{y}_{10} \quad \hat{x}_{11} \quad \hat{y}_{11} \quad \hat{x}_{12} \quad \hat{y}_{12} \quad \hat{x}_{13} \quad \hat{y}_{13} \quad \hat{x}_{14} \quad \hat{y}_{14} \quad \hat{x}_{15} \quad \hat{y}_{15}$$
$$\hat{x}_{16} \quad \hat{y}_{16} \quad \delta a \quad \delta b \quad \delta c]^T$$
$$= [-0.0838 \quad 0.0499 \quad -0.0438 \quad -0.0261 \quad 0.0023 \quad -0.0014 \quad 0.4044$$
$$-0.2409 \quad 0.3658 \quad -0.2179 \quad -0.1850 \quad 0.1102 \quad -0.1695 \quad 0.1010$$
$$-0.1428 \quad 0.0851 \quad 0.0958 \quad -0.0571 \quad -0.0545 \quad 0.0324 \quad -0.1925$$
$$0.1147 \quad -0.0319 \quad 0.0190 \quad 0.2312 \quad -0.1377 \quad -0.0001 \quad 0.0001$$
$$-0.2879 \quad 0.1715 \quad 0.0924 \quad -0.0551 \quad 0.0778 \quad 0.1132 \quad -0.6406]^T$$

所以有

$$\hat{a} = a^0 + \delta a = -3.71 + 0.0778 = -3.6322$$
$$\hat{b} = b^0 + \delta b = 2.21 + 0.1132 = 2.3232$$
$$\hat{c} = c^0 + \delta c = 7.34 - 0.6406 = 6.6994$$

则空间方程为

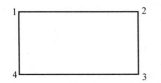

图 7-13 例 7-11 直角房屋示意

$$z = -3.6322x + 2.3232y + 6.6994$$

【本题点拨】 必要观测数 t 的确定；非线性方程线性化；v 的排序。

【例 7-11】 如图 7-13 所示，对一直角房屋进行数字化，其坐标观测值如表 7-7 所示，试按条件平差法求平差后各坐标的平差值。

坐标观测值 表 7-7

坐标点	X 坐标(m)	Y 坐标(m)
1	5690.505	4817.293
2	5689.041	4824.941
3	5682.312	4823.210
4	5683.140	4815.730

【解】 根据本题条件，可知 $n=8$，$t=5$，$r=n-t=3$

（1）列条件方程。平差值条件方程为

$$(\hat{x}_2 - \hat{x}_1)^2 + (\hat{y}_2 - \hat{y}_1)^2 - (\hat{x}_4 - \hat{x}_3)^2 - (\hat{y}_4 - \hat{y}_3)^2 = 0$$

$$(\hat{x}_4 - \hat{x}_1)^2 + (\hat{y}_4 - \hat{y}_1)^2 - (\hat{x}_3 - \hat{x}_2)^2 - (\hat{y}_3 - \hat{y}_2)^2 = 0$$

$$\arctan \frac{\hat{y}_3 - \hat{y}_4}{\hat{x}_3 - \hat{x}_4} - \arctan \frac{\hat{y}_1 - \hat{y}_4}{\hat{x}_1 - \hat{x}_4} - 90° = 0$$

其改正数条件方程为

$$1.464 v_{x1} - 7.748 v_{y1} - 1.464 v_{x2} + 7.748 v_{y2} + 0.828 v_{x3} -$$
$$7.480 v_{y3} - 0.828 v_{x4} + 7.480 v_{y4} + 2.7694 = 0$$
$$7.365 v_{x1} + 1.563 v_{y1} - 7.365 v_{x4} - 1.563 v_{y4} - 6.729 v_{x2} -$$
$$1.731 v_{y2} + 6.729 v_{x3} + 1.731 v_{y3} + 4.2052 = 0$$

$$1.5822 v_{x1} - 7.4465 v_{y1} - 7.5726 v_{x3} - 0.8369 v_{y3} + 5.9904 v_{x4} + 8.2834 v_{y4} - 5.6648 = 0$$

（2）权的确定。取各观测坐标为等权观测值，权均为 1，各观测坐标间互相独立，协因数矩阵为单位矩阵，即

$$Q = P^{-1} = I$$

条件方程系数矩阵为

$$A = \begin{bmatrix} 1.464 & -7.748 & -1.464 & 7.748 & 0.828 & -7.480 & -0.828 & 7.480 \\ 7.365 & 1.563 & -6.729 & -1.731 & 6.729 & 1.731 & -7.365 & -1.563 \\ 1.582 & -7.447 & 0 & 0 & -7.573 & -0.837 & 5.990 & 8.283 \end{bmatrix}$$

组成法方程为

$$\begin{bmatrix} 237.6216 & -17.8576 & 117.0028 \\ -17.8576 & 209.9240 & -109.4585 \\ 117.0028 & -109.4585 & 220.4996 \end{bmatrix} \begin{bmatrix} k_1 \\ k_2 \\ k_3 \end{bmatrix} + \begin{bmatrix} 2.7694 \\ 4.2052 \\ -5.6648 \end{bmatrix} = 0$$

（3）解算法方程，得

$$K = \begin{bmatrix} -0.0328 \\ -0.0005 \\ 0.0429 \end{bmatrix}$$

（4）计算改正数，利用改正数方程可得

$$V = \begin{bmatrix} 0.0163 \\ -0.0658 \\ 0.0512 \\ -0.2532 \\ -0.3549 \\ 0.2086 \\ 0.2874 \\ 0.1104 \end{bmatrix} \text{m}$$

（5）计算平差值，可得

$$\hat{L} = \begin{bmatrix} 5690.5213 \\ 4817.2272 \\ 5689.0922 \\ 4824.6878 \\ 5681.9571 \\ 4823.4186 \\ 5683.4274 \\ 4815.8404 \end{bmatrix} \text{m}$$

【本题点拨】 （1）必要观测数 t 的确定；（2）线性化时注意单位的统一。

【例 7-12】 为确定某一圆心位于原点（原点无误差）的圆形，观测了 3 个点，得到 3 对坐标观测值：（−2.7，4.2），（1.5，4.6），（3.8，3.1）（单位：cm），试用条件平差法确定坐标观测值的平差值及圆的方程。

【解】 $n=6$，$t=4$，$r=2$，则可列出 2 个改正数条件方程为

$$\hat{X}_1^2 + \hat{Y}_1^2 = \hat{X}_2^2 + \hat{Y}_2^2$$
$$\hat{X}_1^2 + \hat{Y}_1^2 = \hat{X}_3^2 + \hat{Y}_3^2$$
$$-5.4 v_{x1} + 8.4 v_{y1} - 3.0 v_{x2} - 9.2 v_{y2} + 1.52 = 0$$
$$-5.4 v_{x1} + 8.4 v_{y1} - 7.6 v_{x3} - 6.2 v_{y3} + 0.88 = 0$$

权矩阵 $P = I$，$W = \begin{bmatrix} 1.52 & 0.88 \end{bmatrix}^{\mathrm{T}}$

$$V = QA^{\mathrm{T}}K = -A^{\mathrm{T}}N_{aa}^{-1}W$$
$$= \begin{bmatrix} 0.044 & -0.069 & 0.023 & 0.069 & 0.005 & 0.004 \end{bmatrix}^{\mathrm{T}} \text{cm}$$

所以，坐标观测值的平差值为

$$\hat{X}_1 = -2.7 + 0.044 = -2.656 \text{cm}, \quad \hat{Y}_1 = 4.2 - 0.069 = 4.131 \text{cm}$$
$$\hat{X}_2 = 1.5 + 0.023 = 1.523 \text{cm}, \quad \hat{Y}_2 = 4.6 + 0.069 = 4.669 \text{cm}$$
$$\hat{X}_3 = 3.8 + 0.005 = 3.805 \text{cm}, \quad \hat{Y}_3 = 3.1 + 0.004 = 3.104 \text{cm}$$
$$r^2 = \hat{X}_3^2 + \hat{Y}_3^2 = 3.805^2 + 3.104^2 = 24.1128 \text{cm}^2$$

平差后圆的方程为

$$X^2+Y^2=24.1128cm^2$$

【本题点拨】 （1）多余观测数的确定；（2）线性化时注意单位的统一。

【例 7-13】 有一直线方程 $y=ax+b$，式中 a，b 为待定系数，已知直线通过点 $(1.5，6)$，现量测了 $(x_i，y_i)(i=1，2，3)$。$x_1=1.1$，$y_1=5.1$；$x_2=1.8$，$y_2=6.7$；$x_3=2.6$，$y_3=8.5$。又已知 x_i 的方差矩阵 D_{XX} 和 y_i 的方差矩阵 D_{YY} 分别为

$$D_{XX}=\begin{bmatrix} 1 & 0 & -0.5 \\ 0 & 2 & 0 \\ -0.5 & 0 & 1 \end{bmatrix}，D_{YY}=\begin{bmatrix} 1 & 0 & 0 \\ 0 & 1 & 0 \\ 0 & 0 & 2 \end{bmatrix}$$

试求平差后的直线方程。

【解】 $n=6$，$t=4$，$r=2$，选参数为 $\hat{a}$，$\hat{b}$，$\hat{X}_1$，$\hat{X}_2$，$\hat{X}_3$，选初值为 $X_i^0=X_i$ 的误差方程为

$$v_1=\hat{x}_1$$
$$v_2=\hat{x}_2$$
$$v_3=\hat{x}_3$$
$$v_4=\hat{a}\hat{X}_1+\hat{b}-y_1$$
$$v_5=\hat{a}\hat{X}_2+\hat{b}-y_2$$
$$v_6=\hat{a}\hat{X}_3+\hat{b}-y_3$$

限制条件方程为

$$1.5\hat{a}+\hat{b}=6$$

由限制条件方程可得

$$\hat{b}=6-1.5\hat{a}$$

将上式代入误差方程可得

$$v_1=\hat{x}_1$$
$$v_2=\hat{x}_2$$
$$v_3=\hat{x}_3$$
$$v_4=\hat{a}\hat{X}_1+6-1.5\hat{a}-y_1$$
$$v_5=\hat{a}\hat{X}_2+6-1.5\hat{a}-y_2$$
$$v_6=\hat{a}\hat{X}_3+6-1.5\hat{a}-y_3$$

这样就把附有限制条件的间接平差化为间接平差。取 $a^0=\dfrac{9}{4}$，则可得

$$v_1=\hat{x}_1$$
$$v_2=\hat{x}_2$$
$$v_3=\hat{x}_3$$
$$v_4=-0.4\delta a+2.25\hat{x}_1$$

$$v_5 = 0.3\delta\alpha + 2.25\hat{x}_2 - 0.025$$

$$v_6 = 1.1\delta\alpha + 2.25\hat{x}_3 - 0.025$$

则：

$$B = \begin{bmatrix} 0 & 1 & 0 & 0 \\ 0 & 0 & 1 & 0 \\ 0 & 0 & 0 & 1 \\ -0.4 & 2.25 & 0 & 0 \\ 0.3 & 0 & 2.25 & 0 \\ 1.1 & 0 & 0 & 2.25 \end{bmatrix}, \quad l = \begin{bmatrix} 0 \\ 0 \\ 0 \\ 0 \\ 0.025 \\ 0.025 \end{bmatrix}, \quad \hat{x} = \begin{bmatrix} \delta\alpha \\ \hat{x}_1 \\ \hat{x}_2 \\ \hat{x}_3 \end{bmatrix}, \quad P = \begin{bmatrix} D_{XX}^{-1} & 0 \\ 0 & D_{YY}^{-1} \end{bmatrix}$$

$$\hat{x} = N_{BB}^{-1} B^{\mathrm{T}} P l = \begin{bmatrix} 0.027 & 0.004 & 0.007 & -0.002 \end{bmatrix}^{\mathrm{T}}$$

$$\hat{\alpha} = 2.25 + 0.027 = 2.277, \quad \hat{b} = 6 - 1.5\hat{\alpha} = 2.585$$

所以直线方程为

$$y = 2.277x + 2.585$$

【本题点拨】 （1）必要观测数的确定；（2）参数的选取；（3）非线性函数线性化；（4）把附有限制条件的间接平差转换为间接平差。

【例 7-14】 设叠置层 I、II、III、IV、V 共有 10 个同名点。其各点的真误差序列如表 7-8 所示。根据真误差计算各层同名点元的方差估值以及方差估计值的方差。

同名点坐标真误差数据 表 7-8

点号	I（Δ）		II（Δ）		III（Δ）		IV（Δ）		V（Δ）	
	x	y	x	y	x	y	x	y	x	y
1	−0.08	−0.05	−1.44	2.18	−1.44	−0.53	0.20	0.25	−1.25	−5.39
2	−1.39	0.96	−0.39	−1.46	−0.39	−0.82	3.25	−0.43	−0.91	0.06
3	−0.45	0.58	0.64	0.39	0.64	−0.57	−1.99	−1.39	0.92	1.20
4	0.31	1.19	0.25	0.35	0.25	−1.15	−0.07	−2.01	0.42	5.58
5	−0.96	0.18	−1.27	−2.57	−1.27	−2.04	−0.70	−0.86	4.30	−3.01
6	−0.37	−0.78	0.83	0.38	0.83	0.05	0.18	−1.96	−1.53	−1.57
7	0.15	−0.17	−0.04	0.37	−0.04	−0.15	−2.75	−0.57	1.11	−1.39
8	0.26	0.08	1.34	−0.60	1.34	0.67	−0.48	0.85	−3.13	−3.16
9	0.62	−0.42	0.69	0.22	0.69	2.65	−0.11	−3.18	−0.66	−4.23
10	−0.48	−0.05	−0.65	0.51	−0.65	0.98	0.07	1.48	8.22	3.26
σ^2	0.64		1.00		1.21		1.44		9.00	

【解】 按式（7-58）和式（7-61）计算，其结果如表 7-9 所示。

计算同名点的方差估值及方差估计值的方差 表 7-9

功能	I（Δ）	II（Δ）	III（Δ）	IV（Δ）	V（Δ）
$\hat{\theta}$	0.31	0.78	0.78	2.57	11.65
$\hat{\sigma}_{\hat{\theta}}^2$	0.38	1.12	1.12	2.35	10.84

【本题点拨】 掌握方差估值及方差估计值的方差计算。

【例 7-15】 某次摄影测量的内方位元素和控制点在像方坐标系、地面坐标系中的坐标如表 7-10 所示。利用空间后方交会的平差模型解算后，求 6 个外方位元素的平差值及其中误差。平差时，迭代阈值为 0.000001m 或弧度。

【解】 根据已知条件，列出式（7-45）的误差方程，解算误差方程，其结果如表 7-11 所示。

空间后方交会的已知数据 表 7-10

内方位元素	x_0(mm)	0	y_0(mm)	0	f(mm)	153.24
点号	像片 x(mm)	像片 y(mm)		地面 x(m)	地面 y(m)	地面 z(m)
1	−86.15	−68.99		36589.41	25273.32	2195.17
2	−53.40	82.21		37631.08	31324.51	728.69
3	−14.78	−76.63		39100.97	24934.98	2386.50
4	10.46	64.43		40426.54	30319.81	757.31

空间后方交会的平差结果 表 7-11

外方位元素	$\hat{X}_S$(m)	$\hat{Y}_S$(m)	$\hat{Z}_S$(m)	$\hat{\varphi}$(rad)	$\hat{\omega}$(rad)	$\hat{\kappa}$(rad)
近似值	38437	27963.155	9178.9175	0	0	0
第一次改正数	1378.975691	−489.416505	−1618.446718	−0.004939	0.001746	−0.053590
第一次平差值	39815.975691	27473.738495	7560.470782	−0.004939	0.001746	−0.053590
第二次改正数	−20.508505	2.694786	11.636101	0.000950	0.000370	−0.014015
第二次平差值	39795.467186	27476.433282	7572.106883	−0.003989	0.002115	−0.067605
第三次改正数	−0.014904	0.029056	0.579052	0.000002	−0.000001	0.000027
第三次平差值	39795.452282	27476.462338	7572.685935	−0.003987	0.002114	−0.067578
第四次改正数	0.000006	−0.000094	−0.000021	−0.000000	0.000000	−0.000000
第四次平差值	39795.452288	27476.462244	7572.685914	−0.003987	0.002114	−0.067578
第五次改正数	0.000000	0.000000	0.000000	−0.000000	0.000000	−0.000000
第五次平差值	39795.452288	27476.462244	7572.685914	−0.003987	0.002114	−0.067578
单位权中误差	0.007259					
外方位元素中误差	1.107388	1.249519	0.488128	0.000179	0.000161	0.000072

【本题点拨】 （1）误差方程的列立；（2）初值的选取。

§7.6 习 题

1. 在图 7-14 的单一附合导线上观测了 4 个角度和 3 条边长。已知数据为

$$X_B = 203020.348m，Y_B = −59049.801m，$$
$$X_C = 203059.503m，Y_B = −59796.549m，$$
$$\alpha_{AB} = 226°44'59''，\alpha_{CD} = 324°46'03''$$

观测值如表 7-12 所示。已知测角中误差 $\sigma_\beta = 5''$，测边中误差 $\sigma_{S_i} = 0.5\sqrt{S_i}$ (m) mm，试按间接平差求：（1）导线点 2、3 点的坐标平差值；（2）观测值的改正数和平差值。

角号	角度	边号	边长(m)
β_1	230°32′37″	S_1	204.952
β_2	180°00′42″	S_2	200.130
β_3	170°39′22″	S_3	345.153
β_4	236°48′37″		

观测值数据　　　　表 7-12

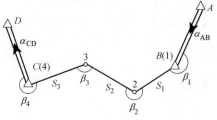

图 7-14　习题 1 单一附合导线

2. 有一直线过某点，其坐标为 $(x, y) = (5.515, 0.861)$，设此坐标测量值无误差。为了确定此直线方程，量测了直线上其他 5 个点的坐标，坐标值如表 7-13 所示。试按附有限制条件的间接平差法求出直线方程。

坐标数据　　　　表 7-13

编号	1	2	3	4	5
x	6.881	9.351	11.914	13.644	15.103
y	1.345	2.206	3.116	3.717	4.237

3. 已知某直线 $y = ax + b$ 通过点 $(2, 5)$，为了确定参数 a、b，分别在 $x_1 = 1$，$x_2 = 3$，$x_3 = 4$，$x_4 = 5$ 处同精度测得 $y_1 = 0.98$，$y_2 = 9.01$，$y_3 = 12.99$，$y_4 = 17.02$，试列出估计 a、b 的误差方程。

4. 有一中心在原点的椭圆，为了确定其方程，观测了 10 组数据 $(x_i, y_i)(i = 1, 2, \cdots, 10)$，已知 x_i 无误差，试列出该椭圆的误差方程。

5. 利用 GPS 测量地面点的大地高 H，同时利用水准测量方法测量该点的正常高 H_γ，则该点上的高程异常为 $\xi = H - H_\gamma$。测量某一区域均匀布设点上的高程异常值，便可以拟合似大地水准面。设利用如下函数来拟合似大地水准面：

$$\xi_i = f(x_i, y_i) = a_0 + a_1\sqrt{x_i} + a_2\sqrt{y_i} + a_3\sqrt{x_iy_i} + a_4x_i + a_5y_i$$

表 7-14 为区域内 16 个点的坐标测量值及相应点上高程异常测量值，试求出拟合函数中的系数值。

坐标和高程异常测量数据　　　　表 7-14

编号	x(m)	y(m)	ξ(m)	编号	x(m)	y(m)	ξ(m)
1	1100.5	1028.2	3.5	9	1203.2	7318.6	9.5
2	4280.3	1125.8	3.3	10	4280.3	7231.7	13.2
3	7401.2	901.3	5.1	11	7328.4	6889.1	16.5
4	10383.5	938.5	8.7	12	10831.7	7051.2	22.3
5	1078.5	4134.7	7.8	13	1108.4	12803.4	11.2
6	4315.9	4280.1	10.3	14	4289.3	11880.1	13.8
7	7157.3	4081.9	11.4	15	7821.3	12933.7	18.3
8	11245.6	3891.3	16.5	16	10804.9	12180.3	24.6

6. 新旧坐标系统的坐标原点、坐标轴指向和距离尺度均不相同。公共点在新坐标系统中的坐标为 (x_i, y_i)，在旧坐标系统中的坐标为 (x_i', y_i')，它们间的关系为

$$x_i = x_0 + x'_i k\cos\alpha - y'_i k\sin\alpha$$
$$y_i = y_0 + y'_i k\cos\alpha + x_i k\sin\alpha$$

式中 (x_0, y_0)——两坐标系统原点间的坐标差；

      k——尺度因子；

      α——新旧坐标系统间的夹角。

现有 7 个公共点在新旧坐标系统中的坐标如表 7-15 所示，试求出新旧坐标系统转换公式中的未知量 (x_0, y_0)、k 和 α，也可以将 $k\sin\alpha$ 与 $k\cos\alpha$ 作为两个整体变量求出。

坐标数据 表 7-15

\multicolumn{6}{新坐标系统坐标}						\multicolumn{6}{旧坐标系统坐标}					
编号	x(m)	y(m)	编号	x(m)	y(m)	编号	x(m)	y(m)	编号	x(m)	y(m)
1	5940.870	3433.249	5	8833.607	4073.640	1	2839.190	1595.362	5	5801.955	1592.235
2	5921.724	5690.438	6	8195.035	5968.768	2	3310.705	3802.812	6	5590.186	3580.802
3	4218.565	3075.632	7	4704.983	6876.896	3	1080.352	1620.315	7	2380.692	5225.193
4	6743.890	5646.951				4	4103.801	3581.818			

7. 为了拟合曲线，测量了曲线上 6 个点的坐标值，坐标值列于表 7-16 中。现用曲线公式 $y = a_0 + a_1 x + a_2 x^2$ 对测量点进行拟合。试求出拟合函数中的系数值，并评定拟合精度。

坐标数据 表 7-16

编号	1	2	3	4	5	6
x	3.115	5.303	6.815	7.358	8.510	9.355
y	1.375	3.083	5.450	6.551	9.293	11.659

8. 为量测一房屋面积（图 7-15），测该房屋 4 角，得 4 个角上的坐标观测值 X_i，Y_i，如表 7-17 所示。试列出条件方程。

坐标观测数据 表 7-17

编号	X(cm)	Y(cm)
1	39.94	28.97
2	39.90	35.86
3	20.36	35.92
4	20.46	28.91

9. 如图 7-16 所示，在数字化地图上进行一条道路两边（平行）的数字化，每边各数字化了 2 个点，试按条件平差写出其条件方程。

图 7-15 习题 8 房屋示意

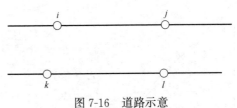

图 7-16 道路示意

10. 对图 7-17 所示的一直角房屋进行了数字化，其坐标观测值如表 7-18 所示，试按条件平差法求平差后各坐标的平差值和点位精度。

坐标观测值 表 7-18

坐标 \ 点号	1	2	3	4	5	6
X(m)	4579.393	4577.929	4569.558	4570.245	4571.200	4572.028
Y(m)	2595.182	2602.830	2601.099	2597.168	2597.374	2593.619

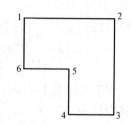

图 7-17　习题 10 直角房屋示意

11. 为确定某一直线方程 $y=ax+b$，观测了 6 组数据，如表 7-19 所示，且 x_i，y_i 为互相独立的等精度观测值，试求：（1）该直线方程；（2）待定系数 $\hat{a}$，$\hat{b}$ 的中误差。

坐标数据 表 7-19

序号	x_i(cm)	y_i(cm)
1	1	3.30
2	2	4.56
3	3	5.90
4	4	7.10
5	5	8.40
6	6	9.60

12. 已知一直线方程 $y=ax+b$，经过已知点（0.4，1.2）处，为确定待定系数 a，b，量测了 $x=1$，2，3 处的函数值 y_i（y_i 为等精度观测值）：$y_1=1.6$，$y_2=2.0$，$y_3=2.4$。试求：（1）误差方程及限制条件方程；（2）直线方程 $\hat{y}=\hat{a}x+\hat{b}$；（3）参数 $\hat{a}$，$\hat{b}$ 的协因数矩阵；（4）改正数 V 及其协因数矩阵。

13. 为了确定某一抛物线 $y=a_0+a_1x+a_2x^2$，取得的数据列于表 7-20，且 x_i 无误差，y_i 为互相独立的等精度观测值。规定 $x=1$ 处的抛物线切线正好通过坐标原点，试按附有限制条件的间接平差求：（1）该抛物线的方程；（2）抛物线顶点 S 的点位中误差。

坐标数据 表 7-20

序号	x_i(cm)	y_i(cm)
1	−5	0
2	−3	−2
3	−1	0
4	1	3
5	3	10

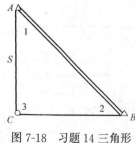

图 7-18　习题 14 三角形

14. 如图 7-18 所示，已知点 A（1000m，0m）、B（0m，1000m），观测角度和边长为 $L_1=45°00'01''$，$L_2=45°00'01''$，$L_3=90°00'08''$，$S=1000.011$m。试以待定点 C 的坐标平差值为参数，列出 L_1 和 S 的误差方程（取 C 点的近似坐标 $X_C^0=0$m，$Y_C^0=0$m，坐标改正数单位：cm）。

15. 等精度条件下，对某一地图上的一条圆曲线进行数字化采样，采样点坐标值如表 7-21 所示，为求得该圆方程，给出

196

圆心的近似坐标、半径分别为 $X_0 = 1.000\text{m}$，$Y_0 = 1.001\text{m}$，$R_0 = 0.996\text{m}$。试说明用哪种平差方法适宜？列出该方法线性化后的函数模型，并用矩阵形式表达。

采样点坐标　　　　　　　　　　　　　　　　　　　　　　　表 7-21

点号	1	2	3	4	5
X(m)	1.039	0.250	1.032	0.535	1.832
Y(m)	2.031	1.630	0.013	1.852	0.321

16. 在一个圆形曲线 $(x-a)^2 + (y-b)^2 = r^2$ 上测得圆曲线上 10 个点的坐标 x_i（无误差）和 $y_i (i=1, 2, \cdots, 10)$。(1) 若设参数 $\hat{X} = [\hat{a} \quad \hat{b} \quad \hat{r}]^T$，试列出该圆曲线的误差方程式。(2) 如果 (2, 5.5) 为圆上一点，若设参数 $\hat{X} = [\hat{a} \quad \hat{b} \quad \hat{r}]^T$，试列出该圆曲线的误差方程式。

17. 在某次工程测量中，技术人员采用自由设站法进行了观测，如图 7-19 所示，A、B、C 为已知点，P 为安置全站仪的点，布设于实际地物上的已知点坐标和 P 点近似坐标如表 7-22 所示，同精度测得各边水平距离观测值为：

$S_1 = 192.478\text{m}$，$S_2 = 168.415\text{m}$，$S_3 = 246.724\text{m}$。

试按坐标平差法求：（1）误差方程；（2）法方程；（3）坐标平差值的协因数矩阵 $Q_{\hat{X}\hat{X}}$；（4）观测值的改正数 V 及平差值 $\hat{S}$。

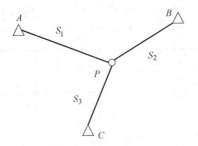

坐标数据　　　　　　表 7-22

点号	坐标	
	X(m)	Y(m)
A	8879.256	2224.856
B	8597.934	2216.789
C	8853.040	2540.460
P	8719.947	2332.877

图 7-19　习题 17 自由设站法示意

18. 地图上有一道路，其形状为圆的一部分，现对图上道路的轨迹进行了测量，两端点及中间点的测量坐标值如表 7-23 所示。圆曲线方程为

$$\left.\begin{array}{l} x_i = x_0 + r\cos a_i \\ y_i = y_0 + r\sin a_i \end{array}\right\}$$

已知此道路的实际长度为 1042m，地图比例尺为 1:5000。试按附有限制条件的间接平差法，求出道路所示圆的圆曲线方程及道路在图中的准确位置。

测量数据　　　　　　　　　　　　　　　　　　　　　　　表 7-23

编号	1	2	3	4	5
x(mm)	383.3	383.4	379.0	375.5	371.3
y(mm)	240.7	246.8	249.5	254.5	257.0

19. 为确定某一抛物线方程 $y^2 = ax$，观测了 4 对点，其坐标分别为 (1, 2.0)，(2,

3.0），（3，3.5），（4，4.1），x_i 无误差，y_i 为互相独立的等精度观测值，试求：（1）抛物线方程；（2）待定系数 $\hat{a}$ 的方差。

20. 对某待定点坐标 X，Y 分别进行了 n 次独立观测 $(X_i，Y_i)(i=1，2，\cdots，n)$，已知 $(X_i，Y_i)$ 是相关观测值，其协因数矩阵分别为

$$Q_{ii} = \begin{bmatrix} Q_{X_iX_i} & Q_{X_iY_i} \\ Q_{Y_iX_i} & Q_{Y_iY_i} \end{bmatrix}$$

试按间接平差法求待定点坐标的平差值及其协因数矩阵。

21. 如图 7-20 所示为地图上一矩形房屋线划图，为了量测房屋面积，对其进行数字化，测得该房屋的 4 个角上的坐标测量值分别为 $(x_i，y_i)$ $(i=1，2，3，4)$。试确定：（1）条件平差时的条件方程个数和条件方程类型；（2）列立条件平差时的条件方程式（非线性需要线性化）。

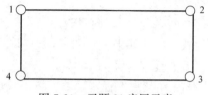

图 7-20　习题 21 房屋示意

22. 为了确定某直线方程，观测了 4 组数据如表 7-24 所示，其中 x_i 为非随机变量，设无测量误差，y_i 为等精度独立观测量。已知直线过 $(x，y)=(5.515，0.861)$ 点，设此坐标值无误差。试按附有限制条件的间接平差法求直线方程，并求直线方程中参数估值的中误差。

坐标数据　　　　　　　　　　　　　　　　表 7-24

编号	1	2	3	4
x	1	2	3	4
y	1.345	2.206	3.116	3.717

第 8 章　最小二乘平差应用

本章学习目标

本章主要介绍了 GPS 网平差、回归模型参数估计、秩亏自由网平差和附加系统参数的平差。通过本章的学习，应达到以下目标：

(1) 掌握 GPS 网的函数模型。

(2) 掌握 GPS 网的随机模型。

(3) 能熟练地运用间接平差对 GPS 网进行平差计算。

(4) 掌握回归模型参数估计的原理和方法。

(5) 掌握秩亏自由网平差原理及其应用。

(6) 了解附加系统参数的平差的基本原理。

§8.1　GPS 网平差

1. GPS 网的函数模型

$$
\underset{3\times1}{V_K}=\begin{bmatrix}V_{X_{ij}}\\V_{Y_{ij}}\\V_{Z_{ij}}\end{bmatrix},\ \underset{3\times1}{X^0_{Ki}}=\begin{bmatrix}X^0_i\\Y^0_i\\Z^0_i\end{bmatrix},\ \underset{3\times1}{X^0_{Kj}}=\begin{bmatrix}X^0_j\\Y^0_j\\Z^0_j\end{bmatrix},\ \underset{3\times1}{\hat{x}_{Kj}}=\begin{bmatrix}\hat{x}_j\\\hat{y}_j\\\hat{z}_j\end{bmatrix},\ \underset{3\times1}{\hat{x}_{Ki}}=\begin{bmatrix}\hat{x}_i\\\hat{y}_i\\\hat{z}_i\end{bmatrix},\ \underset{3\times1}{\Delta X_{Kij}}=\begin{bmatrix}\Delta X_{ij}\\\Delta Y_{ij}\\\Delta Z_{ij}\end{bmatrix}
$$

则编号为 K 的基线向量误差方程为

$$
\underset{3\times1}{V_K}=\underset{3\times1}{\hat{x}_{Kj}}-\underset{3\times1}{\hat{x}_{Ki}}-\underset{3\times1}{l_K} \tag{8-1}
$$

式中，$\underset{3\times1}{l_K}=\underset{3\times1}{\Delta X_{iKj}}-\underset{3\times1}{\Delta X^0_{Kij}}=\underset{3\times1}{\Delta X_{Kij}}-(\underset{3\times1}{X^0_{Kj}}-\underset{3\times1}{X^0_{Ki}})$

当网中有 m 个待定点、n 条基线向量时，GPS 网的误差方程为

$$
\underset{3n\times1}{V}=\underset{3n\times3m}{B}\ \underset{3m\times1}{\hat{x}}-\underset{3n\times1}{l} \tag{8-2}
$$

当网中具有足够的起算数据时，则必要观测个数就等于未知点个数的 3 倍再加上 WGS-84 坐标系向地方坐标系转换选取转换参数的个数（有 3 参数、4 参数、7 参数等）；当网中没有足够的起算数据时，则必要观测个数就等于总点数的 3 倍减去 3。

2. GPS 网的随机模型

随机模型一般形式为

$$
D=\sigma^2_0 Q=\sigma^2_0 P^{-1}
$$

现以两台 GPS 机测得的结果为例，说明 GPS 平差的随机模型组成。

用两台 GPS 接收机测量，在一个时段内只能得到一条观测基线向量（ΔX_{ij}，ΔY_{ij}，ΔZ_{ij}），其中 3 个观测坐标分量是相关的，观测基线向量的协方差直接由软件给出，为

$$D_{ij} = \begin{bmatrix} \sigma^2_{\Delta X_{ij}} & \sigma_{\Delta X_{ij}\Delta Y_{ij}} & \sigma_{\Delta X_{ij}\Delta Z_{ij}} \\ \sigma_{\Delta Y_{ij}\Delta X_{ij}} & \sigma^2_{\Delta Y_{ij}} & \sigma_{\Delta Y_{ij}\Delta Z_{ij}} \\ \sigma_{\Delta Z_{ij}\Delta X_{ij}} & \sigma_{\Delta Z_{ij}\Delta Y_{ij}} & \sigma^2_{\Delta Z_{ij}} \end{bmatrix} \tag{8-3}$$

不同的观测基线向量之间是相互独立的。因此，对于全网而言，式（8-3）中的 D 是块对角矩阵，即

$$D = \begin{bmatrix} \underset{3\times3}{D_1} & 0 & \cdots & 0 \\ 0 & \underset{3\times3}{D_2} & \cdots & 0 \\ \vdots & \vdots & \vdots & \vdots \\ 0 & 0 & \cdots & \underset{3\times3}{D_g} \end{bmatrix} \tag{8-4}$$

式中，D 的下脚标 1，2，$\cdots$，g 为各观测基线向量号。

对于多台 GPS 接收机测量的随机模型组成，其原理上，全网的 D 也是一个块对角矩阵，但其中对角子块 D_j 是多个同步基线向量的协方差矩阵。

§8.2 回归模型参数估计

1. 线性回归模型

设一个随机变量 y 与 m 个自变量 x_1，x_2，$\cdots$，x_m 之间存在线性形式的统计相关关系，因为它们不是确定的函数关系，即使给定了 x_1，x_2，$\cdots$，x_m 的值也不能唯一确定 y 值，因此它们之间的表达式应为

$$y = \beta_0 + \beta_1 x_1 + \beta_2 x_2 + \cdots + \beta_m x_m + \varepsilon \tag{8-5}$$

式中，$\varepsilon \sim N(0, \sigma^2)$ 的随机变量；参数 $\beta_i (i=1, 2, \cdots, m)$ 为回归方程系数。

$$\underset{n\times1}{Y} = \underset{n\times(m+1)}{X}\ \underset{(m+1)\times1}{\beta} + \underset{n\times1}{\varepsilon} \tag{8-6}$$

式中，$Y = \begin{bmatrix} y_1 \\ y_2 \\ \vdots \\ y_n \end{bmatrix}$，$X = \begin{bmatrix} 1 & x_{11} & x_{21} & \cdots & x_{m1} \\ 1 & x_{12} & x_{22} & \cdots & x_{m2} \\ \vdots & \vdots & \vdots & \cdots & \vdots \\ 1 & x_{1n} & x_{2n} & \cdots & x_{mn} \end{bmatrix}$，$\beta = \begin{bmatrix} \beta_0 \\ \beta_1 \\ \vdots \\ \beta_m \end{bmatrix}$，$\varepsilon = \begin{bmatrix} \varepsilon_1 \\ \varepsilon_2 \\ \vdots \\ \varepsilon_n \end{bmatrix}$

式（8-6）是回归参数估计的函数模型，其随机模型为

$$D(\varepsilon) = \sigma^2 \underset{n\times n}{I} \tag{8-7}$$

当观测数 $n > m+1$ 时，可用最小二乘估计求参数 β，设其估值为 $\hat{\beta}$，代入式（8-5）可得 $E(y)$ 的估值 $\hat{y}$，即

$$\hat{y} = \hat{\beta}_0 + \hat{\beta}_1 x_1 + \hat{\beta}_2 x_2 + \cdots + \hat{\beta}_m x_m \tag{8-8}$$

式（8-8）称为线性回归方程，给定一组数（x_1，x_2，$\cdots$，x_m），由式（8-8）求出的 $\hat{y}$ 称为预报值。

2. 一元线性回归模型参数估计

若自变量 x 的个数只有一个，则式（8-5）可写成

$$y = \beta_0 + \beta_1 x + \varepsilon \tag{8-9}$$

取期望和方差为

$$E(y) = \beta_0 + \beta_1 x \tag{8-10}$$

$$D(y) = D(\varepsilon) = \sigma^2 \underset{n \times n}{I} \tag{8-11}$$

式（8-9）是一元线性回归函数模型，式（8-10）是一元线性回归理论模型，式（8-11）是随机模型。

在回归分析中，假定自变量 x_i 是非随机变量且没有测量误差，令

$$Y = [y_1,\ y_2,\ \cdots,\ y_n]^{\mathrm{T}},\ \varepsilon = [\varepsilon_1,\ \varepsilon_2,\ \cdots,\ \varepsilon_n]^{\mathrm{T}},\ X = \begin{bmatrix} 1 & 1 & \cdots & 1 \\ x_1 & x_2 & \cdots & x_n \end{bmatrix}^{\mathrm{T}},\ \beta = \begin{bmatrix} \beta_0 \\ \beta_1 \end{bmatrix}$$

则式（8-9）可写成矩阵形式

$$\underset{n \times 1}{Y} = \underset{n \times 2}{X}\ \underset{2 \times 1}{\beta} + \underset{n \times 1}{\varepsilon} \tag{8-12}$$

当观测数 $n > 2$ 时，可用间接平差估计参数 β。

设回归参数 β 的估值为 $\hat{\beta}$，V 为误差 ε 的负估值，称为 Y 的改正数或残差，代入式（8-12）可得其误差方程

$$V = X\hat{\beta} - Y \tag{8-13}$$

按间接平差可求得

$$\hat{\beta} = (X^{\mathrm{T}}X)^{-1}X^{\mathrm{T}}Y \tag{8-14}$$

一元线性回归方程为

$$\hat{y} = \hat{\beta}_0 + \hat{\beta}_1 x \tag{8-15}$$

相应的残差

$$v_i = \hat{y}_i - y_i \quad (i = 1,\ 2,\ \cdots,\ n) \tag{8-16}$$

单位权的方差估值为

$$\hat{\sigma}_0^2 = \frac{V^{\mathrm{T}}V}{n-2} \tag{8-17}$$

参数估值的精度评定。按间接平差理论可得

$$Q_{\hat{\beta}\hat{\beta}} = (X^{\mathrm{T}}X)^{-1} = \frac{1}{S_{xx}}\begin{bmatrix} \dfrac{1}{n}(S_{xx} + n\bar{x}^2) & -\bar{x} \\ -\bar{x} & 1 \end{bmatrix} \tag{8-18}$$

即

$$Q_{\hat{\beta}_0\hat{\beta}_0} = \frac{1}{n} + \frac{\bar{x}^2}{S_{xx}},\ Q_{\hat{\beta}_1\hat{\beta}_1} = \frac{1}{S_{xx}},\ Q_{\hat{\beta}_0\hat{\beta}_1} = -\frac{\bar{x}}{S_{xx}} \tag{8-19}$$

$\hat{\beta}$ 的方差估值为

$$\hat{\sigma}_{\hat{\beta}_0}^2 = \hat{\sigma}_0^2\left(\frac{1}{n} + \frac{\bar{x}^2}{S_{xx}}\right),\ \hat{\sigma}_{\hat{\beta}_1}^2 = \frac{\hat{\sigma}_0^2}{S_{xx}} \tag{8-20}$$

3. 多元线性回归模型参数估计

由式（8-5），可得误差方程为

$$\underset{n \times 1}{V} = \underset{n \times (m+1)}{X}\ \underset{(m+1) \times 1}{\hat{\beta}} - \underset{n \times 1}{Y} \tag{8-21}$$

按间接平差可得

$$\hat{\beta}=(X^{\mathrm{T}}X)^{-1}X^{\mathrm{T}}Y \tag{8-22}$$

求得回归参数后，可得多元线性回归方程为

$$\hat{Y}=\hat{\beta}_0+\hat{\beta}_1x_1+\hat{\beta}_2x_2+\cdots+\hat{\beta}_mx_m=X\hat{\beta} \tag{8-23}$$

残差为

$$v_i=\hat{y}_i-y_i \quad (i=1,\ 2,\ \cdots,\ n) \tag{8-24}$$

参数估值的精度评定：$\hat{\beta}$ 的协因数及方差为

$$Q_{\hat{\beta}\hat{\beta}}=(X^{\mathrm{T}}X)^{-1} \tag{8-25}$$

$$D_{\hat{\beta}\hat{\beta}}=\sigma^2Q_{\hat{\beta}\hat{\beta}} \tag{8-26}$$

单位权方差估值为

$$\sigma^2=\frac{V^{\mathrm{T}}V}{n-(m+1)} \tag{8-27}$$

观测值的平差值 $\hat{Y}$ 的方差为

$$D_{\hat{Y}\hat{Y}}=\sigma^2XQ_{\hat{\beta}\hat{\beta}}X^{\mathrm{T}}=\sigma^2X(X^{\mathrm{T}}X)^{-1}X^{\mathrm{T}} \tag{8-28}$$

4. 自回归模型

有自回归模型

$$x_t=b_1x_{t-1}+b_2x_{t-2}+\cdots+b_px_{t-p}+\varepsilon_t \tag{8-29}$$

式中　　　　x_t——模型变量；

$b_1,\ b_2,\ \cdots,\ b_p$——模型的回归系数；

ε_t——模型的随机误差；

p——模型阶数。

设有按时间序列排成的样本观测值 $x_1,\ x_2,\ \cdots,\ x_n$，p 阶回归模型的误差方程为

$$v_{p+1}=x_p\hat{b}_1+x_{p-1}\hat{b}_2+\cdots+x_1\hat{b}_p-x_{p+1}$$

$$v_{p+2}=x_{p+1}\hat{b}_1+x_p\hat{b}_2+\cdots+x_2\hat{b}_p-x_{p+2}$$

$$\cdots$$

$$v_n=x_{n-1}\hat{b}_1+x_{n-2}\hat{b}_2+\cdots+x_{n-p}\hat{b}_p-x_n$$

记

$$V=\begin{bmatrix}v_{p+1}\\v_{p+2}\\\vdots\\v_n\end{bmatrix},\ \hat{b}=\begin{bmatrix}\hat{b}_1\\\hat{b}_2\\\vdots\\\hat{b}_p\end{bmatrix},\ X=\begin{bmatrix}x_p&x_{p-1}&\cdots&x_1\\x_{p+1}&x_p&\cdots&x_2\\\vdots&\vdots&\vdots&\vdots\\x_{n-1}&x_{n-2}&\cdots&x_{n-p}\end{bmatrix},\ Y=\begin{bmatrix}x_{p+1}\\x_{p+2}\\\vdots\\x_n\end{bmatrix}$$

得

$$\underset{(n-p)\times 1}{V}=\underset{(n-p)\times p}{X}\ \underset{p\times 1}{\hat{b}}-\underset{(n-p)\times 1}{\hat{Y}} \tag{8-30}$$

则 b 的最小二乘解为

$$\hat{b}=(X^{\mathrm{T}}X)^{-1}X^{\mathrm{T}}Y \tag{8-31}$$

5. 多项式拟合模型

设在区域内有 n 个数据点 (x_i, y_i, z_i)，$(i=1, 2, \cdots, n)$，自变量为点的平面坐标 (x_i, y_i)，为非随机量，因变量为在该点上的观测值 z_i，视为随机变量。自变量 (x_i, y_i) 和因变量 z_i 之间虽然没有确定的函数关系，但对于实测数据可以用其趋势性变化 $f(x, y)$ 和随机误差 ε 来表示，为

$$z = f(x, y) + \varepsilon \tag{8-32}$$

当趋势性变化 $f(x, y)$ 取为自变量 x，y 的多项式时，式（8-33）称为多项式拟合模型。多项式拟合模型一般形式为

$$
\begin{aligned}
z &= f(x, y) \\
&= b_0 + b_1 x + b_2 y + b_3 x^2 + b_4 xy + b_5 y^2 + b_6 x^3 + b_7 x^2 y + b_8 xy^2 + b_9 y^3 + \cdots
\end{aligned}
$$
$$\tag{8-33}$$

式中，b_0，b_1，b_2，$\cdots$ 为待定系数。

其中一阶、二阶多项式为

$$z = b_0 + b_1 x + b_2 y + \varepsilon \tag{8-34}$$

$$z = b_0 + b_1 x + b_2 y + b_3 x^2 + b_4 xy + b_5 y^2 + \varepsilon \tag{8-35}$$

在测量数据处理中常用的是一阶、二阶多项式拟合模型。

下面以二阶拟合模型为例，介绍模型参数的最小二乘估计。

将 n 个数据点的观测数据代入式（8-35），可得 n 个观测方程

$$z_i = b_0 + b_1 x_i + b_2 y_i + b_3 x_i^2 + b_4 x_i y_i + b_5 y_i^2 + \varepsilon_i \quad (i=1, 2, \cdots, n) \tag{8-36}$$

误差方程为

$$v_i = \hat{b}_0 + \hat{b}_1 x_i + \hat{b}_2 y_i + \hat{b}_3 x_i^2 + \hat{b}_4 x_i y_i + \hat{b}_5 y_i^2 - z_i \tag{8-37}$$

若记

$$
V = \begin{bmatrix} v_1 \\ v_2 \\ \vdots \\ v_n \end{bmatrix}, \quad
\hat{B} = \begin{bmatrix} \hat{b}_0 \\ \hat{b}_1 \\ \vdots \\ \hat{b}_n \end{bmatrix}, \quad
X = \begin{bmatrix}
1 & x_1 & y_1 & x_1^2 & x_1 y_1 & y_1^2 \\
1 & x_2 & y_2 & x_2^2 & x_2 y_2 & y_2^2 \\
\vdots & & & \cdots & & \vdots \\
1 & x_n & y_n & x_n^2 & x_n y_n & y_n^2
\end{bmatrix}, \quad
L = \begin{bmatrix} z_1 \\ z_2 \\ \vdots \\ z_n \end{bmatrix}
$$

则得最小二乘解为

$$\hat{B} = (X^{\mathrm{T}} X)^{-1} X^{\mathrm{T}} L$$

§8.3　秩亏自由网平差

在前面介绍的经典平差中，都是以已知的起算数据为基础，将控制网固定在已知数据上。如水准网必须至少已知网中某一点的高程，平面网至少要已知一点的坐标、一条边的边长和一条边的方位角。当网中没有必要的起算数据时，称其为自由网，本节将介绍网中没有起算数据时的平差方法，即自由网平差。

1. 引起秩亏自由网的原因

不同类型控制网的秩亏数就是经典平差时必要的起算数据的个数。即

$$d = \begin{cases} 1 & \text{(水准网)} \\ 3 & \text{(测边网、边角网、导线网)} \\ 4 & \text{(测边网)} \end{cases}$$

在控制网秩亏的情况下，法方程有解但不唯一。也就是说仅满足最小二乘准则，仍无法求得 $\hat{x}$ 的唯一解，这就是秩亏网平差与经典平差的根本区别。为求得唯一解，还必须增加新的约束条件，来达到求唯一解的目的。秩亏自由网平差就是在满足最小二乘 $V^{\mathrm{T}}PV = \min$ 和最小范数 $\hat{x}^{\mathrm{T}}\hat{x} = \min$ 的条件下，求参数的一组最佳估值的平差方法。

2. 算法原理

设 u 个坐标参数的平差值为 $\hat{X}_{u \times 1}$，观测向量为 $L_{n \times 1}$，函数模型为

$$\hat{L}_{n \times 1} = L_{n \times 1} + V_{n \times 1} = B_{n \times u} \hat{X}_{u \times 1} + d_{n \times 1} \tag{8-38}$$

其中 $rg(B) = t < u$，$d = u - t$，相应的误差方程为

$$V = B\hat{x} - l \tag{8-39}$$

其中

$$\hat{X} = X^0 + \hat{x}, \quad l = L - (BX^0 + d) = L - L^0$$

秩亏自由网平差的函数模型是具有系数阵秩亏的间接平差模型。随机模型仍是

$$D = \sigma_0^2 Q = \sigma_0^2 P^{-1} \tag{8-40}$$

按最小二乘原理，在 $V^{\mathrm{T}}PV = \min$ 下，由式（8-39）可组成法方程为

$$B^{\mathrm{T}}PB\hat{x} = B^{\mathrm{T}}Pl \tag{8-41}$$

由于 $rg(B^{\mathrm{T}}PB) = rg(N)_{u \times u} = r(B) = t < u$，故 N^{-1} 不存在，方程式（8-41）不具有唯一解，这是因为参数 $\hat{x}$ 必须在一定的坐标基准下才能唯一确定。坐标基准个数即为秩亏数 d。设有 d 个坐标基准条件，其形式为

$$S^{\mathrm{T}}_{d \times u} \hat{x}_{u \times 1} = 0 \tag{8-42}$$

也就是所选的 u 个参数之间存在 d 个约束条件，这也是基准秩亏所致。

附加的基准条件式（8-42）应与式（8-41）线性无关，这一要求等价于满足下列关系

$$NS = 0 \tag{8-43}$$

因 $N = B^{\mathrm{T}}PB$，故亦有

$$BS = 0 \tag{8-44}$$

此外，式（8-42）中的 d 个方程也要线性无关，故必须有 $R(S) = d$。

联合求解式（8-42）和式（8-39），此即附有限制条件的间接平差问题。

由最小二乘原则，组成函数

$$\Phi = V^{\mathrm{T}}PV + 2K^{\mathrm{T}}(S^{\mathrm{T}}\hat{x}) = \min \tag{8-45}$$

式（8-45）对 $\hat{x}$ 求偏导，可得

$$\frac{\partial \Phi}{\partial \hat{x}} = 2V^{\mathrm{T}}P\frac{\partial V}{\partial \hat{x}} + 2K^{\mathrm{T}}S^{\mathrm{T}} = 2V^{\mathrm{T}}PB + 2K^{\mathrm{T}}S^{\mathrm{T}} = 0 \tag{8-46}$$

对式（8-46）转置后得

$$B^{\mathrm{T}}PB\hat{x} + SK = B^{\mathrm{T}}Pl \tag{8-47}$$

式（8-47）和式（8-42）组成法方程。

把式（8-47）两边左乘 S^T，结合式（8-44），得

$$S^T SK = 0 \tag{8-48}$$

因矩阵 $rg(S^T S) = rg(S) = d$，所以 $S^T S$ 为满秩矩阵，且不能为零，故

$$K = 0$$

因此

$$\Phi = V^T PV + 2K^T(S^T \hat{x}) = V^T PV$$

亦即秩亏自由网平差中的 V 和 $V^T PV$ 是与基准条件无关的不变量。换言之，经典平差和秩亏平差得到的改正数 V 是相同的，即这两种平差方法都能够得到控制网的最佳网形；但两种平差方法得到的参数解向量 $\hat{x}$ 是不同的，因为秩亏网平差对 $\hat{x}$ 增加了一个范数最小的约束条件。

将式（8-42）左乘 S，并与式（8-47）相加，考虑 $K=0$，得

$$(B^T PB + SS^T)\hat{x} = B^T Pl \tag{8-49}$$

其解为

$$\hat{x} = (B^T PB + SS^T)^{-1} B^T Pl = (N + SS^T)^{-1} B^T Pl \tag{8-50}$$

$\hat{x}$ 的协因数为

$$Q_{\hat{x}\hat{x}} = (N + SS^T)^{-1} B^T PP^{-1} PB(N + SS^T)^{-1} = (N + SS^T)^{-1} N(N + SS^T)^{-1} \tag{8-51}$$

单位权中误差为

$$\hat{\sigma}_0 = \sqrt{\frac{V^T PV}{r}} = \sqrt{\frac{V^T PV}{n-t}} = \sqrt{\frac{V^T PV}{n-(u-d)}} \tag{8-52}$$

3. S 的具体形式

秩亏自由网的基准条件有多种取法。下面给出符合式（8-42）的附加矩阵 S 的具体形式。

（1）一维水准网平差，秩亏数为 $d=1$，S 的表达式可取为

$$S^T_{1 \times u} = \begin{bmatrix} 1 & 1 & \cdots & 1 \end{bmatrix}$$

代入式（8-42）可得其基准方程形式为

$$\hat{x}_1 + \hat{x}_2 + \cdots + \hat{x}_u = 0 \tag{8-53}$$

亦即所有点的高程平差改正数之和为零。

（2）测边网平差，秩亏数为 $d=3$，S 的表达式可取为

$$S^T_{3 \times u} = \begin{bmatrix} 1 & 0 & 1 & 0 & \cdots & 1 & 0 \\ 0 & 1 & 0 & 1 & \cdots & 0 & 1 \\ -Y_1^0 & X_1^0 & -Y_2^0 & X_2^0 & \cdots & -Y_m^0 & X_m^0 \end{bmatrix}$$

式中 m 为网中全部点数，$u=2m$。基准条件方程（8-42）可表达为

$$\begin{cases} \hat{x}_1 + \hat{x}_2 + \cdots + \hat{x}_m = 0 \\ \hat{y}_1 + \hat{y}_2 + \cdots + \hat{y}_m = 0 \\ -Y_1^0 \hat{x}_1 + X_1^0 \hat{y}_1 + \cdots - Y_m^0 \hat{x}_m + X_m^0 \hat{y}_m = 0 \end{cases} \tag{8-54}$$

式中第 1 个条件方程是纵坐标基准条件，第 2 个方程是横坐标基准条件，第 3 个方程是方位角基准条件。

（3）测角网平差，秩亏数为 $d=4$，S 的表达式可取为

$$
S^T_{4\times u} = \begin{bmatrix} 1 & 0 & 1 & 0 & \cdots & 1 & 0 \\ 0 & 1 & 0 & 1 & \cdots & 0 & 1 \\ -Y_1^0 & X_1^0 & -Y_2^0 & X_2^0 & \cdots & -Y_m^0 & X_m^0 \\ X_1^0 & Y_1^0 & X_2^0 & Y_2^0 & \cdots & X_m^0 & Y_m^0 \end{bmatrix}
$$

基准条件可表达为

$$
\begin{cases} \hat{x}_1 + \hat{x}_2 + \cdots + \hat{x}_m = 0 \\ \hat{y}_1 + \hat{y}_2 + \cdots + \hat{y}_m = 0 \\ -Y_1^0 \hat{x}_1 + X_1^0 \hat{y}_1 + \cdots - Y_m^0 \hat{x}_m + X_m^0 \hat{y}_m = 0 \\ X_1^0 \hat{x}_1 + Y_1^0 \hat{y}_1 + \cdots + X_m^0 \hat{x}_m + Y_m^0 \hat{y}_m = 0 \end{cases} \tag{8-55}
$$

式中前 3 个方程与测边网一样，它们是纵、横坐标和方位基准条件，第 4 个方程为边长基准条件。

采用上述确定 S 的方法组成的基准条件，称为秩亏自由网平差的重心基准。

§8.4 附加系统参数的平差

经典平差中总是假设观测值中不含系统误差，但测量实践表明，尽管在观测过程中采用各种观测措施和预处理改正，仍会含有残余的系统误差。消除或减弱这种残余系统误差可借助于平差方法，即：通过在经典平差模型中附加系统参数对系统误差进行补偿，这种平差方法称为附加系统参数的平差法。

1. 平差原理

附加系统参数的平差函数模型为

$$
\begin{cases} L = B\tilde{X} + A\tilde{S} - \Delta \\ D_{LL} = D_{\Delta\Delta} = \sigma_0^2 Q = \sigma_0^2 P^{-1} \end{cases} \tag{8-56}
$$

由式（8-56）得误差方程为

$$
\underset{n\times 1}{V} = \underset{n\times t}{B}\,\underset{t\times 1}{\hat{x}} + \underset{n\times m}{A}\,\underset{m\times 1}{\hat{S}} - \underset{n\times 1}{l} \tag{8-57}
$$

式中，秩 $rg(B)=t$，B 为列满秩，A 亦为列满秩，表示参数 $\hat{x}_i$ 之间或 $\hat{S}_i$ 之间均独立，再假设 $\hat{x}$ 与 $\hat{S}$ 也相互独立。

将式（8-57）写成

$$
V = \begin{bmatrix} B & A \end{bmatrix} \begin{bmatrix} \hat{x} \\ \hat{S} \end{bmatrix} - l \tag{8-58}
$$

令 $\overline{B} = \begin{bmatrix} B & A \end{bmatrix}$，$\overline{X} = \begin{bmatrix} \hat{x} \\ \hat{S} \end{bmatrix}$

则式（8-58）变为

$$
V = \overline{B}\,\overline{X} - l
$$

可见，这就是间接平差的误差方程，按最小二乘准则 $V^T P V = \min$，由上式可得其法方

程为

$$\begin{bmatrix} B^{\mathrm{T}}PB & B^{\mathrm{T}}PA \\ A^{\mathrm{T}}PB & A^{\mathrm{T}}PA \end{bmatrix}\begin{bmatrix} \hat{x} \\ \hat{S} \end{bmatrix}=\begin{bmatrix} B^{\mathrm{T}}Pl \\ A^{\mathrm{T}}Pl \end{bmatrix} \tag{8-59}$$

令 $N_{11}=B^{\mathrm{T}}PB$，$N_{12}=B^{\mathrm{T}}PA=N_{21}^{\mathrm{T}}$，$N_{22}=A^{\mathrm{T}}PA$

上式可简写为

$$\begin{bmatrix} N_{11} & N_{12} \\ N_{21} & N_{22} \end{bmatrix}\begin{bmatrix} \hat{x} \\ \hat{S} \end{bmatrix}=\begin{bmatrix} B^{\mathrm{T}}Pl \\ A^{\mathrm{T}}Pl \end{bmatrix} \tag{8-60}$$

由分块矩阵求逆得

$$\begin{bmatrix} \hat{x} \\ \hat{S} \end{bmatrix}=\begin{bmatrix} N_{11}^{-1}+N_{11}^{-1}N_{12}M^{-1}N_{21}N_{11}^{-1} & -N_{11}^{-1}N_{12}M^{-1} \\ -M^{-1}N_{21}N_{11}^{-1} & M^{-1} \end{bmatrix}\begin{bmatrix} B^{\mathrm{T}}Pl \\ A^{\mathrm{T}}Pl \end{bmatrix} \tag{8-61}$$

式中

$$M=N_{22}-N_{21}N_{11}^{-1}N_{12}$$

则式（8-61）可写成

$$\begin{aligned} \hat{x} &=N_{11}^{-1}B^{\mathrm{T}}Pl+N_{11}^{-1}N_{12}M^{-1}N_{21}N_{11}^{-1}B^{\mathrm{T}}Pl-N_{11}^{-1}N_{12}M^{-1}A^{\mathrm{T}}Pl \\ &=\hat{x}_1+N_{11}^{-1}N_{12}M^{-1}N_{21}\hat{x}_1-N_{11}^{-1}N_{12}M^{-1}A^{\mathrm{T}}Pl \\ &=\hat{x}_1+N_{11}^{-1}N_{12}M^{-1}(N_{21}\hat{x}_1-A^{\mathrm{T}}Pl) \end{aligned} \tag{8-62}$$

和

$$\hat{S}=M^{-1}(A^{\mathrm{T}}Pl-N_{21}N_{11}^{-1}B^{\mathrm{T}}Pl)=M^{-1}(A^{\mathrm{T}}Pl-N_{21}\hat{x}_1) \tag{8-63}$$

由式（8-61）知，$\hat{x}$ 和 $\hat{S}$ 的协因数矩阵为

$$Q_{\hat{X}\hat{X}}=N_{11}^{-1}+N_{11}^{-1}N_{12}M^{-1}N_{21}N_{11}^{-1} \tag{8-64}$$

$$Q_{\hat{S}\hat{S}}=M^{-1} \tag{8-65}$$

单位权中误差为

$$\hat{\sigma}_0=\sqrt{\frac{V^{\mathrm{T}}PV}{n-(t+m)}} \tag{8-66}$$

2. 系统参数的显著性检验

附加系统参数的平差，由于系统参数的引入改变了原平差模型，这样就产生了附加系统参数是否合适和显著的问题。有些系统参数虽然应该引入，但从统计意义上讲，不是每个参数都是显著的。为此必须对系统参数的显著性进行检验，剔除那些不显著的参数。

附加系统参数显著性的检验可采用线性假设法。

系统参数的原假设 H_0 为系统参数的线性条件 $\hat{S}=0$，或

$$\begin{bmatrix} 0 & I \end{bmatrix}\begin{bmatrix} \hat{X} \\ \hat{S} \end{bmatrix}=0 \tag{8-67}$$

由上述模型可导出 F 分布的检验统计量为

$$F=\frac{\hat{S}^{\mathrm{T}}Q_{\hat{S}\hat{S}}^{-1}\hat{S}/m}{V^{\mathrm{T}}PV/(n-t-m)}=\frac{\hat{S}^{\mathrm{T}}Q_{\hat{S}\hat{S}}^{-1}\hat{S}/m}{\hat{\sigma}_0^2} \tag{8-68}$$

检验统计量 F 的拒绝域为

$$F > F_{1-\alpha}(m, n-t-m) \tag{8-69}$$

若检验被拒绝，表明系统参数显著，应将其引入函数模型，否则应将系统参数 $\hat{S}$ 从模型中剔除。

若检验其中一个系统参数，原假设 H_0：$S_i = 0$，由式（8-68）可得检验统计量

$$F_i = \frac{\hat{S}_i^2 Q_{\hat{S}_i}^{-1}}{\hat{\sigma}_0^2} = \frac{\hat{S}_i^2}{\hat{\sigma}_0^2 Q_{\hat{S}_i}} \tag{8-70}$$

式中 $Q_{\hat{S}_i}$——平差后系统参数向量 $\hat{S}$ 权逆矩阵 $Q_{\hat{S}\hat{S}}$ 的主对角线元素。

单个参数的检验也可用 t 检验法，其统计量为

$$t_{(n-t-m)} = \frac{\hat{S}_i}{\hat{\sigma}_0 \sqrt{Q_{\hat{S}_i \hat{S}_i}}} \tag{8-71}$$

§8.5　知　识　难　点

1. 何谓 GPS 的观测量？

GPS 的观测量是基线向量，不是原始的观测量。一条基线向量由（ΔX，ΔY，ΔZ）3 部分组成，一条基线向量实际上是 3 个观测值。

2. GPS 网平差的观测量和随机模型的特点

观测量的特点：（1）一条基线向量的 3 个观测量是相关的；（2）不同基线向量的观测值之间是独立的。

随机模型的特点：是一个块对角矩阵。

3. 回归模型平差与测量平差的不同点

测量平差中所讨论的函数模型，通常是结构关系模型，即 $E(L)$ 与 X 之间有严格的线性函数关系（包括非线性函数模型线性化后的线性模型）。而回归分析所讨论的线性回归模型，虽然形式基本相同，但意义上是有差别的，测量平差的函数模型是一种结构关系模型，具有严格的函数关系，而线性回归模型虽然 $E(L)$ 与 X 之间有一定的关系，但这种关系与通常的函数关系不同，$E(L)$ 的值不能完全精确地由 X 所确定，例如人的身高与体重就属于这种关系，通常称为相关关系。

4. 秩亏自由网的准则的特点

秩亏自由网的准则有 2 个条件，即最小二乘准则和最小范数条件。

5. 引起秩亏的原因

秩亏通常由 2 种原因引起，一种是由于几何模型中必要观测不足引起的秩亏，称为形亏；另一种是当选取与定位有关的参数作为未知参数进行平差时几何网中没有定位数据或定位数据不足引起的秩亏，称为数亏。

6. 秩亏自由网与附有限制条件的间接平差的关系

秩亏自由网可以转换为附有限制条件的间接平差。

7. 系统参数的选择

附加参数 S 的选择分为两种情况。一种是顾及系统误差特点的附加参数，如三角高

程网平差中的折光系数，测边网平差中的尺度比未知数，卫星多普勒定位中的频偏、时延等未知数；另一种是多项式型的附加参数，例如一般多项式、正形多项式、球谐函数中的系数作为附加参数。

8. 系统参数的选择和处理

在引进附加参数时，可以首先以一组比较复杂的参数开始，然后应用数理统计的检验方法，消除那些不能以足够精度加以确定的和不能足够保证可以相互分开的参数。或者相反，即根据经验，先取用少量的、认为最基本的一组参数，有了这些可靠的基础参数之后，再适当增补一些参数，并检验其显著性。函数模型加入附加参数后，可能会由于附加参数之间或附加参数与其他未知参数之间的强相关而使法方程病态，引起解的精度和可靠性恶化，这一点必须引起高度的注意。

§8.6 例 题 精 讲

【例 8-1】 如图 8-1 所示，利用 4 台 GPS 接收机同时在 4 个测站点上进行数据采集。经数据处理后得 6 条基线向量观测值如表 8-1 所示。现假设 G1 点坐标已知，其坐标值为

$$X_{G1} = -2623811.1726\text{m}, \quad Y_{G1} = 3976788.1723\text{m}, \quad Z_{G1} = 4226313.0032\text{m}$$

为了方便起见，假设各基线观测值的精度相同且相互独立，并假设每条基线向量观测值协方差矩阵为对角矩阵，且各元素相同。试求基线观测向量的平差值及各待定点的坐标平差值。

基线向量观测数据 表 8-1

编号	起点	终点	ΔX(m)	ΔY(m)	ΔZ(m)
1	G1	G2	−1792.3161	−714.6229	−321.8154
2	G1	G3	268.9074	4024.5511	−3533.8448
3	G1	G4	−3553.9705	1558.8196	−3517.5280
4	G2	G3	2061.2251	4739.1775	−3212.0265
5	G2	G4	−1761.6494	2273.4546	−3195.7203
6	G3	G4	−3822.8566	−2465.7208	16.3037

【解】 GPS 控制网中含有 6 条基线观测值，观测值数为 18，有 3 个待定点，必要观测值数为 9。选择 3 个待定点坐标为未知参数，未知参数的近似值为

$$X_{G2}^0 = -2625603.4887\text{m}, \quad Y_{G2}^0 = 3976073.5494\text{m}, \quad Z_{G2}^0 = 4225991.1878\text{m}$$

$$X_{G3}^0 = -2623542.2652\text{m}, \quad Y_{G3}^0 = 3980812.7234\text{m}, \quad Z_{G3}^0 = 4222779.1584\text{m}$$

$$X_{G4}^0 = -2627365.1431\text{m}, \quad Y_{G4}^0 = 3978346.9919\text{m}, \quad Z_{G4}^0 = 4222795.4752\text{m}$$

上述近似值由第一点坐标值分别与第 1、2、3 个观测值相加而得。误差方程的形式为 $V = B\hat{x} - l$，$l = L - F(X^0)$，误差方程数值形式为

$$
\begin{bmatrix} v_1 \\ v_2 \\ v_3 \\ v_4 \\ v_5 \\ v_6 \\ v_7 \\ v_8 \\ v_9 \\ v_{10} \\ v_{11} \\ v_{12} \\ v_{13} \\ v_{14} \\ v_{15} \\ v_{16} \\ v_{17} \\ v_{18} \end{bmatrix} = \begin{bmatrix} 1 & 0 & 0 & 0 & 0 & 0 & 0 & 0 & 0 \\ 0 & 1 & 0 & 0 & 0 & 0 & 0 & 0 & 0 \\ 0 & 0 & 1 & 0 & 0 & 0 & 0 & 0 & 0 \\ 0 & 0 & 0 & 1 & 0 & 0 & 0 & 0 & 0 \\ 0 & 0 & 0 & 0 & 1 & 0 & 0 & 0 & 0 \\ 0 & 0 & 0 & 0 & 0 & 1 & 0 & 0 & 0 \\ 0 & 0 & 0 & 0 & 0 & 0 & 1 & 0 & 0 \\ 0 & 0 & 0 & 0 & 0 & 0 & 0 & 1 & 0 \\ 0 & 0 & 0 & 0 & 0 & 0 & 0 & 0 & 1 \\ -1 & 0 & 0 & 1 & 0 & 0 & 0 & 0 & 0 \\ 0 & -1 & 0 & 0 & 1 & 0 & 0 & 0 & 0 \\ 0 & 0 & -1 & 0 & 0 & 1 & 0 & 0 & 0 \\ -1 & 0 & 0 & 0 & 0 & 0 & 1 & 0 & 0 \\ 0 & -1 & 0 & 0 & 0 & 0 & 0 & 1 & 0 \\ 0 & 0 & -1 & 0 & 0 & 0 & 0 & 0 & 1 \\ 0 & 0 & 0 & -1 & 0 & 0 & 1 & 0 & 0 \\ 0 & 0 & 0 & 0 & -1 & 0 & 0 & 1 & 0 \\ 0 & 0 & 0 & 0 & 0 & -1 & 0 & 0 & 1 \end{bmatrix} \begin{bmatrix} \hat{x}_{G2} \\ \hat{y}_{G2} \\ \hat{z}_{G2} \\ \hat{x}_{G3} \\ \hat{y}_{G3} \\ \hat{z}_{G3} \\ \hat{x}_{G4} \\ \hat{y}_{G4} \\ \hat{z}_{G4} \end{bmatrix} - \begin{bmatrix} 0 \\ 0 \\ 0 \\ 0 \\ 0 \\ 0 \\ 0 \\ 0 \\ 0 \\ 0.0016 \\ 0.0035 \\ 0.0029 \\ 0.0050 \\ 0.0121 \\ -0.0077 \\ 0.0213 \\ 0.0107 \\ -0.0131 \end{bmatrix}
$$

式中未知参数、常数项及改正数的单位均为米。

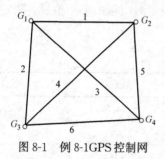

图 8-1　例 8-1GPS 控制网　　　　图 8-2　例 8-2GPS 网

法方程形式为 $(B^{\mathrm{T}}PB)\,\hat{x} - B^{\mathrm{T}}Pl = 0$，法方程数值形式为

$$
\begin{bmatrix} 3 & 0 & 0 & -1 & 0 & 0 & -1 & 0 & 0 \\ 0 & 3 & 0 & 0 & -1 & 0 & 0 & -1 & 0 \\ 0 & 0 & 3 & 0 & 0 & -1 & 0 & 0 & -1 \\ -1 & 0 & 0 & 3 & 0 & 0 & -1 & 0 & 0 \\ 0 & -1 & 0 & 0 & 3 & 0 & 0 & -1 & 0 \\ 0 & 0 & -1 & 0 & 0 & 3 & 0 & 0 & -1 \\ -1 & 0 & 0 & -1 & 0 & 0 & 3 & 0 & 0 \\ 0 & -1 & 0 & 0 & -1 & 0 & 0 & 3 & 0 \\ 0 & 0 & -1 & 0 & 0 & -1 & 0 & 0 & 3 \end{bmatrix} \begin{bmatrix} \hat{x}_{G2} \\ \hat{y}_{G2} \\ \hat{z}_{G2} \\ \hat{x}_{G3} \\ \hat{y}_{G3} \\ \hat{z}_{G3} \\ \hat{x}_{G4} \\ \hat{y}_{G4} \\ \hat{z}_{G4} \end{bmatrix} - \begin{bmatrix} -0.0066 \\ -0.0156 \\ 0.0048 \\ -0.0197 \\ -0.0072 \\ 0.0160 \\ 0.0263 \\ 0.0228 \\ -0.0208 \end{bmatrix} = 0
$$

210

解算法方程得参数解为

$$\hat{x}_{G2}=-0.0016m, \hat{y}_{G2}=-0.0040m, \hat{z}_{G2}=0.0012m$$

$$\hat{x}_{G3}=-0.0050m, \hat{y}_{G3}=-0.0017m, \hat{z}_{G3}=0.0040m$$

$$\hat{x}_{G4}=0.0066m, \hat{y}_{G4}=0.0057m, \hat{z}_{G4}=-0.0052m$$

待定点的坐标平差值为

$$\hat{X}_{G2}=-2625603.4903m, \hat{Y}_{G2}=3976073.5454m, \hat{Z}_{G2}=4225991.1890m$$

$$\hat{X}_{G3}=-2623542.2702m, \hat{Y}_{G3}=3890812.7217m, \hat{Z}_{G3}=4222779.1624m$$

$$\hat{X}_{G4}=-2627365.1365m, \hat{Y}_{G4}=3978346.9976m, \hat{Z}_{G4}=4222795.4700m$$

单位权中误差估值为

$$\hat{\sigma}_0=\sqrt{\frac{V^{\mathrm{T}}PV}{r}}=0.006m$$

参数解 $\hat{X}$ 的协因数矩阵为 $Q_{\hat{X}\hat{X}}=(B^{\mathrm{T}}PB)^{-1}$，其数值形式为

$$Q_{\hat{X}\hat{X}}=\begin{bmatrix} 0.5 & 0 & 0 & 0.25 & 0 & 0 & 0.25 & 0 & 0 \\ 0 & 0.5 & 0 & 0 & 0.25 & 0 & 0 & 0.25 & 0 \\ 0 & 0 & 0.5 & 0 & 0 & 0.25 & 0 & 0 & 0.25 \\ 0.25 & 0 & 0 & 0.5 & 0 & 0 & 0.25 & 0 & 0 \\ 0 & 0.25 & 0 & 0 & 0.5 & 0 & 0 & 0.25 & 0 \\ 0 & 0 & 0.25 & 0 & 0 & 0.5 & 0 & 0 & 0.25 \\ 0.25 & 0 & 0 & 0.25 & 0 & 0 & 0.5 & 0 & 0 \\ 0 & 0.25 & 0 & 0 & 0.25 & 0 & 0 & 0.5 & 0 \\ 0 & 0 & 0.25 & 0 & 0 & 0.25 & 0 & 0 & 0.5 \end{bmatrix}$$

$G2$ 点坐标平差值的中误差为

$$\hat{\sigma}_{\hat{X}_{G2}}=\hat{\sigma}_0\sqrt{Q_{\hat{X}_{G2}\hat{X}_{G2}}}=0.004m$$

$$\hat{\sigma}_{\hat{Y}_{G2}}=\hat{\sigma}_0\sqrt{Q_{\hat{Y}_{G2}\hat{Y}_{G2}}}=0.004m$$

$$\hat{\sigma}_{\hat{Z}_{G2}}=\hat{\sigma}_0\sqrt{Q_{\hat{Z}_{G2}\hat{Z}_{G2}}}=0.004m$$

同理，可以求出其他待定点坐标平差值的中误差。

【本题点拨】（1）函数模型即误差方程的列立；（2）权矩阵的确定。

【例8-2】 在图8-2所示的GPS基线向量中，用GPS接收机同步观测了网中5条边的基线向量（ΔX_{12} ΔY_{12} ΔZ_{12}）、（ΔX_{13} ΔY_{13} ΔZ_{13}）、（ΔX_{14} ΔY_{14} ΔZ_{14}）、（ΔX_{23} ΔY_{23} ΔZ_{23}）、（ΔX_{34} ΔY_{34} ΔZ_{34}），试按条件平差法列出全部条件方程。

【解】 （1）确定必要观测个数和条件方程个数

观测数 $n=15$，由于有 3 个待定点，因此，其必要观测个数为

$$t=3\times3=9$$

故条件方程个数：$c=n-t=15-9=6$。

（2）列立平差值条件方程 $A\hat{L}+A_0=0$ 为

$$\begin{cases}
\Delta\hat{X}_{12}+\Delta\hat{X}_{23}-\Delta\hat{X}_{13}=0 \\
\Delta\hat{Y}_{12}+\Delta\hat{Y}_{23}-\Delta\hat{Y}_{13}=0 \\
\Delta\hat{Z}_{12}+\Delta\hat{Z}_{23}-\Delta\hat{Z}_{13}=0 \\
\Delta\hat{X}_{13}+\Delta\hat{X}_{34}-\Delta\hat{X}_{14}=0 \\
\Delta\hat{Y}_{13}+\Delta\hat{Y}_{34}-\Delta\hat{Y}_{14}=0 \\
\Delta\hat{Z}_{13}+\Delta\hat{Z}_{34}-\Delta\hat{Z}_{14}=0
\end{cases}$$

（3）改正数条件方程 $AV+W=0$ 为

$$\begin{cases}
v_1+v_{10}-v_4+w_1=0 \\
v_2+v_{11}-v_5+w_2=0 \\
v_3+v_{12}-v_6+w_3=0 \\
v_4+v_{13}-v_7+w_4=0 \\
v_5+v_{14}-v_8+w_5=0 \\
v_6+v_{15}-v_9+w_6=0
\end{cases}$$

式中

$$V=\begin{bmatrix} v_1 \\ v_2 \\ v_3 \\ v_4 \\ v_5 \\ v_6 \\ v_7 \\ v_8 \\ v_9 \\ v_{10} \\ v_{11} \\ v_{12} \\ v_{13} \\ v_{14} \\ v_{15} \end{bmatrix}=\begin{bmatrix} \Delta\hat{X}_{12}-\Delta X_{12} \\ \Delta\hat{Y}_{12}-\Delta Y_{12} \\ \Delta\hat{Z}_{12}-\Delta Z_{12} \\ \Delta\hat{X}_{13}-\Delta X_{13} \\ \Delta\hat{Y}_{13}-\Delta Y_{13} \\ \Delta\hat{Z}_{13}-\Delta Z_{13} \\ \Delta\hat{X}_{14}-\Delta X_{14} \\ \Delta\hat{Y}_{14}-\Delta Y_{14} \\ \Delta\hat{Z}_{14}-\Delta Z_{14} \\ \Delta\hat{X}_{23}-\Delta X_{23} \\ \Delta\hat{Y}_{23}-\Delta Y_{23} \\ \Delta\hat{Z}_{23}-\Delta Z_{23} \\ \Delta\hat{X}_{34}-\Delta X_{34} \\ \Delta\hat{Y}_{34}-\Delta Y_{34} \\ \Delta\hat{Z}_{34}-\Delta Z_{34} \end{bmatrix} \qquad W=\begin{bmatrix} w_1 \\ w_2 \\ w_3 \\ w_4 \\ w_5 \\ w_6 \end{bmatrix}=\begin{bmatrix} \Delta X_{12}+\Delta X_{23}-\Delta X_{13} \\ \Delta Y_{12}+\Delta Y_{23}-\Delta Y_{13} \\ \Delta Z_{12}+\Delta Z_{23}-\Delta Z_{13} \\ \Delta X_{13}+\Delta X_{34}-\Delta X_{14} \\ \Delta Y_{13}+\Delta Y_{34}-\Delta Y_{14} \\ \Delta Z_{13}+\Delta Z_{34}-\Delta Z_{14} \end{bmatrix}$$

【本题点拨】 改正数的编号按基线号进行编号。

【例 8-3】 某水电站为了监测和预报库水位和大坝坝基沉陷量之间的关系，统计了某年 12 个月的月平均库水位和沉陷量的数据，如表 8-2 所示，求出表示库水位与坝基沉陷量之间的一元线性回归方程。

观测数据 表 8-2

编号	库水位 x_i(m)	沉陷量 y_i(mm)	编号	库水位 x_i(m)	沉陷量 y_i(mm)
1	102.714	−1.96	7	135.046	−5.46
2	95.154	−1.88	8	140.373	−5.69
3	114.364	−3.96	9	144.958	−3.94
4	120.170	−3.31	10	141.011	−5.82
5	126.630	−4.94	11	130.308	−4.18
6	129.393	−5.69	12	121.234	−2.90

【解】 (1) 按式（8-14）计算 $\hat{\beta}_0$，$\hat{\beta}_1$。

$$\overline{x}=\frac{1}{12}\sum_{i=1}^{12}x_i=125.1129, \quad \overline{y}=\frac{1}{12}\sum_{i=1}^{12}y_i=-4.1442$$

$$S_{xx}=\sum_{i=1}^{12}(x_i-\overline{x})^2=2579.9880, \quad S_{xy}=\sum_{i=1}^{12}(x_i-\overline{x})(y_i-\overline{y})=-194.9442$$

$$\hat{\beta}_1=\frac{S_{xy}}{S_{xx}}=\frac{-194.9442}{2579.9880}=-0.0756, \quad \hat{\beta}_0=\overline{y}-\overline{x}\hat{\beta}_1=5.3094$$

故回归方程为

$$\hat{y}=5.3094-0.0756x$$

(2) 按式（8-17）、式（8-20）评定参数估值的精度。

$$\hat{\sigma}_0^2=\frac{V^TV}{n-2}=\frac{7.4400}{12-2}=0.7440\text{mm}^2$$

$$\hat{\sigma}_{\hat{\beta}_0}^2=\hat{\sigma}_0^2\left(\frac{1}{n}+\frac{\overline{x}^2}{S_{xx}}\right)=0.7440\times6.1505=4.5760\text{mm}^2$$

$$\hat{\sigma}_{\hat{\beta}_1}^2=\hat{\sigma}_0^2\frac{1}{S_{xx}}=0.7440\times0.0004=0.0003\text{mm}^2$$

【本题点拨】 理解回归模型参数。

【例 8-4】 对大坝进行变形观测，选取坝体温度和水压压力作为自变量 x_1，x_2，大坝水平位移值为观测量 y，现选取以往 22 次观测资料为样本，如表 8-3 所示，确定回归方程及其精度。

观测数据 表 8-3

序号	温度 x_1(℃)	压力 x_2(Pa)	y(mm)	序号	温度 x_1(℃)	压力 x_2(Pa)	y(mm)
1	11.2	36.0	−5.0	8	10.6	34.0	−6.1
2	10.0	40.0	−6.8	9	4.7	24.0	−5.4
3	8.5	35.0	−4.0	10	11.7	65.0	−7.7
4	8.0	48.0	−5.2	11	9.4	44.0	−8.1
5	9.4	53.0	−6.4	12	10.1	31.0	−9.3
6	8.4	23.0	−6.0	13	11.6	29.0	−9.3
7	3.1	19.0	−7.1	14	12.6	58.0	−5.1

序号	温度 x_1(℃)	压力 x_2(Pa)	y(mm)	序号	温度 x_1(℃)	压力 x_2(Pa)	y(mm)
15	10.9	37.0	−7.6	19	23.1	56.0	−9.5
16	23.1	46.0	−9.6	20	19.0	36.0	−5.4
17	23.1	50.0	−7.7	21	26.8	58.0	−16.8
18	21.6	44.0	−9.3	22	21.9	51.0	−9.9

【解】 （1）求回归方程

根据式（8-31）求得回归参数

$$\begin{bmatrix} \hat{\beta}_1 \\ \hat{\beta}_2 \\ \hat{\beta}_3 \end{bmatrix} = \begin{bmatrix} 0.5757 & -0.0008 & -0.0125 \\ -0.0008 & 0.0015 & -0.0005 \\ -0.0125 & -0.0005 & 0.0005 \end{bmatrix} \begin{bmatrix} -167.30 \\ -2526.96 \\ -7224.10 \end{bmatrix} = \begin{bmatrix} -4.2789 \\ -0.2711 \\ 0.0085 \end{bmatrix}$$

故得回归方程

$$\hat{y} = -4.2789 - 0.2711x_1 + 0.0085x_2$$

（2）计算方差的估值 $\hat{\sigma}_0$ 及 $Q_{\hat{\beta}\hat{\beta}}$

$$\hat{\sigma}_0^2 = \frac{V^TV}{22-3} = \frac{88.1209}{19} = 4.6379, \quad \hat{\sigma}_0 = 2.1536\text{mm}$$

$$Q_{\hat{\beta}\hat{\beta}} = (X^TX)^{-1} = \begin{bmatrix} 0.5757 & -0.0008 & -0.0125 \\ -0.0008 & 0.0015 & -0.0005 \\ -0.0125 & -0.0005 & 0.0005 \end{bmatrix}$$

【本题点拨】 理解回归模型参数。

【例 8-5】 对某建筑物某个时期进行了 36 次沉降观测，观测值列于表 8-4，求其自回归模型。

沉降观测数据　　表 8-4

序数	高程(m)	序数	高程(m)	序数	高程(m)	序数	高程(m)	序数	高程(m)	序数	高程(m)
1	26.33	7	25.93	13	26.67	19	28.09	25	26.81	31	26.81
2	26.27	8	26.43	14	27.95	20	26.78	26	28.50	32	28.50
3	26.43	9	26.52	15	26.74	21	28.66	27	27.68	33	27.68
4	25.56	10	25.46	16	27.53	22	26.75	28	26.57	34	26.57
5	26.82	11	26.12	17	25.31	23	27.24	29	28.36	35	28.36
6	26.56	12	27.28	18	26.90	24	28.02	30	27.94	36	27.94

【解】 设误差方程为

$$v_i = \hat{b}_1 x_{i-1} + \hat{b}_2 x_{i-2} + \hat{b}_3 x_{i-3} - x_i \quad (i=1, 2, \cdots, 36)$$

参数估计为

$$\hat{b} = \begin{bmatrix} \hat{b}_1 \\ \hat{b}_2 \\ \hat{b}_3 \end{bmatrix} = (X^TX)^{-1}X^TY = \begin{bmatrix} 0.041087 \\ 0.327809 \\ 0.635059 \end{bmatrix}$$

得自回归模型

$$x_i = 0.041087x_{i-1} + 0.327809x_{i-2} + 0.635059x_{i-3}$$

$$\hat{\sigma}^2 = \frac{V^{\mathrm{T}}V}{n-2p} = \frac{19.4286}{30} = 0.6476, \quad \hat{\sigma} = 0.80\mathrm{mm}$$

【本题点拨】 理解自回归模型参数。

【例 8-6】 某地区拟建立 GPS 水准面，在 22 个测站上进行了 GPS 观测和水准测量，测站点的坐标（x，y）以及各点上的大地高和正常高的差值 δh（高程异常）列于表 8-5 中。

GPS 水准拟合观测数据　　　　表 8-5

测站	x（m）	y（m）	δh（m）	测站	x（m）	y（m）	δh（m）
1	897.405	222.838	5.7646	12	823.798	256.113	2.3886
2	898.414	245.022	9.8540	13	815.731	272.246	4.8825
3	884.297	247.038	8.2680	14	805.648	269.221	3.3137
4	888.330	260.146	10.9398	15	821.781	293.421	9.6056
5	841.948	309.554	13.6778	16	805.648	303.504	9.9806
6	833.881	286.363	9.5327	17	789.515	289.388	5.9838
7	855.056	278.296	10.2739	18	794.556	279.304	4.3933
8	866.147	279.304	11.1040	19	917.572	193.597	2.0133
9	865.139	253.088	6.7682	20	930.680	216.789	9.6908
10	847.997	253.086	4.5386	21	917.572	233.930	10.4781
11	839.931	258.130	4.6112	22	874.214	235.947	4.6353

根据观测数据，进行二阶多项式拟合，按式（8-35）、式（8-36）、式（8-37）算得拟合方程为

$$\delta h = -407.0863 + 0.3346x + 1.4959y + 0.0003x^2 - 0.00101xy - 0.00084y^2$$

$$\hat{\sigma}_0^2 = 0.179\mathrm{m}^2$$

【本题点拨】 理解回归模型参数。

【例 8-7】 如图 8-3 水准网，A、B、C 点全为待定点，同精度独立高差观测值为 $h_1 = 12.345\mathrm{m}$，$h_2 = 3.478\mathrm{m}$，$h_3 = -15.817\mathrm{m}$，平差时选取 A、B、C 3 个待定点的高程平差值为未知参数 $\hat{X}_1$、$\hat{X}_2$、$\hat{X}_3$，并取近似值

$$X^0 = \begin{bmatrix} X_1^0 \\ X_2^0 \\ X_3^0 \end{bmatrix} = \begin{bmatrix} 10 \\ 22.345 \\ 25.823 \end{bmatrix} \mathrm{m}$$

试用秩亏平差法求解参数的平差值及其协因数矩阵。

【解】 误差方程及权矩阵为

$$\begin{cases} v_1 = \hat{x}_2 - \hat{x}_1 \\ v_2 = \hat{x}_3 - \hat{x}_2 \\ v_3 = \hat{x}_1 - \hat{x}_3 - 6 \end{cases}, \quad P = \begin{bmatrix} 1 & 0 & 0 \\ 0 & 1 & 0 \\ 0 & 0 & 1 \end{bmatrix}$$

而

$$N = B^{\mathrm{T}}PB = \begin{bmatrix} 2 & -1 & -1 \\ -1 & 2 & -1 \\ -1 & -1 & 2 \end{bmatrix}, \quad B^{\mathrm{T}}Pl = \begin{bmatrix} 6 \\ 0 \\ -6 \end{bmatrix}$$

$$|N| = 0, \quad R(A) = R(N) = 2$$

由式（8-53）可知，$S^{\mathrm{T}} = \begin{bmatrix} 1 & 1 & 1 \end{bmatrix}$

则有

$$SS^{\mathrm{T}} = \begin{bmatrix} 1 \\ 1 \\ 1 \end{bmatrix} \begin{bmatrix} 1 & 1 & 1 \end{bmatrix} = \begin{bmatrix} 1 & 1 & 1 \\ 1 & 1 & 1 \\ 1 & 1 & 1 \end{bmatrix}$$

于是

$$N + SS^{\mathrm{T}} = \begin{bmatrix} 3 & 0 & 0 \\ 0 & 3 & 0 \\ 0 & 0 & 3 \end{bmatrix}$$

$$(N + SS^{\mathrm{T}})^{-1} = \frac{1}{3} \begin{bmatrix} 1 & & \\ & 1 & \\ & & 1 \end{bmatrix}$$

未知参数的改正数为

$$\hat{x} = (N + SS^{\mathrm{T}})^{-1} B^{\mathrm{T}}Pl = \frac{1}{3} \begin{bmatrix} 6 \\ 0 \\ -6 \end{bmatrix} = \begin{bmatrix} 2 \\ 0 \\ -2 \end{bmatrix} \text{mm}$$

未知参数的平差值为

$$\begin{pmatrix} \hat{X}_1 \\ \hat{X}_2 \\ \hat{X}_3 \end{pmatrix} = \begin{pmatrix} X_1^0 \\ X_2^0 \\ X_3^0 \end{pmatrix} + \begin{pmatrix} \hat{x}_1 \\ \hat{x}_2 \\ \hat{x}_3 \end{pmatrix} = \begin{pmatrix} 10.002 \\ 22.345 \\ 25.821 \end{pmatrix} \text{m}$$

未知参数的协因数矩阵为

$$Q_{\hat{X}\hat{X}} = (N + SS^{\mathrm{T}})^{-1} N (N + SS^{\mathrm{T}})^{-1} = \frac{1}{9} \begin{bmatrix} 2 & -1 & -1 \\ -1 & 2 & -1 \\ -1 & -1 & 2 \end{bmatrix}$$

【本题点拨】 （1）引起秩亏的原因；（2）S^{T} 的构建。

【例 8-8】 在图 8-4 中，若已知点 A、B 的 $H_A = 1.000$m，$H_B = 10.000$m，观测高差 $h_1 = 3.586$m，$h_2 = 0.529$m，$h_3 = -4.110$m，$h_4 = 5.422$m，$h_5 = -4.901$m，求出高程平差值及可能存在的尺度改正 $\hat{R}$。

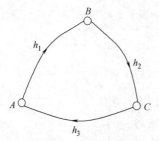

图 8-3　例 8-7 水准网

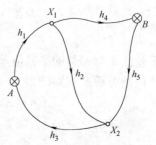

图 8-4　例 8-8 水准网

【解】 待定点 X_1、X_2 的近似高程为 $X_1^0 = 4.586$m，$X_2^0 = 5.110$m，将尺度改正 $\hat{R}$ 视为附加系统参数，则可根据式（8-57）组成误差方程，即

$$V_{5\times1} = \begin{bmatrix} 1 & 0 \\ -1 & 1 \\ 0 & -1 \\ -1 & 0 \\ 0 & 1 \end{bmatrix} \begin{bmatrix} \hat{x}_1 \\ \hat{x}_2 \end{bmatrix} + 10^3 \times \begin{bmatrix} -3.586 \\ -0.529 \\ 4.110 \\ -5.422 \\ 4.901 \end{bmatrix} \hat{R} - \begin{bmatrix} 0 \\ 5 \\ 0 \\ 8 \\ -11 \end{bmatrix}, \quad \text{常数项单位为毫米}$$

$$N_{11} = B^T B = \begin{bmatrix} 3 & -1 \\ -1 & 3 \end{bmatrix}, \quad N_{12} = B^T A = \begin{bmatrix} 2365 \\ 262 \end{bmatrix}, \quad N_{22} = A^T A = 83.449 \times 10^6$$

$$B^T l = \begin{bmatrix} -13 \\ -6 \end{bmatrix}, \quad A^T l = -99.932 \times 10^3$$

$$\hat{x}_{LS} = N_{11}^{-1} B^T l = \begin{bmatrix} -5.625 \\ -3.875 \end{bmatrix} \text{mm}, \quad Q_{\hat{x}_{LS}} = N_{11}^{-1} = \frac{1}{8} \begin{bmatrix} 3 & 1 \\ 1 & 3 \end{bmatrix}$$

则 $\quad M = N_{22} - N_{21} N_{11}^{-1} N_{12} = 81.171 \times 10^6$

由式（8-65）可得

$$\hat{R} = M^{-1}(A^T Pl - N_{21}\hat{x}_{LS}) = -1.0574 \times 10^{-3}$$

$$\hat{x} = \hat{x}_{LS} - N_{11}^{-1} N_{12} \hat{R} = \begin{bmatrix} -4.655 \\ -3.459 \end{bmatrix} \text{mm}, \quad \hat{X} = \begin{bmatrix} 4.581 \\ 5.107 \end{bmatrix} \text{m}$$

$$\hat{\sigma}_0 = \sqrt{\frac{V^T V}{5-2-1}} = 3.42 \text{mm}$$

【本题点拨】 （1）在误差方程中，$\hat{R}$ 的系数要乘以 10^3；（2）掌握系统误差作为参数的处理方法。

§8.7 习　题

1. 如图 8-5 所示，设 A 为已知点，由 GPS 测量得到各点间在某坐标系中的平面坐标差观测值，观测值 $\Delta X_1 = 64.238$m，$\Delta Y_1 = 358.150$m；$\Delta X_2 = -521.655$m，$\Delta Y_2 = 23.246$m；$\Delta X_3 = 585.887$m，$\Delta Y_3 = 334.900$m；$\Delta X_4 = 46.110$m，$\Delta Y_4 = 453.557$m；$\Delta X_5 = 539.786$m，$\Delta Y_5 = -118.650$m。各组观测值的方差矩阵均为

$$\begin{bmatrix} \sigma_{\Delta x}^2 & \sigma_{\Delta x \Delta y} \\ \sigma_{\Delta x \Delta y} & \sigma_{\Delta y}^2 \end{bmatrix} = \begin{bmatrix} 1 & 0.3 \\ 0.3 & 1 \end{bmatrix}$$

且设两组观测值（ΔX_i，ΔY_i）与（ΔX_j，ΔY_j）$(i \neq j)$ 之间的协方差为 0，设单位权方差 $\sigma_0^2 = 1\text{cm}^2$。试：（1）列出条件方程，用条件平差法求观测值的改正数；（2）以 B，C，D 点的坐标为未知参数，列出误差方程，求出参数平差值及各点的点位精度。

2. 如图 8-6 所示，有 6 个地面控制点，利用 GPS 相对定位方法对各控制点间坐标向量进行了测量，测量数据列于表 8-6 中。设其中 G1 点为已知点，其坐标值为 $X_{G1} = 4163402.750$m、$Y_{G1} = 2703745.359$m、$Z_{G1} = 3993098.848$m，各基线观测值的协方差矩阵为

$$D_1 = (3.6\text{mm})^2 \begin{bmatrix} 1 & & \\ & 1 & \\ & & 1 \end{bmatrix}, \quad D_2 = (2.3\text{mm})^2 \begin{bmatrix} 1 & & \\ & 1 & \\ & & 1 \end{bmatrix}, \quad D_3 = (2.7\text{mm})^2 \begin{bmatrix} 1 & & \\ & 1 & \\ & & 1 \end{bmatrix}$$

$$D_4 = (3.5\text{mm})^2 \begin{bmatrix} 1 & & \\ & 1 & \\ & & 1 \end{bmatrix}, \quad D_5 = (4.1\text{mm})^2 \begin{bmatrix} 1 & & \\ & 1 & \\ & & 1 \end{bmatrix}, \quad D_6 = (2.6\text{mm})^2 \begin{bmatrix} 1 & & \\ & 1 & \\ & & 1 \end{bmatrix}$$

$$D_7 = (3.3\text{mm})^2 \begin{bmatrix} 1 & & \\ & 1 & \\ & & 1 \end{bmatrix}, \quad D_8 = (3.7\text{mm})^2 \begin{bmatrix} 1 & & \\ & 1 & \\ & & 1 \end{bmatrix}, \quad D_9 = (2.0\text{mm})^2 \begin{bmatrix} 1 & & \\ & 1 & \\ & & 1 \end{bmatrix}$$

试按间接平差法中的坐标平差法对控制网进行平差计算，求出观测值及控制点坐标的最优估值并进行评定。

			测量数据		表 8-6
编号	起点	终点	ΔX(m)	ΔY(m)	ΔZ(m)
1	G1	G2	5621.089	3808.428	−7838.721
2	G2	G3	−2620.240	4333.261	81.747
3	G1	G3	3000.845	8141.693	−7756.876
4	G1	G4	−2476.330	4639.815	−6373.023
5	G3	G4	−5477.170	−3501.883	7119.579
6	G6	G4	1542.468	−6302.543	1931.057
7	G5	G4	−2354.381	−8889.055	6956.003
8	G5	G3	3122.790	−5387.182	−163.57
9	G5	G6	−3896.860	−2586.514	5024.947

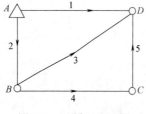

图 8-5　习题 1 GPS 网

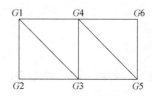

图 8-6　习题 2 GPS 网

3. 图 8-7 所示的 GPS 网，其中共有 2 个已知点和 6 个待定坐标点，测得基线向量 16 条，各基线向量互相独立，其基线向量信息如表 8-7 所示，已知点坐标如表 8-8 所示，试求各待定坐标点的坐标及其点位精度。

			基线向量信息		表 8-7
编号	起点	终点	ΔX(m)	ΔY(m)	ΔZ(m)
1	N002	N001	−119.883	516.6920	−838.2730
2	N003	N001	415.567	590.1690	−484.3730
3	N006	N002	596.363	391.2610	−32.8650
4	N002	N003	−535.457	−73.4720	−353.8990
5	N002	N005	384.089	−50.6680	390.1980
6	N003	N004	−650.326	−135.0610	−362.4920

编号	起点	终点	ΔX (m)	ΔY (m)	ΔZ (m)
7	N004	N001	1065.894	725.2290	−121.8830
8	N005	N001	−503.977	567.3630	−1228.471
9	N005	N008	−1137.077	−983.7240	405.9790
10	N004	N007	−183.291	−458.9740	478.2180
11	N006	N003	60.904	317.7860	−386.7610
12	N006	N004	−589.424	182.7260	−749.2520
13	N006	N005	980.451	340.5890	357.3370
14	N006	N007	−772.714	−276.2480	−271.0350
15	N008	N006	156.627	643.1340	−763.3190
16	N008	N007	−616.087	366.8860	−1034.353

已知点坐标（m） 表 8-8

	X	Y	Z
N001	−2830754.6300	4650074.3450	3312175.0540
N008	−2831387.7270	4648523.2559	3313809.5080

各基线的方差矩阵为

$$D_1 = \begin{bmatrix} 0.3094 & -0.3171 & -0.4023 \\ & 0.6333 & 0.4048 \\ & & 0.8941 \end{bmatrix} \times 10^{-6}, \quad D_2 = \begin{bmatrix} 0.2426 & -0.1978 & -0.2484 \\ & 0.3939 & 0.2511 \\ & & 0.5557 \end{bmatrix} \times 10^{-6}$$

$$D_3 = \begin{bmatrix} 0.2217 & -0.1800 & -0.2144 \\ & 0.3790 & 0.2283 \\ & & 0.8941 \end{bmatrix} \times 10^{-6}, \quad D_4 = \begin{bmatrix} 0.2295 & -0.2217 & -0.0747 \\ & 0.5399 & 0.1479 \\ & & 0.2401 \end{bmatrix} \times 10^{-6}$$

$$D_5 = \begin{bmatrix} 0.2521 & -0.2448 & -0.0808 \\ & 0.5990 & 0.1618 \\ & & 0.2591 \end{bmatrix} \times 10^{-6}, \quad D_6 = \begin{bmatrix} 0.1501 & -0.1449 & -0.0483 \\ & 0.3488 & 0.0958 \\ & & 0.1562 \end{bmatrix} \times 10^{-6}$$

$$D_7 = \begin{bmatrix} 0.2996 & -0.2902 & -0.0937 \\ & 0.6758 & 0.1823 \\ & & 0.2949 \end{bmatrix} \times 10^{-6}, \quad D_8 = \begin{bmatrix} 0.2549 & -0.2472 & -0.0793 \\ & 0.5754 & 0.1548 \\ & & 0.2539 \end{bmatrix} \times 10^{-6}$$

$$D_9 = \begin{bmatrix} 0.2053 & -0.2003 & -0.0632 \\ & 0.4858 & 0.1287 \\ & & 0.2079 \end{bmatrix} \times 10^{-6}, \quad D_{10} = \begin{bmatrix} 0.2588 & -0.2090 & -0.1855 \\ & 0.3743 & 0.2475 \\ & & 0.3483 \end{bmatrix} \times 10^{-6}$$

$$D_{11} = \begin{bmatrix} 0.2356 & -0.1923 & -0.1735 \\ & 0.3393 & 0.2278 \\ & & 0.3209 \end{bmatrix} \times 10^{-6}, \quad D_{12} = \begin{bmatrix} 0.2808 & -0.2288 & -0.2092 \\ & 0.3999 & 0.2708 \\ & & 0.3209 \end{bmatrix} \times 10^{-6}$$

$$D_{13}=\begin{bmatrix} 0.3485 & -0.2845 & -0.2599 \\ & 0.4977 & 0.3377 \\ & & 0.4764 \end{bmatrix}\times10^{-6},\ D_{14}=\begin{bmatrix} 0.3332 & -0.2711 & -0.2470 \\ & 0.4739 & 0.3198 \\ & & 0.4527 \end{bmatrix}\times10^{-6}$$

$$D_{15}=\begin{bmatrix} 0.3201 & -0.2612 & -0.2388 \\ & 0.4584 & 0.3111 \\ & & 0.4392 \end{bmatrix}\times10^{-6},\ D_{16}=\begin{bmatrix} 0.3644 & -0.2977 & -0.2656 \\ & 0.5295 & 0.3516 \\ & & 0.4963 \end{bmatrix}\times10^{-6}$$

4. 在图 8-8 所示的 GPS 向量网中，A 为已知点，P_1、P_2、P_3、P_4 点为待定点，观测了 9 条边的基线向量 $(\Delta X_i,\ \Delta Y_i,\ \Delta Z_i)(i=1,\ 2,\ \cdots,\ 9)$。已知 P_2、P_3 两点间的距离（无误差），若要求出 $P_1 \sim P_4$ 点坐标平差值，确定宜采用何种函数模型，并列出其条件方程式。

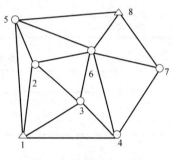

图 8-7　习题 3 GPS 网

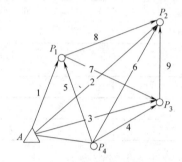

图 8-8　习题 4 GPS 向量网

5. 图 8-9 为一个 GPS 网，$G01$、$G02$ 为已知点，$G03$、$G04$ 为待定点，已知点的三维坐标如表 8-9 所示，待定点的三维近似坐标如表 8-10 所示。用 GPS 接收机测得了 5 条基线，每一条基线向量中 3 个坐标差观测值相关，各基线向量互相独立。每条基线的观测数据如表 8-11 所示。每条基线的方差矩阵分别为

$$D_{11}=\begin{bmatrix} 0.0470324707313 & 0.0502008806794 & -0.0328144563391 \\ & 0.0921876881308 & -0.0469678724634 \\ & & 0.0562339822882 \end{bmatrix}$$

$$D_{22}=\begin{bmatrix} 0.0247314380892 & 0.0287685905486 & -0.0150977357492 \\ & 0.0665508758432 & -0.0285111124368 \\ & & 0.0309438987792 \end{bmatrix}$$

$$D_{33}=\begin{bmatrix} 0.0407009983916 & 0.0441453007070 & -0.0274864940544 \\ & 0.0847437135132 & -0.0413990340052 \\ & & 0.0488698420477 \end{bmatrix}$$

$$D_{44}=\begin{bmatrix} 0.0277944383522 & 0.0315226383688 & -0.0177584958203 \\ & 0.0692051980483 & -0.0310603246537 \\ & & 0.0347083205959 \end{bmatrix}$$

$$D_{55}=\begin{bmatrix} 0.0373160099279 & 0.0407449555483 & -0.0245280045335 \\ & 0.0800162721033 & -0.0380286407799 \\ & & 0.0446940784891 \end{bmatrix}$$

已知点坐标 表 8-9

已知点	$X(\mathrm{m})$	$Y(\mathrm{m})$	$Z(\mathrm{m})$
G01	−2411745.1210	−4733176.7637	3519160.3400
G02	−2411356.6914	−4733839.0845	3518496.4387

待定点近似坐标 表 8-10

待定点	$X(\mathrm{m})$	$Y(\mathrm{m})$	$Z(\mathrm{m})$
G03	−2416372.7665	−4731446.5765	3518275.0196
G04	−2418456.5526	−4732709.8813	3515198.7678

观测向量信息 表 8-11

基线号	$\Delta X(\mathrm{m})$	$\Delta Y(\mathrm{m})$	$\Delta Z(\mathrm{m})$
1	−4627.5876	1730.2583	−885.4004
2	−6711.4497	466.8445	−3961.5828
3	−5016.0719	2392.4410	−221.3953
4	−7099.8788	1129.2431	−3297.7530
5	−2083.8123	−1263.3628	−3076.2452

设待定点坐标平差值为参数 $\hat{X}$，$\hat{X} = [\hat{X}_3 \quad \hat{Y}_3 \quad \hat{Z}_3 \quad \hat{X}_4 \quad \hat{Y}_4 \quad \hat{Z}_4]^\mathrm{T}$。试按间接平差法求：（1）误差方程及法方程；（2）参数改正数；（3）待定点坐标平差值及精度。

6. 有一 GPS 网如图 8-10 所示，1 点为已知点，2、3、4 点为待定点，现用 GPS 接收机观测了 5 条边的基线向量（$\Delta X_{ij} \quad \Delta Y_{ij} \quad \Delta Z_{ij}$）。

已知 1 点的坐标为

$$X_1 = -1054581.2761\mathrm{m}, \ Y_1 = 5706987.1397\mathrm{m}, \ Z_1 = 2638873.8152\mathrm{m}$$

基线向量观测值如表 8-12 所示，其方差矩阵为

$$D_{11} = \begin{bmatrix} 0.009997 & -0.003934 & -0.002834 \\ & 0.024978 & 0.008615 \\ & & 0.007906 \end{bmatrix}$$

$$D_{22} = \begin{bmatrix} 0.009882 & -0.003794 & -0.002777 \\ & 0.024366 & 0.008424 \\ & & 0.007801 \end{bmatrix}$$

$$D_{33} = \begin{bmatrix} 0.009375 & -0.004329 & -0.002783 \\ & 0.022359 & 0.008124 \\ & & 0.007665 \end{bmatrix}$$

$$D_{44} = \begin{bmatrix} 0.011729 & -0.00024 & -0.002532 \\ & 0.034331 & 0.009225 \\ & & 0.007819 \end{bmatrix}$$

$$D_{55} = \begin{bmatrix} 0.011691 & -0.000438 & -0.002528 \\ & 0.034529 & 0.009406 \\ & & 0.007855 \end{bmatrix}$$

基线向量观测值					表 8-12
编号	起点	终点	基线向量观测值(m)		
			ΔX	ΔY	ΔZ
1	1	2	85.4813	−59.5931	120.1951
2	1	3	2398.0674	−719.8051	2624.2292
3	2	3	2312.5960	−660.2012	2504.0334
4	2	4	2057.6576	−645.2884	2265.7065
5	3	4	−254.9616	14.9260	−238.3142

设备基线向量互相独立，试用条件平差法求：（1）条件方程；（2）法方程；（3）基线向量改正数及其平差值。

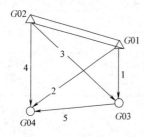

图 8-9　习题 5 GPS 网

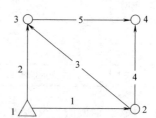

图 8-10　习题 6 GPS 网

7. 表 8-13 为某地铁沉降监测获取的一组地面累积沉降量 y_i 与对应地下水位 x_i 的观测数据。试求 y 对 x 的回归方程。

观测数据								表 8-13	
沉降量(mm)	−27.9	−34.6	−40.1	−47.9	−52.9	−57.8	−62.2	−66.2	−72.4
地下水(m)	5.615	5.687	5.675	5.508	5.235	5.229	5.156	4.866	5.189

8. GPS 网观测数据是什么量？GPS 网平差的函数模型应如何建立？

9. 在如图 8-11 的水准网中，h_1，h_2，h_3 为观测值，其协因数矩阵 $Q=I$，设 P_1，P_2 点高程平差值为未知参数。其误差方程为

$$V = \begin{bmatrix} -1 & 1 \\ -1 & 1 \\ -1 & 1 \end{bmatrix} \begin{bmatrix} \hat{x}_1 \\ \hat{x}_2 \end{bmatrix} - \begin{bmatrix} 2 \\ -1 \\ 1 \end{bmatrix}$$

试按附加条件法进行秩亏自由网平差，求法方程的解 $\hat{x}$ 及其协因数矩阵 $Q_{\hat{X}\hat{X}}$。

10. 如图 8-12 所示的水准网中，各水准路线长度大致相等，观测高差和近似高程分别为：$h_1 = 12.345\text{m}$，$H_1^0 = 0$，$h_2 = 3.478\text{m}$，$H_2^0 = 3.487\text{m}$，$h_3 = -15.817\text{m}$，$H_3^0 = -12.348\text{m}$。

试求：（1）对该网进行秩亏网平差；（2）设 1 点为沉降点，2、3 点为拟稳点，试对该自由网进行拟稳平差。

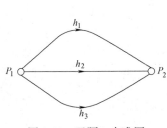

图 8-11 习题 9 水准网

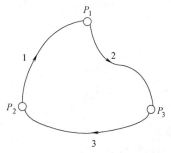

图 8-12 习题 10 自由水准网

11. 在测站 A 进行方向观测，如图 8-13 所示，已知角度观测值（$Q=I$）如下：$L_1 = 30°00'05''$，$L_2 = 60°00'00''$，$L_3 = 29°59'57''$，若取 AP_1，AP_2 和 AP_3 方向观测值的最或然值为未知数 $\hat{X}_i$，其近似值为：$X_1^0 = 0°00'00''$，$X_2^0 = 30°00'00''$，$X_3^0 = 60°00'00''$，试按秩亏自由网平差进行测站平差，求：（1）角度观测值的平差值 $\hat{L}_i$；（2）$\hat{X}$ 以及协因数 $Q_{\hat{X}\hat{X}}$。

12. 在图 8-14 所示的水准网中，A、B、C 点均为待定点，观测高差为：$h = [1.499 \quad 1.501 \quad 0.885 \quad 0.608]^T m$，其权矩阵为 $P=I$。若选各点高程为未知参数，其近似值为：$x_1^0 = 5.000m$，$x_2^0 = 6.497m$，$x_3^0 = 5.890m$，已知其先验权矩阵为：$P_X = \begin{bmatrix} 1 & 0 & 0 \\ 0 & 2 & 0 \\ 0 & 0 & 1 \end{bmatrix}$，试用加权秩亏网平差求各点高程平差值 $\hat{X}_P$。

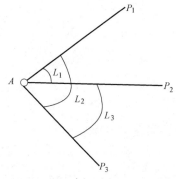

图 8-13 习题 11 方向观测示意

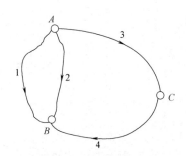

图 8-14 习题 12 水准网

13. 如图 8-15 所示自由水准网，观测高差为：$h_1 = 1.064m$，$h_2 = 1.002m$，$h_3 = 0.060m$，$h_4 = 0.560m$，$h_5 = 0.500m$，各段水准路线长度均为 1km，各点的近似高程为：$H_1^0 = 31.100m$，$H_2^0 = 32.100m$，$H_3^0 = 32.165m$，$H_4^0 = 31.600m$。试分别按经典自由网平差和秩亏自由网平差方法计算各点高程的平差值及其协因数矩阵，并讨论两种平差结果的异同点。

14. 如图 8-16 所示水准网中，各段水准路线长度均为 1km，观测高差为 $h_1 = 1.064m$，$h_2 = 1.002m$，$h_3 = 0.060m$，$h_4 = -0.560m$，$h_5 = -0.500m$。若 P_1、P_2 点为拟稳点，且各点的近似高程为 $H_1^0 = 31.100m$，$H_2^0 = 32.100m$，$H_3^0 = 32.165m$，$H_4^0 =$

31.600m。试按拟稳平差法求各点的高程平差值及其协因数矩阵。

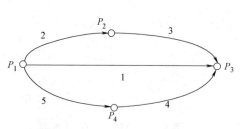

图 8-15　习题 13 自由水准网

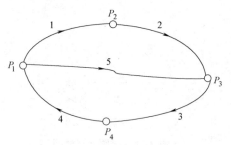

图 8-16　习题 14 水准网

15. 如图 8-17 所示水准网，已知点高程为 $H_A=158.511$m，$H_B=131.876$m。高差观测值为 $h_1=-15.392$m，$h_2=-11.326$m，$h_3=13.846$m，$h_4=12.864$m，$h_5=2.526$m，各水准路线近似等长。试按附加系统参数的平差方法求各观测值的平差值和待定点高程平差值。

16. 如图 8-18 所示的测边网，由于未对所测边进行系统误差改正，边长观测值中含有固定误差和比例误差，观测值列于表 8-14 中。已知点坐标为 $X_A=3290.509$m，$Y_A=3574.128$m，$X_B=1471.834$m，$Y_B=3127.722$m。

观测数据　　　　　　　　　　　　　　　　　　　　　　　表 8-14

编号	1	2	3	4	5
S(m)	2024.873	1997.601	3372.547	2156.731	1767.945

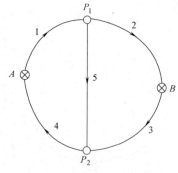

图 8-17　习题 15 水准网示意

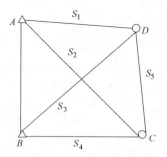

图 8-18　习题 16 测边网

设边长观测值的中误差为 $\sigma_{S_i}=2$mm$+2\times10^{-6}\times S_i$。试按附加系统参数的平差方法求待定点坐标的平差值。

17. 经典自由网平差与秩亏自由网平差结果有何异同点？

第9章　误差椭圆

本章学习目标

本章主要介绍有关误差椭圆的一些概念及其应用。通过本章的学习，应达到以下目标：

(1) 掌握点位误差的计算及其极值的确定。

(2) 掌握误差椭圆的概念及其应用。

(3) 掌握相对误差椭圆的概念及其应用。

(4) 掌握误差椭圆和相对误差椭圆的绘制方法。

(5) 能熟练地计算误差椭圆和相对误差椭圆的三要素。

(6) 了解误差曲线的应用。

§9.1　点位误差

1. 点位真误差的概念

定义 P 点的点位方差，记为 σ_P^2，于是有

$$\sigma_P^2 = \sigma_x^2 + \sigma_y^2 \tag{9-1}$$

2. 点位方差与坐标系统的无关性

点位方差 σ_P^2 总是等于两个相互垂直方向上的坐标方差之和，即点位方差 σ_P^2 的大小与坐标系的选择无关。

点位中误差 σ_P 是衡量待定点精度的常用指标之一，在应用时，只要求出 P 点在两个相互垂直方向上的中误差，就可由式（9-1）计算点位中误差。

3. 点位方差表示点位的局限性

点位中误差 σ_P 可以用来评定待定点的点位精度，但是它只是表示点位的"平均精度"，却不能代表该点在某一任意方向上的位差大小。而 σ_x 和 σ_y 或 σ_s 和 σ_u 等，也只能代表待定点在 x 和 y 轴方向上以及在 AP 边的纵向、横向上的位差。但在有些情况下，往往需要研究点位在某些特殊方向上的位差大小，例如，在线路工程和地下工程中，贯通工程是经常性的重要工作之一，此种工程就需要控制在贯通点上的纵向和横向（在贯通工程中称为重要方向）误差的大小，特别是横向误差。此外有时还要了解点位在哪一个方向上的位差最大，在哪一个方向上的位差最小。

4. 点位误差计算

（1）利用纵、横坐标协因数计算点位误差

$$\sigma_P^2 = \sigma_0^2 (Q_{xx} + Q_{yy}) = \sigma_0^2 \left(\frac{1}{P_x} + \frac{1}{P_y} \right)$$

进而可求得点位中误差

$$\sigma_P = \sigma_0 \sqrt{Q_{xx} + Q_{yy}} = \sigma_0 \sqrt{\frac{1}{P_x} + \frac{1}{P_y}} \tag{9-2}$$

从式（9-2）中可以看出，若想求得点位中误差 σ_P，要解决两个问题，一个是方差因子 σ_0^2（或中误差 σ_0）；另一个就是 P 点的坐标未知数 x 和 y 的协因数 Q_{xx} 和 Q_{yy}。

1）Q_{xx}、Q_{yy} 的计算

下面按条件平差和间接平差两种平差方法进行介绍。

① 间接平差法计算

当控制网中有 k 个待定点，并以这 k 个待定点的坐标作为未知数（未知数个数为 $t = 2k$），即 $\hat{X} = (x_1 \quad y_1 \quad x_2 \quad y_2 \quad \cdots \quad x_k \quad y_k)^T$，按间接平差法进行平差时，法方程系数矩阵的逆矩阵就是未知数的协因数矩阵 $Q_{\hat{X}\hat{X}}$。

② 条件平差法计算

当平面控制网按条件平差时，首先求出观测值的平差值 $\hat{L}$，由平差值 $\hat{L}$ 和已知点的坐标计算待定点最或然坐标，因此，待定点最或然坐标是观测值的平差值的函数。

$$\begin{cases} Q_{xx} = f_x^T Q_{\hat{L}\hat{L}} f_x = f_x^T P^{-1} f_x - f_x^T P^{-1} A^T N_{aa}^{-1} A P^{-1} f_x \\ Q_{yy} = f_y^T Q_{\hat{L}\hat{L}} f_y = f_y^T P^{-1} f_y - f_y^T P^{-1} A^T N_{aa}^{-1} A P^{-1} f_y \\ Q_{xy} = f_x^T Q_{\hat{L}\hat{L}} f_y = f_x^T P^{-1} f_y - f_x^T P^{-1} A^T N_{aa}^{-1} A P^{-1} f_y \end{cases} \tag{9-3}$$

2）σ_0 的确定

σ_0 的确定分两种情况，一是在平差计算时，用式 $\sqrt{V^T P V / r}$ 计算，但是由于子样的容量（即观测值的个数以及观测次数）有限，因此，不论用何种方法平差，用式 $\sqrt{V^T P V / r}$ 求得的数值只是单位权中误差 σ_0 的估值；另一种情况是在控制网设计阶段，σ_0 的确定只能采用先验值，就是使用经验值或按相应规范规定的相应等级的误差值（例如，四等平面控制网，测角中误差为 $2.5''$，此时可取 $\sigma_0 = 2.5''$）。

3）点位误差实用计算公式

以上两种情况得到的都是 σ_0 的估值，习惯上用 $\hat{\sigma}_0 (m_0)$ 表示，所以实际应用中只能得到待定点纵、横坐标的方差估值以及相应的点位方差的估值，即

$$\begin{cases} \hat{\sigma}_x^2 = \hat{\sigma}_0^2 Q_{xx} \\ \hat{\sigma}_y^2 = \hat{\sigma}_0^2 Q_{yy} \end{cases} \tag{9-4}$$

和

$$\hat{\sigma}_P^2 = \hat{\sigma}_0^2 (Q_{xx} + Q_{yy}) \tag{9-5}$$

（2）任意方向的位差

$$\hat{\sigma}_\varphi^2 = \hat{\sigma}_0^2 (Q_{xx} \cos^2\varphi + Q_{yy} \sin^2\varphi + Q_{xy} \sin 2\varphi) \tag{9-6}$$

从以上几式可以看出，当平差完成后，单位权方差 $\hat{\sigma}_0$ 以及 P 点上的 Q_{xx}、Q_{yy}、Q_{xy} 均为常量，因此，$\hat{\sigma}_\varphi^2$ 的大小取决于方向 φ。

（3）位差的极值

1）极值方向值 φ_0 的确定。要求 $Q_{\varphi\varphi}$ 的极值，只需要将式（9-6）对 φ 求一阶导数，并令其等于零，即可求出使得 $Q_{\varphi\varphi}$ 取得极值的方向值 φ_0，即

$$\frac{\mathrm{d}}{\mathrm{d}\varphi}(\boldsymbol{Q}_{xx}\cos^2\varphi+\boldsymbol{Q}_{yy}\sin^2\varphi+\boldsymbol{Q}_{xy}\sin2\varphi)\Big|_{\varphi=\varphi_0}=0$$

可得 $\qquad -2\boldsymbol{Q}_{xx}\cos\varphi_0\sin\varphi_0+2\boldsymbol{Q}_{yy}\cos\varphi_0\sin\varphi_0+2\boldsymbol{Q}_{xy}\cos2\varphi_0=0$

即 $\qquad -(\boldsymbol{Q}_{xx}-\boldsymbol{Q}_{yy})\sin2\varphi_0+2\boldsymbol{Q}_{xy}\cos2\varphi_0=0$

由此可得

$$\tan2\varphi_0=\frac{2\boldsymbol{Q}_{xy}}{(\boldsymbol{Q}_{xx}-\boldsymbol{Q}_{yy})} \tag{9-7}$$

又因为 $\qquad\qquad\qquad \tan2\varphi_0=\tan(2\varphi_0+180°)$

所以式（9-7）有两个根，一个是 $2\varphi_0$，另一个是 $2\varphi_0+180°$。即，使 $\boldsymbol{Q}_{\varphi\varphi}$ 取得极值的方向值为 φ_0 和 $\varphi_0+90°$，其中一个为极大值方向，另一个为极小值方向。

2）极大值方向 φ_E 和极小值方向 φ_F 的确定。φ_0 和 $\varphi_0+90°$ 是使 $\boldsymbol{Q}_{\varphi\varphi}$ 取得极值的两个方向值，但是还要确定哪一个是极大方向值 φ_F，哪一个是极小方向值 φ_E。

将三角公式

$$\cos^2\varphi_0=\frac{1+\cos2\varphi_0}{2}, \ \sin^2\varphi_0=\frac{1-\cos2\varphi_0}{2}$$

$$\sin^2 2\varphi_0=\frac{1}{1+\cot^2 2\varphi_0}, \ \cos^2 2\varphi_0=\frac{1}{1+\tan^2 2\varphi_0}$$

代入式（9-6），并由式（9-7），得

$$\boldsymbol{Q}_{\varphi\varphi}=\boldsymbol{Q}_{xx}\frac{1+\cos2\varphi_0}{2}+\boldsymbol{Q}_{yy}\frac{1-\cos2\varphi_0}{2}+\boldsymbol{Q}_{xy}\sin2\varphi_0$$

$$=\frac{1}{2}[(\boldsymbol{Q}_{xx}+\boldsymbol{Q}_{yy})+(\boldsymbol{Q}_{xx}-\boldsymbol{Q}_{yy})\cos2\varphi_0+2\boldsymbol{Q}_{xy}\sin2\varphi_0] \tag{9-8}$$

由式（9-7）可得

$$\boldsymbol{Q}_{xx}-\boldsymbol{Q}_{yy}=\frac{2\boldsymbol{Q}_{xy}}{\tan2\varphi_0} \tag{9-9}$$

把式（9-9）代入式（9-8）可得

$$\boldsymbol{Q}_{\varphi\varphi}=\frac{1}{2}[(\boldsymbol{Q}_{xx}+\boldsymbol{Q}_{yy})+2\boldsymbol{Q}_{xy}/\sin2\varphi_0] \tag{9-10}$$

在式（9-10）中，根据协因数的特点，第一项 $(\boldsymbol{Q}_{xx}+\boldsymbol{Q}_{yy})$ 恒大于零，第二项中的值有可能大于零，也可能小于零；当第二项中的值大于零时，$\boldsymbol{Q}_{\varphi\varphi}$ 取得极大值，当第二项中的值小于零时，$\boldsymbol{Q}_{\varphi\varphi}$ 取得极小值。

确定极大值方向 φ_E 和极小值方向 φ_F 的方法如下：

当 $\boldsymbol{Q}_{xy}>0$ 时，φ_E 在第一、第三象限；φ_F 在第二、第四象限；

当 $\boldsymbol{Q}_{xy}<0$ 时，φ_E 在第二、第四象限；φ_F 在第一、第三象限。

从以上分析的结果可以看出，能使 $\boldsymbol{Q}_{\varphi\varphi}$ 取得极大值的两个方向相差 $180°$，同样，能使 $\boldsymbol{Q}_{\varphi\varphi}$ 取得极小值的两个方向也相差 $180°$，而且极大值方向和极小值方向总是正交。

3）极大值 E 和极小值 F 为

$$E^2=\hat{\sigma}_0^2\boldsymbol{Q}_{EE}=\frac{1}{2}\hat{\sigma}_0^2(\boldsymbol{Q}_{xx}+\boldsymbol{Q}_{yy}+K) \tag{9-11}$$

$$F^2 = \hat{\sigma}_0^2 Q_{FF} = \frac{1}{2} \hat{\sigma}_0^2 (Q_{xx} + Q_{yy} - K) \qquad (9\text{-}12)$$

$$K = \sqrt{(Q_{xx} - Q_{yy})^2 + 4Q_{xy}^2}$$

4）误差椭圆三参数

φ_E、E、F 称为误差椭圆的三参数。

（4）以位差极值表示任意方向的位差

以 E、F 表示的任意方向 ψ 上的位差计算式为

$$\hat{\sigma}_\psi^2 = \hat{\sigma}_0^2 Q_{\psi\psi} = \hat{\sigma}_0^2 (Q_{EE} \cos^2 \psi + Q_{FF} \sin^2 \psi) = E^2 \cos^2 \psi + F^2 \sin^2 \psi \qquad (9\text{-}13)$$

§9.2 误差曲线与误差椭圆

1. 误差曲线

（1）误差曲线的概念

以不同的 ψ 和 σ_ψ 为极坐标的点的轨迹为一闭合曲线，其形状如图 9-1 所示。显然，在任意方向 ψ 上的向径 $\overline{OP}$ 就是该方向上的位差 σ_ψ，图形关于两个极轴（E 轴和 F 轴）对称。由于该曲线形象地反映了控制点在各个不同方向上的位差，它被称为点位误差曲线（或点位精度曲线）。

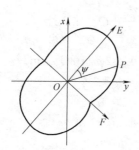

图 9-1　以方向 ψ 和长度 σ_ψ
为极坐标的点的轨迹

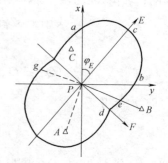

图 9-2　在 P 点的点位误差曲线图上
量取特定方向的位差

（2）误差曲线用途

在测量工程中，点位误差曲线图的应用很广泛，在它上面可以图解出控制点在各个方向上的位差，从而进行精度评定。

如图 9-2 所示，A、B、C 为已知点，P 为待定点，根据平差后的数据绘出了 P 点位误差曲线图，利用此图可以图解和计算出以下中误差，以达到精度评定的目的。

1）坐标轴方向上的中误差

从图 9-2 可量出沿 x 轴、y 轴的中误差 $\hat{\sigma}_{x_P}$、$\hat{\sigma}_{y_P}$，即

$$\hat{\sigma}_{x_P} = \overline{Pa}、\quad \hat{\sigma}_{y_P} = \overline{Pb}$$

2）极大值 E 和极小值 F

从图 9-2 可量出沿 E 轴、F 轴的极大值 E 和极小值 F，即

$$E = \overline{Pc} \qquad F = \overline{Pd}$$

3）平差后的边长中误差

从图 9-2 沿 $\overline{PB}$ 方向可量出 $\overline{PB}$ 边的中误差 $\hat{\sigma}_{\overline{PB}}$，即 $\hat{\sigma}_{\overline{PB}}=\overline{Pe}$。同理可量出 $\overline{PA}$、$\overline{PC}$ 边中误差 $\hat{\sigma}_{\overline{PA}}$、$\hat{\sigma}_{\overline{PC}}$。

4）平差后的方位角的中误差

要求平差后方位角 α_{PA} 的中误差 $\hat{\sigma}_{\alpha_{PA}}$，则可先从图 9-2 中量出垂直于 $\overline{PA}$ 方向上的位差 $\overline{Pg}$，这就是 $\overline{PA}$ 边的横向误差 $\hat{\sigma}_u$。

因为
$$\hat{\sigma}_u \approx \frac{\hat{\sigma}_{\alpha_{PA}}}{\rho''} S_{PA}$$

所以由下式可求得 $\hat{\sigma}_{\alpha_{PA}}$

$$\hat{\sigma}_{\alpha_{PA}} \approx \frac{\hat{\sigma}_u}{S_{PA}}\rho'' = \frac{\overline{Pg}}{S_{PA}}\rho'' \tag{9-14}$$

式中 S_{PA}——$\overline{PA}$ 边的实际距离。

2. 误差椭圆

（1）误差椭圆的概念

点位误差曲线虽然有许多用途，但它不是一种典型曲线，作图不太方便，因此，降低了它的实用价值。但其总体形状与以 E、F 为长短半轴的椭圆很相似，如图 9-3 所示，而且可以证明，通过一定的变通方法，用此椭圆可以代替点位误差曲线进行各类误差的量取，故将此椭圆称点位误差椭圆（习惯上称误差椭圆），φ_E、E、F 称为点位误差椭圆的参数。故实际应用中常以点位误差椭圆代替点位误差曲线。

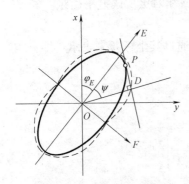

图 9-3　误差曲线与误差椭圆之间的差异

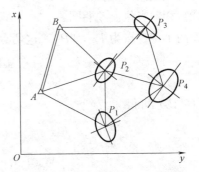

图 9-4　控制网中控制点的误差椭圆

（2）误差椭圆代替误差曲线的原理

在点位误差椭圆上可以图解出任意方向 φ 或 ψ 的位差 $\hat{\sigma}_\varphi$ 或 $\hat{\sigma}_\psi$。其方法是：如图 9-3 所示，自椭圆作 φ 或 ψ 方向的正交切线 $\overline{PD}$，P 为切点，D 为垂足点，则得 $\hat{\sigma}_\varphi$ 或 $\hat{\sigma}_\psi$（$=\overline{OD}$）。

（3）误差椭圆的绘制

为绘制某一点（以第 i 点为例）的误差椭圆，必须计算各点误差椭圆元素 φ_E、E_i、F_i，前面已经得知，要计算这 3 个量，必须知道各点的 $Q_{x_i x_i}$、$Q_{y_i y_i}$、$Q_{x_i y_i}$ 以及 $\hat{\sigma}_0$。以待定点坐标为未知数参数，采用间接平差法，求出坐标未知数参数的协因数矩阵。

若平差时采用的是条件平差法，则应列出第 i 点坐标 x_i 和 y_i（$i=1, 2, \cdots, t$）的权函数式，并求出相应的协因数，其他的计算和间接平差法相同。

有了误差椭圆的元素，就可以以一定的比例尺绘制误差椭圆图形，从而可以在其上图解有关的位差。

如果 $Q_{xx}=Q_{yy}$，则说明极值方向不定，此时椭圆变成圆，常称此圆为误差圆，其在各个方向上的投影都等于半径，也是一条误差曲线。

在前面的讨论中，都是以一个待定点为例来说明如何确定该点位误差椭圆或点位误差曲线的问题。

如果控制网中有多个待定点，一般是将网中所有待定点的误差椭圆绘制在同一幅图中，如图 9-4 所示。该图的绘制步骤如下：

（1）根据网中所有已知点的坐标值和待定点的坐标平差值，按一定的比例绘制成图。

（2）根据待定点坐标平差值的协因数阵，分别计算出每一个待定点误差椭圆的三要素：φ_{E_i}、E_i、F_i。

（3）选择一个恰当的比例尺，在各待定点位置上依次绘出各自的误差椭圆。

误差椭圆的理论和实践，不仅常被用于精度要求较高的各种工程测量中，近年来也将其应用在图像检测和模式识别的实践中，也取得了令人满意的效果。

3. 相对误差椭圆及其应用

（1）利用点位误差椭圆评定精度存在的问题

在工程应用中，有时并不需要研究待定点相对于起始点的精度，往往关心的是任意两个待定点之间相对位置的精度。在平面控制网中，两个待定点之间相对位置的精度可以用两个待定点之间的边长相对中误差以及方位角中误差或相对点位误差来衡量。

（2）相对点位误差椭圆

设两个待定点为 P_i 和 P_k，这两点的相对位置可通过其坐标差来表示，即

$$\begin{cases} \Delta x_{ik} = x_k - x_i \\ \Delta y_{ik} = y_k - y_i \end{cases} \tag{9-15}$$

由式（9-15）可得

$$\begin{bmatrix} \Delta x_{ik} \\ \Delta y_{ik} \end{bmatrix} = \begin{bmatrix} -1 & 0 & 1 & 0 \\ 0 & -1 & 0 & 1 \end{bmatrix} \begin{bmatrix} x_i \\ y_i \\ x_k \\ y_k \end{bmatrix} \tag{9-16}$$

从平差得到的参数协因数矩阵中取出与 i，k 两点有关的协因数矩阵，即

$$\begin{bmatrix} Q_{x_i x_i} & Q_{x_i y_i} & Q_{x_i x_k} & Q_{x_i y_k} \\ Q_{y_i x_i} & Q_{y_i y_i} & Q_{y_i x_k} & Q_{y_i y_k} \\ Q_{x_k x_i} & Q_{x_k y_i} & Q_{x_k x_k} & Q_{x_k y_k} \\ Q_{y_k x_i} & Q_{y_k y_i} & Q_{y_k x_k} & Q_{y_k y_k} \end{bmatrix} \tag{9-17}$$

对式（9-16）应用协因数传播律，并由式（9-17），可得

$$\left.\begin{array}{l} Q_{\Delta x \Delta x} = Q_{x_k x_k} + Q_{x_i x_i} - 2Q_{x_k x_i} \\ Q_{\Delta y \Delta y} = Q_{y_k y_k} + Q_{y_i y_i} - 2Q_{y_k y_i} \\ Q_{\Delta x \Delta y} = Q_{x_k y_k} - Q_{x_k y_i} - Q_{x_i y_k} + Q_{x_i y_i} \end{array}\right\} \qquad (9\text{-}18)$$

如果 P_i 和 P_k 两点中有一个点（例如 P_i 点）为不带误差的已知点，则从式（9-18）可以得出

$$Q_{\Delta x \Delta x} = Q_{x_k x_k}$$
$$Q_{\Delta y \Delta y} = Q_{y_k y_k}$$
$$Q_{\Delta x \Delta y} = Q_{x_k y_k}$$

因此，两点之间坐标差的协因数就等于待定点坐标的协因数。由此可见，这样做出的点位误差曲线都是待定点相对于已知点而言的。

利用这些协因数，可得到计算 P_i 和 P_k 点间的相对误差椭圆的 3 个参数的公式

$$\left.\begin{array}{l} E^2 = \dfrac{\hat{\sigma}_0^2}{2}\left[Q_{\Delta x \Delta x} + Q_{\Delta x \Delta y} + \sqrt{(Q_{\Delta x \Delta x} - Q_{\Delta y \Delta y})^2 + 4Q_{\Delta x \Delta y}^2}\right] \\[3mm] F^2 = \dfrac{\hat{\sigma}_0^2}{2}\left[Q_{\Delta x \Delta x} + Q_{\Delta x \Delta y} - \sqrt{(Q_{\Delta x \Delta x} - Q_{\Delta y \Delta y})^2 + 4Q_{\Delta x \Delta y}^2}\right] \\[3mm] \tan 2\varphi_E = \dfrac{2Q_{\Delta x \Delta y}}{Q_{\Delta x \Delta x} - Q_{\Delta y \Delta y}} \end{array}\right\} \qquad (9\text{-}19)$$

§9.3 知识难点

1. 误差椭圆与误差曲线的关系

误差曲线虽然能够全面反映待定点任意方向的位差，并据此可得到一些有用的误差值，但由于它不是一种典型曲线，作图也不方便，因此，常用和误差曲线相近的误差椭圆来代替误差曲线。但误差椭圆不完全等于误差曲线，两者关系是在任意方向上做椭圆的切线，并与方向线相垂直，则垂足点的轨迹就是对应的误差曲线。

2. 误差椭圆的作用

在实践中，常以误差椭圆来表示待定点的点位误差。若在控制网上按一定比例尺绘出待定点的误差椭圆，则可以全面地、清楚地反映该网所有待定点的点位误差分布状况。

3. 特殊情况下误差椭圆极大值方向的确定

当 $Q_{XY} = 0$ 时

（1）$Q_{XX} > Q_{YY}$ 时，则 $\varphi_E = 0°$，$\varphi_F = 90°$

（2）$Q_{XX} < Q_{YY}$ 时，则 $\varphi_E = 90°$，$\varphi_F = 0°$

（3）$Q_{XX} = Q_{YY}$ 时，则任意方向上均是极大和极小方向，此时，误差椭圆为一圆。

当 $Q_{XY} \neq 0$ 时

（1）$Q_{XX} = Q_{YY}$，且 $Q_{XY} > 0$ 时，$\varphi_E = 45°$，$225°$

（2）$Q_{XX} = Q_{YY}$，且 $Q_{XY} < 0$ 时，$\varphi_E = 135°$，$315°$

4. 任意方向位差计算的几种表示方法

本书给出了 3 种任意方向位差的计算公式。

（1）第 1 种方法是根据 x 轴和 y 轴，也就是根据 Q_{XX}、Q_{YY}、Q_{XY}，这时的方向是用坐标方位角表示的，应将坐标方位角代入公式中。

（2）第 2 种方法是根据纵向和横向误差所组成的坐标系，则用角度代入公式计算时，其角度是横向方向顺时针到方向的角度。

（3）第 3 种方法是根据极值求解。此时代入公式的角度是以极大值方向为起始方向顺时针到方向的角度。

一定要清楚 3 种公式的使用条件以及如何使用公式中的角度。

5. 误差椭圆三参数的另一种求法

误差椭圆三参数的求法可以按式（9-7）、式（9-11）和式（9-12），也可以按求特征根的方法。

极值就是协因数矩阵 $Q_{XX} = \begin{bmatrix} Q_{xx} & Q_{xy} \\ Q_{xy} & Q_{yy} \end{bmatrix}$ 的特征值的两个根，即

$$|Q_{XX} - \lambda I| = \begin{vmatrix} Q_{xx} - \lambda & Q_{xy} \\ Q_{xy} & Q_{yy} - \lambda \end{vmatrix} = 0$$

展开可得

$$\lambda^2 - (Q_{xx} + Q_{yy})\lambda + (Q_{xx}Q_{yy} - Q_{xy}^2) = 0$$

解二次方程可得

$$\lambda_1 = \frac{1}{2} \left[(Q_{xx} + Q_{yy}) + \sqrt{(Q_{xx} - Q_{yy})^2 + 4Q_{xy}^2} \right]$$

$$\lambda_2 = \frac{1}{2} \left[(Q_{xx} + Q_{yy}) - \sqrt{(Q_{xx} - Q_{yy})^2 + 4Q_{xy}^2} \right]$$

因此，极大极小值为

$$Q_{EE} = \lambda_1 = \frac{1}{2} \left[(Q_{xx} + Q_{yy}) + \sqrt{(Q_{xx} - Q_{yy})^2 + 4Q_{xy}^2} \right]$$

$$Q_{FF} = \lambda_2 = \frac{1}{2} \left[(Q_{xx} + Q_{yy}) - \sqrt{(Q_{xx} - Q_{yy})^2 + 4Q_{xy}^2} \right]$$

或

$$E^2 = \sigma_0^2 Q_{EE} = \frac{\sigma_0^2}{2} \left[(Q_{xx} + Q_{yy}) + \sqrt{(Q_{xx} - Q_{yy})^2 + 4Q_{xy}^2} \right]$$

$$F^2 = \sigma_0^2 Q_{FF} = \frac{\sigma_0^2}{2} \left[(Q_{xx} + Q_{yy}) - \sqrt{(Q_{xx} - Q_{yy})^2 + 4Q_{xy}^2} \right]$$

$$\tan\varphi_E = \frac{Q_{EE} - Q_{xx}}{Q_{yy}}$$

§9.4 例 题 讲 解

【例 9-1】 已知某平面控制网中待定点坐标平差参数 $\hat{x}$、$\hat{y}$ 的协因数为

$$Q_{\hat{X}\hat{X}} = \begin{bmatrix} 1.236 & -0.314 \\ -0.314 & 1.192 \end{bmatrix}$$

并求得 $\hat{\sigma}_0 = 1$，试求 E、F 和 φ_E、φ_F。

【解】 （1）极值方向的计算与确定

$$\tan 2\varphi_0 = \frac{2Q_{xy}}{(Q_{xx} - Q_{yy})} = \frac{2 \times (-0.314)}{0.044} = -14.27273$$

所以

$$2\varphi_0 = 94°00'', 274°00''$$

$$\varphi_0 = 47°00'', 137°00''$$

因为 $Q_{xy} < 0$，所以极大值 E 在第二、四象限，极小值 F 在第一、三象限，所以有

$$\varphi_E = 137°00' \text{ 或 } 317°00'$$

$$\varphi_F = 47°00' \text{ 或 } 227°00'$$

（2）极大值 E、极小值 F 的计算

$$Q_{xx} - Q_{yy} = 1.236 - 1.192 = 0.044, \quad Q_{xx} + Q_{yy} = 1.236 + 1.192 = 2.428$$

$$K = \sqrt{(Q_{xx} - Q_{yy})^2 + 4Q_{xy}^2} = 0.6295$$

$$E^2 = \frac{1}{2}\hat{\sigma}_0^2 (Q_{xx} + Q_{yy} + K) = 1.528, \quad F^2 = \frac{1}{2}\hat{\sigma}_0^2 (Q_{xx} + Q_{yy} - K) = 0.899$$

所以有

$$E = 1.24, \quad F = 0.95$$

【本题点拨】 （1）求极大值和极小值的公式；（2）极大值方向的判定。

【例 9-2】 在某三角网中插入 P_1 和 P_2 两个待定点。设用间接平差法平差该网。待定点坐标近似值的改正数为 $\hat{x}_1$、$\hat{y}_1$、$\hat{x}_2$、$\hat{y}_2$。其法方程为

$$\left.\begin{array}{l}
906.91\hat{x}_1 + 107.07\hat{y}_1 - 426.42\hat{x}_2 - 172.12\hat{y}_2 - 94.23 = 0 \\
107.07\hat{x}_1 + 486.22\hat{y}_1 - 177.64\hat{x}_2 - 142.65\hat{y}_2 + 41.40 = 0 \\
-426.42\hat{x}_1 - 177.64\hat{y}_1 + 716.39\hat{x}_2 + 60.25\hat{y}_2 + 52.78 = 0 \\
-172.17\hat{x}_1 - 142.65\hat{y}_1 + 60.25\hat{x}_2 + 444.60\hat{y}_2 + 1.06 = 0
\end{array}\right\}$$

试求 P_1 和 P_2 点的点位误差椭圆以及 P_1 和 P_2 点间的相对误差椭圆。

【解】 经平差计算，得单位权中误差为 $\hat{\sigma}_0 = 0.8$。令 N_{BB} 表示法方程式系数，则未知参数的协因数为

$$Q_{\hat{X}\hat{X}} = N_{BB}^{-1} = \begin{bmatrix} 0.0016 & 0.0002 & 0.0010 & 0.0005 \\ 0.0002 & 0.0024 & 0.0006 & 0.0008 \\ 0.0010 & 0.0006 & 0.0021 & 0.0003 \\ 0.0005 & 0.0008 & 0.0003 & 0.0027 \end{bmatrix}$$

（1）P_1 点的误差椭圆参数的计算。按照下式计算 P_1 点的误差椭圆参数。

$$E_{P_1}^2 = \frac{\hat{\sigma}_0^2}{2}\left(Q_{x_1 x_1} + Q_{y_1 y_1} + \sqrt{(Q_{x_1 x_1} - Q_{y_1 y_1})^2 + 4Q_{x_1 y_1}^2}\right) = 0.00157$$

$$F_{P_1}^2 = \frac{\hat{\sigma}_0^2}{2}\left(Q_{x_1 x_1} + Q_{y_1 y_1} - \sqrt{(Q_{x_1 x_1} - Q_{y_1 y_1})^2 + 4Q_{x_1 y_1}^2}\right) = 0.00099$$

则

$$E_{P_1} = 0.040, \quad F_{P_1} = 0.032$$

$$\tan 2\varphi_{E_1} = \frac{2Q_{x_1 y_1}}{Q_{x_1 x_1} - Q_{y_1 y_1}}, \quad 得\ \varphi_{E_1} = 76°45'$$

（2）P_2 点的误差椭圆参数的计算。按照下式计算 P_2 点的误差椭圆参数。

$$E_{P_2}^2 = \frac{\hat{\sigma}_0^2}{2}\left(Q_{x_2 x_2} + Q_{y_2 y_2} + \sqrt{(Q_{x_2 x_2} - Q_{y_2 y_2})^2 + 4Q_{x_2 y_2}^2}\right) = 0.00176$$

$$F_{P_2}^2 = \frac{\hat{\sigma}_0^2}{2}\left(Q_{x_2 x_2} + Q_{y_2 y_2} - \sqrt{(Q_{x_2 x_2} - Q_{y_2 y_2})^2 + 4Q_{x_2 y_2}^2}\right) = 0.00130$$

则
$$E_{P_2} = 0.042, \quad F_{P_1} = 0.036$$

$$\tan 2\varphi_{E_2} = \frac{2Q_{x_2 y_2}}{Q_{x_2 x_2} - Q_{y_2 y_2}}, \quad 得\ \varphi_{E_2} = 67°30'$$

（3）P_1 和 P_2 点间相对误差椭圆参数的计算。可求得

$$\begin{cases} Q_{\Delta x \Delta x} = Q_{x_2 x_2} + Q_{x_1 x_1} - 2Q_{x_2 x_1} = 0.0017 \\ Q_{\Delta y \Delta y} = Q_{y_2 y_2} + Q_{y_1 y_1} - 2Q_{y_2 y_1} = 0.0035 \\ Q_{\Delta x \Delta y} = Q_{x_2 y_2} - Q_{x_2 y_1} - Q_{x_1 y_2} + Q_{x_1 y_1} = -0.0006 \end{cases}$$

则
$$E_{P_1 P_2}^2 = 0.0024, \quad F_{P_1 P_2}^2 = 0.00096, \quad \varphi_{E_{P_1 P_2}} = 106°50'$$

所以可得相对误差椭圆的三要素：
$$E_{P_1 P_2} = 0.049, \quad F_{P_1 P_2} = 0.031, \quad \varphi_{F_{P_1 P_2}} = 106°50'$$

【本题点拨】 （1）误差椭圆三参数的求法；（2）相对误差椭圆三参数的求法。

【例 9-3】 某同学进行点位放样，在已知点 A 上安置全站仪以确定点 P 的坐标，如图 9-5 所示，观测了角度 L，边长 S，T 为已知方向，已知 AP 边的边长为 $S=200\text{m}$，测角和测边的中误差分别为 $\sigma_L = 2''$，$\sigma_S = 3\text{mm}$，试求待定点 P 的点位中误差。

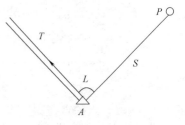

图 9-5　例 9-3 点位放样

【解】 $\sigma_u = \dfrac{2 \times 200 \times 1000}{2 \times 10^5} = 2\text{mm}, \quad \sigma_s = 3\text{mm}$

$$\sigma_P = \sqrt{\sigma_s^2 + \sigma_u^2} = \sqrt{13}\ \text{mm}$$

【本题点拨】 点位方差等于任一垂直两方向的方差之和，用纵、横方差求该题比较简单。

【例 9-4】 某桥梁控制网如图 9-6 所示，A、B 为已知点（无误差），$\alpha_{B3} = 90°$，平差后得 3 号点误差椭圆的 3 个参数分别为 $\varphi_E = 30°$，$E = 2\sqrt{7}\ \text{mm}$，$F = 2\sqrt{3}\ \text{mm}$，$B3$ 边边长为 $\hat{S}_{B3} = 1201.640\text{m}$，设计要求 $B3$ 边边长相对中误差不低于 $\dfrac{1}{300000}$，问平差后 $\hat{S}_{B3}$ 的精度能否满足要求？

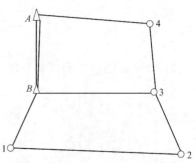

图 9-6　例 9-4 桥梁控制网

【解】 $\alpha_{B3} = 90°$，得 $\alpha_{3B} = 270°$，$\psi = \varphi - \varphi_E = 240°$

$$\hat{\sigma}^2_{\alpha_{3B}} = E^2 \cos^2 \psi + F^2 \sin^2 \psi = 28 \times \frac{1}{4} + 12 \times \frac{3}{4} = 16\,\mathrm{mm}^2$$

$$\hat{\sigma}_{\alpha_{3B}} = 4\,\mathrm{mm}$$

$$\frac{\hat{\sigma}_{\alpha_{3B}}}{\hat{S}_{B3}} = \frac{4}{1201640} = \frac{1}{300410} < \frac{1}{300000}$$

所以，平差后能满足要求。

【本题点拨】 按极大值和极小值求任一方向的位差大小。

【例 9-5】 在直角三角形 ABC 中（图 9-7），为确定 C 点坐标，观测了边长 S_1，S_2 和角度 β，且观测值为：$\beta = 45°00'15'' \pm 10''$，$S_1 = 215.286\mathrm{m} \pm 2\mathrm{cm}$，$S_2 = 152.223\mathrm{m} \pm 3\mathrm{cm}$，试求：（1）$C$ 点坐标的平差值；（2）C 点误差椭圆参数 E，F，φ_E；（3）C 点点位误差。

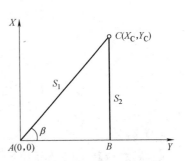

图 9-7　例 9-5 直角三角形

【解】 $n = 3$，$t = 2$，$r = 1$，选 C 点坐标平差值为参数 $\hat{X}$，$\hat{Y}$，并设 $X^0 = 152.311\mathrm{m}$，$Y^0 = 152.357\mathrm{m}$，可计算出

$$S^0_{AC} = \sqrt{X^{0^2} + Y^{0^2}} = 215.433\mathrm{m},\ S^0_{BC} = 152.311\mathrm{m},\ S^0_{AB} = 152.357\mathrm{m}$$

可列出误差方程为

$$V_1 = \frac{\Delta X^0_{AC}}{S^0_{AC}}\hat{x} + \frac{\Delta Y^0_{AC}}{S^0_{AC}}\hat{y} + S^0_{AC} - S_1 = 0.707\hat{x} + 0.707\hat{y} - 3.2$$

$$V_2 = \frac{\Delta X^0_{BC}}{S^0_{BC}}\hat{x} + \frac{\Delta Y^0_{BC}}{S^0_{BC}}\hat{y} + S^0_{BC} - S_2 = \hat{x}$$

$$V_3 = V_\beta = \rho'' \frac{\Delta Y^0_{AC}}{S^{0^2}_{AC}}\hat{x}/100 - \rho'' \frac{\Delta X^0_{AC}}{S^{0^2}_{AC}}\hat{y}/100 + \left(90 - \arctan\frac{Y^0}{X^0} - 45\right)\rho''$$

$$= 6.77\hat{x} - 6.77\hat{y} - 31.2$$

选 $\sigma_0^2 = 4\mathrm{cm}^2$，则 B，P，l 为

$$B = \begin{bmatrix} 0.707 & 0.707 \\ 1 & 0 \\ 6.77 & -6.77 \end{bmatrix},\ P = \begin{bmatrix} \dfrac{1\mathrm{cm}^2}{25('')^2} & 0 & 0 \\ 0 & 1 & 0 \\ 0 & 0 & \dfrac{4}{9} \end{bmatrix},\ l = \begin{bmatrix} 3.2 \\ 0 \\ 31.2 \end{bmatrix}$$

可得

(1) $\hat{x} = \begin{bmatrix} 0.3381 \\ -4.2668 \end{bmatrix}\mathrm{cm}$，$v = \begin{bmatrix} -5.9776'' \\ 0.3381\mathrm{cm} \\ -0.0250\mathrm{cm} \end{bmatrix}$，$\hat{X} = X^0 + \hat{x} = \begin{bmatrix} 152.31 \\ 152.31 \end{bmatrix}\mathrm{m}$

(2) $Q_{\hat{X}\hat{X}} = N_{BB}^{-1} = \begin{bmatrix} 0.9260 & 0.9242 \\ 0.9242 & 0.9714 \end{bmatrix}$

$$\frac{2Q_{xy}}{Q_{xx}-Q_{yy}}=-40.7137，极大值方向在一、三象限$$

$$\varphi_E=45°42'13''或225°42'13''$$

$$k^2=(Q_{xx}-Q_{yy})^2+4Q_{xy}^2=3.4186，得\ k=1.8489$$

$$Q_{EE}=\frac{1}{2}(Q_{xx}+Q_{yy}+k)=1.8732$$

$$Q_{FF}=\frac{1}{2}(Q_{xx}+Q_{yy}-k)=0.0243$$

$$\hat{\sigma}_0=\sqrt{\frac{V^TPV}{r}}=\sqrt{\frac{1.5439}{1}}=1.2425cm$$

$$E^2=\hat{\sigma}_0^2Q_{EF}=2.8920，得\ E=1.7006cm$$

$$F^2=\hat{\sigma}_0^2Q_{FF}=0.0375，得\ F=0.1936cm$$

（3）$\hat{\sigma}_P^2=E^2+F^2=2.9295cm^2$

【本题点拨】（1）根据间接平差求出点的协方差矩阵；（2）极大极小值的求法；（3）点位误差的多种求法。

【例 9-6】 图 9-8 为一个 GPS 网，$G01$、$G02$ 为已知点，$G03$、$G04$ 为待定点，用 GPS 接收机测得了 5 条基线。

（1）选择一种平差方法，建立函数模型；

（2）若通过平差计算，已知 $G03$、$G04$ 两点坐标平差值的协因数矩阵为

$$Q=\begin{bmatrix} 1.6 & 0.2 & 1.0 & -0.5 \\ 0.2 & 2.4 & 0.6 & 0.8 \\ 1.0 & 0.6 & 2.1 & -0.3 \\ -0.5 & 0.8 & -0.3 & 2.7 \end{bmatrix}，单位权中误差$$

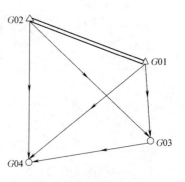

图 9-8 例 9-6 GPS 网

$\hat{\sigma}_0=\sqrt{2}$ mm。

① 试求 $G03$ 和 $G04$ 两点间相对误差椭圆三参数；② 已知平差后 $G03$-$G04$ 边的方位角为 $60°$，试计算该边的纵向误差和横向误差。

【解】（1）$n=15$，$t=6$，$r=9$，设 $G03$，$G04$ 的平差值为参数，分别为 $\hat{X}_3$，$\hat{Y}_3$，$\hat{Z}_3$，$\hat{X}_4$，$\hat{Y}_4$，$\hat{Z}_4$，则可列出误差方程为

$$v_{x_{13}}=\hat{X}_3-X_1-\Delta x_{13}$$

$$v_{y_{13}}=\hat{Y}_3-Y_1-\Delta y_{13}$$

$$v_{z_{13}}=\hat{Z}_3-Z_1-\Delta z_{13}$$

$$v_{x_{14}}=\hat{X}_4-X_1-\Delta x_{14}$$

$$v_{y_{14}}=\hat{Y}_4-Y_1-\Delta y_{14}$$

$$v_{z_{14}}=\hat{Z}_4-Z_1-\Delta z_{14}$$

$$v_{x_{23}}=\hat{X}_3-X_2-\Delta x_{23}$$

$$v_{y_{23}} = \hat{Y}_3 - Y_2 - \Delta y_{23}$$

$$v_{z_{23}} = \hat{Z}_3 - Z_2 - \Delta z_{23}$$

$$v_{x_{24}} = \hat{X}_4 - X_2 - \Delta x_{24}$$

$$v_{y_{24}} = \hat{Y}_4 - Y_2 - \Delta y_{24}$$

$$v_{z_{24}} = \hat{Z}_4 - Z_2 - \Delta z_{24}$$

$$v_{x_{34}} = \hat{X}_4 - \hat{X}_3 - \Delta x_{34}$$

$$v_{y_{34}} = \hat{Y}_4 - \hat{Y}_3 - \Delta y_{34}$$

$$v_{z_{34}} = \hat{Z}_4 - \hat{Z}_3 - \Delta z_{34}$$

$$Q_{\Delta x \Delta x} = Q_{x_3 x_3} + Q_{x_4 x_4} - 2Q_{x_3 x_4} = 1.6 + 2.1 - 2 = 1.7$$

(2) $Q_{\Delta y \Delta y} = Q_{y_3 y_3} + Q_{y_4 y_4} - 2Q_{y_3 y_4} = 2.4 + 2.7 - 1.6 = 3.5$

$$Q_{\Delta x \Delta y} = Q_{x_3 y_3} + Q_{x_4 y_4} - Q_{x_3 y_4} - Q_{x_4 y_3} = 0.2 - 0.3 + 0.5 - 0.6 = -0.2$$

$Q_{\Delta x \Delta y} < 0$，所以 φ_E 在二、四象限

$$2\varphi_E = \arctan \frac{2Q_{\Delta x \Delta y}}{Q_{\Delta x \Delta x} - Q_{\Delta y \Delta y}}, \ \text{得} \ \varphi_E = 96°31'39''$$

$$k = \sqrt{(Q_{\Delta x \Delta x} - Q_{\Delta y \Delta y})^2 + 4Q_{\Delta x \Delta y}^2} = 1.8439$$

$$Q_{EE} = \frac{1}{2}(Q_{\Delta x \Delta x} + Q_{\Delta y \Delta y} + k) = 3.5219$$

$$Q_{FF} = \frac{1}{2}(Q_{\Delta x \Delta x} + Q_{\Delta y \Delta y} - k) = 1.6781$$

$$E^2 = \hat{\sigma}_0^2 Q_{EE} = 7.0438 \text{mm}^2$$

$$F^2 = \hat{\sigma}_0^2 Q_{FF} = 3.3562 \text{mm}^2$$

$\hat{\sigma}_s = \sqrt{E^2 \cos^2 \psi + F^2 \sin^2 \psi}$，$\psi = 60° - 96°31'39''$，代入可得

$$\hat{\sigma}_s = 2.3936 \text{mm}, \ \hat{\sigma}_u = 2.1611 \text{mm}$$

【本题点拨】 （1）误差椭圆参数的求法；（2）利用误差椭圆求纵向和横向误差的方法。

【例 9-7】 已知某三角网中 P 点坐标的协因数矩阵为

$$Q_{\hat{X}\hat{X}} = \begin{bmatrix} 2.10 & -0.25 \\ -0.25 & 1.60 \end{bmatrix}$$

单位权 $\sigma_0 = 1.0$cm，试求：

（1）位差的极值方向 φ_E 和 φ_F；

（2）位差的极大值 E 和极小值 F；

（3）P 点的点位方差；

（4）求 $\psi = 30°$ 方向上的位差；

（5）若待定点 P 到已知点 A 的距离为 9.95km，坐标方位角为 $217°30'$，则 AP 边的边长相对中误差为多少？

【解】 （1）$\tan 2\varphi_0 = \dfrac{-0.5}{2.1 - 1.6} = -1$

$\because Q_{XY} < 0$

∴φ_E 在第二、四象限。

$\varphi_E = 157°30'$，$337°30'$；

$\varphi_F = 67°30'$，$247°30'$

(2) $K = \sqrt{(Q_{xx} - Q_{yy})^2 + 4Q_{xy}^2} = \sqrt{0.5^2 + 0.5^2} = 0.7071$

$$E^2 = \frac{1}{2}\hat{\sigma}_0^2(Q_{xx} + Q_{yy} + K) = 2.2036\text{cm}^2，得 E = 1.4845\text{cm}，$$

$$F^2 = \frac{1}{2}\hat{\sigma}_0^2(Q_{xx} + Q_{yy} - K) = 1.4964\text{cm}^2，得 F = 1.2233\text{cm}$$

(3) $\sigma_P^2 = E^2 + F^2 = 3.7\text{cm}^2$

(4) $\sigma_\psi^2 = \frac{3}{4}E^2 + \frac{1}{4}F^2 = 2.025\text{cm}^2$

(5) $\dfrac{\sigma_{AP}}{S_{AP}} = \dfrac{\sqrt{E^2\cos^2 60° + F^2\sin^2 60°}}{9.95 \times 10^5} = \dfrac{1}{769220}$

【本题点拨】 （1）按极大值和极小值求任意方向位差的方法；（2）相对中误差的求法。

【例 9-8】 如图 9-9 所示，P_1、P_2 是待定点，且 P_1、P_2 两点间为一山头，某铁路专用线在此经过，要在两点间开掘隧道，要求在贯通方向和贯通重要方向上的误差不超过 0.5m 和 0.25m。根据实地探勘，在地形图上设计了专用贯通测量控制网，已知点 A、B、C、D，同精度观测了 9 条边，设 P_1、P_2 点坐标为未知数 $[x_1 \quad y_1 \quad x_2 \quad y_2]^T$，经平差后算得参数的协因数矩阵为

$$Q = \begin{bmatrix} 0.345 & -0.001 & 0.060 & -0.081 \\ & 0.574 & -0.080 & 0.107 \\ & & 0.346 & 0.022 \\ & & & 0.580 \end{bmatrix}$$

并算得坐标方位角 $\hat{\alpha}_{P_1P_2} = 100°$，单位权中误差 $\hat{\sigma}_0 = 0.53\text{dm}$。试求：（1）计算 P_1 点的误差椭圆三参数；（2）计算 P_2 点的误差椭圆三参数；（3）计算 P_1、P_2 点的相对误差椭圆三参数；（4）判断在贯通方向和重要贯通方向上精度是否满足要求，并绘出它们的误差椭圆；（5）已知平差后 P_1P_2 边的方位角为 $\hat{\alpha}_{12} = 90°$，边长 $\hat{S}_{12} = 2.4\text{km}$，试求 P_1、P_2 两点间的边长相对中误差和坐标方位角中误差。

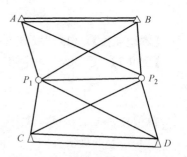

图 9-9　例 9-8 专用贯通测量控制网

【解】 根据题意有

(1) $Q_{x_1x_1} = 0.345$，$Q_{x_1y_1} = -0.001$，$Q_{y_1y_1} = 0.574$

$$\tan 2\varphi_E = \frac{2Q_{x_1y_1}}{Q_{x_1x_1} - Q_{y_1y_1}} = 0.0087$$

由于 $Q_{x_1y_1} = -0.001 < 0$

所以 φ_E 在第二、四象限，则 $\varphi_E = 90°14'57''$ 或 $270°14'57''$

$$K = \sqrt{(Q_{x_1 x_1} - Q_{y_1 y_1})^2 + 4Q_{x_1 y_1}^2} = 0.2290$$

$$E^2 = \frac{1}{2} \times 0.53^2 \times (0.345 + 0.574 + 0.229) = 0.1612 \text{dm}^2, \text{得 } E = 0.4015 \text{dm}$$

$$F^2 = \frac{1}{2} \times 0.53^2 \times (0.345 + 0.574 - 0.229) = 0.0969 \text{dm}^2, \text{得 } F = 0.3113 \text{dm}$$

（2）$Q_{x_2 x_2} = 0.346$，$Q_{y_2 y_2} = 0.580$，$Q_{x_2 y_2} = 0.022$

$$\tan 2\varphi_E = \frac{2Q_{x_2 y_2}}{Q_{x_2 x_2} - Q_{y_2 y_2}} = \frac{2 \times 0.022}{0.346 - 0.580} = -0.1880$$

由于 $Q_{x_2 y_2} = 0.022 > 0$

所以 φ_E 在第一、三象限，则 $\varphi_E = 84°40'35''$ 或 $264°40'35''$

$$K = \sqrt{(Q_{x_2 x_2} - Q_{y_2 y_2})^2 + 4Q_{xy}^2} = 0.2381$$

$$E^2 = \frac{1}{2} \times 0.53^2 \times (0.346 + 0.580 + 0.2381) = 0.1635 \text{dm}^2, \text{得 } E = 0.4044 \text{dm}$$

$$F^2 = \frac{1}{2} \times 0.53^2 \times (0.346 + 0.580 - 0.2381) = 0.0966 \text{dm}^2, \text{得 } F = 0.3108 \text{dm}$$

（3）

$$Q_{\Delta x \Delta x} = Q_{x_1 x_1} + Q_{x_2 x_2} - 2Q_{x_1 x_2} = 0.345 + 0.346 - 2 \times 0.06 = 0.5710$$

$$Q_{\Delta y \Delta y} = Q_{y_1 y_1} + Q_{y_2 y_2} - 2Q_{y_1 y_2} = 0.574 + 0.580 - 2 \times 0.107 = 0.9400$$

$$Q_{\Delta x \Delta y} = Q_{x_1 y_1} + Q_{x_2 y_2} - Q_{x_1 y_2} - Q_{x_2 y_1} = -0.001 + 0.022 + 0.081 + 0.080 = 0.1820$$

$$\tan 2\varphi_E = \frac{2Q_{\Delta x \Delta y}}{Q_{\Delta x \Delta x} - Q_{\Delta y \Delta y}} = \frac{2 \times 0.1820}{0.5710 - 0.9400} = -0.9864$$

由于 $Q_{\Delta x \Delta y} = 0.1820 > 0$，所以 φ_E 在第一、三象限。

$$\varphi_E = 67°41'46'' \text{ 或 } 247°41'46''$$

$$K = \sqrt{(Q_{\Delta x \Delta x} - Q_{\Delta y \Delta y})^2 + 4Q_{\Delta x \Delta y}^2} = 0.5183$$

$$E^2 = \frac{1}{2} \times 0.53^2 \times (0.5710 + 0.9400 + 0.5183) = 0.2850 \text{dm}^2, \text{得 } E = 0.5339 \text{dm}$$

$$F^2 = \frac{1}{2} \times 0.53^2 \times (0.5710 + 0.9400 - 0.5183) = 0.1394 \text{dm}^2, \text{得 } F = 0.3734 \text{dm}$$

（4）$\psi = 100° - 67°41'46'' = 32°18'14''$

$$\hat{\sigma}_s^2 = 0.2850\cos^2 \psi + 0.1394\sin^2 \psi = 0.2870 \text{dm}^2, \text{得 } \hat{\sigma}_s = 0.5357 \text{dm}$$

$$\hat{\sigma}_u^2 = 0.2850\cos^2 (\psi + 90°) + 0.1394\sin^2 (\psi + 90°) = 0.0881 \text{dm}^2, \text{得 } \hat{\sigma}_u = 0.2966 \text{dm}$$

所以能满足要求。

（5）$\psi = 90° - 67°41'46'' = 28°18'14''$

$$\hat{\sigma}_s^2 = 0.2850\cos^2 \psi + 0.1394\sin^2 \psi = 0.2568 \text{dm}^2, \text{得 } \hat{\sigma}_s = 0.5068 \text{dm}$$

$$\hat{\sigma}_a^2 = 0.2850\cos^2 (\psi + 90°) + 0.1394\sin^2 (\psi + 90°) = 0.1124 \text{dm}^2, \text{得 } \hat{\sigma}_a = 0.3353 \text{dm}$$

$$\frac{\hat{\sigma}_s}{\hat{S}_{12}} = \frac{0.5068}{2.4 \times 1000 \times 10} = \frac{1}{47356}$$

【本题点拨】（1）误差椭圆三参数的求法；（2）相对误差椭圆三参数的求法；（3）贯

通方向和重要贯通方向误差的求法；（4）坐标方位角中误差的求法。

【例 9-9】 某一控制网只有一个待定点，设待定点的坐标为未知数，进行间接平差，其法方程为

$$\begin{bmatrix} 1.287 & 0.411 \\ 0.411 & 1.762 \end{bmatrix}\begin{bmatrix} x \\ y \end{bmatrix}+\begin{bmatrix} 0.534 \\ -0.394 \end{bmatrix}=0$$

且已知 $l^{\mathrm{T}}Pl=4$。试求出待定点误差椭圆的 3 个参数，并求出待定点的点位中误差。

【解】

$$Q_{\hat{X}\hat{X}}=N_{BB}^{-1}=\begin{bmatrix} 0.8395 & -0.1958 \\ -0.1958 & 0.6132 \end{bmatrix}$$

$$\begin{bmatrix} x \\ y \end{bmatrix}=\begin{bmatrix} 0.5255 \\ -0.3462 \end{bmatrix},\ V^{\mathrm{T}}PV=l^{\mathrm{T}}Pl-W^{\mathrm{T}}\hat{x}=3.5830$$

$$\hat{\sigma}_0^2=\frac{V^{\mathrm{T}}PV}{r}=\frac{3.5830}{2}=1.6915$$

由于 $Q_{xy}=-0.1958<0$，所以极大值方向在二、四象限

$$\tan2\varphi_E=-0.8652,\ 得\ \varphi_E=159°34'00''或\ 339°34'00''$$

$$K=\sqrt{(Q_{xx}-Q_{yy})^2+4Q_{xy}^2}=0.4523$$

$$E^2=\frac{1}{2}\hat{\sigma}_0^2(Q_{xx}+Q_{yy}+K)=1.6122$$

$$F^2=\frac{1}{2}\hat{\sigma}_0^2(Q_{xx}+Q_{yy}-K)=0.8461$$

$$\hat{\sigma}_P=\sqrt{E^2+F^2}=1.5676$$

【本题点拨】（1）单位权中误差的求法；（2）求点位中误差的多种求法。

【例 9-10】 已知某测角网平差后两待定点 P_1、P_2 间的距离和方位角分别为 $S_{12}=2.5\mathrm{km}$，$\alpha_{12}=90°$，坐标差的协因数矩阵为

$$\begin{bmatrix} Q_{\Delta x\Delta x} & Q_{\Delta x\Delta y} \\ Q_{\Delta y\Delta x} & Q_{\Delta y\Delta y} \end{bmatrix}=\begin{bmatrix} 2 & -1 \\ -1 & 2 \end{bmatrix}$$

如果已知两点间的边长相对中误差为 $\dfrac{1}{20000}$，试求：（1）单位权方差；（2）相对误差椭圆参数。

【解】 $Q_{\Delta x\Delta x}=Q_{\Delta y\Delta y}=2$，$Q_{\Delta x\Delta y}=-1<0$，$\varphi_E$ 在第二、四象限

$$\tan2\varphi_E=\frac{2Q_{\Delta x\Delta y}}{Q_{\Delta x\Delta x}-Q_{\Delta y\Delta y}}=\frac{-1\times2}{2-2}=-\infty$$

$$\varphi_E=135°00'00''或\ 315°00'00''$$

$$K=\sqrt{4}=2$$

$$E^2=\frac{\sigma_0^2}{2}(Q_{\Delta x\Delta x}+Q_{\Delta y\Delta y}+K)=3\sigma_0^2$$

$$F^2=\frac{\sigma_0^2}{2}(Q_{\Delta x\Delta x}+Q_{\Delta y\Delta y}-K)=\sigma_0^2$$

$$\psi=90°-135°+360°=315°$$

$$\hat{\sigma}_{12}=\sqrt{E^2\cos^2315°+F^2\sin^2315°}=\sqrt{2}\sigma_0$$

$$\frac{\hat{\sigma}_{12}}{2.5 \times 1000} = \frac{1}{20000}, \quad 得\ \hat{\sigma}_{12} = \frac{2.5}{20} = \frac{1}{8} m, \quad 得\ \sigma_0 = \frac{1}{8\sqrt{2}} = 0.8839 dm$$

【本题点拨】 根据相对中误差求出边长的中误差，然后求出单位权方差。

【例 9-11】 已知某三角网中 P 点坐标的协因数矩阵为

$$Q_{\hat{X}\hat{X}} = \begin{bmatrix} 2.10 & -0.25 \\ -0.25 & 1.60 \end{bmatrix}$$

单位权方差估计值 $\hat{\sigma}_0^2 = 1 cm^2$，求：（1）位差的极值方向 φ_E 和 φ_F；（2）位差的极大值 E 和极小值 F；（3）P 点的点位方差；（4）$\psi = 30°$ 方向上的位差；（5）若待定点 P 点到已知点 A 的距离为 9.55km，方位角为 217.5°，则 AP 边的边长相对中误差为多少？

【解】 $Q_{xy} < 0$，所以极大值方向在第二、四象限。

（1）$\tan 2\varphi_E = \dfrac{2Q_{xy}}{Q_{xx} - Q_{yy}} = -1$，得 $\varphi_E = 157°30'$ 或 $337°30'$，$\varphi_F = 247°30'$ 或 $67°30'$

（2）$K = \sqrt{(Q_{xx} - Q_{yy})^2 + 4Q_{xy}^2} = 0.7071$

$$E^2 = \frac{1}{2}(Q_{xx} + Q_{yy} + K) = 2.2035 cm^2$$

$$F^2 = \frac{1}{2}(Q_{xx} + Q_{yy} - K) = 1.4965 cm^2$$

（3）$\hat{\sigma}_P^2 = E^2 + F^2 = 3.7 cm^2$

（4）$\hat{\sigma}_\psi^2 = E^2 \cos^2 30° + F^2 \sin^2 30° = 2.0267 cm^2$

（5）$\psi = 217°30' - 157°30' = 60°$

$$\hat{\sigma}_\psi^2 = E^2 \cos^2 60° + F^2 \sin^2 60° = 1.6732 cm^2, \quad 得\ \hat{\sigma}_\psi = 1.2935 cm$$

$$\frac{\hat{\sigma}_\psi}{S_{PA}} = \frac{1.2935}{9.55 \times 1000 \times 100} = \frac{1}{738310}$$

【本题点拨】 误差椭圆的应用。

【例 9-12】 某三角网中有一个待定点 P，并设其坐标为参数 $\hat{X} = [\hat{x}_P \quad \hat{y}_P]^T$，经平差后求得 $\hat{\sigma}_0^2 = 1 dm^2$，$Q_{\hat{X}\hat{X}} = \begin{bmatrix} 2 & 0.5 \\ 0.5 & 2 \end{bmatrix}$。试求：（1）计算 P 点误差椭圆三要素及点位方差 $\hat{\sigma}_P^2$；（2）计算 $\varphi = 30°$ 时的位差及相应的 ψ 值；（3）设 $\varphi = 30°$ 时的方向为 PC，且已知边长 $PC = 3.120 km$。试求 PC 边长相对中误差 $\dfrac{\hat{\sigma}_{S_{PC}}}{S_{PC}}$ 及方位角中误差。

【解】 （1）$Q_{xy} = 0.5 > 0$，所以 φ_E 在第一、三象限。

$$\tan 2\varphi_E = \frac{2Q_{xy}}{Q_{xx} - Q_{yy}} = \infty, \quad \varphi_E = 45° 或 225°$$

$$K = \sqrt{(Q_{xx} - Q_{yy})^2 + 4Q_{xy}^2} = 1$$

$$E^2 = \frac{1}{2}\hat{\sigma}_0^2(Q_{xx} + Q_{yy} + k) = \frac{5}{2} dm^2$$

$$F^2 = \frac{1}{2}\hat{\sigma}_0^2(Q_{xx} + Q_{yy} - k) = \frac{3}{2} dm^2$$

（2）$\hat{\sigma}_P^2 = 2 + 2 = 4\mathrm{dm}^2$

（3）$\psi = 30° - 45° + 360° = 345°$

$\hat{\sigma}_\psi^2 = E^2\cos^2 345° + F^2\sin^2 345° = 2.4330\mathrm{dm}^2$，得 $\hat{\sigma}_\psi = 1.5598\mathrm{dm}$

$$\frac{\hat{\sigma}_{S_{PC}}}{S_{PC}} = \frac{1.5598}{3.12 \times 1000 \times 10} = \frac{1}{20003}$$

$$\hat{\sigma}_\alpha = \sqrt{4 - 2.4330}/(3.12 \times 10000) \times 206265 = 8.3''$$

【本题点拨】 （1）误差椭圆三参数的求法；（2）计算位差的方法。

【例 9-13】 试证明任意待定点的两个极值方向位差的互协因数为零，即 $Q_{EF} = 0$。

【证明】

$$\Delta E = \Delta x\cos\varphi_E + \Delta y\sin\varphi_E$$
$$\Delta F = \Delta x\cos\varphi_F + \Delta y\sin\varphi_F$$

又由于：

$$\varphi_F = 90° + \varphi_E，Q\begin{pmatrix}\Delta x\\ \Delta y\end{pmatrix} = \begin{bmatrix}Q_{xx} & Q_{xy}\\ Q_{xy} & Q_{yy}\end{bmatrix}$$

所以可得

$$\Delta E = \Delta x\cos\varphi_E + \Delta y\sin\varphi_E$$
$$\Delta F = -\Delta x\sin\varphi_E + \Delta y\cos\varphi_E$$

$$Q_{EF} = \begin{bmatrix}\cos\varphi_E & \sin\varphi_E\end{bmatrix}\begin{bmatrix}Q_{xx} & Q_{xy}\\ Q_{xy} & Q_{yy}\end{bmatrix}\begin{bmatrix}-\sin\varphi_E\\ \cos\varphi_E\end{bmatrix}$$

$$= (Q_{xx}\cos\varphi_E + Q_{xy}\sin\varphi_E\ Q_{xy}\cos\varphi_E + Q_{yy}\sin\varphi_E)\begin{bmatrix}-\sin\varphi_E\\ \cos\varphi_E\end{bmatrix}$$

$$= -Q_{xx}\cos\varphi_E\sin\varphi_E - Q_{xy}\sin^2\varphi_E + Q_{xy}\cos^2\varphi_E + Q_{yy}\cos\varphi_E\sin\varphi_E$$

$$= Q_{xy}(\cos^2\varphi_E - \sin^2\varphi_E) - \frac{1}{2}(Q_{xx} - Q_{yy})\sin 2\varphi_E$$

$$= Q_{xy}\cos 2\varphi_E - \frac{1}{2}(Q_{xx} - Q_{yy})\sin 2\varphi_E$$

又有

$$\tan 2\varphi_E = \frac{2Q_{xy}}{Q_{xx} - Q_{yy}}，得 Q_{xy}\cos 2\varphi_E = \frac{1}{2}(Q_{xx} - Q_{yy})\sin 2\varphi_E$$

所以 $$Q_{EF} = 0$$

【本题点拨】 利用极大和极小方向之间相差 90° 证明。

【例 9-14】 在某测边网中，设待定点 P_1 的坐标为未知参数，即 $\hat{X} = [X_1 \quad Y_1]^T$，平差后得到 $\hat{X}$ 的协因数矩阵 $Q_{\hat{X}\hat{X}} = \begin{bmatrix}0.25 & 0.15\\ 0.15 & 0.75\end{bmatrix}$，且单位权方差 $\hat{\sigma}_0^2 = 3.0\mathrm{cm}^2$。试求：
（1）P_1 点纵、横坐标中误差和点位中误差；（2）P_1 点误差椭圆三要素 φ_E、E、F；
（3）P_1 点在方位角 90° 方向上的位差。

【解】 （1）$\hat{\sigma}_x = \sqrt{3.0 \times 0.25} = \frac{\sqrt{3}}{2}\mathrm{cm}$

$$\hat{\sigma}_y = \sqrt{3.0 \times 0.75} = \frac{3}{2}\text{cm}$$

$$\hat{\sigma}_{P_1} = \sqrt{3.0 \times (0.25 + 0.75)} = \sqrt{3}\text{cm}$$

（2）$\tan 2\varphi_E = \dfrac{2Q_{xy}}{Q_{xx} - Q_{yy}} = -0.6$，由于 $Q_{xy} > 0$，所以 φ_E 在第一、三象限。

$$\varphi_E = 74°31'05'', \ 254°31'05''$$

$$K = \sqrt{(Q_{xx} - Q_{yy})^2 + 4Q_{xy}^2} = 0.5831$$

$$E^2 = \frac{1}{2} \times 3 \times (1 + 0.5831) = 2.3746\text{cm}^2,\ 得\ E = 1.5410\text{cm}$$

$$F^2 = \frac{1}{2} \times 3 \times (1 - 0.5831) = 0.6254\text{cm}^2,\ 得\ E = 0.7908\text{cm}$$

（3）$\psi = 90° - 74°31'05'' = 15°28'55''$

$$\hat{\sigma}_{90}^2 = 2.3746 \times \cos^2 15°28'55'' + 0.6254 \times \sin^2 15°28'55'' = 2.2497\text{cm}^2$$

【本题点拨】 （1）误差椭圆三参数的求法；（2）任一方向位差的求法。

【例 9-15】 在平面控制测量中，已知某点 x，y 坐标的中误差分别为 3cm 和 4cm，又知该点误差椭圆的长半径为 $2\sqrt{5}$ cm，求误差椭圆的短半径。

【解】 设该点为 P，则 P 点位方差为

$$\sigma_P^2 = \sigma_x^2 + \sigma_y^2 = 3^2 + 4^2 = 25\text{cm}^2$$

又 P 点位方差也等于误差椭圆长半径的平方和椭圆短半径的平方之和，即

$$\sigma_P^2 = E^2 + F^2 \Rightarrow F^2 = 25 - 20 = 5,\ 得\ F = \sqrt{5}\text{cm}$$

【本题点拨】 点位位差等于任一方向的最大和最小方差之和。

§9.5 习　　题

1. 试阐述：

（1）点位中误差与点位误差椭圆的异、同点是什么？

（2）若已知点位误差椭圆的三元素，可否计算出点位中误差？反之，有了计算点位中误差的必要元素，能否计算出点位误差椭圆的三元素？

（3）相对误差椭圆主要是用来描述什么关系的？它与点位误差椭圆的关系是什么？

2. 在误差椭圆的元素计算：

（1）当 $Q_{xy} = 0$ 时，如何判别极值方向？

（2）当 $Q_{xx} = Q_{yy}$，$Q_{xy} \neq 0$ 时，如何判别极值方向？

（3）当 $Q_{xx} = Q_{yy}$，$Q_{xy} = 0$ 时，如何判别极值方向？

3. 角 ψ 和 σ_ψ 是怎样定义的？φ、ψ 及 φ_E 之间有什么关系？

4. 设某平面控制网中已知点 A 与待定点 P 连线的坐标方位角为 $T_{PA} = 75°$，边长 $S_{PA} = 648.12\text{m}$，经平差后算得 P 点误差椭圆参数为 $\varphi_E = 45°$，$E = 4\text{cm}$，$F = 2\text{cm}$，试求边长相对中误差 $\dfrac{\hat{\sigma}_{S_{PA}}}{S_{PA}}$。

5. 已求得某控制网中 P 点误差椭圆参数 $\varphi_E = 157°30'$，$E = 1.57\text{dm}$，$F = 1.02\text{dm}$，已知 PA 边坐标方位角 $\alpha_{PA} = 217°30'$，$S_{PA} = 5\text{km}$，A 为已知点，试求 PA 边坐标方位角中误差 $\hat{\sigma}_{\alpha_{PA}}$ 和边长相对中误差 $\dfrac{\hat{\sigma}_{S_{PA}}}{S_{PA}}$。

6. 某三角网中有一待定点 P，并设其坐标参数 $\hat{X} = [\hat{x}_P \quad \hat{y}_P]^T$，经平差求得 $\hat{\sigma}_0^2 = 1\text{dm}^2$，$Q_{\hat{X}\hat{X}} = \begin{bmatrix} 2 & 0.5 \\ 0.5 & 2 \end{bmatrix}$，试求：（1）$P$ 点误差椭圆参数 φ_E、E、F 及点位方差 $\hat{\sigma}_P^2$；（2）$\varphi = 30°$ 时的位差及相应的 ψ 值；（3）设 $\varphi = 30°$ 时的方向为 PC，且已知边长 $S_{PC} = 3.120\text{km}$，求 PC 边的相对中误差 $\dfrac{\hat{\sigma}_{S_{PC}}}{S_{PC}}$ 及方位角中误差 $\hat{\sigma}_{T_{PC}}$。

7. 设某未知点 P 为参数，经间接平差得到法方程为
$$2\hat{x}_P + \hat{y}_P - 2.5\text{cm} = 0$$
$$\hat{x}_P + 2\hat{y}_P + 1.4\text{cm} = 0$$
已知 $\hat{\sigma}_0^2 = 1\text{cm}^2$，$P$ 到已知点 A 的距离为 10km，方位角 $\alpha_{PA} = 100°$，求：（1）P 点误差椭圆三要素；（2）P 点的点位方差；（3）PA 边的相对精度。

8. 某平面控制网经平差后求得 P_1、P_2 两待定点间坐标差的协因数矩阵为
$$\begin{bmatrix} Q_{\Delta\hat{X}\Delta\hat{X}} & Q_{\Delta\hat{X}\Delta\hat{Y}} \\ Q_{\Delta\hat{Y}\Delta\hat{X}} & Q_{\Delta\hat{Y}\Delta\hat{Y}} \end{bmatrix} = \begin{bmatrix} 3 & -2 \\ -2 & 3 \end{bmatrix}$$
单位权中误差为 $\hat{\sigma}_0 = 1\text{cm}$，试求两点间相对误差椭圆的 3 个参数。

9. 在某三角网中，已知 C、D 两待定点间坐标差的协因数矩阵为
$$\begin{bmatrix} Q_{\Delta\hat{X}\Delta\hat{X}} & Q_{\Delta\hat{X}\Delta\hat{Y}} \\ Q_{\Delta\hat{Y}\Delta\hat{X}} & Q_{\Delta\hat{Y}\Delta\hat{Y}} \end{bmatrix} = \begin{bmatrix} 1.200 & 0.433 \\ 0.433 & 0.700 \end{bmatrix}$$
单位权中误差为 $\hat{\sigma}_0 = 1\text{dm}$，试求：（1）两点间相对误差椭圆的 3 个参数；（2）若已知 C、D 方向的坐标方位角为 $T_{CD} = 60°$，$S_{CD} = 3.32\text{km}$，求 CD 边的边长相对中误差和方位角中误差。

10. 在一条边长的支导线测量中，已知测角中误差 $\sigma_\beta = 2''$，测边中误差 $\sigma_S = 2\text{mm}$。已知点至待定点的距离为 185m，则待定点的点位中误差为（　　　）。

11. 在某测边网中，设待定点 P_1 的坐标为未知参数，即 $\hat{X} = [X_1 \quad \hat{Y}_1]^T$，平差后得到 $\hat{X}$ 的协因数矩阵为 $Q_{\hat{X}\hat{X}} = \begin{bmatrix} 1.75 & -0.25 \\ -0.25 & 1.25 \end{bmatrix}$，且单位权方差 $\hat{\sigma}_0^2 = 2\text{cm}^2$。试求：（1）计算 P_1 点误差椭圆三要素 φ_E、E、F；（2）计算 P_1 点在方位角为 $45°$ 方向上的位差。

12. 图 9-10 所示平差问题中，A、B 为已知点，P 为待定点，观测值为 S_1、S_2、β。已知数据和观测数据如表 9-1 所示。对应中误差 $\sigma_{S_1} = \sigma_{S_2} = 6\text{mm}$，$\sigma_\beta = 6''$。试求：（1）待定点 P 点坐标平差值；（2）求 P 点的误差椭圆。

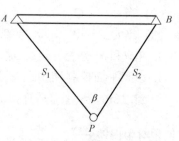

图 9-10　习题 12 边角网

点号	已知坐标(m)		观测数据
	X	Y	$S_1 = 122.444$m
A	883.2892	259.1385	$S_2 = 223.478$m
B	640.2838	144.1899	$\beta = 97°41'54''$

坐标数据和观测数据　　　　　　　　　　表 9-1

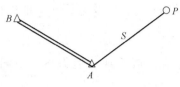

图 9-11　习题 13 导线观测

13. 如图 9-11 所示，A，B 为已知点，$S = 200$m，测距中误差为 2mm，$\alpha_{AP} = 45°$，角度 $\angle BAP$ 的观测中误差为 $4''$（取 $\rho = 2 \times 10^5$）。试求：（1）P 点误差曲线的极大值方向；（2）误差椭圆的长半轴 E，短半轴 F；（3）P 点的点位方差。

14. 某点 P 的方差矩阵为 $\begin{bmatrix} 2 & 0 \\ 0 & 3 \end{bmatrix}$ cm^2，则 P 的点位方差 $\sigma_P^2 = ($　　$)$，误差曲线的最大值为（　　），误差椭圆的短半轴的方位角为（　　）。

15. 已知某点 P 的坐标平差值的协因数矩阵为 $Q_{\hat{P}\hat{P}} = \begin{bmatrix} 2.25 & 0 \\ 0 & 2.25 \end{bmatrix}$，单位权中误差为 $\hat{\sigma}_0 = 1$cm，试求该点误差椭圆的 3 个参数，并说明该误差椭圆的形状特点。

16. 已知某控制网中仅有一个待定点，设该点坐标为参数，采用间接平差得到法方程为：

$$6.01\hat{x} - 3.02\hat{y} - 6.0 = 0$$
$$-3.02\hat{x} + 1.58\hat{y} + 3.4 = 0$$

已计算得到单位权中误差估值 $\hat{\sigma}_0 = 1.2$cm。试求：（1）该点的误差椭圆参数；（2）该点的点位误差。

17. 在某三角网中，已知两未知点的坐标差的协因数矩阵为：$\begin{bmatrix} Q_{\Delta\hat{x}\Delta\hat{x}} & Q_{\Delta\hat{x}\Delta\hat{y}} \\ Q_{\Delta\hat{y}\Delta\hat{x}} & Q_{\Delta\hat{y}\Delta\hat{y}} \end{bmatrix} = \begin{bmatrix} 2.5 & 0 \\ 0 & 1.4 \end{bmatrix}$，已知单位权中误差 $\hat{\sigma}_0 = 2$cm，则相对误差椭圆的 3 个参数分别为多少？

18. 已知某平面控制网中两待定点 P_1 与 P_2 之间的边长 $S_{P_1P_2} = 5$km，已算得两点间的横向位差 $\hat{\sigma}_{u_{P_1P_2}} = 0.645$dm，试求 P_1P_2 方向的坐标方位角中误差 $\hat{\sigma}_{T_{P_1P_2}}$。

19. 已知某测角网平差后两待定点坐标差的协因数矩阵为：

$$\begin{bmatrix} Q_{\Delta\hat{x}\Delta\hat{x}} & Q_{\Delta\hat{x}\Delta\hat{y}} \\ Q_{\Delta\hat{y}\Delta\hat{x}} & Q_{\Delta\hat{y}\Delta\hat{y}} \end{bmatrix} = \begin{bmatrix} 0.380 & 0.025 \\ 0.025 & 0.510 \end{bmatrix}$$

单位权中误差为 $\hat{\sigma}_0 = 2$dm，试求：（1）两点间相对误差椭圆参数；（2）若已知 $S_{12} = 7.78$km，$T_{12} = 112°30'$，两点间边长相对中误差。

20. 已知某控制网平差后两待定点 P_1、P_2 间的距离和方位角分别为 $S_{12} = 2.5$km，$\alpha_{12} = 90°$，坐标差的协因数矩阵为

$$\begin{bmatrix} Q_{\Delta\hat{x}\Delta\hat{x}} & Q_{\Delta\hat{x}\Delta\hat{y}} \\ Q_{\Delta\hat{y}\Delta\hat{x}} & Q_{\Delta\hat{y}\Delta\hat{y}} \end{bmatrix} = \begin{bmatrix} 2 & -1 \\ -1 & 2 \end{bmatrix}$$

如果已知两点间边长相对中误差为 1/20000，试求：（1）单位权中误差；（2）相对误差椭圆参数 $\varphi_{E_{12}}$，E_{12}，F_{12}。

21. 设 P 为待定点，A 为已知，$\alpha_{PA}=75°$，$S_{PA}=200m$，P 点坐标的方差矩阵为 $\begin{bmatrix} 3 & 1 \\ 1 & 3 \end{bmatrix} mm^2$，求 P 点位差的极大值 E、极小值 F、极大值方向 φ_E 以及边长 S_{PA} 的中误差 $\sigma_{S_{PA}}$ 和方位角 α_{PA} 的中误差 $\sigma_{\alpha_{PA}}$。

22. 在某测边网中，A、B 为已知点，C、D 为待定点，边长观测值为 S_i（$i=1$，2，…，5）。经平差后 C、D 点坐标协因数矩阵为

$$Q_{\hat{X}\hat{X}} = \begin{bmatrix} 0.350 & 0.015 & -0.005 & 0 \\ 0.015 & 0.250 & 0 & 0.020 \\ -0.005 & 0 & 0.020 & 0.010 \\ 0 & 0.020 & 0.010 & 0.300 \end{bmatrix}$$

单位权中误差为 $\hat{\sigma}_0=2cm$。试求：（1）C 点和 D 点的误差椭圆参数；（2）C、D 两点的相对误差椭圆参数；（3）已知 CD 边的方位角 $\alpha_{CD}=142°30'$，$S_{CD}=580.054m$，求 C、D 两点间边长的相对中误差。

第 10 章 平差系统的假设检验

本章学习目标

本章是对平差结果进行统计假设检验。通过本章的学习，应达到以下目标：

(1) 掌握残差平方和的分布；

(2) 掌握统计假设检验的 4 种基本方法；

(3) 掌握统计假设检验在测量中的应用；

(4) 了解统计假设检验的基本原理。

§10.1 统计假设检验基本概念

1. 定义

统计假设检验就是根据子样信息，通过检验来判断母体分布是否具有指定的特征。习惯上对检验的目标要做一个假设，称为原假设，记为 H_0；H_0 遭到拒绝，实质上是接受了另一个假设，称为备选假设，记为 H_1。统计假设检验也简称假设检验。

2. 统计假设

统计假设分为参数假设和非参数假设。

(1) 参数假设。假设母体的分布函数是已知的，对分布函数中的参数做出假设。如设已知随机变量 X 服从分布：$X \sim N(\mu, 1.15^2)$，即 X 的分布及方差都是已知的，但期望 μ 未知，根据具体情况判断，提出假设：$\mu = 100$。

(2) 非参数假设。这种情况是指连母体服从的分布也不知道，对母体的分布函数做出的假设。

本书所涉及的统计假设主要是参数假设。

3. 进行统计假设检验

假设提出来之后，就要通过检验判断它是否成立，以决定是接受假设还是拒绝接受假设，这个过程就是假设检验的过程。这种检验过程与数学上的定理证明是不同的，定理证明不带有随机性，而假设是否被接受会受到随机抽样的随机性的影响。

假设检验的判断依据是小概率推断原理。所谓小概率推断原理就是：概率很小的事件在一次试验中实际上是不可能出现的。如果小概率事件在一次试验中出现了，就有理由拒绝它。

因此，统计假设检验的思想是：给定一个临界概率 α，如果在假设 H_0 成立的条件下，出现观测到的事件的概率小于 α，就做出拒绝假设 H_0 的决定，否则，做出接受假设 H_0 的决定。

通常取临界概率为 $\alpha = 0.05, 0.01, 0.001$ 等。习惯上，将临界概率 α 称为显著水平，或简称水平。

4. 检验统计量的选择

假设检验的关键问题是构造一个适当的统计量，要求构造的统计量满足如下条件：

（1）适合于所做的假设。

（2）统计量内不能有未知数，其由抽取的子样值及假设值构成，即统计量要能计算出具体数值。

（3）要知道该统计量的概率分布，从而确定其经常出现的区间（该区域称为接受域），使统计量落入该区间内的概率接近于1，这样可以进行分位值的计算或从有关表中查取分位值。

5. 接受域和拒绝域

设已知统计量 u 服从正态分布 $u \sim N(0, 1)$，则统计量 u 出现在区间 $(-u_{\frac{\alpha}{2}}, +u_{\frac{\alpha}{2}})$ 内的概率应该为 $1-\alpha$，即有

$$P(-u_{\frac{\alpha}{2}} < u < u_{\frac{\alpha}{2}}) = 1-\alpha \tag{10-1}$$

设显著水平 $\alpha = 0.05$，则 $1-\alpha = 0.95 = 95\%$，上式的概率意义就是统计量 u 应该以 95% 的概率落入区间 $(-u_{\frac{\alpha}{2}}, +u_{\frac{\alpha}{2}})$ 内。所以，当根据子样和原假设 H_0 算出来的统计量 u 落入了该区域之中，就可以认为原假设 H_0 是可以接受的，于是区域 $(-u_{\frac{\alpha}{2}}, +u_{\frac{\alpha}{2}})$ 称为接受域；而若经计算的统计量 u 落入了该区域之外，这就表示概率很小的事件居然发生了，根据上面介绍的小概率推断原理，可以认为原假设 H_0 是错误的，应拒绝接受 H_0，所以把区域 $(-\infty, -u_{\frac{\alpha}{2}})$ 和 $(u_{\frac{\alpha}{2}}, +\infty)$ 称为拒绝域。而接受域与拒绝域的临界值 $-u_{\frac{\alpha}{2}}$ 和 $u_{\frac{\alpha}{2}}$ 就称为分位值，分位值应根据统计量服从的分布、显著水平 α 等，在分布表中查取。

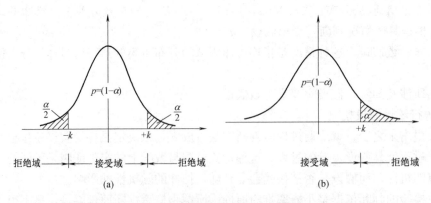

图 10-1　双尾和单尾检验的概率分布密度曲线

如图 10-1（a）所示，式（10-1）所示的情况是将拒绝域放在了分布密度曲线的两侧（也称为双尾）上，每一侧上的拒绝概率为 $\alpha/2$，查取分位值时也用 $\alpha/2$ 的概率进行，这种检验法称为双尾检验法。根据提出假设 H_0 的不同，拒绝域也会放到分布曲线的某一侧上，如图 10-1（b）所示，称为单尾拒绝域，这种检验法称为单尾检验法。

从图 10-1 可看出，接受域和拒绝域的大小与给定的显著水平 α 值的大小有关。α 越

大则拒绝域越大，H_0 被拒绝的机会增多；α 越小则接受域越大，H_0 被接受的机会增多。α 的大小应根据问题的性质选定，当不应轻易拒绝原假设 H_0 时，应选择较小的 α 值。

本科生阶段，主要用的是双尾检验法。

6. 两类错误

第一类错误：当 H_0 为真（正确）而遭到拒绝的错误称为犯第一类错误，也称为弃真的错误，如图 10-2 所示。犯第一类错误的概率就是 α。

第二类错误：同样地，当 H_0 为不真（不正确）时，也有可能接受 H_0，这种错误称为犯第二类错误，或称为纳伪的错误，如图 10-2 所示。犯第二类错误的概率为 β。

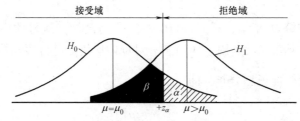

图 10-2 　α 与 β 间的关系

显然，当子样容量 n 确定后，犯这两类错误的概率不可能同时减小。当 α 增大，则 β 减小；当 α 减小，则 β 增大。检验时，一般都是控制 α 的值，对 β 值一般不作明确规定。

7. 检验功效

当 H_1 为真，拒绝 H_0，判断正确，其概率为 $1-\beta$，这种作出正确判断的概率称为检验功效。

假设检验的 4 种可能性列于表 10-1 中。

假设检验的 4 种可能性　　　　　　　　　　　　　　　　表 10-1

现象	判断	结果	概率
H_0 为真	接受	正确	$1-\alpha$
	拒绝	第一类错误(弃真)	α
H_0 为不真 （H_1 为真）	接受	第二类错误(纳伪)	β
	拒绝	正确	$1-\beta$(检验功效)

显然，当子样容量 n 确定后，犯这两类错误的概率不可能同时减小。当 α 增大，β 则减小；当 α 减小，则 β 增大。检验时，一般都是控制 α 的值，对 β 值一般不作明确规定。

8. 进行统计假设检验的步骤

概括来说，进行假设检验的步骤如下：

(1) 根据实际需要提出原假设 H_0 和备选假设 H_1。

(2) 选取适当的显著水平 α。

(3) 确定检验用的统计量，其分布应是已知的。

(4) 根据选取的显著水平 α，查表得分位值，如被检验的数值落入拒绝域，则拒绝 H_0（接受 H_1）；否则，接受 H_0（拒绝 H_1）。

9. 残差平方和的分布

在测量平差中残差是一种重要统计量，研究有关残差、方差的统计估计和假设检验方法都涉及残差平方和的概率分布。

残差加权平方和除以单位权方差服从 χ^2 分布，即

$$V^{\mathrm{T}}PV/\sigma_0^2 \sim \chi_{(r)}^2 \tag{10-2}$$

式中　r——平差中的多余观测数。

由于 $V^{\mathrm{T}}PV$，σ_0^2，r 对于一个平差系统是不变量，与具体采用的平差方法无关。

§10.2　统计假设方法的基本方法

1. u 检验法

设母体服从正态分布 $N(\mu, \sigma^2)$，母体方差 σ^2 为已知。从母体中随机抽取容量为 n 的子样，可求得子样均值 $\overline{x}$，利用子样均值 $\overline{x}$ 对母体均值 μ 进行假设检验，则可用统计量 $u = \dfrac{\overline{x} - \mu}{\sigma/\sqrt{n}}$，其分布为标准正态分布。即

$$u = \frac{\overline{x} - \mu}{\sigma/\sqrt{n}} \tag{10-3}$$

将这种服从标准正态分布的统计量称为 u 变量，利用 u 统计量所进行的检验方法称为 u 检验法。

u 检验法不仅可以检验单个正态母体参数，还可以在两个正态母体方差 σ_1^2、σ_2^2 已知的条件下，对两个母体均值是否存在显著性差异进行检验。

设两个正态随机变量 $X \sim N(\mu_1, \sigma_1^2)$ 和 $Y \sim N(\mu_2, \sigma_2^2)$，从两母体中独立抽取的两组子样为 $x_1, x_2, \cdots, x_{n_1}$ 和 $y_1, y_2, \cdots, y_{n_2}$。子样均值分别为 $\overline{x}$ 和 $\overline{y}$，则两个均值之差构成的统计量也是正态随机变量，即

$$(\overline{x} - \overline{y}) \sim N\left(\mu_1 - \mu_2, \frac{\sigma_1^2}{n_1} + \frac{\sigma_2^2}{n_2}\right)$$

标准化得

$$\frac{(\overline{x} - \overline{y}) - (\mu_1 - \mu_2)}{\sqrt{\dfrac{\sigma_1^2}{n_1} + \dfrac{\sigma_2^2}{n_2}}} \sim N(0, 1)$$

如果两母体方差相等，设为 $\sigma_1^2 = \sigma_2^2$，则上式为

$$\frac{(\overline{x} - \overline{y}) - (\mu_1 - \mu_2)}{\sigma\sqrt{\dfrac{1}{n_1} + \dfrac{1}{n_2}}} \sim N(0, 1)$$

2. t 检验法

设母体服从正态分布 $N(\mu, \sigma^2)$，母体方差 σ^2 未知。从母体中随机抽取容量为 n 的子样，可求得子样均值 $\overline{x}$ 和子样中误差 $\hat{\sigma}(\mathrm{m})$，利用子样均值 $\overline{x}$ 和子样中误差 $\hat{\sigma}(\mathrm{m})$ 对母体均值 μ 进行假设检验，则可利用统计量 $t = \dfrac{\overline{x} - \mu}{\hat{\sigma}/\sqrt{n}}$，但统计量 t 已不服从正态分布，而是服从自由度为 $n-1$ 的 t 分布。即

$$t = \frac{\overline{x} - \mu}{\hat{\sigma}/\sqrt{n}} \sim t(n-1) \tag{10-4}$$

用统计量 t 检验正态母体数学期望的方法，称为 t 检验法。

同样，t 检验法不仅可以检验单个正态母体参数，还可以对两个母体均值是否存在显著性差异进行检验。

设两个正态随机变量 $X \sim N(\mu_1, \sigma_1)$ 和 $Y \sim N(\mu_2, \sigma_2)$，$\sigma_1^2$、$\sigma_2^2$ 未知，但已知 $\sigma_1^2 = \sigma_2^2$，设为 $\sigma_1^2 = \sigma_2^2 = \sigma^2$。

从两母体中独立抽取的两组子样为 $x_1, x_2, \cdots, x_{n_1}$ 和 $y_1, y_2, \cdots, y_{n_2}$。子样均值分别为 $\overline{x}$ 和 $\overline{y}$，子样方差分别为 σ_1^2、σ_2^2，则两个均值之差构成服从 t 分布的统计量，即

$$t = \frac{\dfrac{(\overline{x} - \overline{y}) - (\mu_1 - \mu_2)}{\sqrt{\dfrac{1}{n_1} + \dfrac{1}{n_2}}}}{\sqrt{\dfrac{(n_1-1)\hat{\sigma}_1^2 + (n_2-1)\hat{\sigma}_2^2}{n_1 + n_2 - 2}}} \sim t(n_1 + n_2 - 2) \tag{10-5}$$

3. χ^2 检验法

设母体服从正态分布 $N(\mu, \sigma^2)$，母体方差 σ^2 未知。从母体中随机抽取容量为 n 的子样，可求得子样方差 $\hat{\sigma}^2(\mathrm{m}^2)$，利用子样方差 $\hat{\sigma}^2(\mathrm{m}^2)$ 对母体方差 σ^2 进行假设检验，可利用统计量 $\chi^2 = \dfrac{(n-1)\hat{\sigma}^2}{\sigma^2}$，此统计量服从自由度为 $n-1$ 的 χ^2 分布，即

$$\chi^2 = \frac{[vv]}{\sigma^2} = \frac{(n-1)\hat{\sigma}^2}{\sigma^2} \sim \chi^2(n-1) \tag{10-6}$$

这种用统计量 χ^2 对母体方差进行假设检验的方法，称 χ^2 检验法。

4. F 检验法

设有两个正态母体 $N(\mu_1, \sigma_1^2)$ 和 $N(\mu_2, \sigma_2^2)$，母体方差 σ_1^2 和 σ_2^2 未知。从两个母体中随机抽取容量为 n_1 和 n_2 的两组子样，求得两组子样的子样方差 $\hat{\sigma}_1^2$ 和 $\hat{\sigma}_2^2$，则

$$\frac{(n_1-1)\hat{\sigma}_1^2}{\sigma_1^2} \sim \chi^2(n_1-1)$$
$$\frac{(n_2-1)\hat{\sigma}_2^2}{\sigma_2^2} \sim \chi^2(n_2-1) \tag{10-7}$$

利用子样方差 $\hat{\sigma}_1^2$ 和 $\hat{\sigma}_2^2$ 的上述信息对母体方差 σ_1^2 和 σ_2^2 是否相等进行假设检验，则

$$F = \frac{\dfrac{(n_1-1)\hat{\sigma}_1^2}{\sigma_1^2}/(n_1-1)}{\dfrac{(n_2-1)\hat{\sigma}_2^2}{\sigma_2^2}/(n_2-1)} = \frac{\sigma_2^2 \hat{\sigma}_1^2}{\sigma_1^2 \hat{\sigma}_2^2} \tag{10-8}$$

此统计量服从 F 分布，即

$$F = \frac{\sigma_2^2}{\sigma_1^2} \frac{\hat{\sigma}_1^2}{\hat{\sigma}_2^2} \sim F(n_1-1, n_2-1) \tag{10-9}$$

§10.3 统计假设检验在测量中的应用

1. 平差参数的统计检验

在有些平差问题中，需要了解所求的某个平差参数是否与一个已知的值相符，用不同的仪器和方案得到的两组观测数据，其平差后的同名参数结果是否一致，或者不同时间观测的同名参数有无变化，等等。对于这类问题就要对平差参数的某种假设进行统计检验。

(1) 一个平差参数 $\hat{x}_i$ 是否与已知值 w_i 相等的检验

原假设和备选假设为

$$H_0 : E(\hat{x}_i) = w_i \qquad H_1 : E(\hat{x}_i) \neq w_i$$

当 σ_0^2 已知时，采用 u 双尾检验法，使用如下统计量

$$u = \frac{\hat{x}_i - w_i}{\sigma_{\hat{x}_i}} = \frac{\hat{x}_i - w_i}{\sigma_0 \sqrt{Q_{\hat{x}_i \hat{x}_i}}} \sim N(0, 1) \tag{10-10}$$

给定置信水平 α，查表或计算可得 $u_{\frac{\alpha}{2}}$。如果 $|u| < u_{\frac{\alpha}{2}}$，则接受 H_0，拒绝 H_1；否则，接受 H_1，拒绝 H_0。

当 σ_0^2 未知时，用 t 双尾检验法，使用如下统计量

$$t = \frac{\hat{x}_i - w_i}{\hat{\sigma}_{\hat{x}_i}} = \frac{\hat{x}_i - w_i}{\hat{\sigma}_0 \sqrt{Q_{\hat{x}_i \hat{x}_i}}} \sim t(n-t) \tag{10-11}$$

其中，$n-t$ 是自由度，即多余观测个数。给定置信水平 α，查表或计算可得 $t_{\frac{\alpha}{2}}(n-t)$。如果 $|t| < t_{\frac{\alpha}{2}}(n-t)$，则接受 H_0，拒绝 H_1；否则，接受 H_1，拒绝 H_0。

(2) 两个独立平差系统的同名参数差异性的检验

设对控制网进行了不同时刻的两期观测，分别平差，获得同名点坐标 $\hat{x}$ 的两期成果为

第 Ⅰ 期： $\qquad \hat{X}_{\mathrm{I}} = X_{\mathrm{I}}^0 + \hat{x}_{\mathrm{I}} \qquad Q_{\hat{x}_{\mathrm{I}} \hat{x}_{\mathrm{I}}} \qquad \hat{\sigma}_{0\mathrm{I}} = \frac{(V^{\mathrm{T}} P V)_{\mathrm{I}}}{f_{\mathrm{I}}}$

第 Ⅱ 期： $\qquad \hat{X}_{\mathrm{II}} = X_{\mathrm{II}}^0 + \hat{x}_{\mathrm{II}} \qquad Q_{\hat{x}_{\mathrm{II}} \hat{x}_{\mathrm{II}}} \qquad \hat{\sigma}_{0\mathrm{II}} = \frac{(V^{\mathrm{T}} P V)_{\mathrm{II}}}{f_{\mathrm{II}}}$

试检验这个同名点坐标两期平差所得的平差值之间是否存在差异。

原假设 $H_0 : E(\hat{X}_{\mathrm{I}}) = E(\hat{X}_{\mathrm{II}})$；备选假设 $H_1 : E(\hat{X}_{\mathrm{I}}) \neq E(\hat{X}_{\mathrm{II}})$

采用 t 检验法，使用如下统计量。

$$t = \frac{\hat{X}_{\mathrm{I}} - \hat{X}_{\mathrm{II}}}{\sqrt{\hat{\sigma}_{\hat{X}_{\mathrm{I}}}^2 + \hat{\sigma}_{\hat{X}_{\mathrm{II}}}^2}} = \frac{\hat{X}_{\mathrm{I}} - \hat{X}_{\mathrm{II}}}{\sqrt{\hat{\sigma}_{0\mathrm{I}}^2 Q_{\hat{X}_{\mathrm{I}} \hat{X}_{\mathrm{I}}} + \hat{\sigma}_{0\mathrm{II}}^2 Q_{\hat{X}_{\mathrm{II}} \hat{X}_{\mathrm{II}}}}} \sim t(f_1 + f_2) \tag{10-12}$$

给定置信水平 α，查表或计算可得 $t_{\frac{\alpha}{2}}(f_1 + f_2)$。如果 $|t| < t_{\frac{\alpha}{2}}(f_1 + f_2)$，则接受 H_0，拒绝 H_1；否则，接受 H_1，拒绝 H_0。

2. 平差模型正确性的统计检验

测量平差的数学模型包含随机模型和函数模型，平差是在给定的函数模型和随机模型

下求参数的最小二乘估计值。如果给定的数学模型不完善，就不能保证平差结果的最优性质，因此对于每个平差问题必须进行模型正确性的统计检验。

平差模型正确性检验是一种对平差模型的总体检验方法，以平差后计算的单位权方差估值（也称后验方差）$\hat{\sigma}^2$ 为统计量，以定权时采用单位权方差 σ_0^2 为先验值，两者应该统计一致。即应在一定显著水平 α 下，满足 $E(\hat{\sigma}_0^2)=\sigma_0^2$ 的原假设。如果原假设不满足，说明所求的 $\hat{\sigma}^2$ 并非 σ_0^2 的无偏估计，这就是平差模型不正确所致，平差结果值得怀疑，平差模型可能有缺陷。

平差模型正确性的检验假设是

原假设　H_0：$E(\hat{\sigma}_0^2)=\sigma_0^2$；备选假设　H_1：$E(\hat{\sigma}_0^2)\neq\sigma_0^2$

采用 χ^2 检验法，使用如下统计量

$$\chi^2=\frac{(n-t)\hat{\sigma}_0^2}{\sigma_0^2}=\frac{V^{\mathrm{T}}PV}{\sigma_0^2}=r\frac{\hat{\sigma}_0^2}{\sigma_0^2}\sim\chi^2(r) \tag{10-13}$$

给定显著水平 α，查表可得 $\chi^2_{1-\frac{\alpha}{2}}$ 和 $\chi^2_{\frac{\alpha}{2}}(r)$，得区间 $(\chi^2_{1-\frac{\alpha}{2}}(r),\ \chi^2_{\frac{\alpha}{2}}(r))$，如果计算的 χ^2 在此区间内，则接受 H_0，认为平差模型正确；否则拒绝 H_0，接受 H_1，认为平差模型不正确。只有在通过检验后才能使用平差成果，因此，平差模型的检验是平差中的一个重要组成部分，不应省略，但在实际工作中，往往被忽略，这是不严谨和不科学的。

§10.4　知　识　难　点

1. 假设检验的意义

假设检验是抽样推断中的一项重要内容。它是根据原资料作出一个总体指标是否等于某一个数值，某一随机变量是否服从某种概率分布的假设，然后利用样本资料采用一定的统计方法计算出有关检验的统计量，依据一定的概率原则，以较小的风险来判断估计数值与总体数值（或者估计分布与实际分布）是否存在显著差异，是否应当接受原假设选择的一种检验方法。

用样本指标估计总体指标，其结论有的完全可靠，有的只有不同程度的可靠性，需要进一步加以检验和证实。通过检验，对样本指标与假设的总体指标之间是否存在差别作出判断，是否接受原假设。这里必须明确，进行检验的目的不是怀疑样本指标本身是否计算正确，而是为了分析样本指标和总体指标之间是否存在显著差异。从这个意义上，假设检验又称为显著性检验。

2. 假设检验的 4 种方法

假设检验的方法包括 u 检验法、t 检验法、χ^2 检验法和 F 检验法。这 4 种方法根据检验的统计量，可分为两大类：对于函数模型的检验即期望的检验，如 u 检验法、t 检验法；对于随机模型的检验（如方差、中误差），如 χ^2 检验法和 F 检验法。

检验方法虽然只有 4 种，但一定要选择对的检验方法。首先要搞清楚检验统计量的性质；其次再根据所给的条件，选择检验方法。

3. 假设检验应注意的问题

（1）做假设检验之前，应注意资料本身是否有可比性。

（2）当差别有统计学意义时，应注意这样的差别在实际应用中有无意义。

（3）根据资料类型和特点选用正确的假设检验方法。

（4）根据专业及经验确定是选用单侧检验还是双侧检验。

（5）判断结论时不能绝对化，应注意无论接受或拒绝检验假设，都有判断错误的可能性。

（6）报告结论时是应注意说明所用的统计量、检验的单双侧及 P 值的确切范围。

4. 单尾检验和双尾检验

如果对检验的统计量 ξ 可能为多少完全不知道，则选用双尾检验法。如果对检验的统计量 ξ 有所了解，则选用单尾检验法。

对于单尾检验法，如果根据专业知识认为 $\xi > a$ 的可能性大于 $\xi < a$，则可将 a 较多地分配在右尾，则选用右尾检验法。同理，如 $\xi < a$ 的可能性较大，则可将 a 较多地分配在左尾，则选用左尾检验法。

5. 选定显著水平 α

一般使用的 α 值为 0.05、0.01 和 0.001，但并非限定这 3 个数值。对于 β，一般不作明确规定。这就是说，将 α 加以控制，而对 β 不作严格要求，这样的用意在于：弃真 H_0 较之纳伪 H_0 是更为严重的错误。

至于如何从 0.05、0.01 和 0.001 中选择一个 α，则要看问题的实质。如果认为实测结果与原假设 H_0 有一些不符合即应拒绝 H_0，则可选用较大的 α，例如 0.05 或更大。如果 H_0 不应轻易拒绝，则可选用较小的 α。

§10.5 例题精讲

【**例 10-1**】 某设备在安装时，经精确放样两固定设备的间距为 0.5852m，设备经一段时间的运行再对两设备间距观测了 10 次，得平均距离为 0.5804m，一次测量中误差为 5mm，问两设备间距是否发生显著变化（$\alpha = 0.05$）？

【**解**】 （1）$H_0: \mu = L_0 = 0.5852$m

（2）当 H_0 成立时，计算统计量值

$$u = \frac{\overline{x} - L_0}{\sigma / \sqrt{n}} = \frac{0.5852 - 0.5804}{5 / \sqrt{10}} \times 1000 = 3.04$$

（3）查得 $u_{\frac{\alpha}{2}} = u_{0.025} = 1.96$

因为 $u = 3.04 > u_{\frac{\alpha}{2}} = 1.96$，故拒绝 H_0，即认为在 $\alpha = 0.05$ 的显著水平下，该设备间距存在显著变化。

【**本题点拨**】 首先判断是对什么进行检验，本题是对设备间距即对函数模型进行检验，所以用选用 u 检验法或 t 检验法；其次，根据所给条件，本题的方差是已知的，因此，选用 u 检验法。

【**例 10-2**】 为了监测 A、B 两点是否发生相对位移，定期复测两点间的距离。3 月 2 号精确测得两点间距离为 300.0052m。为了检验点是否移动，5 月 1 号重复观测 10 次，

测得两点间距离的平均值为 300.0110m，设每次测量的中误差为 0.002m。试检验 A、B 两点间是否发生位移（取显著水平为 $\alpha = 0.05$）。

【解】 (1) H_0：$\mu = L_0 = 300.0052$m

(2) 当 H_0 成立时，计算统计量值

$$u = \frac{\bar{x} - L_0}{\sigma / \sqrt{n}} = \frac{300.0110 - 300.0052}{0.002 / \sqrt{10}} = 9.17$$

(3) 查得 $u_{\frac{\alpha}{2}} = u_{0.025} = 1.96$

因为 $u = 9.17 > u_{\frac{\alpha}{2}} = 1.96$，故拒绝 H_0，即认为在 $\alpha = 0.05$ 的显著水平下，A、B 两点间发生了位移。

【本题点拨】 首先判断是对什么量进行检验，然后选用检验方法。

【例 10-3】 为了测定全站仪视距常数是否正确，设置了一条基线，其长为 100m，与视距精度相比可视为无误差，用该仪器进行视距测量，量得长度为 100.3，99.5，99.7，100.2，100.4，100.0，99.8，99.4，99.9，99.7，100.3，100.2（单位为 m）。试检验该仪器视距常数是否正确。

【解】 $n = 12$

$$\bar{x} = \frac{1}{n} \sum_{i=1}^{12} x_i = \frac{1}{12}(100.3 + 99.5 + 99.7 + 100.2 + 100.4 + 100.0 + 99.8 +$$

$$99.4 + 99.9 + 99.7 + 100.3 + 100.2) = 99.95$$

$$\hat{\sigma} = \sqrt{\frac{\sum_{i=1}^{n}(x_i - \bar{x})^2}{n-1}} = 0.37$$

$$t = \frac{\bar{x} - \mu}{\hat{\sigma} / \sqrt{n}} = \frac{99.95 - 100}{0.37 / \sqrt{12}} = -0.46$$

假设 H_0：$\mu = 100$；H_1：$\mu \neq 100$。

选定 $\alpha = 0.05$

以自由度 $n - 1 = 11$，$\alpha = 0.05$，查 t 分布表得 $t_{\frac{\alpha}{2}} = 2.2$，现 $|t| < t_{\frac{\alpha}{2}}$，接受 H_0，可认为在 100m 左右范围内，视距常数正确。

【本题点拨】 选用 t 检验法。顺便指出，当 t 的自由度 $n - 1 > 30$ 时，t 检验法与 u 检验法的检验结果实际相同。t 检验法也可用来检验两个正态母体的数学期望是否相等。

【例 10-4】 为了鉴定某 J_2（一测回方向中误差为 $2''$）经纬仪是否满足标称精度，采用该仪器对一水平角作 12 测回的观测，结果为：

$30°00'06''$，$29°59'55''$，$29°59'58''$，$30°00'04''$，$30°00'03''$，$30°00'04''$，

$30°00'02''$，$29°59'58''$，$29°59'59''$，$29°59'58''$，$30°00'06''$，$30°00'03''$。

问该仪器是否达到了其标称精度（$\alpha = 0.05$）？

【解】 $n = 12$

$$\bar{\alpha} = (\sum_{i=1}^{12}\alpha_i)/12 = 30°00' + \frac{1}{12}(6-5-2+4+3+4+2-2-1-2+6+3)''$$

$$= 30°00' + 1.3'' = 30°00'01.3''$$

$$\hat{\sigma} = \sqrt{\frac{\sum_{i=1}^{n}(\alpha_i - \bar{\alpha})^2}{n-1}} = 3.6''$$

假设 $H_0: \sigma^2 = \sigma_0^2 = 2.0^2$；$H_1: \sigma^2 \neq \sigma_0^2 \neq 2.0^2$

当 H_0 成立时，计算统计量值

$$\chi^2 = \frac{(n-1) \times \hat{\sigma}^2}{\sigma_0^2} = \frac{11 \times 3.6^2}{4} = 35.64$$

查表得 $\chi_{0.975}^2(11) = 3.816$，$\chi_{0.025}^2(11) = 21.920$

因为 χ^2 没有落在 $(3.816, 21.920)$ 区间，故拒绝 H_0，即认为在 $\alpha = 0.05$ 的显著水平下，该仪器的测角精度没有达到标称精度。

【本题点拨】 首先判断是对精度进行检验，只能选用 χ^2 检验法或 F 检验法；其次判断是对一个母体进行检验，因此，选用 χ^2 检验法。

【例 10-5】 用两台 GPS 接收机对同一条基线于不同时段进行测量实验，设基线测量次数均为 9 次。两时间段基线长度一次测量中误差估值分别为 $\hat{\sigma}_1 = 3.0$mm，$\hat{\sigma}_2 = 2.5$mm。试问不同时间对基线测量精度的影响是否显著？

【解】 （1）$H_0: \sigma_1 = \sigma_2$；$H_1: \sigma_1 \neq \sigma_2$；

（2）当 H_0 成立时，统计量值计算

$$F = \frac{\hat{\sigma}_1^2 \sigma_2^2}{\hat{\sigma}_2^2 \sigma_1^2} = \frac{2.5^2}{3.0^2} = 0.69$$

（3）以分子自由度 8，分母自由度 8，查表得 $F_{\alpha/2} = 4.53$

因为 $F = 0.69 < F_{\alpha/2} = 4.53$，故接受 H_0，即认为在 $\alpha = 0.05$ 的显著水平下，不同时间对基线测量精度无显著的影响。

【本题点拨】 首先判断是对精度进行检验，只能选用 χ^2 或 F 检验法；然后判断是对两个母体方差进行检验，因此，选用 F 检验法。因在 F 分布表中的值均大于 1，发现 F 值小于 1，故 H_0 必成立。

【例 10-6】 为了检验两种标称精度相同、不同型号的全站仪的实际测距精度是否一致，分别以同样的方法对同一距离进行测量。甲仪器重复测定 9 次，得平均长度为 256.360m，子样标准差为 8mm，乙仪器重复测定 16 次，得平均长度为 256.395m，子样标准差为 12mm。试问两台仪器精度是否一致（$\alpha = 0.05$）?

【解】 （1）$H_0: \sigma_1 = \sigma_2$；$H_1: \sigma_1 \neq \sigma_2$；

（2）当 H_0 成立时，统计量值计算

$$F = \frac{\hat{\sigma}_1^2 \sigma_2^2}{\hat{\sigma}_2^2 \sigma_1^2} = \frac{12^2}{8^2} = 2.25$$

（3）以分子自由度 8、分母自由度 15，查表得 $F_{\alpha/2} = 3.20$

因为 $F = 2.25 < F_{\alpha/2} = 3.20$，故接受 H_0，即认为在 $\alpha = 0.05$ 的显著水平下，不同时间对

基线测量精度无显著的影响。

【本题点拨】 首先判断是对精度进行检验，只能选用 χ^2 或 F 检验法；然后判断是对两个母体方差进行检验，因此，选用 F 检验法。本题千万不要受到长度值的影响。

【例 10-7】 在某一水准网中，平差参数 $\hat{x}_1$ 和 $\hat{x}_2$ 为待定点 P_2 和 P_2 的高程，并求得

$$\hat{X}_1 = X_1^0 + \hat{x}_1 = 6.375\text{m}；\quad \hat{X}_2 = X_2^0 + \hat{x}_1 = 7.028\text{m}$$

$$\hat{\sigma}_0 = 2.2\text{mm}，Q_{\hat{x}\hat{x}} = \begin{bmatrix} 0.53 & 0.16 \\ 0.16 & 0.78 \end{bmatrix}，n-t=4$$

网中 P_2 点原来是已知点，其高程 $H_2 = 7.045\text{m}$，但对其高程的正确性存在疑问，故平差时将其作为待定点，通过平差检验其高程的正确性。

【解】 设 $H_0: E(\hat{X}_2) = 7.045$；$H_1: E(\hat{X}_2) \neq 7.045$

根据式（10-4）计算统计量

$$t = \frac{(7.028 - 7.045) \times 1000}{2.2\sqrt{0.78}} = -9.0$$

以 $\alpha = 0.05$、自由度为 4，查表可得 $t_{0.025}(4) = 2.78$，故 $|t| > t_{0.025}(4)$，故拒绝 H_0，即接受 H_1，判断 P_2 点原高程不正确，不能作为起始数据。

【本题点拨】 首先判断是对函数模型进行检验，又方差未知，所以选用 t 检验法。

【例 10-8】 某一水准网，平差前定权时，以 1km 观测高差为单位权观测，即取 $P_i = 1/S_i$。平差后，算得 $\hat{\sigma}_0^2 = \dfrac{V^{\text{T}}PV}{n-t} = 4.94$，多余观测数为 4，试在 $\alpha = 0.05$ 下进行平差模型正确性检验。

【解】 因为定权时以 1km 观测高差为单位权观测，实际上就是取 1km 观测高差的中误差作为先验单位权中误差 σ_0，虽然例中未说明 σ_0 是何值，但按什么等级进行水准测量是已知的，因此 σ_0 就取规范规定的值，例如，若是二等水准测量，则 $\sigma_0 = 1.0\text{mm}$，若是三等水准测量，则 $\sigma_0 = 3.0\text{mm}$。

如属二等水准测量，原假设和备选假设为

原假设　$H_0: E(\hat{\sigma}_0^2) = 1.0$；备选假设　$H_1: E(\hat{\sigma}_0^2) \neq 1.0$

计算统计量

$$\chi^2 = \frac{V^{\text{T}}PV}{\sigma_0^2} = \frac{19.76}{1} = 19.76$$

以自由度 $f=4$、$\alpha = 0.05$ 查表可得：$\chi_{0.975}^2(4) = 0.484$，$\chi_{0.025}^2(4) = 11.143$。可见 χ^2 不在 $(\chi_{0.975}^2(4)，\chi_{0.025}^2(4))$ 内，应拒绝 H_0，亦即该例对二等水准测量而言，平差模型不正确。

如属三等水准测量，原假设和备选假设为

原假设　$H_0: E(\hat{\sigma}_0^2) = 9.0$；备选假设　$H_1: E(\hat{\sigma}_0^2) \neq 9.0$

计算统计量

$$\chi^2 = \frac{V^{\text{T}}PV}{\sigma_0^2} = \frac{19.76}{9} = 2.19$$

以自由度 $f=4$、$\alpha = 0.05$ 查表可得：$\chi_{0.975}^2(4) = 0.484$，$\chi_{0.025}^2(4) = 11.143$。可见 χ^2 在 $(\chi_{0.975}^2(4)，\chi_{0.025}^2(4))$ 内，应接受 H_0，亦即该例对三等水准测量而言，平差模型正确。

【本题点拨】 如果平差后测量精度达不到预期的精度，可以降级使用。

§10.6 习 题

1. 设有甲、乙两人观测某地纬度各 8 次，算得平均值各为 $24°11'12.33''$ 和 $24°11'12.38''$，根据以往两人进行类似观测的大量资料，得知他们观测纬度的中误差均为 $0.63''$，问两人所得结果的差异是否显著（$\alpha=0.05$）？

2. 在一条基线场上检验激光测距仪，已知基线长 $L_0=1524.444$m（无误差），用激光测距仪量距 9 个测回，平均值为 $L=1524.448$m，一测回中误差为 0.006m，问 L 与 L_0 之间是否存在显著差异（$\alpha=0.05$）？

3. 用两台同类型的全站仪测角，第 1 台观测了 9 个测回，得一测回中误差为 $1.5''$；第 2 台观测了 9 个测回，得一测回中误差为 $2.2''$，问该两台仪器的测角精度是否存在显著差异（$\alpha=0.01$）？

4. 用相同精度独立观测某角 10 次，算得子样均值为 $\bar{x}=60°00'00''$，子样标准差为 $\hat{\sigma}_0=3.7''$，试在显著水平 $\alpha=0.05$ 下检验如下假设：
$$H_0:\sigma=2.0''; \quad H_1:\sigma\neq2.0''$$

5. 设甲、乙两人对某一物体的长度进行观测，甲观测了 16 次，其观测值的平均值为 16.9095m，乙观测了 20 次，其观测值的平均值为 16.9089m，另根据以往大量资料分析，得知两人观测精度相同，$\hat{\sigma}_1=\hat{\sigma}_2=1.5$mm。试问两人所得结果的差异是否显著？

6. 对某测边网进行处理，得单位权方差估值为 $\hat{\sigma}_0^2=\dfrac{V^\mathrm{T}PV}{r}=\dfrac{0.00165}{3}=0.00055$dm^2，自由度 $r=n-t=3$，已知测边验前中误差 $\sigma_0=0.0447$dm。试问平差模型是否正确（$\alpha=0.05$）？

7. 在室内实习场中设置一个角度，经精密测定，其角值为 $\mu_0=36°25'1.23''$，一学生在进行测角实习时，用全站仪测角 5 个测回，其结果为：
$$36°25'1.21'', \quad 36°25'1.23'', \quad 36°25'1.27'', \quad 36°25'1.24'', \quad 36°25'1.28''$$
设测定值服从正态分布，试检验该学生测得的平均角度值 $\bar{x}$ 是否与已知值存在显著差异（$\alpha=0.05$）？

8. 为了检测某大坝的水平形变，埋设了两个固定标志，分别在两年内以同样的方法对两标志间的长度进行测定。第一年重复测定 16 次，得平均长度 $\bar{x}=750.360$m，子样标准差为 $\sigma_1=12$mm；第二年重复测定 22 次，得平均长度 $\bar{y}=750.396$m，子样标准差为 $\sigma_2=10$mm。设母体服从正态分布，试求长度变形变量 95% 的置信区间。

9. 对某角观测了 6 个测回，算得子样方差为 $\hat{\sigma}_0^2=3.5('')^2$，已知母体服从正态分布，试求母体方差 99% 的置信区间。

10. 设有两个控制网，经各自独立平差后的单位权方差估值分别为：
$$\hat{\sigma}_1^2=\frac{V^\mathrm{T}PV}{r_1}=\frac{4.3928}{31}=0.1417, \quad \hat{\sigma}_2^2=\frac{V^\mathrm{T}PV}{r_2}=\frac{8.7152}{49}=0.1779$$
试检验原假设 $H_0:E(\hat{\sigma}_1^2)=E(\hat{\sigma}_2^2)$ 是否成立？

11. 在相同条件下，甲、乙两人分别观测同一角度。甲观测了 16 个测回，子样方差为 $\hat{\sigma}_1^2=2.5('')^2$；乙观测了 12 个测回，子样方差为 $\hat{\sigma}_2^2=3.2('')^2$。试求甲乙两人方差比 $\dfrac{\hat{\sigma}_1^2}{\hat{\sigma}_2^2}$

的 99% 的置信区间。

12. 已知某炼铁厂的铁水含碳量在正常情况下服从正态分布 $N(4.55, 0.108^2)$。现在又测了 5 炉铁水，其含碳量分别为：4.28，4.40，4.42，4.35，4.37。请检验一下，若方差未变，总体均值有无变化？

13. 统计某地区控制网中 420 个三角形的闭合差，得其平均值 $\bar{x} = 0.05''$，已知 $\sigma_0^2 = 0.58(''）^2$，问该控制网的三角形闭合差的数学期望是否为零（$\alpha = 0.05$）？

14. 设用某种光学经纬仪观测大量角度而得到的一测回测角中误差为 1.40″。今用试制的同类经纬仪观测了 10 个测回，算得一测回测角中误差为 $\hat{\sigma} = 1.80''$。试问新旧仪器的测角精度是否相等（取 $\alpha = 0.05$）？

15. 已知某基线长度为 4627.497m，为了检验一台测距仪，用这台测距仪对这条基线测量了 8 次，得平均值 $\bar{x} = 4627.331$m，由观测值算得子样中误差 $\hat{\sigma} = 0.011$m。试检验这台测距仪测量的长度与基线长度有无明显差异（$\alpha = 0.01$）？

16. 为了了解两个人测量角度的精度是否相同，用同一台经纬仪，两人各观测了 9 个测回，算得一测回中误差分别为 $\hat{\sigma}_1 = 0.7''$，$\hat{\sigma}_2 = 0.6''$。问两个人的测角精度是否相等（$\alpha = 0.05$）？

17. 设有两条导线网，经各自独立平差后的单位权中误差分别为

$$\hat{\sigma}_{01}^2 = \frac{V^T P V}{r_1} = \frac{4.3928}{31} = 0.1417$$

$$\hat{\sigma}_{02}^2 = \frac{V^T P V}{r_2} = \frac{8.7152}{49} = 0.1779$$

试检验原假设 $H_0: \sigma_{01}^2 = \sigma_{02}^2$ 是否成立（$\alpha = 0.05$）？

18. 为了考查全站仪视距常数 K 在测量时随温度变化的影响，选择 10 段不同距离进行了实验。测得 10 组平均 K 值和平均气温 t，结果如表 10-2 所示。设 K 与 t 呈线性关系，试在 $\alpha = 0.05$ 下检验平差参数的显著性。

实验数据 表 10-2

K	12.9	11.5	15.5	12.8	13.4	16.7	15.2	14.5	12.9	16.0
t	96.80	96.88	97.12	97.05	96.99	97.00	96.89	96.95	96.97	96.85

19. 设两人观测某两点间的高差。根据过去大量观测资料的分析，得知两人观测高差一次的中误差均为 1.5mm，现甲观测 16 次，得高差平均值为 9.5mm，乙观测 20 次得 8.9mm。问两人所得观测结果的差异是否显著？

20. 先用高精度水准仪测得高差为 6.5254m，再换一种方法测 25 次，平均值为 6.5341m，设一次测量中误差为 1.5mm，问该实验大气光差影响是否显著（t 检验）？

21. 对一 500m 基线进行测量，重复观测了 9 次，测得平均值 500.0024m，子样标准差为 3mm，问基线长度是否发生显著变化（$\alpha = 0.05$）？

22. 为了检测三角高程的精度，对同一段高差分别采用三角高程测量与水准测量法进行观测，结果为：三角高程测量 16 次，得平均高差 5.036m，子样标准差为 6mm，水准测量 21 次得平均高差 5.029m，子样标准差为 3mm。问三角高程测量精度是否与水准测量的精度相当（$\alpha = 0.05$）？

参 考 文 献

[1] 胡圣武，肖本林. 误差理论与测量平差 [M]. 北京：科学出版社，2019.

[2] 武汉大学测绘学院测量平差学科组. 误差理论与测量平差基础习题集（第三版）[M]. 武汉：武汉大学出版社，2017.

[3] 武汉大学测绘学院测量平差学科组. 误差理论与测量平差基础（第三版）[M]. 武汉：武汉大学出版社，2017.

[4] 金日守，戴华阳. 误差理论与测量平差基础 [M]. 北京：测绘出版社，2011.

[5] 隋立芬，宋力杰，柴洪洲. 误差理论与测量平差基础 [M]. 北京：测绘出版社，2010.

[6] 陶本藻. 测量数据处理的统计理论和方法（第二版）[M]. 北京：测绘出版社，2014.

[7] 葛永慧，夏春林，魏峰远，等. 测量平差基础 [M]. 北京：煤炭工业出版社，2007.

[8] 刘大杰，陶本藻. 实用测量数据处理方法 [M]. 北京：测绘出版社，2000.

[9] 李德仁，袁修孝. 误差处理与可靠性理论（第二版）[M]. 武汉：武汉大学出版社，2012.

[10] 陶本藻. 自由网平差与变形分析 [M]. 武汉：武汉测绘科技大学出版社，2001.

[11] 胡圣武. 地图学（第二版）[M]. 北京：清华大学出版社，2020.

[12] 刘大杰，施一民，过静珺. 全球定位系统（GPS）的原理与数据处理 [M]. 上海：同济大学出版社，1996.

[13] 泥立丽，王永，田桂娟. 测量平差辅导及详解 [M]. 北京：化学工业出版社，2018.

[14] 邱卫宁，陶本藻，姚宜斌. 测量数据处理理论与方法 [M]. 北京：测绘出版社，2008.

[15] 费业泰. 误差理论与数据处理（第七版）[M]. 北京：机械工业出版社，2019.

[16] 胡上序，陈德钊. 观测数据的分析与处理 [M]. 杭州：浙江大学出版社，2002.

[17] 张勤，张菊清，岳东杰. 近代测量数据处理与应用 [M]. 北京：测绘出版社，2011.

[18] 王新洲，陶本藻，邱卫宁，等. 高等测量平差 [M]. 北京：测绘出版社，2006.

[19] 陶本藻，胡圣武. 非线性模型的平差 [J]. 测绘信息与工程，1996，(3)：26-29.

[20] 胡圣武. 非线性模型理论及其在 GIS 中的应用 [D]. 武汉：武汉测绘科技大学，1997.

[21] 朱建军，左廷英，宋迎春. 误差理论与测量平差基础 [M]. 北京：测绘出版社，2013.

[22] 胡圣武，关胜况. 测量平差中必要观测数的研究 [J]. 地理空间信息，2014，12 (2)：121-123.

[23] 胡圣武，肖本林. 现代测量数据处理理论与应用 [M]. 北京：测绘出版社，2016.

[24] 张凯院，徐仲. 矩阵论 [M]. 北京：科学出版社，2013.

[25] 赵长胜. 现代测量平差理论与方法 [M]. 北京：测绘出版社，2018.

[26] 王穗辉. 误差理论与测量平差基础 [M]. 上海：同济大学出版社，2010.

[27] 左廷英，朱建军，鲍建宽. 误差理论与测量平差基础习题集 [M]. 北京：测绘出版社，2016.

[28] 左廷英，朱建军，鲍建宽. 误差理论与测量平差基础模拟试卷 [M]. 北京：测绘出版社，2016.

[29] 张宏斌，刘学军，喻国荣. 测量平差教程 [M]. 北京：科学出版社，2019.

[30] 马学汉. 测量平差在现代测量工程中的重要性探讨 [J]. 山东工业技术，2019，18：124.